TRAITÉ DE CALCUL DIFFÉRENTIEL ET DE CALCUL INTÉGRAL.

SECONDE PARTIE.

ON TROUVE CHEZ LES MÊMES LIBRAIRES,

L'Introduction à l'Étude de l'Astronomie Physique, par Cousin; 1 vol. *in*-4°.

Traité Élémentaire de Physique, 1 vol. *in*-8°. par le même.

Le Journal de l'École Polythecnique, ou Bulletin des travaux publics de l'École du Génie, de l'Artillerie & des Ponts & Chaussées, six Cahiers par an, de vingt-cinq feuilles chaque, plus ou moins, avec des Planches. *On ne s'abonne pas.*

Montesquieu, *in*-4°. papier vélin, avec Figures, édition nouvelle, & complète, qui renfermera des Manuscrits posthumes de ce grand homme. Le 1er. volume paroît, & les autres de suite.

Dictionnaire Géographique de Vosgien, nouvelle édition, un gros vol. *in*-8°. avec deux Cartes.

— *Idem* de Valmont de Bomare, 15 vol. *in*-8°.

Voyages aux Isles Plew, 2 vol. *in*-8°. Fig.

TRAITÉ
DE
CALCUL DIFFÉRENTIEL
ET DE
CALCUL INTÉGRAL.

PAR J. A. J. COUSIN, de l'Inſtitut National des Sciences & des Arts.

Opus hoc æternum irrevocabiles habet motus.....
Hoc probari, niſi Geometræ adjuverint, non poteſt.
Sen. Nat. Queſt.

A PARIS,

Chez RÉGENT & BERNARD, Libraires, quai des Auguſtins, N°. 37.

L'AN 4e. — 1796.

TABLE SOMMAIRE DE LA SECONDE PARTIE.

CHAPITRE PREMIER.

DE L'INTÉGRATION DES FORMULES DIFFÉRENTIELLES QUI NE RENFERMENT QU'UNE SEULE VARIABLE.

CHAPITRE II.

DE LA SÉPARATION DES VARIABLES DANS LES ÉQUATIONS DIFFÉRENTIELLES.

CHAPITRE III.

DE LA MANIÈRE D'INTÉGRER LES ÉQUATIONS DIFFÉRENTIELLES EN LES MULTIPLIANT PAR DES FACTEURS.

CHAPITRE IV.

DE L'INTÉGRATION DES ÉQUATIONS AUX DIFFÉRENCES PARTIELLES.

CHAPITRE V.

DE L'INTÉGRATION DES ÉQUATIONS AUX DIFFÉRENCES PARTIELLES QUI N'ONT POINT L'INTÉGRALES SUCCESSIVES.

CHAPITRE VI.

DES ÉQUATIONS DIFFÉRENTIELLES DU SECOND ORDRE ET DES ORDRES SUPÉRIEURS, CONSIDÉRÉES COMME ÉQUATIONS AUX DIFFÉRENCES PARTIELLES.

CHAPITRE VII.

DE L'INTÉGRATION DES ÉQUATIONS AUX DIFFÉRENCES FINIES.

CHAPITRE VIII.

USAGE DU CALCUL AUX DIFFÉRENCES PARTIELLES POUR RÉSOUDRE LE PROBLÊME DU RETOUR DES SUITES, SUIVI D'UN SUPPLÉMENT A LA MÉTHODE DES VARIATIONS.

Fin de la Table.

TRAITÉ

TRAITÉ
DE CALCUL DIFFÉRENTIEL
ET DE CALCUL INTÉGRAL.

SECONDE PARTIE.

CHAPITRE PREMIER.

De l'intégration des formules différentielles qui ne renferment qu'une seule variable.

(361). Il va être question de l'intégration de la formule différentielle Xdx, dans laquelle X est une fonction quelconque de la seule variable x & de constantes. Premiérement, si X est une fraction rationnelle, on pourra toujours, lorsqu'on connoîtra les facteurs du dénominateur, décomposer Xdx en une suite finie qui ne renfermera que des termes de la forme de $ax^n dx$, $\frac{a\,dx}{(p+qx)^n}$, $\frac{(a+bx)\,dx}{(p^2+2pqx\cos.\,6+q^2x^2)^n}$; n est un nombre entier positif, & a, b, p, q sont des co-efficiens constans quelconques (n°s. 83 & *suiv.*).

L'intégrale complète de $ax^n dx$ est $\frac{ax^{n+1}}{n+1}+c$, hors le cas de $n=-1$, où cette intégrale est $\log.\,cx^a$: celle de $\frac{a\,dx}{(p+qx)^n}$ est $\frac{-a}{q(n-1)(p+qx)^{n-1}}+c$, à moins que n ne soit $=1$, car alors cette différentielle devient $\frac{a\,dx}{p+qx}$, dont l'intégrale complète est $\frac{a}{q}\log.\,\frac{p+qx}{c}$. Il reste la troisième formule $\frac{(a+bx)\,dx}{(p^2+2pqx\cos.\,6+q^2x^2)^n}$ que nous nous proposerons d'intégrer d'abord dans le cas de $n=1$.

(362). Je fais $p^2 + 2pqx \cos. 6 + q^2x^2 = t$, & prenant de part & d'autre la différentielle logarithmique, il me vient $\frac{2pq\,dx \cos. 6 + 2q^2 x\,dx}{p^2 + 2pqx \cos. 6 + q^2x^2} = \frac{dt}{t}$, d'où je tire

$$\frac{x\,dx}{p^2 + 2pqx \cos. 6 + q^2x^2} = \frac{1}{2q^2}\frac{dt}{t} - \frac{p}{q} \cdot \frac{dx \cos. 6}{p^2 + 2pqx \cos. 6 + q^2x^2}, \text{ \&}$$

$$\frac{(a+bx)\,dx}{p^2 + 2pqx \cos. 6 + q^2x^2} = \frac{b}{2q^2}\frac{dt}{t} + \frac{aq - bp \cos. 6}{q} \cdot \frac{dx}{p^2 + 2pqx \cos. 6 + q^2x^2}.$$

Ainsi tout se réduit à intégrer $\frac{dx}{p^2 + 2pqx \cos. 6 + q^2x^2}$. Mais je remarque que $p^2 + 2pqx \cos. 6 + q^2x^2 = p^2 \sin. 6^2 + p^2 \cos. 6^2 + 2pqx \cos. 6 + q^2x^2$ (car, le rayon étant 1, $\sin. 6^2 + \cos. 6^2 = 1$) $= p^2 \sin. 6^2 + (p \cos. 6 + qx)^2$; donc si je fais $p \cos. 6 + qx = pu \sin. 6$, & par conséquent $dx = \frac{p\,du \sin. 6}{q}$, la formule différentielle $\frac{dx}{p^2 + 2pqx \cos. 6 + q^2x^2}$ se changera en celle-ci $\frac{1}{pq \sin. 6}\frac{du}{1+u^2}$ qui a pour intégrale $\frac{A \text{ tang. } u}{pq \sin. 6}$. Donc la formule différentielle $\frac{(a+bx)\,dx}{p^2 + 2pqx \cos. 6 + q^2x^2}$ a pour intégrale complète

$$\frac{b}{2q^2} \log. t + \frac{aq - bp \cos. 6}{pq^2 \sin. 6} A \text{ tang. } u + c = \frac{b}{2q^2} \log. (p^2 + 2pqx \cos. 6 + q^2x^2) + \frac{aq - bp \cos. 6}{pq^2 \sin. 6} A \text{ tang. } \frac{p \cos. 6 + qx}{p \sin. 6} + c.$$

Au lieu de la constante arbitraire c, je puis écrire $c' - \frac{aq - bp \cos. 6}{pq^2 \sin. 6} A \text{ tang. } \frac{\cos. 6}{\sin. 6}$, & de cette manière les deux derniers termes de l'intégrale deviendront

$$\frac{aq - bp \cos. 6}{pq^2 \sin. 6}\left(A \text{ tang. } \frac{p \cos. 6 + qx}{p \sin. 6} - A \text{ tang. } \frac{\cos. 6}{\sin. 6}\right) + c';$$

or (n°. 9) nous avons démontré que, le rayon étant pris pour l'unité, $\text{tang. } (y - z) = \frac{\text{tang. } y - \text{tang. } z}{1 + \text{tang. } y \text{ tang. } z}$; donc

$$A \text{ tang. } \frac{p \cos. 6 + qx}{p \sin. 6} - A \text{ tang. } \frac{\cos. 6}{\sin. 6} = A \text{ tang. } \frac{qx \sin. 6}{p + qx \cos. 6}.$$

En faisant ces changemens, au lieu de l'intégrale complète trouvée précédemment, on a celle-ci :

$$\frac{b}{2q^2} \log. (p^2 + 2pqx \cos. 6 + q^2x^2) + \frac{aq - bp \cos. 6}{pq^2 \sin. 6} A \text{ tang. } \frac{qx \sin. 6}{p + qx \cos. 6} + c',$$

(363). Le seul cas qui paroît échapper est celui où $6 = 0$; alors la différentielle devient $\frac{(a+bx)dx}{(p+qx)^2}$, qui est égale à $\frac{b\,dx}{q(p+qx)} + \frac{(aq-bp)dx}{q(p+qx)^2}$, dont l'intégrale complète est $\frac{b}{q^2}$ log. $(p+qx) - \frac{aq-bp}{q^2(p+qx)} + c$. Mais si au lieu de supposer $6=0$, on l'eût supposé infiniment petit, ce qu'on exprime en écrivant pour cos. 6 l'unité, pour sin. 6 l'arc 6 lui-même, & $\frac{qx6}{p+qx}$ pour A tang. $\frac{qx\,\text{sin.}\,6}{p+qx\,\text{cos.}\,6}$; la formule intégrale du n°. précédent auroit donné dans ce cas-ci $\frac{b}{q^2}$ log. $(p+qx) + \frac{(aq-bp)x}{pq(p+qx)} + c'$, ou, mettant $c - \frac{aq-bp}{pq^2}$ pour c', $\frac{b}{q^2}$ log. $(p+qx) - \frac{aq-bp}{q^2(p+qx)} + c$.

(364). Nous aurons résolu complétement le problême, si nous pouvons faire dépendre l'intégrale de $\frac{(a+bx)dx}{(p^2+2pqx\,\text{cos.}\,6+q^2x^2)^{n+1}}$ de celle de $\frac{dx}{(p^2+2pqx\,\text{cos.}\,6+q^2x^2)^n}$; car en descendant toujours de la même manière, nous parviendrons enfin à une formule différentielle que nous saurons intégrer. On supposera

$$\int\frac{(a+bx)dx}{(p^2+2pqx\,\text{cos.}\,6+q^2x^2)^{n+1}} = \frac{A+Bx}{(p^2+2pqx\,\text{cos.}\,6+q^2x^2)^n} + \int\frac{K\,dx}{(p^2+2pqx\,\text{cos.}\,6+q^2x^2)^n},$$

A, B, K étant des co-efficiens constans indéterminés. En différentiant & divisant par dx, on en tire

$$\frac{a+bx}{(p^2+2pqx\,\text{cos.}\,6+q^2x^2)^{n+1}} = \frac{-n(A+Bx)(2pq\,\text{cos.}\,6+2q^2x)}{(p^2+2pqx\,\text{cos.}\,6+q^2x^2)^{n+1}} + \frac{B+K}{(p^2+2pqx\,\text{cos.}\,6+q^2x^2)^n};$$

& réduisant tout au même dénominateur, après avoir fait pour abréger $B+K=H$, on a l'équation identique

$$a+bx = Hp^2 - 2Anpq\,\text{cos.}\,6 + (2H-2Bn)pqx\,\text{cos.}\,b - 2Anq^2x + (Hq^2-2Bnq^2)x^2,$$

qui donne

$$Hp^2 - 2Anpq\,\text{cos.}\,6 = a,\ (2H-2Bn)pq\,\text{cos.}\,6 - 2Anq^2 = b,\ H-2Bn=0;$$

& par conséquent

$$2Bnp^2 - 2Anpq\,\text{cos.}\,6 = a,\ 2Bnpq\,\text{cos.}\,6 - 2Anq^2 = b,$$

d'où l'on tire

$$A = \frac{aq\,\text{cos.}\,6 - bp}{2npq^2\,\text{sin.}\,6^2},\ B = \frac{aq - bp\,\text{cos.}\,6}{2np^2q\,\text{sin.}\,6^2},\ K = \frac{(2n-1)(aq-bp\,\text{cos.}\,6)}{2np^2q\,\text{sin.}\,6^2}.$$

Le problême est donc résolu, & on a

$$\int \frac{(a+bx)\,dx}{(p^2+2pqx\cos.6+q^2x^2)^{n+1}} = \frac{apq\cos.6-bp^2+(aq^2-bpq\cos.6)x}{2np^2q^2\sin.6^2\,(p^2+2pqx\cos.6+q^2x^2)^n} + \int \frac{(2n-1)(aq-bp\cos.6)\,dx}{2np^2q\sin.6^2\,(p^2+2pqx\cos.6+q^2x^2)^n}.$$

On voit de plus (comme Jean Bernoulli l'a dit le premier dans les Mémoires de l'académie de 1702) que l'intégrale complète de toute formule différentielle rationnelle ne peut renfermer d'autres quantités transcendantes que des logarithmes & des arcs de cercle; il nous reste à éclaircir les propositions que nous venons de démontrer, par des exemples.

(365). On demande d'intégrer la fraction rationnelle $\frac{(a+bx)\,dx}{a'+b'x+c'x^2}$?

Si le dénominateur a ses deux facteurs réels & inégaux, on pourra les représenter par $e+fx$, $g+hx$; & la fraction proposée deviendra

$$\frac{(a+bx)\,dx}{(e+fx)(g+hx)} = \frac{ah-bg}{he-fg}\,\frac{dx}{g+hx} - \frac{af-be}{he-fg}\,\frac{dx}{e+fx},$$

dont l'intégrale complète est

$$\frac{ah-bg}{he-fg}\cdot\frac{\log.(g+hx)}{h} - \frac{af-be}{he-fg}\cdot\frac{\log.(e+fx)}{f} + c.$$

Si les deux facteurs sont réels & égaux, on aura à intégrer

$\frac{(a+bx)\,dx}{(g+hx)^2} = \frac{(ah-bg)\,dx}{h(g+hx)^2} + \frac{b\,dx}{h(g+hx)}$; & il est visible que ce second membre a pour intégrale complette $\frac{bg-ah}{h^2(g+hx)} + \frac{b}{h^2}\log.(g+hx) + c.$

Enfin si les deux facteurs sont imaginaires, on pourra donner à la proposée la forme que voici : $\frac{(a+bx)\,dx}{p^2+2pqx\cos.6+q^2x^2}$.

Soit encore pris pour exemple la formule différentielle $\frac{dx}{(1+x^4)^2}$.

On trouvera, par les méthodes expliquées (n°. 90), qu'elle est égale à

$$\frac{(1-x\sqrt{2})\,dx}{8(1-x\sqrt{2}+x^2)^2} + \frac{3(2-x\sqrt{2})\,dx}{16(1-x\sqrt{2}+x^2)} + \frac{(1+x\sqrt{2})\,dx}{8(1+x\sqrt{2}+x^2)^2} + \frac{3(2+x\sqrt{2})\,dx}{16(1+x\sqrt{2}+x^2)}.$$

Donc $\int \frac{dx}{(1+x^4)^2} = \frac{1}{8\sqrt{2}(1-x\sqrt{2}+x^2)} - \frac{3}{16\sqrt{2}}\log.(1-x\sqrt{2}+x^2) + \frac{3\sqrt{2}}{16}A\,\text{tang.}\,\frac{x}{\sqrt{2}-x} - \frac{1}{8\sqrt{2}(1+x\sqrt{2}+x^2)} + \frac{3}{16\sqrt{2}}\log.(1+x\sqrt{2}+x^2) + \frac{3\sqrt{2}}{16}A\,\text{tang.}\,\frac{x}{\sqrt{2}+x}$.

Mais

Mais le rayon étant pris pour l'unité, on a (n°. 9)

$$\text{tang.}\,(y+z)=\frac{\text{tang.}\,y+\text{tang.}\,z}{1-\text{tang.}\,y\,\text{tang.}\,z};\text{ donc}$$

$$A\,\text{tang.}\,\frac{x}{\sqrt{2}+x}+A\,\text{tang.}\,\frac{x}{\sqrt{2}-x}=A\,\text{tang.}\,\frac{x\sqrt{2}}{1-x^2};$$

& l'intégrale complète demandée est

$$c+\frac{x}{4(1+x^4)}+\frac{3}{16\sqrt{2}}\log.\frac{1+x\sqrt{2}+x^2}{1-x\sqrt{2}+x^2}+\frac{3\sqrt{2}}{16}A\,\text{tang.}\,\frac{x\sqrt{2}}{1-x^2}.$$

Il seroit inutile d'ajouter un plus grand nombre d'exemples, après les détails où nous sommes entrés dans les (nos. 83 & *suiv.*) Nous passerons à la manière de rendre rationnelles les formules différentielles qui ne le sont pas, en avertissant qu'il ne nous sera pas possible de nous étendre beaucoup sur cette partie importante de la méthode des quadratures qui n'est encore que très-peu avancée.

(366). On propose de rendre rationnelle la formule $\frac{dx}{\sqrt{(a+bx+cx^2)}}$.

Premiérement (nos. 100 & *suiv.*) les facteurs de $a+bx+cx^2$ sont inégaux, mais réels & représentés par $e+fx$, $g+hx$; on fera $(e+fx)(g+hx)=(e+fx)^2z^2$, d'où il sera facile de tirer $x=-\frac{ez^2-g}{fz^2-h}$, $dx=\frac{2(eh-fg)z\,dz}{(fz^2-h)^2}$,

$\sqrt{[(e+fx)(g+hx)]}=-\frac{(eh-fg)z}{fz^2-h}$, & par conséquent

$\frac{dx}{\sqrt{(a+bx+cx^2)}}=\frac{-2dz}{fz^2-h}$. Si f & h ont le même signe, cette formule rationnelle pourra être changée en celle-ci $\frac{1}{\sqrt{h}}\left(\frac{dz}{z\sqrt{f}+\sqrt{h}}-\frac{dz}{z\sqrt{f}-\sqrt{h}}\right)$,

qui a pour intégrale complète $\frac{1}{\sqrt{hf}}\log.\frac{z\sqrt{f}+\sqrt{h}}{z\sqrt{f}-\sqrt{h}}+c$; ou mettant pour z sa valeur $\frac{\sqrt{(g+hx)}}{\sqrt{(e+fx)}}$, on trouvera pour l'intégrale complète demandée,

$$\frac{1}{\sqrt{hf}}\log.\frac{\sqrt{f}\sqrt{(g+hx)}+\sqrt{h}\sqrt{(e+fx)}}{\sqrt{f}\sqrt{(g+hx)}-\sqrt{h}\sqrt{(e+fx)}}+c.$$

Si les deux lettres f & h ont différens signes, la formule rationnelle $\frac{-2dz}{fz^2-h}$ aura pour intégrale $\frac{2}{\sqrt{(-hf)}}A\,\text{tang.}\,z\sqrt{\frac{-f}{h}}$; & on aura pour l'intégrale complète demandée $\frac{2}{\sqrt{(-hf)}}A\,\text{tang.}\,\frac{\sqrt{-f}\sqrt{(g+hx)}}{\sqrt{h}\sqrt{(e+fx)}}+c$.

Mais les deux facteurs de $a+bx+cx^2$ peuvent être imaginaires; dans ce cas on donnera à ce trinome la forme que voici $p^2+2pqx\cos.\,\mathcal{C}+q^2x^2$; &

supposant cette dernière quantité égale à $(pz + qx)^2$, on aura

$$x = \frac{p(1 - z^2)}{2q(z - \cos. 6)^2}, \quad dx = \frac{-p\,dz(1 - 2z\cos. 6 + z^2)}{2q(z - \cos. 6)^2}.$$

Donc dans le cas de deux facteurs imaginaires, $\frac{dx}{(\sqrt{a + bx + cx^2})}$ devient $\frac{-dz}{q(z - \cos. 6)}$, & a pour intégrale complète $\frac{-1}{q}$ log. $(z - \cos. 6) + c =$ $\frac{-1}{q}$ log. $\frac{\sqrt{(p^2 + 2pqx\cos. 6 + q^2x^2)} - qx - p\cos. 6}{p} + c$.

Il est clair que par les mêmes substitutions on rendra rationnelle toute formule qui ne renfermera que des quantités radicales de cette forme $\sqrt{(a + bx + cx^2)}$. Ainsi on pourra toujours rendre rationnelle la formule

$$Kx^{ir-1}dx(n + px^r + qx^{2r})^{\frac{s}{2}},$$

si i & s sont des nombres entiers positifs ou négatifs ; car en faisant $x^r = u$, cette formule devient $\frac{K}{r}u^{i-1}du(n + pu + qu^2)^{\frac{s}{2}}$, qui ne peut renfermer d'autre quantité radicale que $\sqrt{(n + pu + qu^2)}$.

(367). On demande les cas où il est possible de rendre rationnelle la formule $Kx^m dx(p + qx^r)^s$? Si s est un nombre entier quelconque ou zéro, il suffira de supposer $x = y^\mu$, μ étant le commun dénominateur des deux exposans m & r. Mais si s est un nombre fractionnaire $\frac{\sigma}{\rho}$, & qu'il soit question de rendre rationnelle la formule $Kx^m dx(p + qx^r)^{\frac{\sigma}{\rho}}$; on fera $p + qx^r = u^\rho$, d'où $(p + qx^r)^{\frac{\sigma}{\rho}} = u^\sigma$, $x = \left(\frac{u^\rho - p}{q}\right)^{\frac{1}{r}}$, $x^m = \left(\frac{u^\rho - p}{q}\right)^{\frac{m}{r}}$, $dx = \frac{\rho u^{\rho-1}du}{qr}\left(\frac{u^\rho - p}{q}\right)^{\frac{1}{r}-1}$; en substituant ces valeurs, la formule proposée deviendra $\frac{K\rho}{qr}u^{\sigma+\rho-1}du\left(\frac{u^\rho - p}{q}\right)^{\frac{m+1}{r}-1}$, qui sera rationnelle toutes les fois que $\frac{m+1}{r}$ sera un nombre entier quelconque ou zéro.

Je donne à la même formule la forme que voici,

$Kx^{m+\frac{\sigma r}{\rho}}dx(px^{-r} + q)^{\frac{\sigma}{\rho}}$; & je fais $px^{-r} + q = u^\rho$,

d'où $(px^{-r} + q)^{\frac{\sigma}{\rho}} = u^\sigma$, $x = \left(\frac{p}{u^\rho - q}\right)^{\frac{1}{r}}$, $x^{m+\frac{\sigma r}{\rho}} = \left(\frac{p}{u^\rho - q}\right)^{\frac{m}{r}+\frac{\sigma}{\rho}}$,

$dx = \frac{-p\rho u^{\rho-1}du}{r(u^\rho - q)^2}\left(\frac{p}{u^\rho - q}\right)^{\frac{1}{r}-1}$;

ce qui la change en celle-ci $\frac{-Kp\rho u^{\sigma+\rho-1}du}{r(u^\rho-q)^2}\left(\frac{p}{u^\rho-q}\right)^{\frac{m+1}{r}+\frac{\sigma}{\rho}-1}$, qui est rationnelle si $\frac{m+1}{r}+\frac{\sigma}{\rho}$ est un nombre entier quelconque ou zéro.

Ainsi on rendra rationnelle la formule $\frac{dx}{\sqrt{(p^2+x^2)}}$, en faisant $p^2x^{-2}+1=u^2$; & on la changera en celle-ci $\frac{-du}{u^2-1}$, dont l'intégrale complète est $\frac{1}{2}\log.\frac{u+1}{u-1}+c=\frac{1}{2}\log.\frac{\sqrt{(p^2+x^2)}+x}{\sqrt{(p^2+x^2)}-x}+c$.
Si j'eusse fait $\sqrt{(p^2+x^2)}=x+u$; j'aurois changé la formule proposée en celle-ci $\frac{-du}{u}$; & j'aurois trouvé pour l'intégrale complète demandée $-\log.[\sqrt{(p^2+x^2)}-x]+c'$, ou $\log.\frac{1}{\sqrt{(p^2+x^2)}-x}+c'$
En déterminant la constante arbitraire par la condition que l'intégrale soit nulle lorsque $x=0$, on trouve
$\int\frac{dx}{\sqrt{(p^2+x^2)}}=\frac{1}{2}\log.\frac{\sqrt{(p^2+x^2)}+x}{\sqrt{(p^2+x^2)}-x}=\log.\frac{p}{\sqrt{(p^2+x^2)}-x}=$ $\log.\frac{\sqrt{(p^2+x^2)}+x}{p}$. Par ces deux mêmes transformations, on rendra rationnelle la formule $Kx^4dx\sqrt{(p^2+x^2)}$. Car si l'on fait $p^2x^{-2}+1=u^2$, elle devient $\frac{-Kp^6u^2du}{(u^2-1)^4}$; & si l'on fait $\sqrt{(p^2+x^2)}=x+u$, on la change en celle-ci $\frac{-Kdu}{u}\left(\frac{p^2+u^2}{2u}\right)^2\left(\frac{p^2-u^2}{2u}\right)^4$.

La formule $Kx^mdx\left(\frac{p+qx^r}{p'+q'x^r}\right)^{\frac{\sigma}{\rho}}$ étant proposée, on fera $\frac{p+qx^r}{p'+q'x^r}=u^\rho$;

d'où $\left(\frac{p+qx^r}{p'+q'x^r}\right)^{\frac{\sigma}{\rho}}=u^\sigma$, $x=\left(\frac{p'u^\rho-p}{q-q'u^\rho}\right)^{\frac{1}{r}}$, $x^m=\left(\frac{p'u^\rho-p}{q-q'u^\rho}\right)^{\frac{m}{r}}$,

$$dx=\frac{\rho}{r}\left(\frac{p'u^\rho-p}{q-q'u^\rho}\right)^{\frac{1}{r}-1}\left(\frac{p'u^{\rho-1}du}{q-q'u^\rho}+\frac{q'(p'u^\rho-p)u^{\rho-1}du}{(q-q'u^\rho)^2}\right);$$

& comme par ces substitutions cette formule devient

$$\frac{K\rho u^{\sigma+\rho-1}du}{r(q-q'u^\rho)}\left(\frac{p'u^\rho-p}{q-q'u^\rho}\right)^{\frac{m+1}{r}-1}\left(p'+\frac{q'(p'u^\rho-p)}{q-q'u^\rho}\right),$$

on voit qu'elle sera rationnelle toutes les fois qu'on aura pour $\frac{m+1}{r}$ un nombre entier quelconque ou zéro.

(368). Ainsi dans la méthode des quadratures, on se propose pour but principal de ramener une différentielle proposée à quelqu'autre différentielle que l'on sache intégrer. Soient, par exemple, ces deux formules différentielles

$$h x^m dx (p + q x^r)^s \text{ \& } i x^n dx (p + q x^r)^s;$$

on demande quand il est possible de faire dépendre l'intégrale de l'une de l'intégrale de l'autre; ou, ce qui revient au même, quand on peut supposer que

$$\int h x^m dx (p + q x^r)^s = \Psi + K \int x^n dx (p + q x^r)^s,$$

Ψ étant une fonction algébrique de x & de constantes, & K un co-efficient constant quelconque.

On tire de cette équation $d\Psi = (h x^m - K x^n)(p + q x^r)^s dx$; & il est clair que Ψ ne peut être égal qu'à $(p + q x^r)^{s+1}$ multiplié par une suite finie de cette forme, $A x^\lambda + B x^{\lambda + \mu} + C x^{\lambda + 2\mu} +$ &c., A, B, C, &c. étant des co-efficiens constans, & λ, μ des nombres quelconques. Je supposerai donc

$$\int h x^m dx (p + q x^r)^s = (p + q x^r)^{s+1} (A x^\lambda + B x^{\lambda+\mu} + C x^{\lambda + 2\mu} + \ldots + H x^{\lambda + \theta\mu}) + K \int x^n dx (p + q x^r)^s.$$

Après avoir différentié cette équation, je divise tous les termes par $dx (p + q x^r)^s$, & je fais pour abréger $(s + 1) r = \rho$; ce qui me donne

$$h x^m = (\lambda + \rho) q A x^{\lambda + r - 1} + (\lambda + \mu + \rho) q B x^{\lambda + \mu + r - 1} + (\lambda + 2\mu + \rho) q C x^{\lambda + 2\mu + r - 1} + \ldots\ldots + (\lambda + \theta\mu + \rho) q H x^{\lambda + \theta\mu + r - 1} + \lambda p A x^{\lambda - 1} + (\lambda + \mu) p B x^{\lambda + \mu - 1} + (\lambda + 2\mu) p C x^{\lambda + 2\mu - 1} + \ldots + (\lambda + \theta\mu) p H x^{\lambda + \theta\mu - 1} + K x^n.$$

J'ordonne cette équation identique comme il suit:

$$\left[\begin{array}{lllll} (\lambda + \rho) q A x^{\lambda + r - 1} & + (\lambda + \mu + \rho) q B x^{\lambda + \mu + r - 1} & + (\lambda + 2\mu + \rho) q C x^{\lambda + 2\mu + r - 1} & + \ldots \\ \quad * & + \quad \lambda p A x^{\lambda - 1} & + \quad (\lambda + \mu) p B x^{\lambda + \mu - 1} & + \ldots \\ + (\lambda + \theta\mu + \rho) \quad q H x^{\lambda + \theta\mu + r - 1} & & ** & \\ + (\lambda + (\theta - 1) \cdot \mu) p G x^{\lambda + (\theta - 1) \cdot \mu - 1} & + (\lambda + \theta\mu) p H x^{\lambda + \theta\mu - 1} & & \end{array}\right] = 0;$$

j'ai laissé deux places vacantes, l'une marquée *, l'autre marquée **, pour y pouvoir placer alternativement les termes $- h x^m$ & $K x^n$. Si je mets le premier à la place marquée *, & l'autre à la place marquée **, j'aurai

$$\lambda + r - 1 = m, \quad \mu + r = 0, \quad \lambda + \theta\mu - 1 = n;$$

d'où l'on tire $\lambda = m - r + 1$, $\mu = -r$ & $\theta + 1 = \frac{m - n}{r}$.

Or $\frac{m - n}{r}$ étant l'expression du nombre des termes de la série $A x^\lambda +$ &c. doit

être

être un nombre entier positif; & dans ce cas on a, pour déterminer les co-efficiens, cette suite d'équations

$$(a) \ldots\ldots\ldots (\lambda+\rho)\,qA = h,\ (\lambda+\mu+\rho)\,qB + \lambda pA = 0;\ (\lambda+2\mu+\rho)\,qC + (\lambda+\mu)\,pB = 0, \ldots\ldots\ldots (\lambda+\theta\mu+\rho)\,qH + (\lambda+(\theta-1).\mu)\,pG = 0,\ K+(\lambda+\theta\mu)\,pH = 0.$$

Je mets le terme Kx^n à la place marquée *, & le terme $-hx^m$ à la place marquée **; cela me donne

$$\lambda + r - 1 = n,\ \mu + r = 0,\ \lambda + \theta\mu - 1 = m;$$

d'où l'on tire $\lambda = n - r + 1$, $\mu = -r$ & $\theta + 1 = \frac{n-m}{r}$.

Ainsi $\frac{n-m}{r}$ doit être un nombre entier positif; & dans ce second cas, on a pour déterminer les co-efficiens cette suite d'équations

$$(b) \ldots\ldots\ldots (\lambda+\rho)\,qA + K = 0,\ (\lambda+\mu+\rho)\,qB + \lambda pA = 0;\ (\lambda+2\mu+\rho)\,qC + (\lambda+\mu)\,pB = 0, \ldots\ldots\ldots (\lambda+\theta\mu+\rho)\,qH + (\lambda+(\theta-1).\mu)\,pG = 0,\ (\lambda+\theta\mu)\,pH = h.$$

On peut ordonner la même équation identique de cette autre manière:

$$\left[\begin{array}{l} \lambda pAx^{\lambda-1} + (\lambda+\mu)pBx^{\lambda+\mu-1} + (\lambda+2\mu)pCx^{\lambda+2\mu-1} + \ldots\ldots \\ {}^{*} \qquad + (\lambda+\rho)qAx^{\lambda+r-1} + (\lambda+\mu+\rho)qBx^{\lambda+\mu+r-1} + \ldots\ldots \\ + \qquad (\lambda+\theta\mu)pHx^{\lambda+\theta\mu-1} \qquad\qquad {}^{**} \\ + (\lambda+(\theta-1).\mu+\rho)qGx^{\lambda+(\theta-1).\mu+r-1} + (\lambda+\theta\mu+\rho)qHx^{\lambda+\theta\mu+r-1} \end{array}\right] = 0;$$

en conservant toujours deux places pour y mettre alternativement les termes $-hx^m$ & Kx^n. Si je mets $-hx^m$ à la place marquée *, & Kx^n à l'autre place, j'aurai

$$\lambda - 1 = m,\ \mu = r,\ \lambda + \theta\mu + r - 1 = n;$$

d'où l'on tire $\theta + 1 = \frac{n-m}{r}$, qui est l'une des conditions qu'on a déjà trouvées. Cet arrangement donne alors pour déterminer les co-efficiens, cette suite d'équations

$$(c) \ldots\ldots \lambda pA = h,\ (\lambda+\mu)\,pB + (\lambda+\rho)\,qA = 0,\ (\lambda+2\mu)\,pC + (\lambda+\mu+\rho)\,qB = 0 \ldots\ldots (\lambda+\theta\mu)\,pH + (\lambda+(\theta-1).\mu+\rho)\,qG = 0;\ K + (\lambda+\theta\mu+\rho)\,qH = 0,$$

qui ne diffèrent pas des équations b, comme il sera facile de s'en assurer en substituant dans les unes & dans les autres, pour $\theta + 1$ sa valeur $\frac{n-m}{r}$. En mettant Kx^n à la place marquée * & $-hx^m$ à l'autre place, on trouve

$$\lambda - 1 = n,\ \mu = r \ \&\ \lambda + \theta\mu + r - 1 = m,$$

d'où l'on tire $\theta + 1 = \frac{m-n}{r}$, qui est l'autre des conditions qu'on a déjà trouvées ; & on aura pour déterminer les co-efficiens dans ce cas-ci une suite d'équations qui seront les mêmes que les équations a. Ainsi ce second arrangement ne nous apprend rien de plus que le précédent ; & le problême n'est possible que lorsque l'une de ces deux quantités $\frac{m-n}{r}$ ou $\frac{n-m}{r}$ est un nombre entier positif.

Si $\frac{m-n}{r} = \theta + 1$, & est par conséquent un nombre entier positif, les équations a donnent

$$A = \frac{h}{(m+sr+1)q},\ B = -\frac{(m-r+1)pA}{(m+(s-1)\cdot r+1)q},\ C = -\frac{(m-2r+1)pB}{(m+(s-2)\cdot r+1)q}$$

$$\ldots\ldots H = -\frac{(m-\theta r+1)pG}{(m+(s-\theta)\cdot r+1)q},\ K = -(m-(\theta+1)r+1)pH;$$

$$\&\ (A)\ \ldots\ldots \int hx^m dx\,(p+qx^r)^s = (p+qx^r)^{s+1}\Big(\frac{hx^{m-r+1}}{(m+sr+1)q} - \frac{(m-r+1)p\,(1)}{(m+(s-1)\cdot r+1)qx^r} - \frac{(m-2r+1)p\,(2)}{(m+(s-2)\cdot r+1)qx^r} - \ldots\ldots - \frac{(m-\theta r+1)p\,(\theta)}{(m+(s-\theta)\cdot r+1)qx^r}\Big) \pm \frac{(m-r+1)(m-2r+1)\ldots\ldots(m-(\theta+1)\cdot r+1)}{(m+sr+1)(m+(s-1)\cdot r+1)\ldots(m+(s-\theta)\cdot r+1)}\,h\left(\frac{p}{q}\right)^{\theta+1}\int x^n dx\,(p+qx^r)^s.$$

Si $\frac{n-m}{r} = \theta + 1$, & est par conséquent un nombre entier positif, les équations c donnent

$$A = \frac{h}{(m+1)p},\ B = -\frac{(m+(s+1)\cdot r+1)qA}{(m+r+1)p},\ C = -\frac{(m+(s+2)\cdot r+1)qB}{(m+2r+1)p},$$

$$\ldots\ldots H = -\frac{(m+(s+\theta)\cdot r+1)qG}{(m+\theta r+1)p},\ K = -(m+(s+\theta+1).r+1)qH;$$

$$\&\ (B)\ \ldots\ldots \int hx^m dx\,(p+qx^r)^s = (p+qx^r)^{s+1}\Big(\frac{hx^{m+1}}{(m+1)p} - \frac{(m+(s+1)\cdot r+1)qx^r\,(1)}{(m+r+1)p} - \frac{(m+(s+2)\cdot r+1)qx^r\,(2)}{(m+2r+1)p} - \ldots\ldots - \frac{(m+(s+\theta)\cdot r+1)qx^r\,(\theta)}{(m+\theta r+1)p}\Big) \pm \frac{(m+(s+1)\cdot r+1)(m+(s+2)\cdot r+1)\ldots(m+(s+\theta+1)\cdot r+1)}{(m+1)(m+r+1)\ldots\ldots\ldots(m+\theta r+1)}\,h\left(\frac{q}{p}\right)^{\theta+1}\int x^n dx\,(p+qx^r)^s.$$

Dans l'une & l'autre formule, (1) marque le premier terme de la suite finie, (2) le second, &c.; & quant au dernier terme de chacune, il aura le signe + ou le signe —, selon que $\theta + 1$ sera pair ou impair.

(369). Nous trouverons, par exemple, que l'intégrale de $\frac{x^{2e}dx}{\sqrt{(1 \pm x^2)}}$, e étant un nombre entier positif, dépend de celle de $\frac{dx}{\sqrt{(1 \pm x^2)}}$, que l'on sait être log. $(x + \sqrt{(1 + x^2)})$ lorsque x^2 a le signe +, & A sin. x lorsque x^2 a le signe —. En effet, $\frac{m-n}{r}$, étant égal à e, est un nombre entier positif; on fera usage de la première formule, & on aura

$$\int \frac{x^{2e}dx}{\sqrt{(1 \pm x^2)}} = \sqrt{(1 \pm x^2)} \left(\frac{x^{2e-1}}{\pm 2e} - \frac{(2e-1)x^{2e-3}}{2e(2e-2)} + \frac{(2e-1)(2e-3)x^{2e-5}}{\pm 2e(2e-2)(2e-4)} \dots \right) \pm \frac{(2e-1)(2e-3)\dots\dots(1)}{2e(2e-2)(2e-4)\dots(2)} (\pm 1)^e \int \frac{dx}{\sqrt{(1 \pm x^2)}}.$$

Si $e = 1$, la proposée est $\frac{x^2 dx}{\sqrt{(1 \pm x^2)}}$, qui a pour intégrale complète

$$\pm \frac{x}{2} \sqrt{(1 \pm x^2)} \mp \tfrac{1}{2} \int \frac{dx}{\sqrt{(1 \pm x^2)}} + c;$$

si $e = 2$, la proposée est $\frac{x^4 dx}{\sqrt{(1 \pm x^2)}}$, qui a pour intégrale complète

$$\left(\frac{x^3}{\pm 4} - \frac{3x}{2 \cdot 4} \right) \sqrt{(1 \pm x^2)} + \frac{1 \cdot 3}{2 \cdot 4} \int \frac{dx}{\sqrt{(1 \pm x^2)}} + c; \text{ \&c.}$$

En faisant usage de la seconde formule, nous trouverons que l'intégrale de $\frac{dx}{x^{2e+1}\sqrt{1 \pm x^2)}}$, e étant toujours un nombre entier positif, dépend de celle de $\frac{dx}{x\sqrt{(1 \pm x^2)}}$ que l'on sait être $\frac{1}{2}$ log. $\frac{\pm \sqrt{(1 \pm x^2)} \mp 1}{\sqrt{(1 \pm x^2)} + 1}$. En effet, $\frac{n-m}{r}$ étant égal à e, est un nombre entier positif; & on a

$$\int \frac{dx}{x^{2e+1}\sqrt{(1 \pm x^2)}} = \sqrt{(1 \pm x^2)} \left[- \frac{x^{-2e}}{2e} \pm \frac{(2e-1)x^{-2e+2}}{2e(2e-2)} - \frac{(2e-1)(2e-3)x^{-2e+4}}{2e(2e-2)(2e-4)} \dots\dots \right] \pm \frac{(2e-1)(2e-3)\dots\dots\dots(1)}{2e(2e-2)(2e-4)\dots(2)} (\pm 1)^e \int \frac{dx}{x\sqrt{(1 \pm x^2)}}.$$

Si $e = 1$, la proposée devient $\frac{dx}{x^3\sqrt{(1 + x^2)}}$, & a pour intégrale complète

$$- \frac{\sqrt{(1 \pm x^2)}}{2x^2} \mp \tfrac{1}{2} \int \frac{dx}{x\sqrt{(1 \pm x^2)}} + c;$$

si $e = 2$, la proposée devient $\frac{dx}{x^5\sqrt{(1 \pm x^2)}}$, & a pour intégrale complète $\sqrt{(1 \pm x^2)}\left(-\frac{x^{-4}}{4} \pm \frac{1 \cdot 3 x^{-2}}{2 \cdot 4}\right) + \frac{1 \cdot 3}{2 \cdot 4}\int\frac{dx}{x\sqrt{(1 \pm x^2)}} + c$; &c.

Il pourroit arriver que $\frac{m-n}{r}$ étant un nombre entier positif, & $\frac{m+1}{r} + s$ un nombre entier positif ou zéro ; ou que $\frac{n-m}{r}$ étant un nombre entier positif, & $\frac{m+1}{r}$ un nombre entier négatif ou zéro, un des termes de la suite finie fût $\frac{1}{0}$ ou infinie, & que le problême ne fût pas résolu. Par exemple, on verra aisément que $\frac{dx}{\sqrt{(1 - x^2)}}$ ne peut pas dépendre de $\frac{dx}{x^4\sqrt{(1 - x^2)}}$, quoiqu'on ait $m = 0$, $n = -4$, $r = 2$, & par conséquent $\frac{m-n}{r}$ un nombre entier positif. On sait que la première de ces quantités est la différentielle d'un arc de cercle; l'autre a pour intégrale $-\frac{2x^2 + 1}{3x^3}\sqrt{(1 - x^2)}$. Mais nous avons démontré précédemment que dans les deux cas dont il est ici question, la différentielle $hx^m dx(p + qx^r)^s$ pouvoit toujours être rendue rationnelle.

(370). Les formules *A* & *B* donnent $hx^m dx(p + qx^r)^s$ intégrable algébriquement dans les deux cas suivans. 1°. Lorsque $m - (\theta + 1)r + 1$ sera zéro sans que $m + (s - \theta)r + 1$ le soit, ou toutes les fois que s n'étant pas égal à -1, $\frac{m+1}{r}$ sera un nombre entier positif;
2°. lorsque $m + (s + \theta + 1)r + 1$ sera zéro, sans que $m + \theta r + 1$ le soit, ou toutes les fois que s n'étant point égal à -1, $\frac{m+1}{-r} - s$ sera un nombre entier positif. D'où il suit que les deux différentielles $\frac{x^{2e+1}dx}{\sqrt{(1 \pm x^2)}}$ & $\frac{dx}{x^{2e}\sqrt{(1 \pm x^2)}}$, e étant toujours un nombre entier positif, sont intégrables algébriquement. L'intégrale complète de la première est

$$\left(\pm\frac{x^{2e}}{2e+1} - \frac{2e x^{2e-2}}{(2e+1)(2e-1)} \pm \frac{2e(2e-2)x^{2e-4}}{(2e+1)(2e-1)(2e-3)} \ldots\right)\sqrt{(1 \pm x^2)} + c;$$

la seconde a pour intégrale complète

$$\left(-\frac{x^{-2e+1}}{2e-1} \pm \frac{(2e-2)x^{-2e+3}}{(2e-1)(2e-3)} - \frac{(2e-2)(2e-4)x^{-2e+5}}{(2e-1)(2e-3)(2e-5)} \ldots\right)\sqrt{(1 \pm x^2)} + c.$$

Je

Je ferai en passant une remarque qui pourra paroître intéressante. L'intégrale de $\frac{dx}{\sqrt{(1-x^2)}}$, prise de manière qu'elle s'évanouisse lorsque $x=0$, devient $\frac{\pi}{2}$ lorsqu'on fait $x=1$, π étant la demi-circonférence dont le rayon est 1; s'il étoit question de trouver ce que deviendroient $\int\frac{x^{2e}dx}{\sqrt{(1-x^2)}}$ & $\int\frac{x^{2e+1}dx}{\sqrt{(1-x^2)}}$, dans les mêmes hypothèses, les formules précédentes donneroient

$$\int\frac{x^{2e}dx}{\sqrt{(1-x^2)}}=\frac{1\cdot3\cdot5\cdots\cdots2e-1}{2\cdot4\cdot6\cdots\cdots\cdots2e}\,\frac{\pi}{2},\ \int\frac{x^{2e+1}dx}{\sqrt{(1-x^2)}}=\frac{2\cdot4\cdot6\cdots\cdots2e}{3\cdot5\cdot7\cdots\cdots2e+1};$$

donc $\int\frac{x^{2e}dx}{\sqrt{(1-x^2)}}\cdot\int\frac{x^{2e+1}dx}{\sqrt{(1-x^2)}}=\frac{1}{2e+1}\cdot\frac{\pi}{2}$.

Soit $x=z^\lambda$; cela posé, comme λ étant positif, $x=0$ donne $z=0$, & $x=1$ donne $z=1$, on a

$$\lambda^2\int\frac{z^{2e\lambda+\lambda-1}dz}{\sqrt{(1-z^{2\lambda})}}\cdot\int\frac{z^{2e\lambda+2\lambda-1}}{\sqrt{(1-z^{2\lambda})}}=\frac{1}{2e+1}\cdot\frac{\pi}{2};$$

ou (faisant $2e\lambda+\lambda-1=\mu$, d'où l'on tire $2e+1=\frac{\mu+1}{\lambda}$)

$$\int\frac{z^{\mu}dz}{\sqrt{(1-z^{2\lambda})}}\cdot\int\frac{z^{\mu+\lambda}dz}{\sqrt{(1-z^{2\lambda})}}=\frac{1}{\lambda\cdot(\mu+1)}\cdot\frac{\pi}{2}.$$

Ainsi le produit de ces deux intégrales, prises de manière qu'elles s'évanouissent lorsque $x=0$, devient $\frac{1}{\lambda\cdot(\mu+1)}\cdot\frac{\pi}{2}$ lorsqu'on fait $x=1$; & il pourroit arriver que chacune en particulier ne fût ni algébrique ni dépendante d'un arc de cercle.

(371). Lorsque l'intégrale de $hx^m dx(p+qx^r)^s$ n'étant point algébrique, on voudra l'avoir ensuite infinie, on pourra faire usage de ces mêmes formules qui donneront pour intégrale approchée l'une ou l'autre de ces deux suites dont on choisira la plus convergente.

$$(\text{I})\ldots\ldots(p+qx^r)^{s+1}\left(\frac{hx^{m-r+1}}{(m+sr+1)q}-\frac{(m-r+1)p(1)}{(m+(s-1)\cdot r+1)qx^r}-\frac{(m-2r+1)p(2)}{(m+(s-2)\cdot r+1)qx^r}-\&c.\right);$$

$$(\text{II})\ldots\ldots(p+qx^r)^{s+1}\left(\frac{hx^{m+1}}{(m+1)p}-\frac{(m+(s+1)\cdot r+1)qx^r(1)}{(m+r+1)p}-\frac{(m+(s+2)\cdot r+1)qx^r(2)}{(m+2r+1)p}-\&c.\right).$$

Mais on ne pourra pas faire usage de la première suite, lorsque $\frac{m+1}{r}+s$ sera un nombre entier positif ou zéro; on ne pourra pas faire usage de la seconde,

Partie II. D

lorsque $\frac{m+1}{r}$ sera un nombre entier négatif ou zéro ; & on ne pourra faire usage ni de l'une ni de l'autre lorsque les deux choses auront lieu à la fois. Au reste, nous avons déjà remarqué que dans tous ces cas la différentielle pouvoit être facilement rendue rationnelle. On observera encore que pour trouver de cette manière les intégrales complètes, il faut, en intégrant, ajouter des constantes arbitraires ; & lorsqu'en faisant usage des deux suites, il sera possible d'avoir l'intégrale complète d'une différentielle proposée sous deux formes différentes, on ne supposera pas qu'elles renferment chacune la même constante arbitraire, car il est évident que les deux suites diffèrent d'une quantité constante.

Enfin, pour donner un exemple, je proposerai de trouver en suite infinie l'intégrale complète de $\frac{dx}{\sqrt{(1-x^2)}}$ qui sera la valeur de l'arc qui a x pour sinus, le rayon étant égal à l'unité, si elle est prise de manière qu'elle soit nulle lorsque $x=0$. A cause de $m=0$, $r=2$, $s=-\frac{1}{2}$, on a $\frac{m+1}{r}+s=0$, & il est clair qu'on ne peut faire usage que de la seconde suite qui donne

$$A \text{ sin. } x = \left(x + \frac{2x^3}{3} + \frac{2\cdot 4x^5}{3\cdot 5} + \&c.\right)\sqrt{(1-x^2)}.$$

Lorsque $x=1$, l'arc est de $90°$; cependant à cause de $\sqrt{(1-x^2)}=0$, on pourroit être tenté de croire que nous avons trouvé 0 pour sa valeur. Mais en y faisant plus d'attention, on verra que la suite qui a pour facteur 0, est $\frac{1}{0}$ ou infinie, & qu'ainsi nous n'avons trouvé pour l'expression de l'arc de $90°$ que $\frac{0}{0}$, ou une quantité indéterminée, ce qui n'est point absurde.

(372). Au lieu de supposer que le binome $p+qx^r$ est élevé à la même puissance dans chacune des différentielles, nous le supposerons élevé à des puissances différentes ; & nous demanderons les conditions qui doivent avoir lieu pour que l'équation

$$\int hx^m dx(p+qx^r)^s = (p+qx^r)^{s+1}\Psi + K\int x^n dx(p+qx^r)^t$$

soit possible ; par Ψ on entend une suite finie de la forme de celle dont nous avons fait usage dans le problême précédent. En différentiant on aura, après avoir divisé par dx, & fait pour abréger $(s+1)\cdot r=\rho$,

$$hx^m(p+qx^r)^s = \rho qx^{r-1}(p+qx^r)^s\Psi + (p+qx^r)^{s+1}\frac{d\Psi}{dx} + Kx^n(p+qx^r)^t.$$

Maintenant ou s est plus grand, ou il est moindre que t ; s'il est plus grand, je ferai $s-t=\tau$, & je changerai l'équation précédente en celle-ci,

$$hx^m(p+qx^r)^\tau = \rho qx^{r-1}(p+qx^r)^\tau\Psi + (p+qx^r)^{\tau+1}\frac{d\Psi}{dx} + Kx^n.$$

Soit $(p+qx^r)^{\tau+1}\Psi = \Pi$; en substituant dans la dernière équation pour

$(p+qx^r)^\tau \Psi$ & $(p+qx^r)^{\tau+1}\frac{d\Psi}{dx}$ leurs valeurs, je trouve, après avoir fait pour abréger $(p-r\cdot(\tau+1))q=q'$,

$$hx^m(p+qx^r)^{\tau+1}=q'x^{r-1}\Pi+(p+qx^r)\frac{d\Pi}{dx}+Kx^n(p+qx^r).$$

Il est clair que pour qu'on puisse supposer

$$\Pi=Ax^\lambda+Bx^{\lambda+\mu}+Cx^{\lambda+2\mu}+\ldots\ldots\ldots+Hx^{\lambda+\theta\mu},$$

il faut que τ soit un nombre entier positif, & si cette condition n'avoit pas lieu, le problême proposé ne seroit pas possible. Mais cela étant, on a

$$hx^m(p+qx^r)^{\tau+1}=(\alpha)\ldots hp^{\tau+1}x^m+(\tau+1).hp^\tau qx^{m+r}+\ldots\ldots\ldots+hq^{\tau+1}x^{m+(\tau+1)\cdot r},$$

c'est le premier membre de notre transformée, le second sera composé des deux suites

$$(\beta)\ldots\ldots\ldots(q'+q\lambda)Ax^{\lambda+r-1}+(q'+q\cdot(\lambda+\mu)Bx^{\lambda+\mu+r-1}+(q'+q\cdot(\lambda+2\mu)Cx^{\lambda+2\mu+r-1}+\ldots+(q'+q\cdot(\lambda+\theta\mu))Hx^{\lambda+\theta\mu+r-1},$$

$$(\gamma)\ldots\ldots p\lambda Ax^{\lambda-1}+(\lambda+\mu)\cdot pBx^{\lambda+\mu-1}+(\lambda+2\mu)\cdot pCx^{\lambda+2\mu-1}+\ldots\ldots+(\lambda+\theta\mu)\cdot phx^{\lambda+\theta\mu-1},$$

& des deux termes Kpx^n+Kqx^{n+r}. Si l'on fait $\mu+r=0$, les deux suites β & γ n'en feront qu'une que je représenterai par

$$(\delta)\ldots\ldots A'x^{\lambda+r-1}+B'x^{\lambda-1}+\ldots\ldots+I'x^{\lambda-\theta r-1}.$$

J'ordonnerai la transformée $\alpha=\delta+Kpx^n+Kqx^{n+r}$, en mettant le dernier terme de la suite α sous le premier de la suite δ & Kpx^n sous le dernier terme de la suite δ, ce qui donnera

$$m+(\tau+1)\cdot r=\lambda+r-1 \text{ \& } \lambda-\theta r-1=n,$$

d'où l'on tirera $\frac{m-n}{r}+\tau+1=\theta+1$. Je mettrai le premier terme de la suite α sous le dernier terme de la suite δ & Kqx^{n+r} sous le premier terme de la suite δ, ce qui donnera $\lambda-\theta r-1=m$ & $\lambda-1=n$, d'où l'on tirera $\frac{n-m}{r}+1=\theta+1$. Je ferai $\mu=r$, & les deux suites β & γ n'en feront qu'une que je représenterai par

$$(e)\ldots\ldots A''x^{\lambda-1}+B''x^{\lambda+r-1}+\ldots+I''x^{\lambda+(\theta+1)\cdot r-1}.$$

J'ordonnerai la transformée $\alpha=e+Kpx^n+Kqx^{n+r}$ en mettant le premier terme de la suite α sous le premier terme de la suite e, & Kqx^{n+r} sous le dernier terme de la suite ϵ, ce qui donnera $\lambda - 1 = m$ & $\lambda + (\theta + 1) \cdot r - 1 = n + r$; d'où je tirerai $\frac{n - m}{r} + 1 = \theta + 1$, qui est une des conditions déjà trouvées. Je mettrai le dernier terme de la suite α sous le dernier terme de la suite ϵ, & Kpx^n sous le premier terme de la suite ϵ, ce qui donnera

$$m + (\tau + 1) \cdot r = \lambda + (\theta + 1) \cdot r - 1 \text{ \& } \lambda - 1 = n,$$

d'où je tirerai $\frac{m - n}{r} + \tau + 1 = \theta + 1$, qui est l'autre des conditions déjà trouvées. Ces deux équations $\frac{m - n}{r} + \tau + 1 = \theta + 1$ & $\frac{n - m}{r} + 1 = \theta + 1$ montrent que quel que soit le nombre entier positif τ, le problême ne sera possible que lorsque la différence des deux exposans m & n divisée par r sera un nombre entier, &c.

(373). Nous avons supposé jusqu'ici que dans la différentielle $X\,dx$, X étoit une fonction algébrique de x & de constantes; maintenant nous regarderons cette fonction comme pouvant renfermer des quantités transcendantes telles que des logarithmes, des arcs de cercle, &c. D'abord on propose d'intégrer $p\,dx$ log. q, où p & q sont deux fonctions algébriques de x & de constantes. Par une transformation dont nous avons souvent fait usage, on trouve

$$\int p\,dx \text{ log. } q = \text{log. } q \int p\,dx - \int\left(\frac{dq}{q}\int p\,dx\right).$$

Je suppose que par les méthodes précédentes on ait intégré $p\,dx$, & je nomme V cette intégrale; on aura

$$\int p\,dx \text{ log. } q = V \text{ log. } q - \int\frac{V\,dq}{q};$$

& si par hasard V étoit une fonction algébrique de q ou de log. q, il ne seroit plus question que de faire en sorte d'intégrer $\frac{V\,dq}{q}$ par les mêmes méthodes. Par exemple, si la différentielle proposée étoit $x^n dx$ log. x; à cause de $p = x^n$ & de $q = x$, on auroit

$$V\left(= \int p\,dx\right) = \frac{x^{n+1}}{n+1} \text{ \& } \int\frac{V\,dq}{q} = \frac{x^{n+1}}{(n+1)^2}.$$

Ainsi, hors le cas de $n = -1$,

$$\int x^n\,dx \text{ log. } x = c + \frac{x^{n+1}}{n+1}\left(\text{log. } x - \frac{1}{n+1}\right);$$

lorsque $n = -1$, la transformation précédente donne

$$\int\frac{dx}{x} \text{ log. } x = (\text{log. } x)^2 - \int\frac{dx}{x} \text{ log. } x,$$

& par conséquent $\int\frac{dx}{x}$ log. $x = c + \frac{1}{2}(\text{log. } x)^2$.

Je

Je prendrai pour second exemple la différentielle $\frac{dx}{1-x}\log. x$. On a $p = \frac{1}{1-x}$, $q = x$, & par conséquent

$$y = -\log.(1-x), \int\frac{dx}{1-x}\log. x = -\log. x\log.(1-x) + \int\frac{dx}{x}\log.(1-x).$$

On trouvera de la même manière

$$\int\frac{dx}{x}\log.(1-x) = \log. x\log.(1-x) + \int\frac{dx}{1-x}\log. x;$$

& en substituant cette valeur, on tombera dans une équation identique, qui n'apprendra rien absolument. Mais si avant de faire aucune transformation, nous réduisons $\frac{1}{1-x}$ en série, nous aurons

$$\frac{dx}{1-x}\log. x = dx\log. x + x\,dx\log. x + x^2\,dx\log. x + \&c. \;\&$$

$$\int\frac{dx\log. x}{1-x} = \log. x\left(x + \frac{x^2}{2} + \frac{x^3}{3} + \frac{x^4}{4} + \&c.\right) - x - \frac{x^2}{4} - \frac{x^3}{9} - \frac{x^4}{16} - \&c.$$

On sait que $\log.\frac{1}{1-x} = x + \frac{x^2}{2} + \frac{x^3}{3} + \frac{x^4}{4} + \&c.$; donc

$$\int\frac{dx\log. x}{1-x} = \log. x\log.\frac{1}{1-x} - x - \frac{x^2}{4} - \frac{x^3}{9} - \frac{x^4}{16} - \&c.$$

si cette intégrale doit être prise de manière qu'elle s'évanouisse lorsque $x = 0$. Je fais $1 - x = y$, & j'ai $\frac{dx\log. x}{1-x} = \frac{dy}{y}\log.\frac{1}{1-y}$, d'où je tire

$$\int\frac{dx\log. x}{1-x} = c + y + \frac{y^2}{4} + \frac{y^3}{9} + \frac{y^4}{16} + \&c.$$

Pour que cette intégrale s'évanouisse lorsque $x = 0$ ou lorsque $y = 1$, il faut faire $c = -1 - \frac{1}{4} - \frac{1}{9} - \frac{1}{16} - \&c.$; & on aura

$$\log. x\log.\frac{1}{1-x} = x + \frac{x^2}{4} + \frac{x^3}{9} + \frac{x^4}{16} + \&c. + y + \frac{y^2}{4} + \frac{y^3}{9} + \frac{y^4}{16} + \&c. - 1 - \frac{1}{4} - \frac{1}{9} - \frac{1}{16} - \&c.$$

Lorsque $x = \frac{1}{2}$ on a aussi $y = \frac{1}{2}$; & il suit de l'équation précédente que s'il étoit possible de sommer la suite $x + \frac{x^2}{4} + \&c.$ dans le cas de $x = 1$, on auroit encore cette somme dans le cas de $x = \frac{1}{2}$. Or Jean Bernoulli a démontré que la suite $1 + \frac{1}{4} + \&c.$ avoit pour somme la sixième partie de la demie-circonférence dont le rayon est l'unité ; voici cette démonstration.

(374). Nous avons vu (nº. 164) que

$$\sin. s = s - \frac{s^3}{2\cdot 3} + \frac{s^5}{2\cdot 3\cdot 4\cdot 5} - \frac{s^7}{2\cdot 3\cdot 4\cdot 5\cdot 6\cdot 7} + \&c.;$$

cette équation étant résolue, donneroit le nombre infini d'arcs qui répondent au même sinus. Si nous prenons sin. $s = 0$, nous aurons le second membre de l'équation $= 0$, & l'ayant divisé par s, il viendra

$$1 - \frac{s^2}{2 \cdot 3} + \frac{s^4}{2 \cdot 3 \cdot 4 \cdot 5} - \frac{s^6}{2 \cdot 3 \cdot 4 \cdot 5 \cdot 6 \cdot 7} + \&c. = 0,$$

où les valeurs de s ne peuvent être que les multiples de la demi-circonférence ; c'est-à-dire que ces valeurs seront π, 2π, 3π, 4π, &c. Soit $s^2 = \frac{1}{u}$, notre équation deviendra

$$1 - \frac{1}{2 \cdot 3 \cdot u} + \frac{1}{2 \cdot 3 \cdot 4 \cdot 5 \cdot u^2} - \frac{1}{2 \cdot 3 \cdot 4 \cdot 5 \cdot 6 \cdot 7 \cdot u^3} + \&c. = 0;$$

or si nous multiplions tous les termes par la plus haute puissance de u, nous aurons une équation dont le second terme aura pour co-efficient $\frac{-1}{2 \cdot 3}$, mais par la nature des équations, ce co-efficient, pris avec un signe contraire, est égal à la somme de toutes les racines ; donc

$$\tfrac{1}{6} = 1 : \pi^2 + 1 : (2\pi)^2 + 1 : (3\pi)^2 + 1 : (4\pi)^2 + \&c.$$

d'où l'on tire, en multipliant les deux membres par π^2, $\frac{1}{6}\pi^2 = 1 + \frac{1}{4} + \frac{1}{9} + \frac{1}{16} + \&c.$

Le co-efficient du troisième terme, c'est-à-dire $\frac{1}{2 \cdot 3 \cdot 4 \cdot 5}$, est égal à la somme des produits qu'on peut former en multipliant toutes les racines deux à deux, c'est-à-dire qu'on aura, comme on peut s'en assurer par un calcul fort simple,

$$1 : \pi^4 + 1 : (2\pi)^4 + 1 : (3\pi)^4 + 1 : (4\pi)^4 + \&c. = (\tfrac{1}{6})^2 - \frac{2}{2 \cdot 3 \cdot 4 \cdot 5} = \frac{1}{90},$$

& par conséquent $\frac{1}{90}\pi^4 = 1 + \frac{1}{2^4} + \frac{1}{3^4} + \frac{1}{4^4} + \&c.$

En faisant sur les autres co-efficiens des remarques analogues & fondées sur la nature des équations, on parviendra à démontrer que la suite infinie $1 + \frac{1}{2^{2n}} + \frac{1}{3^{2n}} + \frac{1}{4^{2n}} + \&c.$ n étant un nombre entier positif, a pour somme π^{2n} multiplié par un nombre rationnel. Il est donc démontré que la suite infinie $x + \frac{x^2}{4} + \frac{x^3}{9} + \frac{x^4}{16} + \&c.$ est sommable dans les deux cas de $x = 1$ & de $x = \frac{1}{2}$; elle a pour somme dans le premier, $\frac{1}{12}\pi^2$, & dans le second, $\frac{1}{6}\pi^2 - \frac{1}{2}(\log. 2)^2$. Telle suite qui n'est pas sommable, telle différentielle qui n'est point intégrable, pour toutes les valeurs de la variable, pourroient l'être pour quelques valeurs particulières ; & y a un très-grand nombre de questions importantes dont la solution dépend de semblables recherches.

(375). On demande d'intégrer $(\log. x)^n dp$, où p est une fonction de x & de constantes ? On a

$$\int (\log. x)^n dp = p(\log. x)^n - \int \frac{npdx}{x}(\log. x)^{n-1}.$$

J'intègre $\frac{pdx}{x}$ & je nomme V cette intégrale ; il suit de-là que

$$\int \frac{pdx}{x}(\log. x)^{n-1} = V(\log. x)^{n-1} - (n-1)\int \frac{Vdx}{x}(\log. x)^{n-2}.$$

Nous trouverons de la même manière, en nommant V' l'intégrale de $\frac{Vdx}{x}$,

$$\int \frac{Vdx}{x}(\log. x)^{n-2} = V'(\log. x)^{n-2} - (n-2)\int \frac{V'dx}{x}(\log. x)^{n-3};$$

en nommant V'' l'intégrale de $\frac{V'dx}{x}$,

$$\int \frac{V'dx}{x}(\log. x)^{n-3} = V''(\log. x)^{n-3} - (n-3)\int \frac{V''dx}{x}(\log. x)^{n-4};$$

& ainsi de suite.

Donc $\int (\log. x)^n dp = p(\log. x)^n - nV(\log. x)^{n-1} + n\cdot(n-1)V'$. $(\log. x)^{n-2} - n(n-1)(n-2)V''(\log. x)^{n-3} +$ &c.

Soit $p = x^m$; on aura $V = \frac{x^m}{m}$, $V' = \frac{x^m}{m^2}$, $V'' = \frac{x^m}{m^3}$ &c. ;

& par conséquent

$$\int (\log. x)^n x^{m-1} dx = \frac{x^m}{m}\Big[(\log. x)^n - \frac{n}{m}(\log. x)^{n-1} + \frac{n(n-1)}{m^2}. (\log. x)^{n-2} - \frac{n(n-1)(n-2)}{m^3}(\log. x)^{n-3} + \&c.\Big].$$

Lorsque $m = 0$, on a à intégrer $\frac{dx}{x}(\log. x)^n$, & alors la suite précédente ne donne rien ; mais

$$\int \frac{dx}{x}(\log. x)^n = (\log. x)^{n+1} - n\int \frac{dx}{x}(\log. x)^n,$$

d'où l'on tire $\int \frac{dx}{x}(\log. x)^n = \frac{1}{n+1}(\log. x)^{n+1}$.

Hors l'exception dont nous venons de parler, cette suite donnera toujours l'intégrale, & elle se terminera toutes les fois que n sera un nombre entier positif ; on aura dans ce cas

$$\int (\log. x)^n x^{m-1} dx = \frac{x^m}{m}\Big[(\log. x)^n - \frac{n}{m}(\log. x)^{n-1} + \frac{n(n-1)}{m^2}. (\log. x)^{n-2} - \ldots\ldots \pm \frac{1\cdot 2\cdot 3\ldots n}{m^n}\Big];$$

quant au dernier terme, il aura le signe $+$ lorsque n sera un nombre pair, & le ſigne — lorſqu'il ſera impair. En ſuppoſant que m ſoit poſitif, l'intégrale précédente eſt priſe de manière qu'elle ſoit nulle lorſque $x = 0$; j'aurai donc $\pm \frac{1 \cdot 2 \cdot 3 \ldots\ldots n}{m^{n+1}}$ pour ce que devient l'intégrale de $(\log. x)^n x^{m-1} dx$, lorſqu'on fait $x = 1$, cette intégrale étant priſe de manière qu'elle s'évanouiſſe lorſque $x = 0$, bien entendu que m eſt toujours un nombre poſitif quelconque, & n un nombre entier poſitif.

(376). Lorſque n ſera un nombre entier négatif, ou lorſque n étant un nombre entier poſitif, on aura $\frac{p' dx}{(\log. x)^n}$; on donnera à la différentielle propoſée la forme que voici : $p' x \frac{dx}{x(\log. x)^n}$; & comme

$$\int \frac{dx}{x(\log. x)^n} = \frac{-1}{(n-1)(\log. x)^{n-1}}, \text{ on aura}$$

$$\int \frac{p' dx}{(\log. x)^n} = \frac{-p' x}{(n-1)(\log. x)^{n-1}} + \frac{1}{n-1} \int \frac{d \cdot p' x}{(\log. x)^{n-1}}.$$

Soit $d \cdot p' x = p'' dx$; il vient

$$\int \frac{p'' dx}{(\log. x)^{n-1}} = \frac{-p'' x}{(n-2)(\log. x)^{n-2}} + \frac{1}{n-2} \int \frac{d \cdot p'' x}{(\log. x)^{n-2}};$$

&, faiſant $d \cdot p'' x = p''' dx$,

$$\int \frac{p''' dx}{(\log. x)^{n-2}} = \frac{-p''' x}{(n-3)(\log. x)^{n-3}} + \frac{1}{n-3} \int \frac{d \cdot p''' x}{(\log. x)^{n-3}}; \text{ \&c.}$$

En opérant toujours de même, on trouvera

$$\int \frac{dp}{(\log. x)^n} = - \frac{p' x}{(n-1)(\log. x)^{n-1}} - \frac{p'' x}{(n-1)(n-2)(\log. x)^{n-2}} - \frac{p''' x}{(n-1)(n-2)(n-3)(\log. x)^{n-3}} - \ldots\ldots + \frac{1}{(n-1)(n-2)\ldots.1} \int \frac{p^{n\prime} dx}{(\log. x)}.$$

Pour rendre cela plus clair, je ſuppoſerai $p = x^m$, d'où je tirerai $p' = m x^{m-1}$, $p'' = m^2 x^{m-1}$, $p''' = m^3 x^{m-1} \ldots\ldots p^{n\prime} = m^n x^{m-1}$;

$$\& \int \frac{x^{m-1} dx}{(\log. x)^n} = - \frac{x^m}{(n-1)(\log. x)^{n-1}} - \frac{m x^m}{(n-1)(n-2)(\log. x)^{n-2}} - \frac{m^2 x^m}{(n-1)(n-2)(n-3)(\log. x)^{n-3}} - \ldots\ldots\ldots\ldots + \frac{m^{n-1}}{(n-1)(n-2)\ldots\ldots 1} \int \frac{x^{m-1} dx}{\log. x}.$$

Si $n = 2$, $\int \frac{x^{m-1} dx}{(\log. x)^2} = - \frac{x^m}{\log. x} + m \int \frac{x^{m-1} dx}{\log. x}$.

Si $n = 3$, $\int \frac{x^{m-1} dx}{(\log. x^3)} = - \frac{x^m}{2(\log. x)^2} - \frac{m x^m}{1 \cdot 2 \log. x} + \frac{m^2}{1 \cdot 2} \int \frac{x^{m-1} dx}{\log. x}$; &c.

Mais

Mais on ne sait intégrer la différentielle $\frac{x^{m-1}dx}{\log. x}$ que dans le cas de $m=0$; elle est alors $\frac{dx}{x\log. x}$, & a pour intégrale complète log. log. x. Lorsque m n'est pas zéro, soit $x^m = u$, d'où l'on tire $\log. x = \frac{\log. u}{m}$, & $\frac{x^{m-1}dx}{\log. x} = \frac{du}{\log. u}$; il seroit important de pouvoir intégrer cette différentielle en apparence si simple, autrement que par une suite infinie; mais on n'y est point parvenu jusqu'ici. En faisant $\log. u = z$, d'où l'on tire $u = e^z$, e étant le nombre dont le logarithme est l'unité, $du = e^z dz$, on transformera la différentielle $\frac{du}{\log. u}$ en celle-ci $e^z \frac{dz}{z}$, qu'on réduira en série de la manière suivante. Il résulte de la formule du (n°. 163) que $e^z = 1 + z + \frac{z^2}{2} + \frac{z^3}{2\cdot 3} + \&c.$; donc

$$\int e^z \frac{dz}{z} = c + \log. z + z + \frac{z^2}{2\cdot 2} + \frac{z^3}{2\cdot 3\cdot 3} + \&c.,$$

& mettant pour z, log. u,

$$\int \frac{du}{\log. u} = c' + \log. \log. u + \log. u + \frac{1}{2\cdot 2}(\log. u)^2 + \frac{1}{2\cdot 3\cdot 3}(\log. u)^3 + \&c.;$$

on ne pourra pas déterminer la constante arbitraire d'après les suppositions que l'intégrale disparoisse lorsque $u=0$, ou lorsque $u=1$.

(377). Si l'on propose d'intégrer $pa^x dx$, où p est une fonction quelconque de x; à cause de $\int a^x dx = \frac{1}{\log. a}a^x$, on donnera à cette différentielle la forme que voici, $bpd\cdot a^x$, en faisant pour abréger $\frac{1}{\log. a} = b$. On supposera $dp = p'dx$, $dp' = p''dx$, $dp'' = p'''dx$, &c., & on trouvera

$$\int pa^x dx = bpa^x - b\int p'a^x dx = bpa^x - b^2p'a^x + b^2\int p''a^x dx = bpa^x - b^2p'a^x + b^3p''a^x - b^3\int p'''a^x dx \ldots\ldots\ldots\ldots\ldots$$

En continuant toujours de même, on arrivera enfin à cette équation

$$\int pa^x dx = ba^x(p - bp' + b^2p'' - b^3p''' + \ldots\ldots\ldots \pm b^n p^{n'}) \mp b^{n+1}\int p^{(n+1)'}a^x dx;$$

il faut entendre que la formule intégrale $\int p^{(n+1)'}a^x dx$ est la plus simple que l'on puisse trouver de cette manière.

Si $p = x^n$ (n étant un nombre entier positif ou zéro), $p' = nx^{n-1}$, $p'' = n.(n-1).x^{n-2} \ldots p^{n'} = n.(n-1).(n-2)\ldots 1$, $p^{(n+1)'} = 0$; & on aura

$$\int a^x x^n dx = ba^x(x^n - bnx^{n-1} + b^2.n.(n-1).x^{n-2} - b^3n.(n-1).(n-2).x^{n-3} + \ldots \pm b^n n.(n-1).(n-2)\ldots 1) + c.$$

On peut transformer la formule proposée de cette autre manière,

$$\int a^x . p dx = a^x \int p dx - \log. a . \int (a x^x dx \int p dx).$$

Soit $\int p dx = V$, $\int V dx = V'$, $\int V' dx = V''$, &c.
on aura $\int a^x p dx = V a^x - \log. a . V' a^x + (\log. a)^2 V'' a^x -$ &c.

Ainsi cette transformation suppose que l'on puisse intégrer $p dx$, $V dx$, &c.; nous allons en faire usage pour résoudre le cas où la différentielle proposée seroit $\frac{a^x dx}{x^n}$, n étant un nombre entier positif. Nous aurons $V = \frac{-1}{(n-1) x^{n-1}}$ &

$$\int \frac{a^x dx}{x^n} = - \frac{a^x}{(n-1) x^{n-1}} + \frac{\log. a}{n-1} \int \frac{a^x dx}{x^{n-1}} = - \frac{a^x}{(n-1) x^{n-1}} + \frac{\log. a}{n-1} \cdot \left(- \frac{a^x}{(n-2) x^{n-2}} + \frac{\log. a}{n-2} \int \frac{a^x dx}{x^{n-2}} \right) \ldots\ldots$$

En continuant toujours de même, nous ferons dépendre l'intégrale demandée de celle-ci $\int a^x \frac{dx}{x}$ qui réduite en suite infinie, est égale à

$$c + \log. x + x \log. a + \frac{x^2 (\log. a)^2}{2 \cdot 2} + \frac{x^3 (\log. a)^3}{2 \cdot 3 \cdot 3} + \&c.$$

Mais ni l'une ni l'autre transformation ne pourra donner l'intégrale $a^x x^n dx$, autrement que par une suite infinie, lorsque n sera un nombre fractionnaire. Si, par exemple, $n = -\frac{1}{2}$, la première donne pour l'intégrale complète de $\frac{a^x dx}{\sqrt{x}}$,

$$c + \frac{b a^x}{\sqrt{x}} \left(1 + \frac{b}{2 x} + \frac{3 b^2}{4 x^2} + \frac{3 \cdot 5 b^3}{8 x^3} + \&c. \right);$$

l'autre donne pour l'intégrale complète de la même différentielle,

$$+ a^x \sqrt{x} \left(2 - \frac{4 x \log. a}{3} + \frac{8 x^2 (\log. a)^2}{3 \cdot 5} + \frac{16 x^3 (\log. a)^3}{3 \cdot 5 \cdot 7} + \&c. \right)$$

Je passe à l'intégration des fonctions différentielles qui renferment des arcs de cercle & leurs sinus, cosinus, &c.

(378). On propose d'intégrer la différentielle $p dx A$ sin. x, où p est une fonction quelconque de x? Soit $\int p dx = V$; on aura

$$\int p dx A \text{ sin. } x = V A \text{ sin. } x - \int \frac{V dx}{\sqrt{(1 - x^2)}}, \text{ car } d . A \text{ sin. } x = \frac{dx}{\sqrt{(1 - x^2)}}.$$

Si $p = x^n$, $V = \frac{x^{n+1}}{n+1}$, & $\int x^n dx A \text{ sin. } x = \frac{x^{n+1}}{n+1} A \text{ sin. } x - \frac{1}{n+1} \int \frac{x^{n+1} dx}{\sqrt{(1 - x^2)}}$.

On trouvera de la même manière

$$\int p dx A \text{ cos. } x = V A \text{ cos. } x + \int \frac{V dx}{\sqrt{(1 - x^2)}},$$

$$\int p dx A \text{ tang. } x = V A \text{ tang. } x - \int \frac{V dx}{1 + x^2}, \&c.;$$

& dans le cas de $p = x^n$, on parviendra toujours à des formules intégrales dont nous nous sommes beaucoup occupés précédemment.

Pour intégrer la différentielle $d\zeta$ sin. ζ^n, je la mets sous cette forme $d\zeta$ sin. ζ . sin. ζ^{n-1} ; &, à cause de $\int d\zeta$ sin. $\zeta = -$ cos. ζ, j'ai

$$\int d\zeta \sin. \zeta^n = - \cos. \zeta \sin. \zeta^{n-1} + (n-1) \int d\zeta \cos. \zeta^2 \sin. \zeta^{n-2}.$$

En changeant cos. ζ^2 en $1 -$ sin. ζ^2, j'ai

$$\int d\zeta \cos. \zeta^2 \sin. \zeta^{n-2} = \int d\zeta \sin. \zeta^{n-2} - \int d\zeta \sin. \zeta^n ;$$

donc $\int d\zeta \sin. \zeta^n = - \frac{\cos. \zeta \sin. \zeta^{n-1}}{n} + \frac{n-1}{n} \int d\zeta \sin. \zeta^{n-2}$.

Je trouverai de la même manière

$$\int d\zeta \sin. \zeta^{n-2} = - \frac{\cos. \zeta \sin. \zeta^{n-3}}{n-2} + \frac{n-3}{n-2} \int d\zeta \sin. \zeta^{n-4},$$

$$\int d\zeta \sin. \zeta^{n-4} = - \frac{\cos. \zeta \sin. \zeta^{n-5}}{n-4} + \frac{n-5}{n-4} \int d\zeta \sin. \zeta^{n-6},$$

$$\int d\zeta \sin. \zeta^{n-6} = - \frac{\cos \zeta. \sin. \zeta^{n-7}}{n-6} + \frac{n-7}{n-6} \int d\zeta \sin. \zeta^{n-8}, \text{\&c.}$$

Lorsque n est un nombre entier positif, il y a deux cas à distinguer ; le premier lorsque ce nombre est pair, & où l'on a

$$\int d\zeta \sin. \zeta^n = - \frac{\cos. \zeta}{n} \left(\sin. \zeta^{n-1} + \frac{n-1}{n-2} \sin. \zeta^{n-3} + \frac{(n-1)\cdot(n-3)}{(n-2)\cdot(n-4)} \sin. \zeta^{n-5} + \frac{(n-1)\cdot(n-3)\cdot(n-5)}{(n-2)\cdot(n-4)\cdot(n-6)} \sin. \zeta^{n-7} + \ldots + \frac{(n-1)\cdot(n-3)\cdot(n-5)\cdot(n-7)\ldots 1}{(n-2)\cdot(n-4)\cdot(n-6)\cdot(n-8)\ldots 2} \sin. \zeta \right) + \frac{(n-1)\cdot(n-3)\cdot(n-5)\cdot(n-7)\cdot(n-9)\ldots 1}{n\cdot(n-2)\cdot(n-4)\cdot(n-6)\cdot(n-8)\ldots 2} \cdot \zeta ;$$

le second lorsqu'il est impair, & où l'on a

$$\int d\zeta \sin. \zeta^n = - \frac{\cos \zeta}{n} \left(\sin. \zeta^{n-1} + \frac{n-1}{n-2} \sin. \zeta^{n-3} + \frac{(n-1)\cdot(n-3)}{(n-2)\cdot(n-4)} \sin. \zeta^{n-5} + \frac{(n-1)\cdot(n-3)\cdot(n-5)}{(n-2)\cdot(n-4)\cdot(n-6)} \sin. \zeta^{n-7} + \ldots + \frac{(n-1)\cdot(n-3)\cdot(n-5)\cdot(n-7)\ldots 2}{(n-2)\cdot(n-4)\cdot(n-6)\cdot(n-8)\ldots 1} \right);$$

dans le second cas, l'intégrale est donnée en sinus & cosinus, au lieu que dans le premier elle renferme un arc, & est par conséquent une quantité transcendante. Ainsi, par exemple, l'intégrale complète de $d\zeta$ sin. ζ^5 est égale à

$$c - \frac{\cos. \zeta}{5} \left(\sin. \zeta^4 + \tfrac{4}{3} \sin. \zeta^2 + \frac{4\cdot 2}{3\cdot 1} \right);$$

celle de $d\zeta$ sin. ζ^6 est égale à

$$c - \frac{\cos. \zeta}{6} \left(\sin. \zeta^5 + \frac{5}{4} \sin. \zeta^3 + \frac{5\cdot 3}{4\cdot 2} \sin. \zeta \right) + \frac{5\cdot 3\cdot 1}{6\cdot 4\cdot 2} \zeta.$$

Les mêmes formules pourront servir à intégrer $d\varphi \cos.\varphi^n$; car en faisant $\varphi = 90° - \zeta$, on a $d\varphi = -d\zeta$, $\sin.\varphi = \cos.\zeta$, $\cos.\varphi = \sin.\zeta$, & $\int d\varphi \cos.\varphi^n = -\int d\zeta \sin.\zeta^n$. On trouvera, par exemple, que

$$\int d\varphi \cos.\varphi^6 = c + \frac{\sin.\varphi}{6}\left(\cos.\varphi^5 + \frac{5}{4}\cos.\varphi^3 + \frac{5\cdot 3}{4\cdot 2}\cos.\varphi\right) - \frac{5\cdot 3\cdot 1}{6\cdot 4\cdot 2}(90° - \varphi),$$

ou simplement que

$$\int d\varphi \cos.\varphi^6 = c + \frac{\sin.\varphi}{6}\left(\cos.\varphi^5 + \frac{5}{4}\cos.\varphi^3 + \frac{5\cdot 3}{4\cdot 2}\cos.\varphi\right) + \frac{5\cdot 3\cdot 1}{6\cdot 4\cdot 2}\varphi.$$

(379). En différentiant $\sin.\zeta^m \cos.\zeta^q$, je trouve

$m d\zeta \sin.\zeta^{m-1} \cos.\zeta^{q-1} \cos.\zeta^2 - q\, d\zeta \sin.\zeta^2 \sin.\zeta^{m-1} \cos.\zeta^{q-1}$, qui devient à cause de $\sin.\zeta^2 + \cos.\zeta^2 = 1$,

ou $m d\zeta \sin.\zeta^{m-1} \cos.\zeta^{q-1} - (m+q)\, d\zeta \sin.\zeta^{m+1} \cos.\zeta^{q-1}$,

ou $(m+q)\, d\zeta \sin.\zeta^{m-1} \cos.\zeta^{q+1} - q\, d\zeta \sin.\zeta^{m-1} \cos.\zeta^{q-1}$.

Je tire delà ces deux formules

$$(a)\ldots\ldots \int d\zeta \sin.\zeta^\lambda \cos.\zeta^\mu = \frac{\lambda - 1}{\lambda + \mu}\int d\zeta \sin.\zeta^{\lambda-2} \cos.\zeta^\mu - \frac{\sin.\zeta^{\lambda-1}\cos.\zeta^{\mu+1}}{\lambda+\mu};$$

$$(b)\ldots\ldots \int d\zeta \sin.\zeta^\lambda \cos.\zeta^\mu = \frac{\mu - 1}{\lambda + \mu}\int d\zeta \sin.\zeta^\lambda \cos.\zeta^{\mu-2} + \frac{\sin.\zeta^{\lambda+1}\cos.\zeta^{\mu-1}}{\lambda+\mu}.$$

Dans les deux cas de $\lambda = 0$ ou de $\lambda = 1$, la proposée est $d\zeta \cos.\zeta^\mu$ ou $d\zeta \sin.\zeta \cos.\zeta^\mu$; & dans les autres cas, en faisant usage de la formule a, on la fera dépendre de l'une de ces deux différentielles, pourvu que λ soit un nombre entier positif plus grand que 1; elle dépendra de la première lorsque λ sera pair, & de la seconde lorsqu'il sera impair. Hors le cas de $\mu = -1$, la seconde, c'est-à-dire, $d\zeta \sin.\zeta \cos.\zeta^\mu$, a pour intégrale $-\frac{\cos.\zeta^{\mu+1}}{\mu+1}$; mais dans ce cas particulier, elle devient $\frac{d\zeta \sin.\zeta}{\cos.\zeta}$, & elle a pour intégrale $-\log.\cos.\zeta$.

Dans le même cas particulier de $\mu = -1$, la première devient $\frac{d\zeta}{\cos.\zeta}$, que j'intègre de la manière suivante. Je la transforme en celle-ci,

$$\frac{d\zeta \cos.\zeta}{\cos.\zeta^2} = \frac{d\zeta \cos.\zeta}{1 - \sin.\zeta^2} = \frac{1}{2}\left(\frac{d\zeta \cos.\zeta}{1+\sin.\zeta} + \frac{d\zeta \cos.\zeta}{1-\sin.\zeta}\right),$$

& je vois alors qu'elle a pour intégrale $\frac{1}{2}\log.\frac{1+\sin.\zeta}{1-\sin.\zeta}$. Dans les deux cas de de $\mu = 0$ ou de $\mu = 1$, $d\,\mathcal{C}$ sin. $\mathcal{C}^\lambda$ cos. $\mathcal{C}^\mu$ devient $d\,\mathcal{C}$ sin. $\mathcal{C}^\lambda$ ou $d\,\mathcal{C}$ cos $\mathcal{C}$ sin. $\mathcal{C}^\lambda$; & dans les autres cas, en faisant usage de la formule b, on la fera dépendre de l'une de ces deux différentielles, pourvu que μ soit un nombre entier positif plus grand que 1; elle dépendra de la première lorsque μ sera pair; & de la seconde lorsqu'il sera impair. Hors le cas de $\lambda = -1$, la seconde a pour intégrale $\frac{\text{sin. } \mathcal{C}^{\lambda+1}}{\lambda+1}$; mais dans ce cas particulier elle devient $\frac{d\,\mathcal{C} \text{ cos. } \mathcal{C}}{\text{sin. } \mathcal{C}}$, & elle a pour intégrale log. sin. $\mathcal{C}$. Dans ce même cas particulier la première devient $\frac{d\,\mathcal{C}}{\text{sin. } \mathcal{C}}$ qu'on peut mettre sous cette forme

$$\frac{d\,\mathcal{C} \text{ sin. } \mathcal{C}}{\text{sin. } \mathcal{C}^2} = \frac{d\,\mathcal{C} \text{ sin. } \mathcal{C}}{1 - \text{cos. } \mathcal{C}^2} = \tfrac{1}{2}\left(\frac{d\,\mathcal{C} \text{ sin. } \mathcal{C}}{1 + \text{cos. } \mathcal{C}} + \frac{d\,\mathcal{C} \text{ sin. } \mathcal{C}}{1 - \text{cos. } \mathcal{C}}\right),$$

& on voit alors qu'elle a pour intégrale $\frac{1}{2}$ log. $\frac{1 - \text{cos. } \mathcal{C}}{1 + \text{cos. } \mathcal{C}}$.

(380). On tire des deux formules a & b,

$$\int d\,\mathcal{C} \text{ sin. } \mathcal{C}^{\lambda-2} \text{ cos. } \mathcal{C}^\mu = \frac{\lambda+\mu}{\lambda-1} \int d\,\mathcal{C} \text{ sin. } \mathcal{C}^\lambda \text{ cos. } \mathcal{C}^\mu + \frac{\text{sin. } \mathcal{C}^{\lambda-1} \text{ cos. } \mathcal{C}^{\mu+1}}{\lambda-1} \text{ \&}$$

$$\int d\,\mathcal{C} \text{ sin. } \mathcal{C}^\lambda \text{ cos. } \mathcal{C}^{\mu-2} = \frac{\lambda+\mu}{\mu-1} \int d\,\mathcal{C} \text{ sin. } \mathcal{C}^\lambda \text{ cos. } \mathcal{C}^\mu - \frac{\text{sin. } \mathcal{C}^{\lambda+1} \text{ cos. } \mathcal{C}^{\mu-1}}{\mu-1};$$

on a donc en mettant dans la première λ pour $\lambda - 2$, & dans la seconde μ pour $\mu - 2$, ces deux autres formules,

$$(a')\ldots\ldots \int d\,\mathcal{C} \text{ sin. } \mathcal{C}^\lambda \text{ cos. } \mathcal{C}^\mu = \frac{\lambda+\mu+2}{\lambda+1} \int d\,\mathcal{C} \text{ sin. } \mathcal{C}^{\lambda+2} \text{ cos. } \mathcal{C}^\mu + \frac{\text{sin. } \mathcal{C}^{\lambda+1} \text{ cos. } \mathcal{C}^{\mu+1}}{\lambda+1},$$

$$(b')\ldots\ldots \int d\,\mathcal{C} \text{ sin. } \mathcal{C}^\lambda \text{ cos. } \mathcal{C}^\mu = \frac{\lambda+\mu+2}{\mu+1} \int d\,\mathcal{C} \text{ sin. } \mathcal{C}^\lambda \text{ cos. } \mathcal{C}^{\mu+2} - \frac{\text{sin. } \mathcal{C}^{\lambda+1} \text{ cos. } \mathcal{C}^{\mu+1}}{\mu+1}.$$

Si λ est un nombre entier négatif plus grand que -1, en faisant usage de la première, on pourra toujours faire dépendre $d\,\mathcal{C}$ sin. $\mathcal{C}^\lambda$ cos. $\mathcal{C}^\mu$ de l'une de ces deux différentielles $\frac{d\,\mathcal{C} \text{ cos } \mathcal{C}^\mu}{\text{sin. } \mathcal{C}}$ & $d\,\mathcal{C}$ cos. $\mathcal{C}^\mu$; de la première si λ est impair, & de la seconde s'il est pair. On pourra toujours, en faisant usage de la seconde formule, faire dépendre la même différentielle de l'une de ces deux-ci, $\frac{d\,\mathcal{C} \text{ sin. } \mathcal{C}^\lambda}{\text{sin. } \mathcal{C}}$ & $d\,\mathcal{C}$ sin. $\mathcal{C}^\lambda$; de la première lorsque μ sera un nombre entier négatif impair plus grand que -1, de la seconde lorsque ce nombre entier négatif sera pair.

(381). En faisant $\mu = -1$, dans l'équation a, & $\lambda = -1$ dans l'équation b, on les change en celles-ci,

$$\int \frac{d\beta \sin.\beta^{\lambda}}{\cos.\beta} = \int \frac{d\beta \sin.\beta^{\lambda-2}}{\cos\beta} - \frac{\sin.\beta^{\lambda-1}}{\lambda-1} \quad \&$$

$$\int \frac{d\beta \cos.\beta^{\mu}}{\sin\beta} = \int \frac{d\beta \cos.\beta^{\mu-2}}{\sin.\beta} + \frac{\cos.\beta^{\mu-1}}{\mu-1},$$

dont la première nous apprend que λ étant un nombre entier positif, on pourra toujours ramener $\frac{d\beta \sin.\beta^{\lambda}}{\cos.\beta}$ à l'une de ces deux différentielles $\frac{d\beta \sin.\beta}{\cos.\beta}$ & $\frac{d\beta}{\cos.\beta}$; à la première lorsque λ sera impair, à la seconde lorsqu'il sera pair. On tire de la seconde équation que si μ est un nombre entier positif, on pourra toujours ramener $\frac{d\beta \cos.\beta^{\mu}}{\sin.\beta}$ à l'une de ces deux différentielles $\frac{d\beta \cos.\beta}{\sin.\beta}$, $\frac{d\beta}{\sin.\beta}$; à la première lorsque μ sera impair, à la seconde lorsqu'il sera pair. Si λ & μ sont des nombres entiers négatifs, ou si, m étant un nombre entier positif, on a les deux différentielles $\frac{d\beta}{\cos.\beta \sin.\beta^{m}}$ & $\frac{d\beta}{\sin.\beta \cos.\beta^{m}}$, on les multipliera chacune par $\sin.\beta^{2} + \cos.\beta^{2} = 1$, & on aura ces deux-ci,

$$\frac{d\beta}{\cos.\beta \sin.\beta^{m-2}} + \frac{d\beta \cos.\beta}{\sin.\beta^{m}} \quad \& \quad \frac{d\beta \sin.\beta}{\cos.\beta^{m}} + \frac{d\beta}{\sin.\beta \cos.\beta^{m-2}}.$$

Ainsi $\frac{d\beta}{\cos.\beta \sin.\beta^{m}}$ ne dépendra jamais que d'une différentielle de cette forme $\frac{d\beta \cos.\beta}{\sin.\beta^{m}}$ & de l'une de ces deux-ci $\frac{d\beta}{\cos.\beta}$, ou $\frac{d\beta}{\cos.\beta \sin.\beta}$, selon que m sera pair ou impair; de même $\frac{d\beta}{\sin.\beta \cos.\beta^{m}}$ ne dépendra jamais que d'une différentielle de cette forme $\frac{d\beta \sin.\beta}{\cos.\beta^{m}}$, & de l'une de ces deux-ci, $\frac{d\beta}{\sin.\beta}$ ou $\frac{d\beta}{\sin.\beta \cos.\beta}$, selon que m sera pair ou impair. Il reste à intégrer $\frac{d\beta}{\sin.\beta \cos.\beta}$; mais si on se rappelle que $\sin.\beta \cos.\beta = \frac{1}{2} \sin. 2\beta$, on verra que cette différentielle devient $\frac{2d\beta}{\sin. 2\beta}$, & que par conséquent elle a pour intégrale $\frac{1}{2} \log. \frac{1-\cos. 2\beta}{1+\cos. 2\beta}$.

(382). Je fais $\mu = 0$ dans l'équation a' & $\lambda = 0$ dans l'équation b', ce qui me donne

$$\int d\beta \sin.\beta^{\lambda} = \frac{\lambda+2}{\lambda+1}\int d\beta \sin.\beta^{\lambda+2} + \frac{\sin.\beta^{\lambda+1}\cos.\beta}{\lambda+1}\ \&$$

$$\int d\beta \cos.\beta^{\mu} = \frac{\mu+2}{\mu+1}\int d\beta \cos.\beta^{\mu+2} - \frac{\sin.\beta \cos.\beta^{\mu+1}}{\mu+1}.$$

L'une de ces équations fait voir que toutes les fois que λ sera un nombre entier négatif, la différentielle $d\beta \sin.\beta^{\lambda}$ pourra être ramenée à l'une de ces deux-ci, $d\beta$ & $\frac{d\beta}{\sin.\beta}$; à la première lorsque λ sera pair, & à la seconde lorsqu'il sera impair. On voit par l'autre équation que toutes les fois que μ sera un nombre entier négatif, la différentielle $d\beta \cos.\beta^{\mu}$ pourra être ramenée à l'une de ces deux-ci, $d\beta$ & $\frac{d\beta}{\cos.\beta}$; à la première lorsque μ sera pair, & à la seconde lorsqu'il sera impair.

Si, λ étant un nombre entier positif, on a $\lambda+\mu=0$, on ne pourra pas faire usage de la formule a, & on aura recours à la formule b' qui devient alors

$$\int d\beta\left(\frac{\sin.\beta}{\cos.\beta}\right)^{\lambda} = \frac{-2}{\lambda-1}\int\frac{d\beta \sin.\beta^{\lambda}}{\cos.\beta^{\lambda-2}} + \frac{\sin.\beta\cos.\beta}{\lambda-1}\left(\frac{\sin.\beta}{\cos.\beta}\right)^{\lambda},$$

& nous montre qu'on pourra toujours faire dépendre $d\beta\left(\frac{\sin.\beta}{\cos.\beta}\right)^{\lambda}$, λ étant un nombre entier positif, de l'une de ces deux différentielles $d\beta \sin.\beta^{\lambda}$ ou $\frac{d\beta \sin.\beta^{\lambda}}{\cos.\beta}$, selon que λ sera pair ou impair. Si, μ étant un nombre entier positif, on a $\lambda+\mu=0$, on ne pourra pas faire usage de la formule b, & on aura recours à la formule a' qui devient alors

$$\int d\beta\left(\frac{\cos.\beta}{\sin.\beta}\right)^{\mu} = \frac{-2}{\mu-1}\int\frac{d\beta \cos.\beta^{\mu}}{\sin\beta^{\mu-2}} - \frac{\sin.\beta\cos.\beta}{\mu-1}\left(\frac{\cos.\beta}{\sin.\beta}\right)^{\mu},$$

& nous montre qu'on pourra toujours faire dépendre $d\beta\left(\frac{\cos.\beta}{\sin.\beta}\right)^{\mu}$, μ étant un nombre entier positif, de l'une de ces deux différentielles $d\beta \cos.\beta^{\mu}$ ou $\frac{d\beta \cos.\beta^{\mu}}{\sin.\beta}$, selon que μ sera pair ou impair.

(383). Je suppose $\lambda+\mu$ un nombre entier pair que je représenterai par $2i$, & je mets dans la formule a' pour μ sa valeur $2i-\mu$, & dans la formule b' pour μ sa valeur $2i-\lambda$, ce qui donne

$$\int d\beta \sin.\beta^{2i}\left(\frac{\cos.\beta}{\sin.\beta}\right)^{\mu} = \frac{2i+2}{2i-\mu+1}$$
$$\int d\beta \sin.\beta^{2i+2}\left(\frac{\cos.\beta}{\sin.\beta}\right)^{\mu} + \frac{\sin.\beta^{2i+2}}{2i-\mu+1}\left(\frac{\cos.\beta}{\sin.\beta}\right)^{\mu+1},$$

$$\int d\beta \cos.\beta^{2i}\left(\frac{\sin.\beta}{\cos.\beta}\right)^{\lambda} = \frac{2i+2}{2i-\lambda+1}$$
$$\int d\beta \cos.\beta^{2i+2}\left(\frac{\sin.\beta}{\cos.\beta}\right)^{\lambda} - \frac{\cos.\beta^{2i+2}}{2i-\lambda+1}\left(\frac{\sin.\beta}{\cos.\beta}\right)^{\lambda+1}.$$

Il eſt clair que toutes les fois que i ſera un nombre négatif, ces deux différentielles ſeront intégrables algébriquement; il en faut excepter le cas de $\mu = -1$, où la première devient $\frac{d\zeta \text{ ſin. } \zeta^{2i+1}}{\text{cos. } \zeta}$, & celui de $\lambda = -1$, où l'autre devient $\frac{d\zeta \text{ cos. } \zeta^{2i+1}}{\text{ſin. } \zeta}$; car alors elles ſeront intégrables par logarithmes.

En mettant dans la formule a pour λ ſa valeur $2i - \mu$, & dans la formule b pour μ ſa valeur $2i - \lambda$, elles deviennent

$$\int d\zeta \text{ ſin. } \zeta^{2i} \left(\frac{\text{cos. } \zeta}{\text{ſin. } \zeta}\right)^{\mu} = \frac{2i - \mu - 1}{2i} \int d\zeta \text{ ſin. } \zeta^{2i-2} \left(\frac{\text{cos. } \zeta}{\text{ſin. } \zeta}\right)^{\mu} - \frac{\text{ſin } \zeta^{2i}}{2i} \left(\frac{\text{cos. } \zeta}{\text{ſin. } \zeta}\right)^{\mu+1} \&$$

$$\int d\zeta \text{ cos. } \zeta^{2i} \left(\frac{\text{ſin. } \zeta}{\text{cos. } \zeta}\right)^{\lambda} = \frac{2i - \lambda - 1}{2i} \int d\zeta \text{ cos. } \zeta^{2i-2} \left(\frac{\text{ſin. } \zeta}{\text{cos. } \zeta}\right)^{\lambda} + \frac{\text{cos. } \zeta^{2i}}{2i} \left(\frac{\text{ſin. } \zeta}{\text{cos. } \zeta}\right)^{\lambda+1};$$

d'où l'on tire que toutes les fois que i ſera un nombre poſitif on pourra ramener nos deux différentielles, l'une à $d\zeta \left(\frac{\text{cos. } \zeta}{\text{ſin. } \zeta}\right)^{\mu}$, l'autre à $d\zeta \left(\frac{\text{ſin. } \zeta}{\text{cos. } \zeta}\right)^{\lambda}$. Or $\frac{\text{ſin. } \zeta}{\text{cos. } \zeta}$ étant égal à tang. ζ & $d\zeta$ à $\frac{d \cdot \text{tang. } \zeta}{1 + \text{tang. } \zeta^2}$, tout ſe réduit à intégrer une différentielle de cette forme $\frac{\text{tang. } \zeta^{\frac{r}{p}} d \cdot \text{tang. } \zeta}{1 + \text{tang. } \zeta^2}$. Si p eſt un nombre entier plus grand que 1, cette différentielle n'eſt point rationnelle, mais on la rendra telle en faiſant tang. $\zeta = x^p$; car par cette ſubſtitution elle deviendra $\frac{p x^{r+p-1} dx}{1 + x^{2p}}$.

(384). La différentielle $d\zeta$ ſin. ζ^{λ} cos. ζ^{μ} étant propoſée, j'aurois pu faire tout d'un coup ſin. ζ ou cos. ζ égal à x, & l'ayant changée par-là en celle-ci, $x^{\lambda} dx (1 - x^2)^{\frac{\mu - 1}{2}}$, ou en celle-ci, $x^{\mu} dx (1 - x^2)^{\frac{\lambda - 1}{2}}$, j'aurois trouvé par les méthodes expoſées au commencement de ce chapitre, comme par les transformations précédentes, 1°. que la propoſée ſeroit intégrable algébriquement, ſi l'un des deux expoſans λ ou μ étoit un nombre entier poſitif impair, ou ſi la ſomme des deux étoit un nombre entier négatif pair, à moins que l'un des deux ne fût $= -1$, cas où elle dépendroit des logarithmes; 2°. que la propoſée pourroit être rendue rationnelle, ſi l'un des deux expoſans étoit un nombre entier poſitif ou négatif impair, ou ſi la ſomme des deux étoit un nombre entier poſitif ou négatif pair.

Par

Par cette même substitution de x pour sin. ε, je transformerai $\frac{d\varepsilon}{m+n\,\text{sin.}\,\varepsilon}$ en cette autre différentielle $\frac{dx}{(m+nx)\sqrt{(1-x^2)}}$, que je rendrai rationnelle en faisant $1-x^2=(1+x^2)y^2$; elle devient par cette substitution $\frac{-2dy}{m+n+(m-n)y^2}$, qui a pour intégrale $\frac{1}{\sqrt{(n^2-m^2)}}\log.\frac{\sqrt{(n^2-m^2)}-y(n-m)}{\sqrt{(n^2-m^2)}+y(n-m)}$, lorsque n est plus grand que m, & $\frac{-2}{\sqrt{(m^2-n^2)}}A\,\text{tang.}\frac{y(m-n)}{\sqrt{(m^2-n^2)}}$, lorsque m est plus grand que n. Lorsque $n=m$, la proposée devient $\frac{-dy}{m}$ & a pour intégrale $-\frac{y}{m}$; donc $\int\frac{d\varepsilon}{1+\text{sin.}\,\varepsilon}=1-\frac{\text{cos.}\,\varepsilon}{1+\text{sin.}\,\varepsilon}$, cette intégrale étant prise de manière qu'elle soit nulle lorsque $\varepsilon=0$. Je trouverai, en faisant cos. $\varepsilon=x$ & $1-x^2=(1+x)^2y^2$, que $\int\frac{d\varepsilon}{m+n\,\text{cos.}\,\varepsilon}$ est égal à $\frac{1}{\sqrt{(n^2-m^2)}}\log.\frac{\sqrt{(n^2-m^2)}+y(n-m)}{\sqrt{(n^2-m^2)}-y(n-m)}$, lorsque n est plus grand que m, à $\frac{2}{\sqrt{(m^2-n^2)}}A\,\text{tang.}\frac{y(m-n)}{\sqrt{(m^2-n^2)}}$, lorsque m est plus grand que n, à $\frac{y}{m}$ lorsque $n=m$. Donc $\int\frac{d\varepsilon}{1+\text{cos.}\,\varepsilon}=\frac{\text{sin.}\,\varepsilon}{1+\text{cos.}\,\varepsilon}$, cette intégrale étant prise de manière qu'elle soit nulle lorsque $\varepsilon=0$. En se rappellant que $d\cdot\text{sin.}\,\varepsilon=d\varepsilon\,\text{cos.}\,\varepsilon$, $d\,\text{cos.}\,\varepsilon=-d\varepsilon\,\text{sin.}\,\varepsilon$, on verra aisément que les intégrales de $\frac{d\varepsilon\,\text{cos.}\,\varepsilon}{m+n\,\text{sin.}\,\varepsilon}$, $\frac{d\varepsilon\,\text{sin.}\,\varepsilon}{m+n\,\text{cos.}\,\varepsilon}$ sont $\frac{1}{n}\log.\frac{m+n\,\text{sin.}\,\varepsilon}{m}$, $\frac{1}{n}\log.\frac{m+n}{m+n\,\text{cos.}\,\varepsilon}$, ces intégrales étant prises de manière qu'elles soient nulles lorsque $\varepsilon=0$. Quant aux différentielles, $\frac{d\varepsilon\,\text{sin.}\,\varepsilon}{m+n\,\text{sin.}\,\varepsilon}$, $\frac{d\varepsilon\,\text{cos.}\,\varepsilon}{m+n\,\text{cos.}\,\varepsilon}$, on les transformera en celles-ci, $\frac{d\varepsilon}{n}-\frac{m\,d\varepsilon}{n(m+n\,\text{sin.}\,\varepsilon)}$, $\frac{d\varepsilon}{n}-\frac{m\,d\varepsilon}{n(m+n\,\text{cos.}\,\varepsilon)}$ dont les intégrales dépendent des précédentes.

(385). L'une de ces deux différentielles $\frac{d\varepsilon}{(m+n\,\text{sin.}\,\varepsilon)^\lambda}$ & $\frac{d\varepsilon}{(m+n\,\text{cos.}\,\varepsilon^\lambda)}$ étant intégrée, l'intégrale de l'autre s'ensuivra nécessairement. Soit proposé d'intégrer celle-ci $\frac{p\,d\varepsilon+q\,d\varepsilon\,\text{cos.}\,\varepsilon}{(m+n\,\text{cos.}\,\varepsilon)^\lambda}$, qui est plus générale, dans le cas où λ seroit un nombre entier positif.

On fera $\int\frac{(p+q\,\text{cos.}\,\varepsilon)\,d\varepsilon}{(m+n\,\text{cos.}\,\varepsilon)^\lambda}=\frac{A\,\text{sin.}\,\varepsilon}{(m+n\,\text{cos.}\,\varepsilon)^{\lambda-1}}+\int\frac{(B+C\,\text{cos.}\,\varepsilon)\,d\varepsilon}{(m+n\,\text{cos}\,\varepsilon)^{\lambda-1}}$;

& après avoir différentié, réduit & fait pour abréger $A + C = K$, il viendra $p + q \cos. \zeta = Bm + (Bn + Km) \cos. \zeta + Kn \cos. \zeta^2 + (\lambda - 1) \cdot nA \sin. \zeta^2$. Donc, à cause de $\sin. \zeta^2 = 1 - \cos. \zeta^2$, on aura les équations

$$p = Bm + (\lambda - 1) \cdot nA, \quad q = Bn + Km, \quad K = (\lambda - 1) \cdot A;$$

d'où il sera facile de tirer

$$A = \frac{qm - pn}{(\lambda - 1)(m^2 - n^2)}, \quad B = \frac{pm - qn}{m^2 - n^2}, \quad C = \frac{\lambda - 2}{\lambda - 1} \cdot \frac{qm - pn}{m^2 - n^2}.$$

De la même manière on fera dépendre l'intégrale de $\frac{(B + C \cos. \zeta) d\zeta}{(m + n \cos. \zeta)^{\lambda - 1}}$ de celle de $\frac{(E + F \cos. \zeta) d\zeta}{(m + n \cos. \zeta)^{\lambda - 2}}$; & par une suite d'opérations semblables, on arrivera à une différentielle que l'on saura intégrer.

(386). Il y a si peu de fonctions différentielles qu'il soit possible d'intégrer exactement, que les méthodes d'approximation sont une des parties les plus importantes du calcul intégral. Parmi ces méthodes nous avons remarqué le théorême de Taylor (n°. 163) qui n'est pas le seul moyen que nous offre le calcul différentiel pour résoudre ces sortes de problême. On propose de développer en série la fonction $[x + \sqrt{(1 + x^2)}]^n = y$.

On fera $n \log. [x + \sqrt{(1 + x^2)}] = \log. y$,

d'où $\frac{n\,dx}{\sqrt{(1 + x^2)}} = \frac{dy}{y}$, & $(1 + x^2) \cdot \frac{dy^2}{dx^2} - n^2 y^2 = 0$;

on tire de cette équation, en regardant dx comme constant,

$$(1 + x^2) \cdot \frac{d^2 y}{dx^2} + x \frac{dy}{dx} - n^2 y = 0.$$

On verra aisément que la série demandée peut être de cette forme

$$y = 1 + nx + Ax^2 + Bx^3 + Cx^4 + Dx^5 + \&c.$$

donc $\frac{dy}{dx} = n + 2Ax + 3Bx^2 + 4Cx^3 + 5Dx^4 + \&c.$

$$\frac{d^2 y}{dx^2} = 2A + 2 \cdot 3Bx + 3 \cdot 4Cx^2 + 4 \cdot 5Dx^3 + \&c.;$$

substituant & réduisant, on a l'équation identique,

$$\left.\begin{matrix} 2A + 2 \cdot 3B \\ - n^2 + \quad n \\ - \quad n^3 \end{matrix}\right\} x + \left.\begin{matrix} 3 \cdot 4C \\ + \quad 2A \\ + \quad 2A \\ - \quad n^2 A \end{matrix}\right\} x^2 + \left.\begin{matrix} 4 \cdot 5D \\ + 2 \cdot 3B \\ + \quad 3B \\ - \quad n^2 B \end{matrix}\right\} x^3 + \&c. = 0,$$

d'où l'on tire

$$A = \frac{n^2}{2}, \quad B = \frac{n}{2} \cdot \frac{n^2 - 1}{3}, \quad C = \frac{n^2}{2} \cdot \frac{n^2 - 4}{3 \cdot 4}, \quad D = \frac{n^2}{2} \cdot \frac{n^2 - 4}{3 \cdot 4} \cdot \frac{n^2 - 9}{4 \cdot 5}, \&c.$$

(387). Le rayon étant pris pour l'unité, si on nomme y le sinus d'un angle x & z son cosinus, on aura

$$\frac{dy}{dx} = \sqrt{(1 - y^2)} \ \& \ \frac{dz}{dx} = - \sqrt{(1 - z^2)}.$$

On tire delà

$$\frac{dy^2}{dx^2} = 1 - y^2, \ \frac{dz^2}{dx^2} = 1 - z^2; \ \& \ \frac{d^2y}{dx^2} = -y, \ \frac{d^2z}{dx^2} = -z.$$

Je suppose

$$y = x + Ax^{\lambda+1} + Bx^{2\lambda+1} + Cx^{3\lambda+1} + \&c.,$$

$$z = 1 + ax^{\mu} + bx^{2\mu} + cx^{3\mu} + \&c.;$$

cela est fondé sur ces deux considérations, 1°. que $x = 0$ doit donner $y = 0$ & $z = 1$; 2°. que plus l'arc diminue, plus il approche d'être égal à son sinus, ce qui fait que le premier terme de la valeur supposée de y ne doit avoir d'autre co-efficient ni d'autre exposant que l'unité. Donc

$$\frac{dy}{dx} = 1 + (\lambda+1) . Ax^{\lambda} + (2\lambda+1) . Bx^{2\lambda} + (3\lambda+1) Cx^{3\lambda} + \&c.$$

$$\frac{d^2y}{dx^2} = \lambda . (\lambda+1) . Ax^{\lambda-1} + 2\lambda . (2\lambda+1) . Bx^{2\lambda-1} + 3\lambda . (3\lambda+1) . Cx^{3\lambda-1} + \&c.$$

$$\frac{dz}{dx} = \mu a x^{\mu-1} + 2\mu b x^{2\mu-1} + 3\mu c x^{3\mu-1} + \&c.$$

$$\frac{d^2z}{dx^2} = \mu . (\mu-1) . ax^{\mu-2} + 2\mu . (2\mu-1) . bx^{2\mu-2} + 3\mu . (3\mu-1) . cx^{3\mu-2} + \&c.$$

Substituant pour y & $\frac{d^2y}{dx^2}$, z & $\frac{d^2z}{dx^2}$ leurs valeurs dans les équations $\frac{d^2y}{dx^2} + y = 0$, $\frac{d^2z}{dx^2} + z = 0$, on aura les équations identiques,

$$\left.\begin{matrix} \lambda . (\lambda+1) . Ax^{\lambda-1} & + 2\lambda . (2\lambda+1) . Bx^{2\lambda-1} & + & (3\lambda+1) . Cx^{3\lambda-1} + \&c. \\ 3\lambda . + x & + & Ax^{\lambda+1} + & Bx^{2\lambda+1} + \&c. \end{matrix}\right\} = 0,$$

$$\left.\begin{matrix} \mu . (\mu-1) . ax^{\mu-2} & + 2\mu . (2\mu-1) . bx^{2\mu-2} & + & (3\mu-1) . cx^{3\mu-2} + \&c. \\ 3\mu . + 1 & + & ax^{\mu} + & bx^{2\mu} + \&c. \end{matrix}\right\} = 0.$$

Je fais dans la première $\lambda - 1 = 1$, ou $\lambda = 2$, & il me vient

$$A = \frac{-1}{2 \cdot 3}, B = \frac{1}{2 \cdot 3 \cdot 4 \cdot 5}, C = \frac{-1}{2 \cdot 3 \cdot 4 \cdot 5 \cdot 6 \cdot 7}, \&c.;$$

je fais dans la seconde $\mu - 2 = 0$ ou $\mu = 2$, & j'en tire

$$a = \frac{-1}{2}, b = \frac{1}{2 \cdot 3 \cdot 4}, c = \frac{-1}{2 \cdot 3 \cdot 4 \cdot 5 \cdot 6}, \&c.$$

Si j'eusse substitué dans les deux équations $\frac{dy}{dx} = z$ & $\frac{dz}{dx} = -y$, pour y z; $\frac{dy}{dx}$, $\frac{dz}{dx}$ leurs valeurs tirées des hypothèses précédentes, j'aurois eu

$$\left.\begin{array}{l}(\lambda + 1) \cdot Ax^{\lambda} + (2\lambda + 1) \cdot Bx^{2\lambda} + (3\lambda + 1) \cdot Cx^{3\lambda} + \&c. \\ \quad - ax^{\mu} - \qquad\qquad bx^{2\mu} - \qquad\qquad cx^{3\mu} - \&c.\end{array}\right\} = 0;$$

$$\left.\begin{array}{l}\mu a x^{\mu - 1} + 2\mu b x^{2\mu - 1} + 3\mu c x^{3\mu - 1} + \&c. \\ + x \quad + \quad Ax^{\lambda + 1} \quad + \quad Bx^{2\lambda + 1} + \&c.\end{array}\right\} = 0;$$

& faisant dans la première $\lambda = \mu$, & dans la seconde $\mu = 2$, j'aurois tiré de l'une & de l'autre ces deux suites d'équations

$3A = a$, $5B = b$, $7C = c$, &c. $2a + 1 = 0$, $4b + A = 0$, $6c + B = 0$, &c.
lesquelles donnent pour A, B, &c. a, b, &c. les mêmes valeur que ci-dessus.

(388). Il est clair que $(1 + n \cos. \zeta)^m = 1 + mn \cos. \zeta + m \cdot \frac{m-1}{2} n^2 \cos. \zeta^2 + m \cdot \frac{m-1}{2} \cdot \frac{m-2}{3} n^3 \cos. \zeta^3 + m \cdot \frac{m-1}{2} \cdot \frac{m-2}{3} \cdot \frac{m-3}{4} n^4 \cos. \zeta^4 + \&c.$

Or, en substituant pour $\cos. \zeta^2$, $\cos. \zeta^3$, &c. leurs valeurs (n°. 8) on trouvera aisément pour A, B, &c. ce qui suit,

$$A = 1 + m \cdot \frac{m-1}{2} \cdot \frac{n^2}{2} + m \cdot \frac{m-1}{2} \cdot \frac{m-2}{3} \cdot \frac{m-3}{4} \cdot \frac{3n^4}{8} + m \cdot \frac{m-1}{2} \cdot \frac{m-2}{3} \cdot \frac{m-3}{4} \cdot \frac{m-4}{5} \cdot \frac{m-5}{6} \cdot \frac{5n^6}{16} + \&c.,$$

$$B = mn + m \cdot \frac{m-1}{2} \cdot \frac{m-2}{3} \cdot \frac{3n^3}{4} + m \cdot \frac{m-1}{2} \cdot \frac{m-2}{3} \cdot \frac{m-3}{4} \cdot \frac{m-4}{5} \cdot \frac{5n^5}{8} + \&c.$$

&c. Mais lorsqu'on connoîtra les deux premiers co-efficiens A & B, il sera plus court de chercher les autres de la manière suivante.

De l'équation $(1 + n \cos. \zeta)^m = A + B \cos. \zeta + C \cos. 2\zeta + \&c.$, on tire $m \log. (1 + n \cos. \zeta) = \log. (A + B \cos. \zeta + C \cos. 2\zeta + \&c.)$;

différentiant

différentiant & divisant par $-d\zeta$, il vient

$$\frac{mn\ \text{fin.}\ \zeta}{1+n\cos.\zeta}=\frac{B\ \text{fin.}\ \zeta+2C\ \text{fin.}\ 2\zeta+\&c.}{A+B\cos.\zeta+C\cos.2\zeta+\&c.},\ \&$$

$$Amn\ \text{fin.}\ \zeta+Bmn\ \text{fin.}\ \zeta\cos.\zeta+Cmn\ \text{fin.}\ \zeta\cos.2\zeta+\&c.=B\ \text{fin.}\ \zeta+2C\ \text{fin.}\ 2\zeta+\&c.+Bn\ \text{fin.}\ \zeta\cos.\zeta+2Cn\cos.\zeta.\cos.2\zeta+\&c.$$

On tirera aisément des formules du (n°. 7)

$$2\ \text{fin.}\ \lambda\zeta\cos.\zeta=\text{fin.}\ (\lambda+1)\zeta+\text{fin.}\ (\lambda-1)\cdot\zeta,\ \&$$
$$2\ \text{fin.}\ \zeta\cos.\lambda\zeta=\text{fin.}\ (\lambda+1)\zeta-\text{fin.}\ (\lambda-1)\cdot\zeta;$$

faisant donc les substitutions nécessaires dans la précédente équation, elle devient

$$\begin{array}{llll} B\ \text{fin.}\ \zeta & +\ 2\ C\cdot\text{fin.}\ 2\zeta & +\ 3\ D\cdot\text{fin.}\ 3\zeta & +\ 4\ E\ \text{fin.}\ 4\zeta+\&c.=0; \\ & +\frac{n}{2}B & +nC & +\frac{3n}{2}D \\ +nC & +\frac{3n}{2}D & +2nE & +\frac{5n}{2}F \\ -mnA & -\frac{mn}{2}B & -\frac{mn}{2}C & -\frac{mn}{2}D \\ +\frac{mn}{2}C & +\frac{mn}{2}D & +\frac{mn}{2}E & +\frac{mn}{2}F \end{array}$$

on en tire $(m+2)\cdot nC+2B-2mnA=0$,
$(m+3)\cdot nD+4C-n\cdot(m-1)\cdot B=0$;
$(m+4)\cdot nE+6D-n\cdot(m-2)\cdot C=0$,
$(m+5)\cdot nF+8E-n\cdot(m-3)\cdot D=0$, &c.; &

$$C=m.\frac{m-1}{2}.\frac{n^2}{2}+m.\frac{m-1}{2}.\frac{m-2}{3}.\frac{m-3}{4}.\frac{n^4}{2}+m.\frac{m-1}{2}.\frac{m-2}{3}.\frac{m-3}{4}.\frac{m-4}{5}.\frac{m-5}{6}.\frac{15n^6}{32}+\&c.$$

$$D=m.\frac{m-1}{2}.\frac{m-2}{3}.\frac{n^3}{4}+m.\frac{m-1}{2}.\frac{m-2}{3}.\frac{m-3}{4}.\frac{m-4}{5}.\frac{5n^5}{16}+\&c.;$$

$$E=m.\frac{m-1}{2}.\frac{m-2}{3}.\frac{m-3}{4}.\frac{n^4}{8}+m.\frac{m-1}{2}.\frac{m-2}{3}.\frac{m-3}{4}.\frac{m-4}{5}.\frac{m-5}{6}.\frac{3n^6}{16}+\&c.,$$

&c.

(389). Ayant réduit $(1+n\cos.\zeta)^m$ en une série de cette forme,

$$A+B\cos.\zeta+C\cos.2\zeta+D\cos.3\zeta+E\cos.4\zeta+\&c.;$$

on trouvera que l'intégrale de $(1+n\cos.\zeta)^m d\zeta$ est égale à

$$A\zeta+B\ \text{fin.}\ \zeta+\tfrac{1}{2}C\ \text{fin.}\ 2\zeta+\tfrac{1}{3}D\ \text{fin.}\ 3\zeta+\tfrac{1}{4}E\ \text{fin.}\ 4\zeta+\&c.$$

Si m eſt un nombre entier poſitif, on aura chacun des co-efficiens & l'intégrale elle-même ſous une forme finie; par exemple, ſi $m = 3$, on aura

$$A = 1 + \frac{3n^2}{2},\ B = 3n + \frac{3n^3}{4},\ C = \frac{3n^2}{2},\ D = \frac{n^3}{4}\ E = 0;$$

ſi $m = 4$, on aura $A = 1 + 3n^2 + \frac{3}{8}n^4$, $B = 4n + 3n^3$, $C = 3n^2 + \frac{n^4}{2}$, $D = n^3$, $E = \frac{n^4}{8}\ F = 0$; &c.

Mais ſi $m = -1$, on aura

$$A = 1 + \frac{n^2}{2} + \frac{3n^4}{8} + \frac{5n^6}{16} + \&c.\ B = -\left(n + \frac{3n^3}{4} + \frac{5n^4}{8} + \&c.\right);$$

& les autres co-efficiens ſeront donnés par les équations

$$nC + 2B + 2nA = 0,\ nD + 2C + nB = 0,\ \&c.$$

Dans ce cas lorſque n eſt moindre que 1,

$$A = \frac{1}{\sqrt{(1-n^2)}},\ B\left(= -\frac{2}{n}\left(-1 + 1 + \frac{n^2}{2} + \frac{3n^4}{8} + \&c.\right)\right) = \frac{2}{n}\left(1 - \frac{1}{\sqrt{(1-n^2)}}\right),\ \&c.$$

Il ne ſera pas toujours auſſi facile de trouver une relation entre les deux premiers co-efficiens A & B; cependant ſi l'on veut faire attention que

$$\frac{2An^2 + Bn}{m+2} = n^2 + m \cdot \frac{m-1}{2} \cdot \frac{n^4}{4} + m \cdot \frac{m-1}{2} \cdot \frac{m-2}{3} \cdot \frac{m-3}{4} \cdot \frac{n^6}{8} + \&c.$$

& que ſi l'on différentie cette équation en regardant n comme variable, on a

$$\frac{(4An + B) \cdot dn + 2n^2 dA + ndB}{m+2} = 2ndn\left(1 + m \cdot \frac{m-1}{2} \cdot \frac{n^2}{2} + m \cdot \frac{m-1}{2} \cdot \frac{m-2}{3} \cdot \frac{m-3}{4} \cdot \frac{3n^4}{8} + \&c.\right) = 2Andn,$$

on verra que cette relation eſt donnée généralement par l'équation

$d \cdot Bn = 2Amndn - 2n^2 dA$, d'où l'on tire

$$Bn = 2\int(Amndn - n^2 dA) = -2n^2 A + 2(m+2)\int Andn;$$

l'intégrale $\int Andn$ doit être priſe de manière qu'elle s'évanouiſſe lorſque $n = 0$, puiſqu'alors $B = 0$.

(390). Soit toujours $(1 + n \cos. \varepsilon)^m = A + B \cos. \varepsilon + C \cos. 2\varepsilon + \&c.$; ſoit fait auſſi $(1 + n \cos. \varepsilon)^{m-1} = A' + B' \cos. \varepsilon + C' \cos. 2\varepsilon + \&c.$ Si l'on multiplie la ſeconde ſuite par $1 + n \cos. \varepsilon$, elle doit être égale à la première; donc, à cauſe de $\cos. \varepsilon \cos. \lambda\varepsilon = \frac{\cos. (\lambda+1) \cdot \varepsilon + \cos. (\lambda-1) \cdot \varepsilon}{2}$, on aura l'équation

$$A + B\cos.\,\zeta + C\cos.\,2\zeta + D\cos.\,3\zeta + \&c.$$
$$= A' + B'\cos.\,\zeta + C'\cos.\,2\zeta + D'\cos.\,3\zeta + \&c.,$$
$$+ \frac{nB'}{2} + nA' \qquad + \frac{nB'}{2} \qquad + \frac{nC'}{2}$$
$$+ \frac{nC'}{2} \qquad + \frac{nD'}{2} \qquad + \frac{nE'}{2}$$

d'où l'on tire

$$B' = \frac{2(A - A')}{n},\ C' = \frac{2(B - B')}{n} - 2A',\ D' = \frac{2(C - C')}{n} - B',$$
$$E' = \frac{2(D - D')}{n} - C',\ \&c.$$

Pour trouver A', A étant donné, je remarque que

$$A = 1 + m.\quad \frac{m-1}{2}.\frac{n^2}{2} + m.\quad \frac{m-1}{2}.\frac{m-2}{3}.\frac{m-3}{4}.\frac{3n^4}{8} + \&c.;$$

$$A' = 1 + (m-1).\frac{m-2}{2}.\frac{n^2}{2} + (m-1).\frac{m-2}{2}.\frac{m-3}{3}.\frac{m-4}{4}.\frac{3n^4}{8} + \&c.;$$

or la première étant multipliée par n^{-m}, & différentiée, en regardant n comme variable, donne

$$\frac{d\cdot An^{-m}}{dn} = -mn^{-m-1}\Big(1 + (m-1).\frac{m-1}{2}.\frac{n^2}{2} + (m-1).$$
$$\frac{m-2}{2}.\frac{m-3}{3}.\frac{m-4}{4}.\frac{3n^4}{8} + \&c.\Big) = -mA'n^{-m-1};$$

donc la relation entre ces deux co-efficiens sera donnée par l'équation $A' = \frac{d\cdot An^{-m}}{d\cdot n^{-m}}$. On trouveroit de la même manière que $B' = \frac{d\cdot Bn^{-m}}{d\cdot n^{-m}}$, $C' = \frac{d\cdot Cn^{-m}}{d\cdot n^{-m}}$, &c.; mais on a aussi $B' = \frac{2(A - A')}{n}$, donc $\frac{2dA}{mdn} = B - \frac{ndB}{mdn}$, d'où l'on tire, en multipliant les deux membres par n^{-m-1},

$$B = -2n^m\int n^{-m-1}dA = -\frac{2A}{n} - 2(m+1)n^m\int An^{-m-2}dn.$$

En égalant cette valeur de B à celle-ci, $B = -2nA + \frac{2(m+2)}{n}\int Andn$; on aura l'équation

$$A + (m+1)n^{m+1}\int An^{-m-2}dn = n^2A - (m+2)\int Andn,$$

& en différentiant deux fois pour faire disparoître les deux signes d'intégrations, on trouvera l'équation linéaire du second ordre

$$(1 - n^2)\frac{d^2A}{dn^2} + \frac{2(m-1)n^2 + 1}{n}\frac{dA}{dn} - m.(m-1).A = 0.$$

Soit a la valeur de A lorsque m est un nombre entier positif que je nomme i;

$\frac{a}{(1-n^2)^i \sqrt{(1-n^2)}}$ sera la valeur de A lorsque m est un nombre entier négatif $-i-1$. Si, par exemple, $m = 3$, l'équation précédente donnera $A = 1 + \frac{3n^2}{2}$; & si $m = -4$, elle donnera $A = \frac{1+\frac{3n^2}{2}}{(1-n^2)^3 \sqrt{(1-n^2)}}$: si $m = 4$, $A = 1 + 3n^2 + \frac{3}{8}n^4$; & si $m = -5$, $A = \frac{1+3n^2+\frac{3}{8}n^4}{(1-n^2)^4 \sqrt{(1-n^2)}}$. Mais si m est un nombre fractionnaire, on aura A par la série donnée (n°. 388); & qui sera d'autant plus convergente que n sera plus petit que 1. Il pourroit se faire que n différât peu de l'unité, & qu'il fût nécessaire de prendre un très-grand nombre de termes de la série; alors on auroit recours au moyen suivant pour déterminer ce premier co-efficient dont tous les autres dépendent.

(391). On fera pour plus de commodité,

$$(1+n\cos. \zeta)^m = A + A\,1\cos. \zeta + A\,2\cos. 2\zeta + A\,3\cos. 3\zeta + \&c.$$

& on aura

$$(1-n\cos. \zeta)^m = A - A\,1\cos. \zeta + A\,2\cos. 2\zeta - A\,3\cos. 3\zeta + \&c.$$

Maintenant soit pris un autre angle quelconque g, & soit écrit les deux équations

$$(1+n\cos. g)^m = A + A\,1\cos. g + A\,2\cos. 2g + A\,3\cos. 3g + \&c.$$
$$(1-n\cos. g)^m = A - A\,1\cos. g + A\,2\cos. 2g - A\,3\cos. 3g + \&c.$$

qui étant ajoutées ensemble donnent

$$\tfrac{1}{2}(1+n\cos. g)^m + \tfrac{1}{2}(1-n\cos. g)^m = A + A\,2\cos. 2g + A\,4\cos. 4g + \&c.$$

On mettra dans cette équation $90° - g$ pour g, ce qui la changera en celle-ci

$$\tfrac{1}{2}(1+n\sin. g)^m + \tfrac{1}{2}(1-n\sin. g)^m = A - A\,2\cos. 2g + A\,4\cos. 4g - \&c.$$

qu'on ajoutera à la précédente pour avoir

$$A + A\,4\cos. 4g + A\,8\cos. 8g + \&c. = (K) \ldots\ldots \tfrac{1}{4}(1+n\cos. g)^m + \tfrac{1}{4}(1-n\cos. g)^m + \tfrac{1}{4}(1+n\sin. g)^m + \tfrac{1}{4}(1-n\sin. g)^m.$$

Soit $4g = 90°$, on aura $\cos. 4g = 0$, $\cos. 8g = -1$, &c. & l'équation $A = K + A\,8 - \&c.$; or comme $A\,8$ & les co-efficiens suivans seront souvent assez petits pour pouvoir être négligés, on aura dans beaucoup de cas $A = K$ à très-peu de chose près. Mais si cette approximation ne paroît pas suffisante, on prendra un second angle quelconque g', & ayant nommé K' ce que devient K en mettant g' pour g, on aura une équation qui étant ajoutée à la précédente, donnera

$$2A + A\,4(\cos. 4g + \cos. 4g') + A\,8(\cos. 8g + \cos. 8g') + A\,12(\cos. 12g + \cos. 12g') + A\,16(\cos. 16g + \cos. 16g') + \&c. = K + K'.$$

Soit

Soit $4g = 45°$ & $4g' = 3 \cdot 45°$; à cause de $\cos. 4g + \cos. 4g' = 0$, $\cos. 8g + \cos. 8g' = 0$, $\cos. 12g + \cos. 12g' = 0$, $\cos. 16g + \cos. 16g' = -2$, &c.

on trouvera $A = \frac{K + K'}{2} + A\,16 -$ &c. & $A = \frac{K + K'}{2}$,

en négligeant le co-efficient $A\,16$, & les suivans. Si on n'est point encore content de cette approximation, on prendra un troisième angle g'', & ayant formé une équation qu'on ajoutera aux deux premières, on aura, en nommant K'' ce que devient K en mettant g'' pour g, $3A = K + K' + K'' +$ &c. On fera $4g = 30°$, $4g' = 3 \cdot 30°$, $4g'' = 4 \cdot 30°$, & on trouvera que cette somme $\cos. 4g + \cos. 4g' + \cos. 4g''$ est égale à zéro aussi bien que les suivantes jusqu'à celle-ci, $\cos. 24g + \cos. 24g' + \cos. 24g''$ qui est $= -3$; on aura

donc $A = \frac{K + K' + K''}{3} + A\,24 -$ &c. &c. Pour peu que n soit moindre que 1, on pourra de cette manière déterminer A avec la plus grande exactitude. On ne doute point qu'il ne soit souvent de la plus grande importance d'avoir des séries très-convergentes; c'est pourquoi nous ajouterons ce qui suit à ce que nous avons déjà dit sur l'art de développer les fonctions en séries.

(392). Il suit du théorême de Taylor (n°. 163), que y étant une fonction quelconque de x, si l'on nomme K la valeur de y qui répond à $x = a$ & $A\,1$, $B\,1$, $C\,1$, ce que deviennent les rapports $\frac{dy}{dx} = p$, $\frac{d^2y}{dx^2} = q$, $\frac{d^3y}{dx^3} = r$, &c. dans la même hypothèse; il suit, dis-je, de ce théorême, que si a augmente de la différence $x - a$, $y = K + A\,1\,(x - a) + B\,1\,\frac{(x-a)^2}{2} +$

$$C\,1\,\frac{(x-a)^3}{2 \cdot 3} + D\,1\,\frac{(x-a)^4}{2 \cdot 3 \cdot 4} + \text{\&c.};$$

& que si x diminue de la même différence,

$$K = y - p\,(x-a) + q\,\frac{(x-a)^2}{2} - r\,\frac{(x-a)^3}{2 \cdot 3} + s\,\frac{(x-a)^4}{2 \cdot 3 \cdot 4} - \text{\&c.}$$

d'où l'on tire $y = K + p\,(x-a) - q\,\frac{(x-a)^2}{2} + r\,\frac{(x-a)^3}{2 \cdot 3} - s\,\frac{(x-a)^4}{2 \cdot 3 \cdot 4} +$ &c.

Soit $y = \int X\,dx$, on aura $p = X$, &c.; de plus, si on suppose que pour arriver à x, a ait passé successivement par a, a', a'', a''' .... x, on aura évidemment cette suite d'équations,

$$K' = K + A\,1\,(a' - a) + B\,1\,\frac{(a'-a)^2}{2} + C\,1\,\frac{(a'-a)^3}{2 \cdot 3} +$$

$$D\,1\,\frac{(a'-a)^4}{2 \cdot 3 \cdot 4} + \text{\&c.},$$

$$K'' = K' + A'1\,(a'' - a') + B'1\,\frac{(a'' - a')^2}{2} + C'1\,\frac{(a'' - a')^3}{2 \cdot 3} +$$
$$D'1\,\frac{(a'' - a')^4}{2 \cdot 3 \cdot 4} + \&c.,$$

$$K''' = K'' + A''1\,(a''' - a'') + B''1\,\frac{(a''' - a'')}{2} + C''1\,\frac{(a''' - a'')^3}{2 \cdot 3} +$$
$$D''1\,\frac{(a''' - a'')^4}{2 \cdot 3 \cdot 4} + \&c.,$$

. . . .

$$y = {}'y + {}'p\,(x - {}'x) + {}'q\,\frac{(x - {}'x)^2}{2} + {}'r\,\frac{(x - {}'x)^3}{2 \cdot 3} + {}'s\,\frac{(x - {}'x)^4}{2 \cdot 3 \cdot 4} + \&c.,$$

qui étant ajoutée ensemble, donneront, lorsque les différences $a' - a$, $a'' - a'$, &c. seront constantes & représentées par Δa,

$$\begin{aligned} y = K &+ \Delta a\,(A1 + A'1 + A''1 + \ldots\ldots + {}'p) \\ &+ \frac{\Delta a^2}{2}\,(B1 + B'1 + B''1 + \ldots\ldots + {}'q) \\ &+ \frac{\Delta a^3}{2 \cdot 3}\,(C1 + C'1 + C''1 + \ldots\ldots + {}'r) \\ &+ \frac{\Delta a^4}{2 \cdot 3 \cdot 4}\,(D1 + D'1 + D''1 + \ldots\ldots + {}'s) \\ &\&c. \end{aligned}$$

Il n'est pas moins évident qu'on aura aussi cette autre suite d'équations;

$$K' = K + A'1\,(a' - a) - B'1\,\frac{(a' - a)^2}{2} + C'1\,\frac{(a' - a)^3}{2 \cdot 3} -$$
$$D'1\,\frac{(a' - a)^4}{2 \cdot 3 \cdot 4} + \&c.,$$

$$K'' = K' + A''1\,(a'' - a') - B''1\,\frac{(a'' - a')^2}{2} + C''1\,\frac{(a'' - a')^3}{2 \cdot 3} -$$
$$D''1\,\frac{(a'' - a')^4}{2 \cdot 3 \cdot 4} + \&c.,$$

$$K''' = K'' + A'''1\,(a''' - a'') - B'''1\,\frac{(a''' - a'')^2}{2} + C'''1\,\frac{(a''' - a'')^3}{2 \cdot 3} -$$
$$D'''1\,\frac{(a''' - a'')^4}{2 \cdot 3 \cdot 4} + \&c.;$$

. . . .

$$y = {}'y + p\,(x - {}'x) - q\,\frac{(x - {}'x)^2}{2} + r\,\frac{(x - {}'x)^3}{2 \cdot 3} - s\,\frac{(x - {}'x)^4}{2 \cdot 3 \cdot 4} + \&c.;$$

d'où l'on tirera dans la même hypothèse des différences $a' - a$, $a'' - a'$, &c. regardées comme constantes, & représentées par Δa,

$$y = K + \Delta a\,(A'1 + A''1 + A'''1 + \ldots\ldots + p)$$
$$+ \frac{\Delta a^2}{2}(B'1 + B''1 + B'''1 + \ldots\ldots + q)$$
$$+ \frac{\Delta a^3}{2 \cdot 3}(C'1 + C''1 + C'''1 + \ldots\ldots + r)$$
$$+ \frac{\Delta a^4}{2 \cdot 3 \cdot 4}(D'1 + D''1 + D'''1 + \ldots\ldots + s)$$
&c.

(393). En prenant entre ces deux valeurs de y une moyenne arithmétique, on trouvera

$$y = K + \Delta a\Big(A1 + A'1 + A''1 + \ldots\ldots\ldots$$
$$+ p - \frac{A1 + p}{2}\Big) + \frac{\Delta a^2}{4}(B1 - q)$$
$$+ \frac{\Delta a^3}{2 \cdot 3}\Big(C1 + C'1 + C''1 + \ldots\ldots\ldots$$
$$+ r - \frac{C1 + r}{2}\Big) + \frac{\Delta a^4}{4 \cdot 3 \cdot 4}(D1 - s)$$
$$+ \frac{\Delta a^5}{2 \cdot 3 \cdot 4 \cdot 5}\Big(E1 + E'1 + E''1 + \ldots\ldots\ldots$$
$$+ t - \frac{E1 + t}{2}\Big) + \frac{\Delta a^6}{4 \cdot 3 \cdot 4 \cdot 5 \cdot 6}(F1 - u)$$
$$+ \text{\&c.};$$

& cette valeur de y sera d'autant plus approchée, qu'on aura pris la différence Δa plus petite. On verra aisément que de cette manière on doit trouver des séries très-convergentes; mais il ne sera pas inutile de faire remarquer que cette formule peut servir dans des cas où les autres méthodes d'approximation ne seroient d'aucun usage.

On demande, par exemple, d'intégrer $e^{-\frac{1}{x}}dx$, de manière que l'intégrale disparoisse lorsque $x = 0$.

On a $p = e^{-\frac{1}{x}}$, $q = \frac{1}{x^2}e^{-\frac{1}{x}}$, $r = \left(\frac{1}{x^4} - \frac{2}{x^3}\right)e^{-\frac{1}{x}}$,

$s = \left(\frac{1}{x^6} - \frac{6}{x^5} + \frac{6}{x^4}\right)e^{-\frac{1}{x}}$, &c. Lorsque $x = 0$, $K = 0$, &

$e^{-\frac{1}{x}} = 1 : \frac{1}{0} = 0$; nous aurons, en mettant $\frac{1}{\delta}$ pour Δa, $A'1 = e^{-\delta}$,

$A''1 = e^{-\frac{\delta}{2}}$, $A'''1 = e^{-\frac{\delta}{3}}$, &c.; $C'1 = (\delta^4 - 2\delta^3)\,e^{-\delta}$,

$C''1 = \left(\frac{\delta^4}{2^4} - \frac{2\delta^3}{2^3}\right)e^{-\frac{\delta}{2}}$, $C'''1 = \left(\frac{\delta^4}{3^4} - \frac{2\delta^3}{3^3}\right)e^{-\frac{\delta}{3}}$, &c. &c.

Donc $y = \frac{1}{\delta}\left(e^{-\delta} + e^{-\frac{\delta}{2}} + e^{-\frac{\delta}{3}} + \ldots\ldots + e^{-\frac{1}{x}}\right) - \frac{1}{2\delta}$
$e^{-\frac{1}{x}}\left(1 + \frac{1}{2\delta x^2}\right) + \frac{1}{6}\left((\delta - 2)\cdot e^{-\delta} + \frac{\delta - 4}{2^4} e^{-\frac{\delta}{2}} + \frac{\delta - 6}{3^4}\right.$
$\left. e^{-\frac{\delta}{3}} + \ldots\ldots + \frac{1}{2\delta^3}\left(\frac{1}{x^4} - \frac{2}{x^3}\right) e^{-\frac{1}{x}}\right) - \frac{1}{48\delta^4}\left(\frac{1}{x^6} - \frac{6}{x^5} + \right.$
$\left.\frac{6}{x^4}\right) e^{-\frac{1}{x}} +$ &c.

Il pourroit arriver qu'en faisant $x = a$, on rendît quelques-uns des co-efficiens $A1$, $B1$, $C1$, &c., infinis, sans que y le devînt ; alors quoique l'intégrale fût possible, la formule précédente ne donneroit rien ; mais on pourra toujours trouver quelque quantité à substituer pour x, qui transformera la différentielle proposée en une autre qui ne sera pas sujette à cet inconvénient ; ou bien on fera usage de la méthode donnée par Dalembert, & que nous avons rapportée (nº. 289).

(394). Newton, dans les traités *de Quadaturâ curvarum* & *Methodus Fluxionum & serierum infinitarum*, donne de très-belles méthodes pour rapporter autant qu'il est possible les intégrales aux aires des sections coniques. Côtes simplifie beaucoup cette théorie dans son livre intitulé *Harmonia mensurarum*, en faisant voir qu'on peut toujours réduire ces intégrales aux logarithmes & aux arcs de cercle. C'est sous ce dernier point de vue que les géomètres les considèrent maintenant ; & lorsqu'une différentielle n'est point intégrable algébriquement, ni par les tables de sinus & des logarithmes, on a recours à la méthodes des séries. Cependant il pourroit être utile de savoir si une différentielle proposée ne seroit pas réductible à la quadrature ou à la rectification d'autres courbes algébriques. On trouve les premières recherches sur cette matière dans le *Traité des Fluxions* de Maclaurin ; ces recherches ont été continuées & beaucoup augmentées par Dalembert dans les *Mémoires de Berlin de* 1746 *&* 1748. Nous commencerons par les différentielles qui sont réductibles à la rectification de l'ellipse & de l'hyperbole.

Soit une ellipse ou une hyperbole dont l'un des axes est $2a$, le paramètre de cet axe p, l'abscisse prise du centre x, l'ordonnée y ; on a pour l'équation de l'ellipse $y^2 = \frac{p}{2a}(a^2 - x^2)$, & pour l'équation de l'hyperbole $y^2 = \frac{p}{2a}(x^2 - a^2)$.

Donc l'élément d'un arc d'ellipse $= \frac{dx}{\sqrt{(a^2 - x^2)}}\sqrt{\left(a^2 - x^2 + \frac{p}{2a}x^2\right)}$;

& l'élément d'un arc d'hyperbole $= \frac{dx}{\sqrt{(x^2 - a^2)}}\sqrt{\left(x^2 - a^2 + \frac{p}{2a}x^2\right)}$.

Je fais $a^2 - x^2 + \frac{p}{2a}x^2 = az$, & j'ai la différentielle

$(dS) \ldots\ldots \frac{dz\sqrt{(az)}}{\sqrt{(2z - 2a)}\sqrt{(p - 2z)}}$ qui dépend de la rectification de l'ellipse ;

l'ellipse; je fais aussi $x^2 - a^2 + \frac{p}{2a} x^2 = a z$, & j'ai la différentielle (ds)..... $\frac{dz\sqrt{(az)}}{\sqrt{(2z+2a)}\sqrt{(2z-p)}}$ qui dépend de la rectification de l'hyperbole. Cela posé, si on propose la différentielle $(d\sigma)$.... $\frac{dz\sqrt{z}}{\sqrt{(fz^2+gz+h)}}$, on distinguera tous les cas suivans.

(395). 1°. Si f & h sont des quantités négatives, g étant une quantité positive; au lieu de la proposée, on prendra celle-ci, $\frac{dz\sqrt{z}}{\sqrt{(mz-z^2-n^2)}} =$

$$\frac{dz\sqrt{z}}{\sqrt{\left[z-\frac{m}{2}+\sqrt{\left(\frac{m^2}{4}-n^2\right)}\right]}\cdot\sqrt{\left[\frac{m}{2}+\sqrt{\left(\frac{m^2}{4}-n^2\right)}-z\right]}},$$

& en la comparant à dS, on verra qu'elle dépend de la rectification d'une ellipse dont l'un des axes que je nomme $2r = m - \sqrt{(m^2-4n^2)}$, le paramètre de cet axe que je nomme $p' = m + \sqrt{(m^2-4n^2)}$; l'autre axe sera $= 2n$ à cause de $2r : 2n :: 2n : p'$. On peut donner au dénominateur $\sqrt{(mz^2 - z^2 - n^2)}$ la forme que voici $\sqrt{\left[\frac{m^2}{4} - n^2 - \left(\frac{m}{2} - z\right)^2\right]}$, qui fait voir que $\frac{m^2}{4}$ doit nécessairement être plus grand que n^2, sans quoi la différentielle proposée seroit imaginaire. Le même dénominateur peut être mis sous cette forme $\sqrt{\left[\left(\frac{m}{2}-r\right)^2 - \left(\frac{m}{2}-z\right)^2\right]}$, ou sous celle-ci $\sqrt{\left[\left(r-\frac{m}{2}\right)^2 - \left(z-\frac{m}{2}\right)^2\right]}$, selon que r est plus grand ou moindre que $\frac{m}{2}$; on tire de l'une & de l'autre que z doit être plus grand que r. De plus, soit $y^2 = \frac{p'}{2r}(r^2 - x^2)$ l'équation de cette ellipse, on aura $r^2 - x^2 + \frac{p'}{2r} x^2 = rz$ & $x^2 = \frac{rz - r^2}{\frac{p'}{2r} - 1}$; donc, à cause de $rz > r^2$ & de $p' > 2r$, x^2 est une quantité positive comme cela doit être pour que l'abscisse ne soit point imaginaire.

2°. Si f étant positif & h négatif, on a g positif ou négatif; au lieu de la proposée on prendra $\frac{dz\sqrt{z}}{\sqrt{(z^2 \pm mz - n^2)}} =$

$$\frac{dz\sqrt{z}}{\sqrt{\left[z \pm \frac{m}{2} + \sqrt{\left(\frac{m^2}{4}+n^2\right)}\right]}\cdot\sqrt{\left[z \pm \frac{m}{2} - \sqrt{\left(\frac{m^2}{4}+n^2\right)}\right]}},$$

& en la comparant à $d\,s$, on verra qu'elle dépend de la rectification d'une hyperbole dont l'un des axes que je nomme $2\,r = \pm m + \sqrt{(m^2 + 4\,n^2)}$, le paramètre de cet axe que je nomme $p' = \mp m + \sqrt{(m^2 + 4\,n^2)}$; l'autre axe sera $= 2\,n$ à cause de $2\,r : 2\,n :: 2\,n : p'$. Si l'on prend pour l'équation de cette hyperbole $y^2 = \frac{p'}{2\,r}(x^2 - r^2)$,

on aura $x^2 - r^2 + \frac{p'}{2\,r}x^2 = r\,z$ & $x = \pm\sqrt{\left(\frac{r^2 + r\,z}{\frac{p'}{2\,r} + 1}\right)}$

qui est toujours une quantité réelle.

3°. Si f & h étant négatif, on a g positif ou négatif; au lieu de la proposée, on prendra $\frac{d\,z\sqrt{z}}{\sqrt{(n^2 \pm m\,z - z)}}$ qui devient, en faisant $z = \frac{n^2}{u}$,

$$\frac{-n^2\,d\,u}{u\sqrt{u}\sqrt{(u^2 \pm m\,u - n^2)}} = -\frac{u^2\,d\,u + n^2\,d\,u}{u\quad u\sqrt{(u^2 \pm m\,u - n^2)}} + \frac{d\,u\sqrt{u}}{\sqrt{(u^2 \pm m\,u - n^2)}}.$$

Nous venons d'intégrer le second terme; quant au premier, il devient $-\frac{d\,u + \frac{n^2\,d\,u}{u^2}}{\sqrt{\left[u \pm m - \frac{n^2}{u}\right]}}$. Or si nous faisons $u \pm m - \frac{n^2}{u} = t$, ce qui donne $d\,u + \frac{n^2\,d\,u}{u^2} = d\,t$, cette quantité se changera en celle-ci $-\frac{d\,t}{\sqrt{t}}$, dont l'intégrale est $-2\sqrt{t}$.

4°. Il ne nous reste plus que le cas où, f & h étant positifs, g seroit positif ou négatif; & où il seroit question d'intégrer $\frac{d\,z\sqrt{z}}{\sqrt{(n^2 \pm m\,z + z^2)}}$.

Les deux facteurs de $n^2 \pm m\,z + z^2$ sont

$$z \pm \frac{m}{2} + \sqrt{\left(\frac{m^2}{4} - n^2\right)} \;\&\; z \pm \frac{m}{2} - \sqrt{\left(\frac{m^2}{4} - n^2\right)};$$

nous examinerons en premier lieu ce qui arrive lorsqu'ils sont réels.

Soit $\sqrt{\left(\frac{m^2}{4} - n^2\right)} = m'$ & $z \pm \frac{m}{2} \mp m' = u$;

la différentielle $\frac{z\,d\,z}{\sqrt{z}\sqrt{(n^2 \pm m\,z + z^2)}}$, qui n'est autre que la proposée, se changera en celle-ci

$$\frac{\left(u\mp\frac{m}{2}\pm m'\right)du}{\sqrt{u}\sqrt{(u\pm 2m')}\sqrt{\left(u\mp\frac{m}{2}\pm m'\right)}}=\frac{du\sqrt{u}}{\sqrt{(u\pm 2m')}\sqrt{\left(u\mp\frac{m}{2}\pm m'\right)}}-\frac{\left(\pm\frac{m}{2}\mp m'\right)du}{\sqrt{u}\sqrt{(u\pm 2m')}\sqrt{\left(u\mp\frac{m}{2}\pm m'\right)}},$$

dont le premier terme dépend de la rectification de l'hyperbole.

(396). Soit $z\pm\frac{m}{2}=u$; par cette substitution on changera la différentielle

$\frac{z\,dz}{\sqrt{z}\sqrt{(n^2\pm mz+z^2)}}$ en celle-ci $\frac{u\,du\mp\frac{m}{2}du}{\sqrt{\left(u\mp\frac{m}{2}\right)}\cdot\sqrt{\left(u^2+n^2-\frac{m^2}{4}\right)}}$;

& si $n^2>\frac{m^2}{4}$, on fera $n^2-\frac{m^2}{4}=q^2$,

& on aura $\frac{u\,du\mp\frac{m}{2}du}{\sqrt{\left(u\mp\frac{m}{2}\right)}\sqrt{(u^2+q^2)}}$.

On fera usage de cette transformation $\sqrt{(u^2+q^2)}=t-u$, qui donnera

$$u=\tfrac{1}{2}\left(t-\frac{q^2}{t}\right),\ du=\frac{dt}{2t}\left(t+\frac{q^2}{t}\right),\ u\,du=\frac{dt}{4t}\cdot\left(t^2-\frac{q^4}{t^2}\right),$$

$$\sqrt{(u^2+q^2)}=\frac{t^2+q^2}{2t},\ \sqrt{\left(u\mp\frac{m}{2}\right)}=\frac{\sqrt{(t^2\mp mt-q^2)}}{\sqrt{2t}};$$

& en substituant ces valeurs, on aura la transformée

$$\frac{(t^2-q^2)\,dt}{t\sqrt{2t}\sqrt{(t^2\mp mt-q^2)}}-\frac{m\,dt}{\sqrt{2t}\sqrt{(t^2\mp mt-q^2)}}.$$

Le premier terme de cette transformée dépend de la rectification de l'hyperbole; le second terme ou

$$\frac{dt}{t\sqrt{t}\sqrt{(t^2\pm mt-q^2)}}=\frac{t^2\,dt+dt}{t\sqrt{t}\sqrt{(t^2\mp mt-q^2)}}-\frac{dt\sqrt{t}}{\sqrt{(t^2\mp mt-q^2)}}$$

est composé de deux parties, dont la première est intégrable algébriquement, & la seconde dépend de la rectification de l'hyperbole. Quant aux différentielles

$\frac{dt}{\sqrt{t}\sqrt{(t^2\mp mt-q^2)}}$ & $\frac{du}{\sqrt{u}\sqrt{(u+2m')}\sqrt{\left(u+\frac{m}{2}+m'\right)}}$, elles ſont renfermées dans celle-ci (dz) . . . . $\frac{dz}{\sqrt{z}\sqrt{(fz^2+gz+h)}}$ dont nous allons nous occuper.

(397). 1°. Soit propoſé $\frac{dz}{\sqrt{z}\sqrt{(n^2\pm mz-z^2)}}$, qui, en faiſant pour abréger $\sqrt{\left[\frac{m^2}{4}+n^2\right]}=m'$, devient $\frac{dz}{\sqrt{z}\sqrt{\left[z\mp\frac{m}{2}+m'\right]}\cdot\sqrt{\left[\pm\frac{m}{2}+m'-z\right]}}$;

je transforme cette différentielle en celle-ci,

$$\frac{\left[z\mp\frac{m}{2}+m'\right]dz-z\,dz}{\left[m'\mp\frac{m}{2}\right]\sqrt{z}\sqrt{\left[z\mp\frac{m}{2}+m'\right]}\cdot\sqrt{\left[\pm\frac{m}{2}+m'-z\right]}},$$

qui eſt égale à $\frac{dz\sqrt{\left[z\mp\frac{m}{2}+m'\right]}}{\left[m'\mp\frac{m}{2}\right]\sqrt{z}\sqrt{\left[\pm\frac{m}{2}+m'-z\right]}}-$

$$\frac{dz\sqrt{z}}{\left[m'\mp\frac{m}{2}\right]\sqrt{\left[z\mp\frac{m}{2}+m'\right]}\cdot\sqrt{\left[\pm\frac{m}{2}+m'-z\right]}},$$

dont le ſecond terme eſt en partie intégrable algébriquement, & dépend en partie de la rectification de l'hyperbole. En faiſant $z\mp\frac{m}{2}+m'=u$, je transformerai le premier en ceci

$$\frac{du\sqrt{u}}{\left(m'\mp\frac{m}{2}\right)\sqrt{\left(u\pm\frac{m}{2}-m'\right)}\cdot\sqrt{(2m'-u)}},$$

qui dépend de la rectification de l'ellipſe.

2°. Si la propoſée eſt $\frac{dz}{\sqrt{z}\sqrt{(z^2\pm mz-n^2)}}$, je ferai $z=\frac{n^2}{u}$, & je la changerai en celle-ci, $\frac{-du}{\sqrt{u}\sqrt{(n^2\pm mu-u^2)}}$, qui eſt préciſément celle dont nous venons de nous occuper.

3°. Soit maintenant cette différentielle $\frac{dz}{\sqrt{z}\sqrt{(z^2\pm mz+n^2)}}$; en faiſant pour abréger $\sqrt{\left(\frac{m^2}{4}-n^2\right)}=m'$, les deux facteurs de $z^2\pm mz+n^2$ ſeront $z\pm\frac{m}{2}+m'$ & $z\pm\frac{m}{2}-m'$; & comme $\frac{m^2}{4}$ peut être plus grand ou moindre que

que n^2, je distinguerai deux cas, celui où les deux facteurs sont réels, & celui où ils sont imaginaires. Pour résoudre le premier, je ferai $z \pm \frac{m}{2} \mp m' = u$, & par-là je changerai la proposée en celle-ci $\frac{du}{\sqrt{u}\sqrt{(u \pm 2m')} \cdot \sqrt{\left[u \mp \frac{m}{2} \pm m'\right]}}$, qui s'intégrera comme la précédente. Pour résoudre le second cas, je ferai $z \pm \frac{m}{2} = u$, & pour abréger $n^2 - \frac{m^2}{4} = q^2$, ce qui changera la proposée en celle-ci, $\frac{du}{\sqrt{\left[u \mp \frac{m}{2}\right]} \cdot \sqrt{(u^2 + q^2)}}$; en faisant ensuite $\sqrt{(u^2 + q^2)} = t - u$, j'aurai $\frac{dt\sqrt{2}}{\sqrt{t}\sqrt{(t^2 \mp mt - q^2)}}$ que j'intégrerai de la même manière.

4°. Il ne reste plus que $\frac{dz}{\sqrt{z}\sqrt{(mz - z^2 - n^2)}}$ qu'on peut mettre sous cette forme $\frac{dz}{\sqrt{z}\sqrt{\left[\frac{m^2}{4} - n^2 - \left(\frac{m}{2} - z\right)^2\right]}}$, qui fait voir que $\frac{m^2}{4}$ doit être $> n^2$, sans quoi la proposée seroit imaginaire. On fera pour abréger $\sqrt{\left(\frac{m^2}{4} - n^2\right)} = m'$; & on la changera en $\frac{dz}{\sqrt{z}\sqrt{\left[z - \frac{m}{2} + m'\right]} \cdot \sqrt{\left[\frac{m}{2} + m' - z\right]}}$; supposant ensuite $\frac{m}{2} + m' - z = u$, on aura $\frac{-du}{\sqrt{u}\sqrt{(2m' - u)}\sqrt{\left[\frac{m}{2} + m' - u\right]}}$, qui n'est qu'un cas particulier de la différentielle du troisième numéro.

(398). La différentielle $\frac{du}{\sqrt{(a + bu + cu^2 + fu^3)}}$ dépend de $d\Sigma$, ce qu'on trouvera en supposant l'un des facteurs réels de $a + bu + cu^2 + fu^3$ (& cette quantité en a toujours au moins un qui est tel) égal à z; on trouvera par la même transformation que $\frac{u\,du}{\sqrt{(a + bu + cu^2 + fu^3)}}$ est composé de deux termes, dont l'un dépend de $d\Sigma$, & l'autre de $d\sigma$; quant à celle-ci, $\frac{du}{u\sqrt{(a + bu + cu^2 + fu^3)}}$, en faisant $u = \frac{1}{x}$, elle devient $\frac{-dx\sqrt{x}}{\sqrt{(ax^3 + bx^2 + cx + f)}}$.

Maintenant soit l'équation du troisième ordre

$$(\alpha) \; \ldots\ldots \; xy^2 = ax^3 + bx^2 + cx + f,$$

d'où l'on tire $y\,dx = \frac{dx}{\sqrt{x}}\sqrt{(ax^3 + bx^2 + cx + f)}$; en multipliant cette différentielle haut & bas par son numérateur, je la transforme en celle-ci

$$\frac{f\,dx}{\sqrt{x}\sqrt{(ax^3 + bx^2 + cx + f)}} + \frac{(c + bx + ax^2)\,dx\sqrt{x}}{\sqrt{(ax^3 + bx^2 + cx + f)}},$$

dont le premier terme devient, en faisant $x = \frac{1}{u}$, $\frac{-f\,du}{\sqrt{(a + bu + cu^2 + fu^3)}}$.

Je nomme ce premier terme $d\sigma'$, & il est clair que

$$\frac{c\,dx\sqrt{x}}{\sqrt{(ax^3 + bx^2 + cx + f)}} = y\,dx - d\sigma' - \frac{(bx + ax^2)\,dx\sqrt{x}}{\sqrt{(ax^3 + bx^2 + cx + f)}}.$$

Soit $x = \frac{1}{u}$; le dernier terme du second membre de la précédente équation deviendra $\frac{(bu + a)\,du}{u^3\sqrt{(a + bu + cu^2 + fu^3)}}$. Si cette différentielle est en partie intégrable algébriquement, & dépend en partie de celles qui précèdent, je puis faire

$$\frac{(bu + a)\,du}{u^3\sqrt{(a + bu + cu^2 + fu^3)}} = d\left[(Au^\lambda + Bu^\mu)\sqrt{(a + bu + cu^2 + fu^3)}\right] + \frac{\left(\frac{C}{u} + D + Eu\right)du}{\sqrt{(a + bu + cu^2 + fu^3)}},$$

A, B, C, D, E, λ, μ étant des quantités qu'il s'agit de déterminer. En réduisant tout au même dénominateur, & divisant par du, j'ai la transformée

$$bu + a = \lambda a A u^{\lambda+2} + (\lambda + \tfrac{1}{2})bAu^{\lambda+3} + (\lambda + 1)cAu^{\lambda+4} + (\lambda + \tfrac{3}{2})fAu^{\lambda+5} + \mu aBu^{\mu+2} + (\mu + \tfrac{1}{2})bBu^{\mu+3} + (\mu + 1)Cbu^{\mu+4} + (\mu + \tfrac{3}{2})fBu^{\mu+5} + Cu^2 + Du^3 + Eu^4,$$

qui devient, en faisant $\lambda = -2$ & $\mu = -1$ qui est la seule hypothèse qui soit possible,

$$\begin{array}{llllll} \frac{f}{2}B\cdot u^4 & -\frac{f}{2}A\cdot u^3 & -cAu^2 & -\frac{3b}{2}Au & -2aA & = 0, \\ +E & +D & -\frac{b}{2}B & -aB & -a & \\ & & +C & -b & & \end{array}$$

& donne $A = -\frac{1}{2}$, $B = -\frac{b}{4a}$, $C = -\frac{b^2}{8a} - \frac{c}{2}$, $D = -\frac{f}{4}$, $E = \frac{bf}{8a}$.

Donc

$$\frac{(bu + a)\,du}{u^3\sqrt{(a + bu + cu^2 + fu^3)}} = -d\left[\left(\frac{1}{2u^2} + \frac{b}{4au}\right)\sqrt{(a + bu + cu^2 + fu^3)}\right] - \frac{(2a - bu)f\,du}{8a\sqrt{(a + bu + cu^2 + fu^3)}} - \frac{(b^2 + 4ac)\,du}{8au\sqrt{(a + bu + cu^2 + fu^3)}}.$$

Or, comme en faisant $u = \frac{1}{x}$, le dernier terme devient $\frac{(b^2 + 4ac)dx\sqrt{x}}{8a\sqrt{(ax^3 + bx^2 + cx + f)}}$, il est clair que

$$(d\Sigma') \ldots\ldots\ldots\ldots\ldots \frac{dx\sqrt{x}}{\sqrt{(ax^3 + bx^2 + cx + f)}} =$$

$$\frac{8a}{b^2 - 4ac}\left(-ydx + d\sigma' + d\left[\left(\frac{\sqrt{x}}{2} + \frac{b}{4a\sqrt{x}}\right)\sqrt{(ax^3 + bx^2 + cx + f)}\right]\right) + \frac{(2a - bu)fdu}{8a\sqrt{(a + bu + cu^2 + fu^3)}};$$

c'est-à-dire que l'intégrale de cette différentielle est en partie algébrique, & dépend en partie de la rectification des sections coniques & de la quadrature d'une courbe du troisième ordre dont l'équation est a. Il en faut excepter le cas où l'on auroit $b^2 = 4ac$; alors on supposera, ce qu'on peut toujours faire, que $ax^3 + bx^2 + cx + f = (mx + n)(px^2 + qx + r)$, ce qui donnera $a = mp$, $b = mq + np$, $c = mr + nq$, $f = nr$, & au lieu de $b^2 = 4ac$, cette équation $(mq + np)^2 = 4mp(mr + nq)$. On fera ensuite $mx + n = z$, & la différentielle $\frac{dx\sqrt{x}}{\sqrt{(mx + n)}\cdot\sqrt{(px^2 + qx + r)}}$ deviendra $\frac{dz\sqrt{(z - n)}}{\sqrt{mz}\sqrt{[pz^2 + (mq - 2np)\cdot z + m^2r - mnq + n^2p]}}$, qui, étant multipliée haut & bas par $\sqrt{(z - n)}$, se changera en celle-ci,

$$\frac{zdz - ndz}{\sqrt{mz}\sqrt{[pz^3 + (mq - 3np)z^2 + (m^2r - 2mnq + 3n^2p)z - m^2nr + mn^2q - n^3p]}},$$

dont le second terme est la même différentielle que $d\sigma'$; le premier ne souffrira de difficulté que dans le cas où l'on auroit $(mq - 3np)^2 = 4p(m^2r - 2mnq + 3n^2p)$. En comparant cette équation avec celle-ci $(mq + np)^2 = 4mp(mr + nq)$, il vient $np(mq - np) = 0$, ce qui donne, ou $n = 0$, ou $p = 0$, ou $mq - np = 0$. Dans les deux premiers cas, on a les deux différentielles

$$\frac{dx}{\sqrt{m}\sqrt{(px^2 + qx + r)}} \;\&\; \frac{dx\sqrt{x}}{\sqrt{(mx + n)}\cdot\sqrt{(qx + r)}},$$

qu'il est bien facile de rendre rationnelles; nous allons nous occuper du troisième cas. Alors les deux équations que nous venons de comparer deviennent identiquement les mêmes, & donnent $pm^2r = 0$, c'est-à-dire $p = 0$, ou $m = 0$, ou $r = 0$; si $m = 0$ ou $r = 0$, on a les différentielles

$$\frac{dx\sqrt{x}}{\sqrt{n}\sqrt{(px^2 + qx + r)}} \;\&\; \frac{dx}{\sqrt{(mx + n)}\cdot\sqrt{(px + q)}}$$

qu'il ne sera pas difficile de rendre rationnelles.

(399). Soit encore la différentielle $\frac{dx}{\sqrt{(a + bx + cx^2 + fx^3 + gx^4)}}$; si le dénominateur a des facteurs binomes réels, & que $k + lx$ soit un de ces facteurs, en faisant $k + lx = z$, on changera cette différentielle en une autre de la forme de $\frac{dz}{\sqrt{z}\sqrt{(m + nz + pz^2 + qz^3)}}$, qui, comme on voit, se rapporte à des arcs de sections coniques. Mais dans les autres cas, le dénominateur pourra au moins se diviser en deux facteurs trinomes que je représenterai par $k + lx + mx^2$, $p + qx + rx^2$, & j'aurai à intégrer la différentielle

$\frac{dx}{\sqrt{(k + lx + mx^2)}\cdot\sqrt{(p + qx + rx^2)}}$. En divisant $p + qx + rx^2$ par $k + lx + mx^2$; & faisant pour abréger $\frac{r}{m} = \alpha$, $p - \frac{rk}{m} = \beta$, $q - \frac{rl}{m} = \gamma$, je trouve pour quotient de cette division α & un reste $\beta + \gamma x$; ainsi la proposée devient

$$\frac{dx}{(k + lx + mx^2)\sqrt{\left[\alpha + \frac{\beta + \gamma x}{mx^2 + lx + k}\right]}}.$$

Je fais ensuite $\frac{\beta + \gamma x}{mx^2 + lx + k} = \frac{1}{z}$, d'où je tire, en résolvant l'équation du second degré,

$$x = \frac{\gamma z - l}{2m} \pm \frac{1}{2m}\sqrt{[4m(\beta z - k) + (\gamma z - l)^2]}.$$

Je mets pour x, x^2 & dx leurs valeurs dans la différentielle précédente; elle devient par-là $\frac{\pm dz}{z\sqrt{\left[\alpha + \frac{1}{z}\right]}\sqrt{[4m(\beta z - k) + (\gamma z - l)^2]}}$; puis, en faisant $\frac{1}{z} = u$, je la change en celle-ci $\frac{\mp du}{\sqrt{(\alpha + u)}\cdot\sqrt{[\gamma^2 + (4m\beta - 2\gamma l)u + (l^2 - 4mk)u^2]}}$, qui se réduit aussi à des arcs de sections coniques. Donc dans tous les cas la proposée ne dépend que de la rectification des sections coniques.

(400). Newton, dans l'Ouvrage intitulé : *Enumeratio linearum tertii ordinis*, rapporte toutes les courbes du troisième ordre aux quatre équations suivantes (n°. 56),

$$xy^2 - ey = ax^3 + bx^2 + cx + f$$
$$xy = ax^3 + bx^2 + cx + f$$
$$y^2 = ax^3 + bx^2 + cx + f$$
$$y = ax^3 + bx^2 + cx + f.$$

La première donne

$$y\,dx = \frac{e\,dx}{2x} \pm \frac{dx}{x}\sqrt{\left(ax^4 + bx^3 + cx^2 + fx + \frac{e^2}{4}\right)},$$

dont

dont le second terme devient $\frac{\left(ax^4+bx^3+cx^2+fx+\frac{e^2}{4}\right)dx}{x\sqrt{\left(ax^4+bx^3+cx^2+fx+\frac{e^2}{4}\right)}}$.

1°. En représentant par mx^2+lx+k & rx^2+qx+p les deux facteurs trinomes du dénominateur, on a

$$\frac{dx}{x\sqrt{\left(ax^4+bx^3+cx^2+fx+\frac{e^2}{4}\right)}}=\frac{dx}{x(mx^2+lx+k)\sqrt{\left[\frac{rx^2+qx+p}{mx^2+lx+k}\right]}},$$

que je transforme en

$$\frac{dx}{kx\sqrt{\left[\frac{rx^2+qx+p}{mx^2+lx+k}\right]}}-\frac{(mx+l)dx}{k(mx^2+lx+k)\sqrt{\left[\frac{rx^2+qx+p}{mx^2+lx+k}\right]}},$$

dont le second terme n'est autre chose que $-\frac{mxdx+ldx}{k\sqrt{\left[ax^4+bx^3+cx^2+fx+\frac{e^2}{4}\right]}}$.

Je change le premier en ce qui suit, $\frac{dx}{kx\sqrt{\left[\alpha+\frac{\beta+\gamma x}{k+lx+mx^2}\right]}}$,

qui, en supposant $\frac{\beta+\gamma x}{k+lx+mx^2}=\frac{1}{z}$, devient

$$\frac{\pm\gamma dz}{k\sqrt{\left[\alpha+\frac{1}{z}\right]}\cdot\sqrt{[4m(\beta z-k)+(\gamma z-l)^2]}}\pm$$

$$\frac{\beta dz}{k\sqrt{\left(\alpha+\frac{1}{z}\right)}\cdot\sqrt{\left(4m(\beta z-k)+(\gamma z-l)^2\right)}\cdot\left(\frac{\gamma z-l}{2m}\pm\frac{1}{2m}\sqrt{[4m(\beta z-k)+(\gamma z-l)^2]}\right)},$$

dont le premier terme $\frac{\pm\gamma dz\sqrt{z}}{k\sqrt{(\alpha z+1)}\cdot\sqrt{[4m(\beta z-k)+(\gamma z-l)^2]}}$ est intégrable en partie algébriquement, & dépend en partie de la quadrature de la courbe du troisième ordre dont l'équation est α. Je multiplie le second terme haut & bas par $\frac{\gamma z-l}{2m}\mp\frac{1}{2m}\sqrt{[4m(\beta z-k)+(\gamma z-l)^2]}$; il devient par-là

$$\frac{\mp\frac{\gamma z-l}{\beta z-k}\beta dz}{2k\sqrt{\left[\alpha+\frac{1}{z}\right]}\sqrt{[4m(\beta z-k)+(\gamma z-l)^2]}}+\frac{\beta dz}{2k(\beta z-k)\sqrt{\left[\alpha+\frac{1}{z}\right]}},$$

dont on rendra le seconde partie rationnelle en faisant $\sqrt{\left(\alpha + \frac{1}{z}\right)} = u$. Si l'on fait $\alpha + \frac{1}{z} = u$, la première deviendra

$$\frac{\frac{\gamma + \alpha l - lu}{6 \quad \alpha k - ku} \cdot \frac{\pm 6\, du}{u - \alpha}}{2k\sqrt{u}\sqrt{[4m(u-\alpha)(\delta + \alpha k - ku) + (\gamma + \alpha l - lu)^2]}}$$

qu'on trouvera, par la méthode des fractions rationnelles, être composée de deux termes de la forme de $\frac{dz}{(m + nz)\sqrt{z}\sqrt{(fz^2 + gz + h)}} =$

$$\frac{dz}{m\sqrt{z} \cdot \sqrt{(fz^2 + gz + h)}} - \frac{n\,dz\sqrt{z}}{m \cdot (m + nz) \cdot \sqrt{(fz^2 + gz + h)}}.$$

Le premier de ces deux-ci s'intègre par les arcs de sections coniques ; pour intégrer l'autre, je fais $m + nz = u$, & je le change par-là en

$$\frac{du\sqrt{n} \cdot \sqrt{(u - m)}}{mu\sqrt{[f(u-m)^2 + gn(u-m) + hn^2]}},$$

qui, étant multiplié haut & bas par $\sqrt{(u - m)}$ devient

$$\frac{du\sqrt{n}}{m\sqrt{(u-m)} \cdot \sqrt{[f(u-m)^2 + gn(u-m) + hn^2]}} - \frac{du\sqrt{n}}{u\sqrt{(u-m)} \cdot \sqrt{[f(u-m)^2 + gn(u-m) + hn^2]}},$$

dont la première partie dépend de la rectification des sections coniques, & la seconde de la rectification des sections coniques & de la quadrature de la courbe du troisième ordre, dont l'équation est α.

2°. Les différentielles qui nous restent à intégrer pour achever de quarrer la courbe du troisième ordre dont il est question maintenant, sont toutes comprises dans celles-ci $\frac{hx^m\,dx}{\sqrt{\left(ax^4 + bx^3 + cx^2 + fx + \frac{e^2}{4}\right)}}$, où m est un nombre entier positif; ainsi par la méthode du (n°. 368), nous pourrons faire dépendre ces différentielles de $\frac{dx}{\sqrt{\left(ax^4 + bx^3 + cx^2 + fx + \frac{e^2}{4}\right)}}$ qui s'intègre par la rectification des sections coniques. En faisant usage de la même méthode, nous trouverons aussi que $\frac{h\,dx}{x^m\sqrt{\left(ax^4 + bx^3 + cx^2 + fx + \frac{e^2}{4}\right)}}$ dépend d'arcs de ſections coniques & de la quadrature de la courbe du troiſième ordre dont l'équation eſt α.

Les trois autres équations du troiſième ordre donnent les trois différentielles $ax^2dx + bxdx + cdx + \frac{fdx}{x}$, $dx\sqrt{(ax^3 + bx^2 + cx + f)}$, $ax^3dx + bx^2dx + cxdx + fdx$, dont la première & la troiſième s'intégreront bien facilement ; la ſeconde devient $\frac{ax^3dx + bx^2dx + cxdx + fdx}{\sqrt{(ax^3 + bx^2 + cx + f)}}$ qui s'intégrera par la rectification des ſections coniques. Nous ne pouſſerons pas plus loin ces recherches, & nous terminerons le chapitre par réſoudre ce problême : *Trouver la ſurface du cône oblique qui a pour baſe un cercle.*

(401). Soit le rayon du cercle qui ſert de baſe au cône $= 1$, l'abſciſſe priſe du centre $= x$, la hauteur du cône $= h$, la diſtance du centre de la baſe au pied de cette perpendiculaire $= a$; cela poſé, ſi nous menons une tangente au point de la circonférence qui répond à l'abſciſſe x, & que du ſommet du cône nous abaiſſions une perpendiculaire z ſur cette tangente, nous aurons pour l'élément de la ſurface du cône $\frac{-zdx}{2\sqrt{(1-x^2)}}$, & nous trouverons enſuite par une conſtruction fort ſimple, $z = \sqrt{[h^2 + (ax - 1)^2]}$.

Ainſi la différentielle à intégrer ſera $\frac{dx\sqrt{[h^2 + (ax - 1)^2]}}{\sqrt{(1 - x^2)}}$, ou, faiſant $1 - x = z$, $\frac{dz\sqrt{[h^2z^2 + (az - z - a)^2]}}{z^2\sqrt{(2z - 1)}}$.

Soit, pour abréger $h^2 + (a - 1)^2 = m^2$, $- 2a(a - 1) = n$, & notre différentielle deviendra $\frac{dz\sqrt{(m^2z^2 + nz + a^2)}}{z^2\sqrt{(2z - 1)}}$ que nous changerons, en la multipliant haut & bas par le numérateur, en celle-ci,

$$\frac{m^2z^2dz + nzdz + a^2dz}{z^2\sqrt{(2z-1)}\cdot\sqrt{(m^2 + nz + a^2)}}.$$

Le premier terme $\frac{m^2dz}{\sqrt{(2z-1)}\cdot\sqrt{(m^2z^2 + nz + a^2)}}$ dépend de la rectification des ſections coniques.

Le ſecond $\frac{ndz}{z\sqrt{(2z-1)}\cdot\sqrt{(m^2z^2 + nz + a^2)}}$, en faiſant $\frac{1}{z} = u$, devient $\frac{-ndu\sqrt{u}}{\sqrt{(2-u)}\cdot\sqrt{(a^2u^2 + nu + m^2)}}$, & dépend par conſéquent de la rectification des ſections coniques & de la quadrature d'une courbe du troiſième ordre dont l'ordonnée ſeroit $\frac{\sqrt{(2-u)}\cdot\sqrt{(a^2u^2 + nu + m^2)}}{\sqrt{u}}$.

Pour intégrer le troisième ou $\frac{a^2 dz}{z^2 \sqrt{(2z-1)} \cdot \sqrt{(m^2 z^2 + nz + a^2)}}$, je le suppose

$$= d[A z^\lambda \sqrt{(2z-1)} \cdot \sqrt{(m^2 z^2 + nz + a^2}] + \frac{\left(\frac{B}{z} + C + Dz\right) dz}{\sqrt{(2z-1)} \cdot \sqrt{(m^2 z^2 + mz + a^2)}}$$

& j'ai la transformée

$$a^2 = (2\lambda + 3) m^2 A z^{\lambda+4} + (\lambda + 1)(2n - m^2) A z^{\lambda+3} + (\lambda + \tfrac{1}{2})(2a^2 - n) A z^{\lambda+2} - a^2 \lambda A z^{\lambda+1} + Bz + Cz^2 + Dz^3,$$

qui montre évidemment qu'on ne peut donner à λ d'autre valeur que celle-ci, $\lambda = -1$. Donc

$$a^2 = (m^2 A + D) z^3 + C z^2 - \left(\frac{2a^2 - n}{2} A - B\right) z + a^2 A,$$

d'où il sera bien facile de tirer $A = 1$, $B = \frac{2a^2 - n}{2}$, $C = 0$, $D = -m^2$; & il ne restera plus à intégrer que les deux différentielles

$$\frac{(2a^2 - n) dz}{2z \sqrt{(2z-1)} \cdot \sqrt{(m^2 z^2 + nz + a^2)}}, \quad \frac{-m^2 z dz}{\sqrt{(2z-1)} \cdot \sqrt{(m^2 z^2 + nz + a^2)}};$$

dont la seconde dépend de la rectification des sections coniques, & la première de la rectification des sections coniques & de la quadrature de la courbe du troisième ordre dont il vient d'être question. On trouvera dans un supplément aux Mémoires de Berlin de 1746 & 1748, imprimé dans le premier tome des Opuscules de Dalembert, d'autres recherches sur cette matière.

CHAPITRE II.

DE LA SÉPARATION DES VARIABLES DANS LES ÉQUATIONS DIFFÉRENTIELLES.

(402). NOUS avons parcouru (n°s. 264 & *suiv.*) quelques cas simples où il est possible de séparer les variables dans les équations différentielles. Nous avons vu que le problême n'avoit pas de difficulté lorsque l'équation étoit linéaire du premier ordre, telle que $dy + Py dx = Q dx$, où P & Q sont fonctions de x & de constantes. Je remarquerai en passant que l'équation $dy + Py dx = Q y^{n+1} dx$ se ramène à la précédente, en faisant $\frac{1}{y^n} = z$.

Le

Le problême n'a pas plus de difficulté lorsque l'équation du premier ordre est homogène, ou qu'on peut la rendre telle comme nous avons fait celle-ci,

$$dx\,(e+fx+gy)=dy\,(h+ix+ky).$$

Soit proposé $dx\,(ay^n x^m + by^{n'}x^{m'} + cy^{n''}x^{m''} + \&c.) = dy(fy^{\nu}x^{\mu} + gy^{\nu'}x^{\mu'} + hy^{\nu''}x^{\mu''} + \&c.)$;

on fera $y=z^{\theta}$ & $x=u^{\sigma}$, ce qui donnera la transformée

$$\sigma u^{\sigma-1}du\,(az^{\theta n}u^{\sigma m} + bz^{\theta n'}u^{\sigma m'} + cz^{\theta n''}u^{\sigma m''} + \&c.) =$$
$$\theta z^{\theta-1}dz\,(fz^{\theta\mu}u^{\sigma\mu} + gz^{\theta\nu'}u^{\sigma\mu'} + hz^{\theta\nu''}u^{\sigma\mu''} + \&c.)$$

qui seroit homogène si $\sigma-1+\theta n+\sigma m=\sigma-1+\theta n'+\sigma m' = \sigma-1+\theta n''+\sigma m''$ &c. $=\theta-1+\theta\nu+\sigma\mu=\theta-1+\theta\nu'+\sigma\mu' = \theta-1+\theta\nu''+\sigma\mu''$ &c.

On tire delà qu'on rendra la proposée homogène en faisant $y=z^{\frac{m'-m}{n-n'}}$, ou $x=u^{\frac{n'-n}{m-m'}}$, pourvu que toutes ces équations

$$\frac{m'-m}{n-n'}=\frac{m''-m}{n-n''}\ \&c. = \frac{\mu-m-1}{n-\nu-1}=\frac{\mu'-m-1}{n-\nu'-1}=\frac{\mu''-m-1}{n-\nu''-1}\ \&c.;$$

aient lieu en même temps. Je prends pour exemple l'équation

$$ay^2x^2dx+bdx+cyxdx=fx^4y^2dy;$$

je la compare avec l'équation générale, & j'ai

$$n=m=2,\ n'=m'=0,\ n''=m''=1,\ \mu=4,\ \nu=2;$$

donc la proposée a les conditions requises, & je pourrai la rendre homogène en faisant $y=\frac{1}{z}$; elle devient par cette substitution

$$ax^2dx+bz^2dx+czxdx+\frac{fx^4dz}{z^2}=0.$$

(403). Soit cette autre équation $dy+y^2dx=ax^m dx$, qui est connue des géomètres sous le nom d'équation du comte Riccati. Il suit de ce qui précède qu'on pourra la rendre homogène, dans le cas de $m=-2$, en faisant $y=\frac{1}{z}$; elle devient par cette substitution $dz+\left(1-\frac{az^2}{x^2}\right)dx=0$, d'où l'on tire, en supposant $z=ux$, $\frac{dx}{x}=\frac{-du}{1+u-au^2}$. Mais il y a une infinité d'autres cas où il est possible de séparer les variables dans l'équation de Riccati; le plus simple de tous est celui où $m=0$, & où cette équation donne sans aucune préparation $dx = \frac{dy}{a - y^2}$. Pour en trouver d'autres, je fais $y = \frac{6}{z}$, & la proposée devient $-6dz + 6^2 dx = ax^m z^2 dx$; je fais ensuite $x^{m+1} = u$, $\frac{a}{m+1} = 6$, & je la change en celle-ci, $dz + z^2 du = \frac{6^2}{m+1} u^{\frac{-m}{m+1}} du$, qui m'apprend que si dans la proposée on peut séparer les variables lorsque $m = n$, on les séparera aussi lorsque $m = \frac{-n}{n+1}$. Je supposerai encore $y = \frac{1}{x} - \frac{z}{x^2}$, & la proposée deviendra $dz - \frac{z^2 dx}{x^2} = -ax^{m+2} dx$, dans laquelle si nous faisons $x = \frac{1}{u}$, nous aurons cette transformée $dz + z^2 du = au^{-m-4} du$, qui nous apprend que si dans la proposée on peut séparer les variables lorsque $m = n$, on les séparera aussi lorsque $m = -n - 4$, & nous venons de voir qu'alors on pouvoit aussi les séparer lorsque $m = \frac{-n}{n+1}$. Ainsi, un seul cas étant connu, celui où $m = 0$, par exemple, les deux formules $m = -n - 4$ & $m = \frac{-n}{n+1}$ en feront trouver une infinité d'autres. En faisant $n = 0$ dans la première, on trouve que la séparation est possible lorsque $m = -4$; on trouve, en faisant $n = -4$ dans la seconde, que la séparation est possible lorsque $m = -\frac{4}{3}$; & en continuant de même, on trouvera qu'on peut toujours séparer les variables dans l'équation de Riccati lorsque m est un des nombres de la suite infinie

$$0, -4, -\frac{4}{3}, -\frac{8}{3}, -\frac{8}{5}, -\frac{12}{5}, -\frac{12}{7}, \&c.$$

nombre qui sont tous renfermés dans la formule générale $\frac{-4i}{2i \pm 1}$, où i est un nombre entier positif quelconque ou zéro. Je reviens aux équations qui sont homogènes.

(404). Si l'équation du second ordre $V = 0$ est homogène en y, x, $\frac{dy}{dx} = p$, $\frac{dp}{dx} = q$; en faisant $y = ux$ & $q = \frac{z}{x}$, on aura une équation entre z, u & p que je nomme $V' = 0$. Mais $dy = p\,dx = u\,dx + x\,du$, donc $\frac{dx}{x} = \frac{du}{p-u}$; de plus $dp = q\,dx = \frac{z\,dx}{x}$; d'où l'on tire $\frac{dx}{x} = \frac{dp}{z}$ & $\frac{dp}{z} = \frac{du}{p-u}$. Avec cette équation & la précédente $V' = 0$, on fera en sorte d'en trouver une du premier ordre entre les variables p & u, dans laquelle s'il est possible de séparer p, on aura, au moyen de $\frac{dx}{x} = \frac{du}{p-u}$, la valeur de x en u, & aussi la valeur de y en u, car $y = ux$. Pour rendre cela plus clair, nous nous proposerons les exemples suivans dans lesquels dx sera constant.

Intégrer l'équation du second ordre $x^2 d^2 y + x dx dy = n y dx^2$, qui n'est autre que $q x^2 + p x = n y$. En faisant $y = ux$ & $qx = z$, on la change en celle-ci, $z + p = nu$; & substituant pour z sa valeur dans $\frac{dp}{z} = \frac{du}{p-u}$, on a $(p - u)\, dp = (nu - p)\, du$, ou $nu du + u dp - p du = p dp$, équation homogène de laquelle on tirera la valeur de p en u; puis, à cause de $\frac{dx}{x} = \frac{du}{p-u}$, on aura celle de x en fonction de la même quantité, & le problême sera résolu.

(405). Je prendrai pour second exemple l'équation $(dx^2 + dy^2)^{\frac{3}{2}} = n dx d^2 y \sqrt{(x^2 + y^2)}$, qui n'est autre chose que $(1 + p^2)^{\frac{3}{2}} = nq \sqrt{(x^2 + y^2)}$. En faisant $y = ux$ & $qx = z$, je la change en celle-ci, $(1 + p^2)^{\frac{3}{2}} = nz \sqrt{(1 + u^2)}$, & substituant pour z sa valeur dans $\frac{dp}{z} = \frac{du}{p-u}$, j'ai $n(p-u)\, dp \sqrt{(1+u^2)} = (1+p^2)^{\frac{3}{2}} du$, ou $\frac{n(p-u)}{\sqrt{(1+p^2)}} \frac{dp}{1+p^2} = \sqrt{(1+u^2)} \cdot \frac{du}{1+u^2}$.

Ayant ainsi préparé l'équation qu'il s'agit d'intégrer, je remarque que $\frac{dp}{1+p^2}$ & $\frac{du}{1+u^2}$ étant les différentielles de deux arcs dont l'un a pour tangente p, & l'autre pour tangente u, je ferai avec fruit ces substitutions $p =$ tang. b & $u =$ tang. $\mathcal{C}$, qui donnent $\sqrt{(1 + p^2)} = \frac{1}{\text{cos. } b}$, $\sqrt{(1 + u^2)} = \frac{1}{\text{cos. } \mathcal{C}}$, $p - u = \frac{\text{sin. } b \text{ cos. } \mathcal{C} - \text{cos. } b \cdot \text{sin. } \mathcal{C}}{\text{cos. } b \text{ cos. } \mathcal{C}} = \frac{\text{sin. } (b - \mathcal{C})}{\text{cos. } b \text{ cos. } \mathcal{C}}$, & qui changent par conséquent notre équation en celle-ci, $n db$ sin. $(b - \mathcal{C}) = d\mathcal{C}$. Si l'on fait $b - \mathcal{C} = \varphi$, l'équation précédente deviendra $n db$ sin. $\varphi = db - d\varphi$, d'où il sera facile de tirer $db = - \frac{d\phi}{1 - n \text{ sin. } \phi}$, $d\mathcal{C} = \frac{d\phi}{1 - n \text{ sin } \phi} - d\varphi$; & à cause de $\frac{dx}{x} = \frac{du}{p-u} = \frac{d\mathcal{C} \text{ cos. } b}{\text{cos. } \mathcal{C} \text{ sin. } \phi}$, on aura $\frac{dx}{x} = \frac{n d\phi \text{ cos. } b}{\text{cos. } \mathcal{C} (1 - n \text{ sin. } \phi)}$.

(406). Nous avons enseigné à la fin du (n°. 384) à intégrer $\frac{d\phi}{1 - n \text{ sin. } \varphi}$.

1°. Lorsque $n = 1$, cette différentielle devient $\frac{d\phi}{1 - \text{sin. } \phi} = \frac{(1 - \text{sin. } \varphi)\, d\phi}{\text{cos. } \varphi^2}$, dont l'intégrale est tang. $\varphi + \frac{1}{\text{cos. } \phi} = \frac{1 + \text{sin. } \phi}{\text{cos. } \phi}$;

donc $b = \frac{1 + \sin.\phi}{\cos.\phi} + c$; $\zeta = \frac{1 + \sin.\phi}{\cos.\phi} - \phi + c$, & $\frac{dx}{x} \; \frac{db \cos. b}{\cos.(b - \phi)}$.

De l'équation $b - c = \frac{1 + \sin.\phi}{\cos.\phi}$, on tire

$$\sin.\phi = \frac{(b-c)^2 - 1}{(b-c)^2 + 1}, \quad \cos.\phi = \frac{2(b-c)}{(b-c)^2 + 1},$$

& , substituant ces valeurs, $\frac{dx}{x} = \frac{[(b-c)^2 + 1]\, db \cos. b}{2(b-c)\cos. b + [(b-c)^2 - 1]\sin. b}$;

or le numérateur étant la différentielle du dénominateur, on a

$$\frac{x}{c'} = 2(b - c)\cos. b + [(b-c)^2 - 1]\sin. b,$$

c & c' sont les deux constantes arbitraires ajoutées en intégrant. Maintenant

$\zeta = b - A \text{ tang.} \frac{(b-c)^2 - 1}{2(b-c)}$; donc $u = \text{tang.}\, \zeta = \frac{\text{tang.}\, b - \frac{(b-c)^2 - 1}{2(b-c)}}{1 + \frac{(b-c)^2 - 1}{2(b-c)} \text{tang.}\, b}$,

& par conséquent

$$y = ux = c'\,(2(b - c)\sin. b - [(b-c)^2 - 1]\cos. b).$$

2°. Si $n > 1$, la différentielle $\frac{d\phi}{1 - n \sin.\phi}$ a pour intégrale

$$\frac{1}{\sqrt{(n^2 - 1)}} \log. \frac{\sqrt{[(n-1)(1 + \sin.\phi)]} + \sqrt{[(n+1)(1 - \sin.\phi)]}}{\sqrt{[(n-1)(1 + \sin.\phi)]} - \sqrt{[(n+1)(1 - \sin.\phi)]}};$$

donc, en supposant pour abréger $(b - c)\sqrt{(n^2 - 1)} = b'$, on aura

$$\frac{e^{b'} + 1}{e^{b'} - 1} = \frac{\sqrt{[(n-1)(1 + \sin.\phi)]}}{\sqrt{[(n+1)(1 - \sin.\phi)]}} = \frac{(n-1)(1 + \sin.\phi)}{\cos.\phi \sqrt{(n^2 - 1)}}.$$

On tire de cette équation

$$\sin.\phi = \frac{e^{b'} + 2n + e^{-b'}}{ne^{b'} + 2 + ne^{-b'}}, \quad \cos.\phi = \frac{(e^{b'} - e^{-b'})\sqrt{(n^2 - 1)}}{ne^{b'} + 2 + ne^{-b'}};$$

& , à cause de $\frac{dx}{x} = \frac{ndb \cos. b}{\cos. b \cos.\phi + \sin. b \sin.\phi}$,

$$\frac{dx}{x} = \frac{ndb \cos. b\,(ne^{b'} + 2 + ne^{-b'})}{(e^{b'} - e^{-b'})\cos. b \sqrt{(n^2 - 1)} + (e^{b'} + 2n + e^{-b'})\sin. b},$$

dont le numérateur est la différentielle du dénominateur ; donc

$$x = c'[(e^{b'} - e^{-b'})\cos. b \sqrt{(n^2 - 1)} + (e^{b'} + 2n + e^{-b'})\sin. b].$$

Mais $\cos.\zeta = \cos. b \cos.\phi + \sin. b \sin.\phi$, d'où l'on tire

$$\cos.\zeta\,(ne^{b'} + 2 + ne^{-b'}) = \cos. b\,(e^{b'} - e^{-b'})\sqrt{(n^2 - 1)} + \sin. b\,(e^{b'} + 2n + e^{-b'});$$

on a donc aussi $x = c' \cos.\zeta\,(ne^{b'} + 2 + ne^{-b'})$.

Enfin, à cause de $y = x \text{ tang.}\, \zeta$, on a $y = c' \sin.\zeta\,(ne^{b'} + 2 + ne^{-b'})$.

3°.

3°. Si $n < 1$, la différentielle $\frac{d\phi}{1 - n \sin. \phi}$ a pour intégrale

$$\frac{-2}{\sqrt{(1 - n^2)}} A \text{ tang. } \frac{(n + 1) \cos. \phi}{(1 + \sin. \phi) \sqrt{(1 - n^2)}};$$

ou, à cause de tang. $2x = \frac{2 \text{ tang. } x}{1 - (\text{tang. } x)^2}$, elle a pour intégrale

$$\frac{-1}{\sqrt{(1 - n^2)}} A \text{ tang. } \frac{\cos. \phi \sqrt{(1 - n^2)}}{\sin. \phi - n} = \frac{1}{\sqrt{(1 - n^2)}} A \cos. \frac{n - \sin. \phi}{1 - n \sin. \phi}.$$

Donc en supposant pour abréger $(b - c) \sqrt{(1 - n^2)} = b'$, on a $\frac{n - \sin. \phi}{1 - n \sin. \phi} = \cos. b'$, d'où l'on tire

$$\sin. \phi = \frac{n - \cos. b'}{1 - n \cos. b'}, \cos. \phi = \frac{\sin. b' \sqrt{(1 - n^2)}}{1 - n \cos. b'}. \text{ Mais}$$

$$\frac{dx}{x} = \frac{n\, d\, b \cos. b}{\cos. b \cos. \phi + \sin. b \sin. \phi} = \frac{n\, d\, b \cos. b\, (1 - n \cos. b')}{\cos. b \sin. b' \sqrt{(1 - n^2)} + \sin. b\, (n - \cos. b')},$$

dont le numérateur est encore la différentielle du dénominateur; donc

$$x = c' [\cos. b \sin. b' \sqrt{(1 - n^2)} + \sin. b\, (n - \cos. b')],$$

ou parce que cos. $\mathcal{C} = \cos. b \cos. \phi + \sin. b \sin. \phi$,

$$x = c' \cos. \mathcal{C}\, (1 - n \cos. b') \;\&\; y = x \text{ tang. } \mathcal{C} = c' \sin. \mathcal{C}\, (1 - n \cos. b').$$

(407). Si en faisant dans l'équation $V = 0$, que nous ne supposerons plus être homogène, ces substitutions $y = u x^n$, $p = x^{n-1} t$, $q = x^{n-2} z$, on a une transformée qui soit telle qu'en donnant à n une certaine valeur, les x disparoissent entiérement; il sera encore facile de ramener la proposée au premier ordre. Soit, par exemple, cette équation du second ordre $x^4 \frac{d^2 y}{d x^2} = (x^3 + 2 x y) \frac{d y}{d x} - 4 y^2$, qui devient $q x^4 = p (x^3 + 2 x y) - 4 y^2$; par les substitutions précédentes, on la change en celle-ci, $x^{n+2} z = x^{n+1} t + x^{2n} (2 t u - 4 u^2)$, de laquelle x disparoîtra absolument si l'on fait $2 n = n + 2$, ou $n = 2$, & on aura $z = t + 2 t u - 4 u^2$. Maintenant, à cause de $y = u x^2$, $p = t x$, $q = z$, on a $x\, d u + 2 u\, d x = t\, d x$ & $t\, d x + x\, d t = z\, d x$, d'où l'on tire $\frac{d x}{x} = \frac{d u}{t - 2 u} = \frac{d t}{z - t}$, équation qui devient, en mettant pour z sa valeur, $(t - 2 u)\, 2 u\, d u = (t - 2 u)\, d t$. Cette équation donne $2 u\, d u = d t$ & $u^2 + c = t$; à moins qu'on ne suppose $t - 2 u = 0$. Alors, à cause de $\frac{d x}{x} = \frac{d u}{t - 2 u}$, on a $d u = 0$, $u = c$, & $y = c x^2$ qui ne pourroit être qu'une intégrale particulière de la proposée, puisqu'elle ne renferme qu'une seule constante arbitraire. Mais en mettant pour t sa valeur $u^2 + c$ dans $\frac{d x}{x} = \frac{d u}{t - 2 u}$, on a $\frac{d x}{x} = \frac{d u}{u^2 - 2 u + c}$. C'est pourquoi si l'intégrale doit être prife de manière que $c = 1$, elle eft $\log.\frac{x}{c'} = \frac{1}{1-u} = \frac{x^2}{x^2-y}$; fi elle eft doit être prife de manière que $c < 1$, elle eft $\log.\frac{x}{c'} = \frac{-1}{2\sqrt{(1-c)}}$ $\log.\frac{u-1+\sqrt{(1-c)}}{u-1-\sqrt{(1-c)}} = \frac{-1}{2\sqrt{(1-c)}}\log.\frac{y-x^2(1-\sqrt{(1-c)})}{y-x^2(1+\sqrt{(1-c)})}$, d'où l'on tire $x = c'\left(\frac{y-x^2(1+\sqrt{(1-c)})}{y-x^2(1-\sqrt{(1-c)})}\right)^{\frac{1}{2\sqrt{(1-c)}}}$

Dans le troifième cas où $c > 1$, on peut mettre la différentielle fous cette forme $\frac{dx}{x} = \frac{du}{(u-1)^2+c-1}$, dont l'intégrale eft $\log.\frac{x}{c'} = \frac{1}{\sqrt{(c-1)}}$ $A\,\text{tang}.\frac{u-1}{\sqrt{(c-1)}}$, ou $\frac{u-1}{\sqrt{(c-1)}} = \frac{y-x^2}{x^2\sqrt{(c-1)}} = \text{tang}.\left(\sqrt{(c-1)}.\log.\frac{x}{c'}\right)$. Il faut remarquer que l'équation $y = cx^2$, qui fatisfait à la propofée, ne peut d'aucune manière être comprife dans fon intégrale complète, & que par conféquent elle n'en eft pas une des intégrales particulières.

(408). L'équation $V = 0$ eft homogène feulement par rapport à y, p & q; c'eft-à-dire qu'en faifant $p = uy$, $q = zy$, on aura une équation entre x, u & z, de laquelle on pourra tirer z égal à une fonction de x & u. Mais $p = uy$, donne $\frac{dy}{y} = udx$, & $dp = udy + ydu = zydx$, d'où l'on tire $\frac{dy}{y} = \frac{zdx - du}{u}$, donc $du + u^2dx = zdx$, équation du premier ordre entre u & x, dans laquelle fi on peut féparer u, on aura la valeur de y par l'équation $\frac{dy}{y} = udx$. Je prendrai pour exemple l'équation $xyd^2y = ydxdy + xdy^2 + \frac{bxdy^2}{\sqrt{(a^2-x^2)}}$ où dx eft conftant. Cette équation devient $xyq = yp + xp^2 + \frac{bxp^2}{\sqrt{(a^2-x^2)}}$, laquelle en faifant $p = uy$, $q = zy$, on changera en celle-ci, $xz = u + xu^2 + \frac{bxu^2}{\sqrt{(a^2-x^2)}}$, & il ne reftera plus qu'à féparer les variables dans l'équation du premier ordre $du + u^2dx = \frac{udx}{x} + u^2dx + \frac{bu^2dx}{\sqrt{(a^2-x^2)}}$, qui n'eft autre que $\frac{xdu - udx}{u^2} = \frac{bxdx}{\sqrt{(a^2-x^2)}}$, dont l'intégrale complète eft $c - \frac{x}{u} = -b\sqrt{(a^2-x^2)}$. On tire delà $u = \frac{x}{c+b\sqrt{(a^2-x^2)}}$; &, à caufe de $\frac{dy}{y} = udx$, $\frac{dy}{y} = \frac{xdx}{c+b\sqrt{(a^2-x^2)}}$.

On fera $\sqrt{(a^2 - x^2)} = t$; & parce que $x\,dx = -t\,dt$, on aura $\frac{dy}{y} = \frac{-t\,dt}{c+bt} = -\frac{dt}{b} + \frac{c\,dt}{b(c+bt)}$, dont l'intégrale complète est $\log.\frac{y}{c'} = -\frac{t}{b} + \frac{c}{b^2}\log.(c+bt) = -\frac{\sqrt{(a^2-x^2)}}{b} + \frac{c}{b^2}\log.[c+ b\sqrt{(a^2 - x^2)}]$, qui est aussi l'intégrale complète de la proposée, puisqu'elle renferme deux constantes arbitraires c & c'.

(409). Nous avons démontré que l'intégration complète des équations linéaires se réduisoit à trouver n valeurs de y qui satisfissent à l'équation

$$Ay + B\frac{dy}{dx} + C\frac{d^2y}{dx^2} + \ldots\ldots + U\frac{d^ny}{dx^n} = 0;$$

Si l'équation est du second ordre, on peut la représenter par

$$My + N\frac{dy}{dx} + \frac{d^2y}{dx^2} = 0;\ \text{or, en faisant}\ y = z\,e^{-\int\frac{N}{2}dx};$$

on la change en celle-ci, $\frac{d^2z}{dx^2} = \left(\frac{1}{2}\frac{dN}{dx} + \frac{N^2}{4} - M\right)z$, & il ne s'agit plus que d'intégrer complétement une équation de cette forme $\frac{d^2z}{dx^2} = \Pi z$, où Π est une fonction quelconque de x & de constantes. Nommons $z\,1$ & $z\,2$ deux valeurs de z qui satisfassent à l'équation précédente; & nous aurons pour son intégrale complète $z = a\,z\,1 + b\,z\,2$, a & b étant les deux constantes arbitraires qu'il faut ajouter en intégrant. Mais si au lieu de deux valeurs particulières de z, on n'en trouvoit qu'une, $z\,1$, par exemple, l'intégrale complète de la même équation seroit $z = z\,1\left(a + b\int\frac{dx}{z\,1^2}\right)$; ces propositions peuvent aisément se déduire de ce que nous avons dit (n°s. 276 & *suiv.*) sur les équations du second ordre. Tout se réduit donc à trouver $z\,1$ & $z\,2$ exactement ou par approximation; & c'est de quoi nous allons nous occuper.

Soit d'abord l'équation $\frac{d^2z}{dx^2} = 6x^{m-2}z$, on fera

$$z = Ax^\lambda + Bx^{\lambda+\mu} + Cx^{\lambda+2\mu} + Dx^{\lambda+3\mu} + \&c.,$$

& on aura une transformée qu'on ne pourra ordonner que de la manière suivante :

$$\lambda\cdot(\lambda-1)\cdot Ax^{\lambda-2} + \begin{matrix}(\lambda+\mu)\cdot(\lambda+\mu-1)\cdot Bx^{\lambda+\mu-2} \\ - 6Ax^{\lambda+m-2}\end{matrix} + \begin{matrix}(\lambda+2\mu)\cdot(\lambda+2\mu-1)\cdot Cx^{\lambda+2\mu-2} \\ - 6Bx^{\lambda+\mu+m-2}\end{matrix} + \begin{matrix}(\lambda+3\mu)\cdot(\lambda+3\mu-1)\cdot Dx^{\lambda+3\mu-2} + \&c. \\ - 6Cx^{\lambda+2\mu+m-2} - \&c.\end{matrix} \Big\} = 0.$$

On en tire qu'on peut donner à λ l'une ou l'autre de ces deux valeurs, $\lambda = 0$ ou $\lambda = 1$; que $\mu = m$; & qu'en nommant $A\,1$, $B\,1$, &c. les co-efficiens qui répondent à $\lambda = 0$, $A\,2$, $B\,2$, &c., ceux qui répondent à $\lambda = 1$, on a pour les déterminer ces deux suites d'équations :

$$m\cdot(m-1)\cdot B\,1 = \beta A\,1,\ 2m\cdot(2m-1)\cdot C\,1 = \beta B\,1,$$
$$m\cdot(m+1)\cdot B\,2 = \beta A\,2,\ 2m\cdot(2m+1)\cdot C\,2 = \beta B\,2,$$
$$3m\cdot(3m-1)\cdot D\,1 = \beta C\,1,\ \&c.,$$
$$3m\cdot(3m+1)\cdot D\,2 = \beta C\,2,\ \&c.$$

Ainsi, à cause de $A\,1$, & $A\,2$ qui restent indéterminées, il est clair que l'intégrale complète de la proposée est

$$z = A\,1 + \frac{\beta A\,1\,x^{m}}{m\cdot(m-1)} + \frac{\beta^{2} A\,1\,x^{2m}}{2m^{2}\cdot(m-1)\cdot(2m-1)} +$$
$$A\,2\,x + \frac{\beta A\,2\,x^{m+1}}{m\cdot(m+1)} + \frac{\beta^{2} A\,2\,x^{2m+1}}{2m^{2}\cdot(m+1)\cdot(2m+1)} +$$
$$\left.\begin{array}{l} \dfrac{\beta^{3} A\,1\,x^{3m}}{2\cdot3\cdot m^{3}\cdot(m-1)\cdot(2m-1)\cdot(3m-1)} + \&c. \\ \dfrac{\beta^{3} A\,2\,x^{3m+1}}{2\cdot3\cdot m^{3}(m+1)\cdot(2m+1)\cdot(3m+1)} + \&c. \end{array}\right\}.$$

(410). La formule précédente ne donne rien pour le cas de $m = 0$; mais alors la proposée devient $\frac{d^{2} z}{d x^{2}} = \frac{\beta z}{x^{2}}$, à laquelle on satisfait, en faisant $z = x^{\lambda}$, λ étant donné par l'équation du second degré, $\lambda\cdot(\lambda-1) = \beta$, d'où l'on tire $\lambda = \frac{1}{2} \pm \sqrt{(\beta+\frac{1}{4})}$. Si $\beta+\frac{1}{4}$ est une quantité positive, on a pour l'intégrale complète $z = \sqrt{x}\,(a x^{\sqrt{(\beta+\frac{1}{4})}} + b x^{-\sqrt{(\beta+\frac{1}{4})}})$; si $\beta+\frac{1}{4}$ est une quantité négative, à cause de

$$x^{\pm\alpha\sqrt{(-1)}} = \cos.(\alpha \log. x) \pm \sqrt{-1}\,\sin.(\alpha\log. x)\ (\text{n}^{\text{o}}.\ 278);$$

on a pour l'intégrale complète

$$z = \sqrt{x}\cdot[a\cos.(\sqrt{(\beta+\tfrac{1}{4})}\cdot\log. x) + b\sin.(\sqrt{(\beta+\tfrac{1}{4})}.\log. x)],$$

qu'on peut mettre sous cette forme plus simple

$$z = \sqrt{x}\,\sin.(a + b\sqrt{(\beta+\tfrac{1}{4})}\cdot\log. x);$$

enfin si $\beta+\frac{1}{4} = 0$, on n'a qu'une seule valeur particulière de z, savoir $z = \sqrt{x}$, & pour l'intégrale complète $z = \sqrt{x}\,(a + b\log. x)$, qu'on auroit trouvée en faisant $\beta+\frac{1}{4}$ infiniment petit dans $z = \sqrt{x}\sin.(a + b\sqrt{(\beta+\frac{1}{4})}\log. x)$ (n°. 289).

(411). En désignant par i un nombre entier positif, si l'on a $im - 1 = 0$, ou $im + 1 = 0$, la même formule ne donnera qu'une des intégrales particulières de la proposée; & pour trouver l'intégrale complète, il faudra avoir recours à l'équation l'équation $z = z1\left(a + b\int \frac{dx}{z^2 1}\right)$ qui, à cause de $\int \frac{dx}{z^2 1}$, où $z1$ est une suite infinie, ne peut être d'aucun usage. Mais en y faisant plus d'attention, on verra que si dans certains cas une des valeurs particulières de z a des termes qui soient $\frac{1}{0}$ ou infinis, c'est qu'alors l'intégrale complète doit renfermer des logarithmes, ce que nous n'avions pas supposé.

On supposera $z = z1 \log. x + (q) \ldots\ldots A' x^{\lambda} + B' x^{\lambda+\mu} + \&c.$,

$z1$ étant celle des intégrales particulières qui est donnée par la formule précédente; & q une suite infinie dont on déterminera bientôt les exposans & les co-efficiens. Cette substitution faite dans la proposée, on a

$$\frac{d^2 z1}{dx^2}\log. x + \frac{2}{x}\frac{dz1}{dx} - \frac{z1}{x^2} + \frac{d^2 q}{dx^2} = \mathsf{C} x^{m-2} z1 \log. x + \mathsf{C} x^{m-2} q;$$

qui à cause de $\frac{d^2 z1}{dx^2} = \mathsf{C} x^{m-2} z1$, devient

$$\frac{d^2 q}{dx^2} + \frac{2}{x}\frac{dz1}{dx} - \frac{z1}{x^2} = \mathsf{C} x^{m-2} q.$$

En supposant successivement

$$z1 = A1 + B1x^m + C1x^{2m} + \&c., \ \&$$
$$q = A'1x^{\lambda} + B'1x^{\lambda+\mu} + C'1x^{\lambda+2\mu} + \&c.;$$
$$z1 = A2x + B2x^{m+1} + C2x^{2m+1} + \&c., \ \&$$
$$q = A'2x^{\lambda} + B'2x^{\lambda+\mu} + C'2x^{\lambda+2\mu} + \&c.;$$

on a les deux transformées

$$\lambda\cdot(\lambda-1)\cdot A'1x^{\lambda-2} + (\lambda+\mu)\cdot(\lambda+\mu-1)\cdot B'1x^{\lambda+\mu-2} + (\lambda+2\mu)\cdot(\lambda+2\mu-1)\cdot C'1x^{\lambda+2\mu-2} + \&c. - \mathsf{C}A'1x^{\lambda+m-2} - \mathsf{C}B'1x^{\lambda+\mu+m-2} - \mathsf{C}C'1x^{\lambda+2\mu+m-2} - \&c. - A1x^{-2} + (2m-1)\cdot B1x^{m-2} + (4m-1)\cdot C1x^{2m-2} + \&c. = 0,$$

$$\lambda\cdot(\lambda-1)\cdot A'2x^{\lambda-2} + (\lambda+\mu)\cdot(\lambda+\mu-1)\cdot B'2x^{\lambda+\mu-2} + (\lambda+2\mu)\cdot(\lambda+2\mu-1)\cdot C'2x^{\lambda+2\mu-2} + \&c. - \mathsf{C}A'2x^{\lambda+m-2} - \mathsf{C}B'2x^{\lambda+\mu+m-2} - \mathsf{C}C'2x^{\lambda+2\mu+m-2} - \&c. + A2x^{-1} + (2m+1)\cdot B2x^{m-1} + (4m+1)\cdot C2x^{2m-1} + \&c. = 0.$$

(412). Soit $m = 1$, ou soit proposée d'intégrer $\frac{d^2 z}{dx^2} = \frac{\mathsf{C} z}{x}$; on fera usage de la seconde transformée qui deviendra

$$\begin{array}{llll} \lambda\cdot(\lambda-1)\cdot A'2x^{\lambda-2} & + & (\lambda+\mu)\cdot(\lambda+\mu-1)\cdot B'2x^{\lambda+\mu-2} & + \\ & - & \beta A'2x^{\lambda-1} & - \\ & + & A2x^{-1} & + \end{array}$$

$$\left.\begin{array}{ll} (\lambda+2\mu)\cdot(\lambda+2\mu-1)\cdot C'2x^{\lambda+2\mu-2} & +\ \&c. \\ \qquad\qquad \beta B'2x^{\lambda+\mu-1} & -\ \&c. \\ \qquad\qquad 3B2 & +\ \&c. \end{array}\right\} = 0,$$

& qui étant ordonnée comme on vient de le faire, donne évidemment $\lambda = 0$; $\mu = 1$, & pour déterminer les co-efficiens, cette suite d'équations

$$\beta A'2 - A2 = 0,\ 2C'2 - \beta B'2 + 3B2 = 0,$$
$$2\cdot 3D'2 - \beta C'2 + 5C2 = 0, \&c.$$

On voit que $B'2$ n'est point déterminé par ces équations, & que $A2$ ne l'est pas non plus dans l'intégrale particulière dont on a fait usage; ainsi la proposée a pour intégrale complète

$$z = (A2x + B2x^2 + \&c.)\ \log.x + A'2 + B'2x + \&c.$$

Supposons $m = -1$, ou proposons-nous d'intégrer $\frac{d^2z}{dx^2} = \frac{\beta z}{x^3}$; nous ferons usage de la première transformée qui deviendra

$$\begin{array}{llll} \lambda\cdot(\lambda-1)\cdot A'1x^{\lambda-2} & + & (\lambda+\mu)\cdot(\lambda+\mu-1)\cdot B'1x^{\lambda+\mu-2} & + \\ & - & \beta A'1x^{\lambda-3} & - \\ & - & A1x^{-2} & - \end{array}$$

$$\left.\begin{array}{ll} (\lambda+2\mu)\cdot(\lambda+2\mu-1)\cdot C'1x^{\lambda+2\mu-2} & +\ \&c. \\ \qquad\qquad \beta B'1x^{\lambda+\mu-3} & -\ \&c. \\ \qquad\qquad 3B1x^{-3} & -\ \&c. \end{array}\right\} = 0,$$

& qui étant ordonnée comme nous venons de le faire, donne $\lambda = 1$, $\mu = -1$; & pour déterminer les co-efficiens, cette suite d'équations

$$\beta A'1 + A1 = 0,\ 2C'1 - \beta B'1 - 3B1 = 0,$$
$$2\cdot 3D'1 - \beta C'1 - 5C1 = 0, \&c.$$

Or, comme $B'1$ reste indéterminé, & que $A1$ l'est dans l'intégrale particulière dont nous avons fait usage; il est clair que la proposée a pour intégrale complète

$$z = \left(A1 + \frac{B1}{x} + \frac{C1}{x^2} + \&c.\right)\log.x + A'1x + B'1 + \frac{C'1}{x} + \&c.$$

Si nous supposons $m = \frac{1}{2}$, c'est-à-dire, si nous nous proposons d'intégrer $\frac{d^2z}{dx^2} = \frac{\beta z}{x\sqrt{x}}$; pour cela nous ferons usage de la seconde transformée qui deviendra

$$\begin{array}{llll} \lambda.(\lambda-1)\,A'2\,x^{\lambda-2} & +(\lambda+\mu).(\lambda+\mu-1).\,B'2\,x^{\lambda+\mu-2} & + & \\ \qquad - & \qquad\qquad \varsigma A'2\,x^{\lambda-\frac{3}{2}} & - & \\ & & + & \end{array}$$

$$\left.\begin{array}{ll} (\lambda+2\mu).(\lambda+2\mu-1).\,C'2\,x^{\lambda+2\mu-2} & +\ \&c. \\ \qquad\qquad \varsigma B'2\,x^{\lambda+\mu-\frac{1}{2}} & -\ \&c. \\ \qquad\qquad A2\,x^{-1} & +\ \&c. \end{array}\right\} = 0,$$

& qui étant ordonnée comme nous venons de le faire, donne $\lambda = 0$, $\mu = \frac{1}{2}$, & pour déterminer les co-efficiens, cette suite d'équations,

$$\tfrac{1}{4}B'2 + \varsigma A'2 = 0,\ \varsigma B'2 - A2 = 0,\ \tfrac{3}{4}D'2 - \varsigma C'2 + 2B2 = 0,\ \&c.$$

Or, comme $A'2$ reste indéterminé, & que $A2$ l'est dans l'intégrale particulière dont nous avons fait usage; il s'ensuit que la proposée a pour intégrale complète

$$z = (A2\,x + B\,x^{\frac{3}{2}} + \&c.)\log.x + A'2 + B'2\,x^{\frac{1}{2}} + \&c.$$

Soit encore $m = -\frac{1}{2}$, c'est-à-dire qu'on propose d'intégrer $\frac{d^2z}{dx^2} = \frac{\varsigma z}{x^2\sqrt{x}}$.

On fera usage de la première transformée qui deviendra.

$$\begin{array}{llll} \lambda.(\lambda-1).\,A'1\,x^{\lambda-2} & +(\lambda+\mu).(\lambda+\mu-1)\,B'1\,x^{\lambda+\mu-2} & + & \\ \qquad - & \qquad\qquad \varsigma A'1\,x^{\lambda-\frac{1}{2}} & - & \\ & & - & \end{array}$$

$$\left.\begin{array}{ll} (\lambda+2\mu).(\lambda+2\mu-1).\,C'1\,x^{\lambda+2\mu-2} & +\ \&c. \\ \qquad\qquad \varsigma B'1\,x^{\lambda+\mu-\frac{1}{2}} & -\ \&c. \\ \qquad\qquad A1\,x^{-2} & -\ \&c. \end{array}\right\} = 0,$$

& qui étant ordonnée comme on vient de le faire, donne $\lambda = 1$, $\mu = -\frac{1}{2}$, & pour déterminer les co-efficiens, cette suite d'équations

$$\tfrac{1}{4}B'1 + \varsigma A'1 = 0,\ \varsigma B'1 + A1 = 0,\ \tfrac{3}{4}D'1 - \varsigma C'1 - 2B1 = 0,\ \&c.$$

Or $C'1$ n'étant point déterminé, & $A1$ ne l'étant point non plus dans l'intégrale particulière dont on a fait usage; il suit delà que

$$z = (A1 + B1\,x^{-\frac{1}{2}} + \&c.)\log.x + A'1\,x + B'1\,x^{\frac{1}{2}} + \&c.$$

est l'intégrale complète de la proposée.

(413). Je reprends l'équation $\frac{d^2z}{dx^2} = \varsigma x^{m-2}z$, où je fais varier dx; ce qui lui donne la forme suivante, $\frac{d^2z}{dx^2} - \frac{dz}{dx}\,\frac{d^2x}{dx^2} = \varsigma x^{m-2}z$ (n°. 235).

Je suppose ensuite $x^{\frac{m}{2}} = \frac{m}{2}\,t$, d'où je tire $x^{\frac{m-2}{2}}\,dx = dt$, &, dt étant constant, $\frac{d^2 x}{dx} = -(m-2)\,\frac{dt}{mt}$. Par toutes ces substitutions, je change la proposée en celle-ci, $\frac{d^2 z}{dt^2} + \frac{n}{t}\,\frac{dz}{dt} = \mathcal{C}z$, où j'ai fait pour abréger $\frac{m-2}{m} = n$. Lorsque $n = 0$, on satisfait à cette équation en faisant $z = e^{rt}$, r étant donné par l'équation du second degré $r^2 = \mathcal{C}$; soit généralement $z = y\,e^{rt}$, on aura $\frac{d^2 y}{dt^2} + 2r\,\frac{dy}{dt} + r^2 y + \frac{n}{t}\,\frac{dy}{dt} + \frac{nry}{t} = \mathcal{C}y$, & , à cause de $r^2 - \mathcal{C} = 0$, $\frac{d^2 y}{dt^2} + \left(2r + \frac{n}{t}\right)\frac{dy}{dt} + \frac{nry}{t} = 0$.

On fera $y = At^{\lambda} + Bt^{\lambda+\mu} + Ct^{\lambda+2\mu} +$ &c. pour avoir la transformée

$$\left.\begin{array}{l}
\lambda.(\lambda+n-1).At^{\lambda-2} + (\lambda+\mu).(\lambda+\mu+n-1).Bt^{\lambda+\mu-2} + \\
\quad + \qquad (2\lambda+n).rAt^{\lambda-1} + \\
(\lambda+2\mu).(\lambda+2\mu+n-1).Ct^{\lambda+2\mu-2} + \\
\quad (2.(\lambda+\mu)+n).rBt^{\lambda+\mu-1} + \\
(\lambda+3\mu).(\lambda+3\mu+n-1).Dt^{\lambda+3\mu-2} + \text{\&c.} \\
\quad (2.(\lambda+2\mu)+n).rCt^{\lambda+2\mu-1} + \text{\&c.}
\end{array}\right\} = 0,$$

qui étant ordonnée comme on vient de le faire, donne d'abord $\lambda.(\lambda+n-1) = 0$, d'où l'on tire $\lambda = 0$ ou $\lambda = 1-n$; puis $\mu = 1$, & ensuite, pour déterminer les coëfficiens, cette suite d'équations

$$\begin{array}{l}
(\lambda+1).(\lambda+n).B + (2\lambda+n).rA = 0, \\
(\lambda+2).(\lambda+n+1).C + (2.(\lambda+1)+n).rB = 0, \\
(\lambda+3).(\lambda+n+2)D + (2.(\lambda+2)+n).rC = 0, \text{\&c.}
\end{array}$$

On prendra $A = 1$, ce qui est permis, car il n'est question que de trouver deux intégrales particulières de la proposée; puis en faisant pour plus de commodité $1 - n = \nu$, on aura ces deux valeurs de y, savoir

$$y = 1 - rt + \frac{3-\nu}{2.(2-\nu)}\,r^2t^2 - \frac{(3-\nu).(5-\nu)}{2.3.(2-\nu).(3-\nu)}\,r^3t^3 + \frac{(3-\nu).(5-\nu).(7-\nu)}{2.3.4.(2-\nu).(3-\nu).(4-\nu)}\,r^4t^4 - \text{\&c.}, \ \&$$

$$y = t^{\nu}\left(1 - rt + \frac{3+\nu}{2.(2+\nu)}\,r^2t^2 - \frac{(3+\nu).(5+\nu)}{2.3.(2+\nu).(3+\nu)}\,r^3t^3 + \frac{(3+\nu).(5+\nu).(7+\nu)}{2.3.4.(2+\nu).(3+\nu).(4+\nu)}\,r^4t^4 - \text{\&c.}\right)$$

A cause de $\frac{m-2}{m}=n=1-\nu$, la proposée devient $\frac{d^2 z}{dx^2}=6x^{\frac{2(1-\nu)}{\nu}}z$, & on a $t=\nu x^{\frac{1}{\nu}}$; de plus, r étant égal à $\pm\sqrt{6}$, on a ces deux intégrales particulières $z1=y1e^{t\sqrt{6}}$, $z2=y2e^{-t\sqrt{6}}$, & pour intégrale complète $z=ay1e^{t\sqrt{6}}+by2e^{-t\sqrt{6}}$; il est clair que par $y1$, $y2$ on entend ce que devient celle qu'on voudra des deux suites précédentes, en mettant pour r successivement $\sqrt{6}$ & $-\sqrt{6}$. Il pourra arriver que 6 soit une quantité négative, & qu'alors $\sqrt{6}$ soit une quantité imaginaire qu'on pourra représenter par $\sqrt{6'}\sqrt{-1}$; dans ce cas, si on représente la valeur de $y1$ par $y'1+y'2\sqrt{-1}$, celle de $y2$ sera $y'1-y'2\sqrt{-1}$, & on aura pour l'intégrale complète de la proposée

$$z=a(y'1+y'2\sqrt{-1})e^{t\sqrt{6'}\sqrt{-1}}+b(y'1-y'2\sqrt{-1})e^{-t\sqrt{6'}\sqrt{-1}}.$$

En se rappellant que $e^{\pm t\sqrt{6'}\sqrt{-1}}=\cos. t\sqrt{6'}\pm\sqrt{-1}\sin. t\sqrt{6'}$; on verra aisément que l'intégrale précédente peut être changée en celle-ci,

$$z=(a+b)(y'1\cos. t\sqrt{6'}-y'2\sin. t\sqrt{6'})+(a-b)\sqrt{-1}.$$
$$(y'1\sin. t\sqrt{6'}+y'2\cos. t\sqrt{6'}),$$

qui, en faisant $a+b=c$ & $(a-b)\sqrt{-1}=c'$, ce qui est permis, puisque a & b sont arbitraires, devient (n°. 277)

$$z=c(y'1\cos. t\sqrt{6'}-y'2\sin. t\sqrt{6'})+c'(y'1\sin. t\sqrt{6'}+y'1\cos. t\sqrt{6'}).$$

(414). Lorsque ν sera un nombre impair positif, la première des deux suites précédentes se terminera; ce sera la seconde lorsque ce nombre impair sera négatif, il en faut excepter les deux cas où ν seroit ± 1. Si $\nu=1$, l'équation à intégrer est $\frac{d^2 z}{dx^2}=6z$, à laquelle on satisfait en prenant $z=e^{\lambda x}$, λ étant donné par l'équation du second degré $\lambda^2=6$. Ainsi la proposé a pour intégrale complète $z=ae^{x\sqrt{6}}+be^{-x\sqrt{6}}$; & lorsque $\sqrt{b}$ est une quantité imaginaire que je représenterai par $\sqrt{6'}\sqrt{-1}$, cette intégrale devient $z=a\cos. x\sqrt{6'}+b\sin. x\sqrt{6'}$. Si $\nu=-1$, ou si l'on a à intégrer $\frac{d^2 z}{dx^2}=\frac{6z}{x^4}$; on fera $z=x^{\lambda}e^{\mu x^{\lambda'}}$, & on aura la transformée

$$\lambda.(\lambda-1).x^{\lambda-2}+\mu\lambda'(2\lambda+\lambda'-1)x^{\lambda+\lambda'-2}+\mu^2\lambda'^2x^{\lambda+2\lambda'-2}=6x^{\lambda-4},$$

qu'on rendra identique en faisant $\lambda=1$, $\lambda'=-1$ & $\mu^2=6$. On satisfera donc à la proposée en faisant $z=xe^{\pm\frac{1}{x}\sqrt{6}}$; & par conséquent cette équation différentielle aura pour intégrale complète $z=x\left(ae^{\frac{1}{x}\sqrt{6}}+be^{\frac{-1}{x}\sqrt{6}}\right)$;

ou, lorſque $\sqrt{6}$ ſera une quantité imaginaire $\sqrt{6'}\sqrt{-1}$, $z = x\left(a\cos.\frac{1}{x}\sqrt{6'} + b\,\text{ſin}.\frac{1}{x}\sqrt{6'}\right)$.

Soit $\nu = 3$, ou ſoit propoſé d'intégrer $\frac{d^2 z}{dx^2} = 6x^{\frac{-4}{3}} z$; on aura recours à la première ſuite qui donnera $y = 1 - rt$, t étant égal à $3x^{\frac{1}{3}}$; & à cauſe de $r = \pm\sqrt{6}$, on aura $y_1 = 1 - t\sqrt{6}$, $y_2 = 1 + t\sqrt{6}$, & pour l'intégrale complète de la propoſée

$$z = a e^{t\sqrt{6}}.(1 - t\sqrt{6}) + b e^{-t\sqrt{6}}(1 + t\sqrt{6}).$$

Si $\sqrt{6}$ eſt une quantité imaginaire $\sqrt{6'}\sqrt{-1}$, cette intégrale complète ſera

$$z = c(\cos.t\sqrt{6'} + t\sqrt{6'}\,\text{ſin}.t\sqrt{6'}) + c'(\text{ſin}.t\sqrt{6'} - t\sqrt{6'}\cos.t\sqrt{6'}).$$

Si $\nu = -3$, ou ſi l'on a à intégrer $\frac{d^2 z}{dx^2} = 6x^{\frac{-8}{3}} z$; il faudra ſe ſervir de la ſeconde ſuite qui donnera $y = t^{-3} - rt^{-2}$, t étant égal à $-3x^{-\frac{1}{3}}$; & on aura pour intégrale complète

$$z = a e^{t\sqrt{6}}(t^{-3} - t^{-2}\sqrt{6}) + b e^{-t\sqrt{6}}(t^{-3} + t^{-2}\sqrt{6});$$

à moins que $\sqrt{6}$ ne ſoit une quantité imaginaire $\sqrt{6'}\sqrt{-1}$, cas auquel cette intégrale ſera

$$z = c(t^{-3}\cos.t\sqrt{6'} + t^{-2}\sqrt{6'}\,\text{ſin}.t\sqrt{6'}) + c'(t^{-3}\,\text{ſin}.t\sqrt{6'} - t^{-2}\sqrt{6'}\cos.t\sqrt{6'}).$$

Il ſeroit inutile de donner un plus grand nombre d'exemples.

(415). En faiſant $z = e^{\int u\,dx}$, d'où l'on tire $u = \frac{1}{z}\frac{dz}{dx}$, on réduit l'équation $\frac{d^2 z}{dx^2} = bx^{\frac{2(1-\nu)}{\nu}} z$ à une du premier ordre que voici: $\frac{du}{dx} + u^2 = 6x^{\frac{2(1-\nu)}{\nu}}$, laquelle n'offre d'autre cas d'intégrabilité de l'équation de Riccati que ceux que nous avons déjà trouvés. En effet, i étant un nombre entier poſitif, ſi pour exprimer que ν eſt un nombre poſitif impair, on écrit $\nu = 2i + 1$, on aura $\frac{2(1-\nu)}{\nu} = \frac{-4i}{2i+1}$; & ſi pour exprimer que ν eſt un nombre négatif impair, on écrit $\nu = -2i + 1$, on aura $\frac{2(1-\nu)}{\nu} = \frac{-4i}{2i-1}$. Maintenant lorſque 6 eſt poſitif, $z = ay_1 e^{t\sqrt{6}} + by_2 e^{-t\sqrt{6}}$; or à cauſe de $dt = x^{\frac{1-\nu}{\nu}}dx$, on a

$$\frac{dz}{dx} = a\frac{dy1}{dx}e^{t\sqrt{6}} + b\frac{dy2}{dx}e^{-t\sqrt{6}} + x^{\frac{1-v}{v}}\sqrt{6}\,(ay1e^{t\sqrt{6}} - by2e^{-t\sqrt{6}});$$

donc, en faisant $\frac{a}{b} = c$, on trouvera que dans ce cas-ci

$$u = \left(c\frac{dy1}{dx}e^{t\sqrt{6}} + \frac{dy2}{dx}e^{-t\sqrt{6}} + x^{\frac{1-v}{v}}\sqrt{6}\,[cy1e^{t\sqrt{6}} - y2e^{-t\sqrt{6}}]\right) : (cy1e^{t\sqrt{6}} + y2e^{-t\sqrt{6}})$$

est l'intégrale complète de l'équation de Riccati proposée. Lorsque 6 est une quantité négative que je représenterai par $-6'$, on a

$$z = y'1\,(c\cos. t\sqrt{6'} + c'\sin. t\sqrt{6'}) + y'2\,(c'\cos. t\sqrt{6'} - c\sin. t\sqrt{6'}),$$

que je puis mettre sous cette forme plus simple :

$$z = ay'1\sin.(t\sqrt{6'} + h) + ay'2\cos.(t\sqrt{6'} + h),$$

h étant un arc constant quelconque ; donc dans le cas présent l'équation de Riccati proposée a pour intégrale complète

$$u\left(= \frac{1}{z}\frac{dz}{dx}\right) = \left(\frac{dy'1}{dx}\sin.(t\sqrt{6'}+h) + \frac{dy'2}{dx}\cos.(t\sqrt{6'}+h) + x^{\frac{1-v}{v}}\sqrt{6'}\,[y'1\cos.(t\sqrt{6'}+h) - y'2\sin.(t\sqrt{6'}+h)]\right) : (y'1\sin.(t\sqrt{6'}+h) + y'2\cos.(t\sqrt{6'}+h)).$$

Pour rendre cela plus clair, nous proposerons les deux exemples suivans.

(416). Premiérement nous supposerons $v = 5$, ou nous nous proposerons d'intégrer $\frac{du}{dx} + u^2 = 6x^{-\frac{8}{5}}$. Nous avons $y = 1 - rt + \frac{r^2t^2}{3}$ & $t = 5x^{\frac{1}{5}}$;

donc, à cause de $r = \pm\sqrt{6}$, $y1 = 1 - t\sqrt{6} + \frac{6t^2}{3}$, $y2 = 1 + t\sqrt{6} + \frac{6t^2}{3}$,

$$\frac{dy1}{dx} = x^{-\frac{4}{5}}\left(\frac{26t}{3} - \sqrt{6}\right),\quad \frac{dy2}{dx} = x^{-\frac{4}{5}}\left(\frac{26t}{3} + \sqrt{6}\right);$$

& l'intégrale complète de la proposée, lorsque 6 est positif, sera

$$u = 6x^{-\frac{4}{5}}\,(ce^{t\sqrt{6}}[t^2\sqrt{6} - t] - e^{-t\sqrt{6}}[t^2\sqrt{6} + t]) : (ce^{t\sqrt{6}}[6t^2 - 3t\sqrt{6} + 3] + e^{-t\sqrt{6}}[6t^2 + 3t\sqrt{6} + 3]).$$

Dans l'autre cas nous aurons

$$y'1 = 1 - \frac{6't^2}{3},\ y'2 = -t\sqrt{6'},\ \frac{dy'1}{dx} = -\frac{26't}{3}x^{-\frac{4}{5}},\ \frac{dy'2}{dx} = -x^{-\frac{4}{5}}\sqrt{6'};$$

& pour l'intégrale complète de la proposée

$$u = 6'x^{-\frac{4}{5}}\,(t^2\sqrt{6'}\cos.(t\sqrt{6'}+h) - t\sin.(t\sqrt{6'}+h)) : ([6't^2 - 3]\sin.(t\sqrt{6}+h) + 3t\sqrt{6'}\cos.(t\sqrt{6'}+h)).$$

Secondement, soit $v = -5$, ou soit proposé d'intégrer $\frac{du}{dx} + u^2 = \beta x^{-\frac{12}{5}}$.

On a $y = t^{-5} - rt^{-4} + \frac{r^2}{3} t^{-3}$ & $t = -5x^{-\frac{1}{5}}$;

d'où l'on tire, à cause de $r = \pm \sqrt{\beta}$,

$y\,1 = t^{-5} - t^{-4}\sqrt{\beta} + \frac{\beta}{3} t^{-3}$, $y\,2 = t^{-5} + t^{-4}\sqrt{\beta} + \frac{\beta}{3} t^{-3}$,

$\frac{dy\,1}{dx} = x^{-\frac{5}{5}} (-5t^{-6} + 4t^{-5}\sqrt{\beta} - \beta t^{-4})$,

$\frac{dy\,2}{dx} = x^{-\frac{5}{5}} (-5t^{-6} - 4t^{-5}\sqrt{\beta} - \beta t^{-4})$;

& pour l'intégrale complète de la proposée, lorsque β est positif,

$u = x^{-\frac{5}{5}} (ce^{t\sqrt{\beta}} [-3.5t^{-6} + 3.5t^{-5}\sqrt{\beta} - 6\beta t^{-4} + \beta\sqrt{\beta} t^{-3}] -$
$e^{-t\sqrt{\beta}} [3.5t^{-6} + 3.5t^{-5}\sqrt{\beta} + 6\beta t^{-4} + \beta\sqrt{\beta} t^{-3}])$:
$(ce^{t\sqrt{\beta}} [3t^{-5} - 3t^{-4}\sqrt{\beta} + \beta t^{-3}] + e^{-t\sqrt{\beta}}[3t^{-5} + 3t^{-4}\sqrt{\beta} + \beta t^{-3}])$.

Lorsque β est une quantité négative $-\beta'$, on a

$y'\,1 = t^{-5} - \frac{\beta'}{3} t^{-3}$, $y'\,2 = -t^{-4}\sqrt{\beta'}$,

$\frac{dy'\,1}{dx} = x^{-\frac{5}{5}} (-5t^{-6} + \beta' t^{-4})$, $\frac{dy'\,2}{dx} = 4t^{-5} x^{-\frac{6}{5}} \sqrt{\beta'}$;

& pour l'intégrale complète de la proposée

$u = x^{-\frac{6}{5}} ([3.5t^{-6} + 6\beta' t^{-4}] \sin. (t\sqrt{\beta'} + h) - [3.5t^{-5}\sqrt{\beta'} -$
$\beta'\sqrt{\beta'} t^{-3}] \cos. (t\sqrt{\beta'} + h)) : ([-3t^{-5} + \beta' t^{-3}] \sin. (t\sqrt{\beta'} + h)$
$+ 3t^{-4}\sqrt{\beta'} \cos. (t\sqrt{\beta'} + h))$.

(417). On voit que la méthode des séries peut être d'un grand usage pour séparer les variables dans les équations différentielles. Soit encore proposé de trouver de cette manière les cas d'intégrabilité de l'équation

$$(a + bx^n) x^2 \frac{d^2 y}{dx^2} + (c + ex^n) x \frac{dy}{dx} + (f + gx^n) y = 0.$$

On fera $y = Ax^\lambda + Bx^{\lambda+\mu} + Cx^{\lambda+2\mu} + \&c.$,

& on aura la transformée

$(a\lambda.(\lambda - 1) + c\lambda + f) Ax^\lambda + (a.(\lambda + \mu).(\lambda + \mu - 1) + c.(\lambda + \mu) + f)$
$Bx^{\lambda+\mu} + (a.(\lambda + 2\mu).(\lambda + 2\mu - 1) + c.(\lambda + 2\mu) + f)$
$Cx^{\lambda+2\mu} + \&c. + (b\lambda.(\lambda - 1) + e\lambda + g) Ax^{\lambda+n} + (b.(\lambda + \mu).$
$(\lambda + \mu - 1) + e.(\lambda + \mu) + g) Bx^{\lambda+\mu+n} + (b.(\lambda + 2\mu).$
$(\lambda + 2\mu - 1) + e.(\lambda + 2\mu) + g) Cx^{\lambda+2\mu+n} + \&c = 0$,

qu'on

qu'on ordonnera d'abord en mettant le premier terme de la seconde suite sous le second terme de la première, ce qui donnera $\mu = n$ & λ par cette équation du second degré

$$(a) \ldots\ldots\ldots a\lambda.(\lambda-1)+c\lambda+f=0;$$

puis $B=-A\,\dfrac{b\lambda.(\lambda-1)+e\lambda+g}{2an\lambda+an.(n-1)+nc}$,

$$C=-B\,\frac{b.(\lambda+n).(\lambda+n-1)+c.(\lambda+n)+g}{4an\lambda+2an.(2n-1)+2cn},$$

$$D=-C.\frac{b.(\lambda+2n).(\lambda+2n-1)+e.(\lambda+2n)+g}{6an\lambda+3an.(3n-1)+3cn}, \text{ \&c.};$$

il est clair que cette série se terminera toutes les fois que l'on aura

$$(b) \ldots\ldots b.(\lambda+in).(\lambda+in-1)+e.(\lambda+in)+g=0;$$

i étant un nombre entier positif quelconque. On ordonnera la même transformée en mettant le premier terme de la première suite sous le second terme de la seconde, ce qui donnera $\mu=-n$ & λ par cette équation du second degré

$$(c) \ldots\ldots\ldots b\lambda.(\lambda-1)+e\lambda+g=0.$$

On trouvera donc par ce second arrangement,

$$B=A\,\frac{a\lambda.(\lambda-1)+c\lambda+f}{2bn\lambda-bn.(n+1)+en},$$

$$C=B\,\frac{a(\lambda-n).(\lambda-n-1)+c.(\lambda-n)+f}{4bn\lambda-2bn.(2n+1)+2ne},$$

$$D=C\,\frac{a(\lambda-2n).(\lambda-2n-1)+c.(\lambda-2n)+f}{6bn\lambda-3bn.(3n+1)+3en}, \text{ \&c.}$$

série qui se terminera toutes les fois que l'on aura

$$(d) \ldots\ldots a.(\lambda-in).(\lambda-in-1)+c.(\lambda-in)+f=0.$$

On tire de l'équation a, $\lambda=\dfrac{a-c\pm\sqrt{[(a-c)^2-4af]}}{2a}$,

de l'équation b, $\lambda+in=\dfrac{b-e\pm\sqrt{[(b-e)^2-4bg]}}{2b}$;

& pour équation de condition

$$in=\frac{c}{2a}-\frac{e}{2b}\pm\frac{\sqrt{[(b-e)^2-4bg]}}{2b}\mp\frac{\sqrt{[(a-c)^2-4af]}}{2a};$$

on tire de l'équation c, $\lambda=\dfrac{b-e\pm\sqrt{[(b-e)^2-4bg]}}{2b}$,

de l'équation d, $\lambda-in=\dfrac{a-c\pm\sqrt{[(a-c)^2-4af]}}{2a}$;

ainſi l'on voit que le ſecond arrangement ne nous apprend rien de plus que le premier ſur les conditions d'intégrabilité de l'équation différentielle propoſée. Le premier arrangement ne donnera qu'une valeur de λ, & qu'une ſeule férie par conſéquent, dans les deux cas de $a = 0$ & de $(a - c)^2 - 4af = 0$: le ſecond arrangement ne donnera de même qu'une ſeule férie dans les deux cas de $b = 0$ & de $(b - e)^2 - 4bg = 0$. Il pourroit ſe faire auſſi qu'une des féries données par le premier arrangement eût des termes qui fuſſent $\frac{1}{0}$ ou infinis, ce qui arrivera toutes les fois que l'on aura $2a\lambda + a \cdot (in - 1) + c = 0$, ou, mettant pour λ ſa double valeur, lorſqu'on aura $\pm \frac{\sqrt{[(a-c)^2 - 4af]}}{an} = i$, c'eſt-à-dire, lorſque la différence des deux valeurs de λ ſera exactement diviſible par n. Il en ſera de même des féries données par le ſecond arrangement ; & ces cas d'exception méritent d'être examinés avec le plus grand ſoin. Mais cherchons auparavant ſi par quelque ſubſtitution on ne pourroit pas trouver d'autres cas d'intégrabilité de notre équation.

(418). Nous donnerons à cette équation la forme que voici,

$$(a + bx^n)\, x^2 \frac{d^2 y}{y} + (c + ex^n)\, x \frac{dy\, dx}{y} + (f + gx^n)\, dx^2 = 0 ;$$

puis nous ferons $y = (a + bx^n)^{\lambda'} u$, d'où nous tirerons

$$\frac{dy}{y} = \frac{du}{u} + \frac{\lambda' n b x^{n-1} dx}{(a + bx^n)}, \quad \frac{d^2 y}{y} = \frac{d^2 u}{u} + \frac{2\lambda' n b x^{n-1} dx\, du}{(a + bx^n)\, u} + \frac{\lambda' n \cdot (n-1) \cdot b x^{n-2} dx^2}{a + bx^n} + \frac{\lambda' \cdot (\lambda' - 1) \cdot n^2 b^2 x^{2n-2} dx^2}{(a + bx^n)^2}.$$

En ſubſtituant ces valeurs, nous aurons la transformée

$$(a + bx^n)\, x^2 \frac{d^2 u}{u} + (c + (e + 2\lambda' n b) \cdot x^n)\, x \frac{dx\, du}{u} + \Big(f + gx^n + \lambda' n \cdot (n-1) \cdot bx^n + \frac{(c + ex^n)\lambda' n b x^n}{a + bx^n} + \frac{\lambda' \cdot (\lambda' - 1) \cdot n^2 b^2 x^{2n}}{a + bx^n}\Big)\, dx^2 = 0,$$

qui eſt de la même forme que la propoſée ; car en ſuppoſant le co-efficient de dx^2 égal à $p + qx^n$, nous trouverons

$$p = f,\ q = g + bn\left(\frac{c}{a} + n - 1\right)\left(\frac{bc - ae}{abn} + 1\right),\ \lambda' = \frac{bc - ae}{abn} + 1.$$

Soit pour abréger $e + 2\lambda' n b = e'$; la transformée deviendra

$$(a + bx^n)\, x^2 \frac{d^2 u}{u} + (c + e' x^n)\, x \frac{dx\, du}{u} + (p + qx^n)\, dx^2 = 0,$$

dont les cas d'intégrabilité ſont renfermés dans l'équation

$$in = \frac{c}{2a} - \frac{e'}{2b} \pm \frac{\sqrt{[(b - e')^2 - 4bq]}}{2b} \mp \frac{\sqrt{[(a - c)^2 - 4ap]}}{2a},$$

qu'on changera, en mettant pour e', p & q leurs valeurs, en celle-ci

$$in + n = \frac{e}{2b} - \frac{c}{2a} \pm \frac{\sqrt{[(b - e)^2 - 4bg]}}{2b} \mp \frac{\sqrt{[(a - c)^2 - 4af]}}{2a}.$$

Cette seconde équation ajoute aux conditions déjà trouvées ; & la proposée sera intégrable absolument toutes les fois que la différence des deux quantités $\frac{e}{2b}$ & $\frac{c}{2a}$ augmentée ou diminuée de la différence des deux autres quantités $\frac{\sqrt{[(b-e)^2-4bg]}}{2b}$ & $\frac{\sqrt{[(a-c)^2-4af]}}{2a}$ sera exactement divisible par n.

Alors il suffira de trouver une seule valeur particulière de y ; mais si y ne peut être donné que par approximation, il faudra trouver deux valeurs de cette quantité, & nous avons remarqué plus haut que dans plusieurs cas les arrangemens précédens ne donnoient chacun qu'une suite infinie.

Le premier arrangement ne donne qu'une suite infinie, lorsque la différence des deux valeurs de λ est exactement divisible par n ; soit alors l'une de ces valeurs $\frac{a-c}{2a}+\frac{in}{2}=\lambda 1$, l'autre $\frac{a-c}{2a}-\frac{in}{2}$ sera $=\lambda 1-in$, & c'est cette seconde valeur qui étant substituée dans $y=Ax^{\lambda}+$ &c., rend des termes de cette série $\frac{1}{0}$ ou infinis. Supposons qu'en substituant la première, nous ayons $y1=A1x^{\lambda 1}+B1x^{\lambda 1+n}+$ &c. ; nous ferons $y=y1\log.x+q$, & en mettant dans la proposée pour y, $\frac{dy}{dx}$, $\frac{d^2y}{dx^2}$, leurs valeurs tirées de l'équation précédente, nous aurons cette transformée,

$$\left.\begin{array}{l}(a+bx^n)x^2\frac{d^2y1}{dx^2}\\(c+ex^n)x\frac{dy1}{dx}\\(f+gx^n)\quad y1\end{array}\right\}\log.x+\left\{\begin{array}{l}+2(a+bx^n)x\frac{dy1}{dx}+(a+bx^n)x^2\frac{d^2q}{dx^2}\\(c+ex^n)x\;y1+(c+ex^n)x\frac{dq}{dx}\\-(a+bx^n)\;y1+(f+gx^n)\quad q\end{array}\right\}=0;$$

qui, à cause de

$$(a+bx^n)x^2\frac{d^2y1}{dx^2}+(c+ex^n)x\frac{dy1}{dx}+(f+gx^n)y1=0,$$

se réduit à

$$2(a+bx^n)x\frac{dy1}{dy}+(c+ex^n)y1-(a+bx^n)y1+(a+bx^n)$$
$$x^2\frac{d^2q}{dx^2}+(c+ex^n)x\frac{dq}{dx}+(f+gx^n)q=0.$$

Représentons par $(A)x^{\lambda 1}+(B)x^{\lambda 1+n}+$ &c., la suite qui provient des trois premiers termes de la dernière équation, c'est-à-dire que

$(A)=(2a\lambda 1+c-a)A1,$

$(B)=(2a\cdot(\lambda 1+n)+c-a)B1+(2b\lambda 1+e-b)A1,$

$(C)=(2a\cdot(\lambda 1+2n)+c-a)C1+(2b\cdot(\lambda 1+n)+e-b)B1,$

$(D)=(2a\cdot(\lambda 1+3n)+c-a)D1+(2b\cdot(\lambda 1+2n)+e-b)C1,$ &c.

Supposons ensuite $q = Ax^{\lambda} + Bx^{\lambda+\mu} +$ &c. ; & nous aurons la transformée

$(a\lambda.(\lambda-1)+c\lambda+f)Ax^{\lambda} + (a.(\lambda+\mu).(\lambda+\mu-1)+c.(\lambda+\mu)+f)Bx^{\lambda+\mu} +$ &c. $+ (b\lambda.(\lambda-1)+e\lambda+g)Ax^{\lambda+n} + (b.(\lambda+\mu).(\lambda+\mu-1)+e.(\lambda+\mu)+g)Bx^{\lambda+\mu+n} +$ &c. $+ (A)x^{\lambda 1} + (B)x^{\lambda 1+n} +$ &c. $= 0$.

Si nous prenons pour λ celle des racines de l'équation $a\lambda.(\lambda-1)+c\lambda+f=0$ que nous avons représentée par $\lambda 1 - in$, & que nous fassions $\mu = n$, il nous faudra ordonner la transformée de manière que le premier terme de la seconde suite soit sous le second terme de la première, & le premier terme de la troisième sous le terme $i+1$ de la première ; & par conséquent nous aurons pour déterminer les co-efficiens les équations suivantes :

$(2a\lambda+a.(n-1)+c)nB + (b\lambda.(\lambda-1)+e\lambda+g)A = 0$,

$(2a\lambda+a.(2n-1)+c)2nC + (b.(\lambda+n).(\lambda+n-1)+e.(\lambda+n)+g)B = 0$,

.... $(2a\lambda+a.(in-1)+c)inK + (b.(\lambda+(i-1).n)(\lambda+(i-1).n-1)+e.(\lambda+(i-1).n)+g)I + (A) = 0$, &c.

Mais dans le cas que nous examinons, $2a\lambda+a.(in-1)+c=0$; donc

$(b.(\lambda+(i-1).n).(\lambda+(i-1)n-1)+e.(\lambda+(i-1)n)+g)I+(A)=0$,

$(i+1)an^2L+(b.(\lambda+in).(\lambda+in-1)+e.(\lambda+in)+g)K+(B)=0$;

$(i+2)2an^2M + (b.(\lambda+(i+1).n).(\lambda+(i+1).n-1)+e.(\lambda+(i+1).n)+g)L+(C)=0$,

$(i+3)3an^2N+(b.(\lambda+(i+2).n).(\lambda+(i+2).n-1)+e.(\lambda+(i+2).n)+g)M+(D)=0$, &c.

Ainsi lorsque la différence des deux valeurs de λ sera divisible par n, on pourra encore trouver l'intégrale complète de l'équation différentielle proposée par deux séries ascendantes ; le cas où les deux valeurs de λ sont égales, est compris dans le précédent, puisqu'il est donné en faisant $i=0$; il n'y aura donc que lorsque $a=0$, qu'il ne sera pas possible de trouver l'intégrale complète demandée par deux séries ascendantes.

(419). Je proposerai pour premier exemple d'intégrer complétement par deux séries ascendantes l'équation du second ordre $x^2d^2y + xdxdy + gx^n ydx^2 = 0$. Ici $a=1$, $b=0$, $c=1$, $e=0$, $f=0$; & λ est donné par l'équation $\lambda.(\lambda-1)+\lambda=0$, dont les deux racines sont égales, puisqu'elles sont l'une & l'autre $=0$.

On

On aura $\lambda\, 1 = 0$, $B\, 1 = -\frac{g A\, 1}{n^2}$, $C\, 1 = \frac{g^2 A\, 1}{4 n^4}$, $D\, 1 = -\frac{g^3 A\, 1}{4 \cdot 9 n^6}$, &c., &

$$(A) = 0,\ (B) = 2 n B\, 1,\ (C) = 4 n C\, 1,\ (D) = 6 n D\, 1,\ \&c.$$

Puisque $i = 0$, on effacera tous les termes qui dans la valeur de q précèdent celui qui a K pour co-efficient, & on aura pour déterminer les suivans, cette suite d'équations

$$n^2 L + g K + (B) = 0,\ 4 n^2 M + g L + (C) = 0,\ 9 n^2 N + g M + (D) = 0,\ \&c.,$$

d'où l'on tirera

$$L = \frac{2 g A\, 1}{n^3} - \frac{g k}{n^2},\ M = -\frac{3 g^2 A\, 1}{4 n^5} + \frac{g^2 K}{4 n^4},\ N = \frac{33 g^3 A\, 1}{4 \cdot 9 \cdot 9 n^7} - \frac{g^3 K}{4 \cdot 9 n^6},\ \&c.$$

Donc $y = \left(1 - \frac{g x^n}{n^2} + \frac{g^2 x^{2n}}{4 n^4} - \frac{g^3 x^{3n}}{4 \cdot 9 n^6} + \&c.\right) A\, 1 \log. x + K + \left(\frac{2 g A\, 1}{n^3} - \frac{g k}{n^2}\right) x^n - \left(\frac{3 g^2 A\, 1}{4 n^5} - \frac{g^2 k}{4 n^4}\right) x^{2n} + \left(\frac{33 g^3 A\, 1}{4 \cdot 9 \cdot 9 n^7} - \frac{g^3 k}{4 \cdot 9 n^6}\right) x^{3n} - \&c.$,

& cette intégrale est complète, puisqu'elle renferme deux constantes arbitraires $A\, 1$ & K.

(420). Soit encore proposé d'intégrer complétement par deux séries ascendantes l'équation du second ordre

$$(1 - x^2) x^2 d^2 y - (1 + x^2) x\, d x\, d y + x^2 y\, d x^2 = 0.$$

Dans cet exemple

$$a = 1,\ b = -1,\ c = -1,\ e = -1,\ f = 0,\ g = 1,\ n = 2;$$

& λ est donné par l'équation $\lambda . (\lambda - 1) - \lambda = 0$, dont les deux racines 0 & 2 ont pour différence 2 qui est divisible par $n = 2$. Maintenant, à cause de $\lambda\, 1 = 2$, on aura

$$B\, 1 = \frac{3 A\, 1}{8},\ C\, 1 = \frac{3 \cdot 3 \cdot 5 A\, 1}{8 \cdot 24},\ D\, 1 = \frac{3 \cdot 3 \cdot 5 \cdot 5 \cdot 7 A\, 1}{8 \cdot 24 \cdot 48},\ \&c., \ \&$$

$$(A) = 2 A\, 1,\ (B) = 6 B\, 1 - 4 A\, 1,\ (C) = 10 C\, 1 - 8 B\, 1,\ (D) = 14 D\, 1 - 12 C\, 1,\ \&c.$$

De plus, puisque $i = 1$, il n'y a qu'un seul terme dans la valeur de q qui précède celui qui a pour co-efficient K; les co-efficiens tant de ce terme que des suivans seront donné par les équations

$$I + (A) = 0,\ 8 L - 3 K + (B) = 0,\ 24 M - 15 L + (C) = 0,$$
$$48 N - 35 M + (D) = 0,\ \&c.;$$

d'où l'on tirera

$$I = -2 A\, 1,\ L = \frac{7 A\, 1}{4 \cdot 8} + \frac{3 K}{8},\ M = \frac{21 A\, 1}{4 \cdot 4 \cdot 8} + \frac{15 K}{8 \cdot 8},$$

$$N = \frac{3155 A\, 1}{8 \cdot 8 \cdot 8 \cdot 48} + \frac{5 \cdot 35 K}{8 \cdot 8 \cdot 16},\ \&c.,$$

& pour l'intégrale complète demandée,

$$y = \left(1 + \frac{3\,x^2}{8} + \frac{3\cdot 3\cdot 5\,x^4}{8\cdot 24} + \frac{3\cdot 3\cdot 5\cdot 5\cdot 7\,x^6}{8\cdot 24\cdot 48} + \&c.\right) A\,\text{I}\,x^2 \log. x - 2\,A\,\text{I} + \left(\frac{7\,A\,\text{I}}{4\cdot 8} + \frac{3\,K}{8}\right)x^4 + \left(\frac{21\,A\,\text{I}}{4\cdot 4\cdot 8} + \frac{15\,K}{8\cdot 8}\right)x^6 + \left(\frac{3155\,A\,\text{I}}{8\cdot 8\cdot 8\cdot 48} + \frac{5\cdot 35\cdot K}{8\cdot 8\cdot 16}\right)x^8 + \&c.$$

Par un procédé semblable, on trouvera deux séries descendantes lorsque la différence des racines de l'équation c sera exactement divisible par n, & lorsque les racines de cette même équation seront égales. Il n'y aura d'excepté que le cas où $b = 0$; c'est-à-dire que lorsque b sera $= 0$, on ne pourra avoir l'intégrale complète que par deux séries ascendantes; on ne pourra l'avoir que par deux séries descendantes, lorsque $a = 0$.

(421). Si les deux racines des équations a ou c sont imaginaires, en représentant l'une par $\lambda' + \lambda'' \sqrt{-1}$, l'autre sera $\lambda' - \lambda'' \sqrt{-1}$; de plus, nous avons démontré que

$$x^{\pm \lambda'' \sqrt{-1}} = \cos.\ \lambda'' \log.\ x \pm \sqrt{-1}\ \text{fin.}\ \lambda'' \log.\ x\,;$$

ainsi tant les deux séries ascendantes que les deux séries descendantes pourront être tellement combinées que de l'une & de l'autre manière on ait l'intégrale complète de la proposée. Mais pour résoudre dans ce cas-ci le problême directement, on fera $y = z \ \text{fin.}\ h \log.\ x + u \cos.\ h \log.\ x$,
d'où l'on tirera

$$\frac{dy}{dx} = \frac{dz}{dx}\,\text{fin.}\,h\log.x + \frac{hz}{x}\cos.\,h\log.x + \frac{du}{dx}\cos.\,h\log.x - \frac{hu}{x}\,\text{fin.}\,h\log.x,$$

$$\frac{d^2y}{dx^2} = \frac{d^2z}{dx^2}\,\text{fin.}\,h\log.x + \frac{2h}{x}\frac{dz}{dx}\cos.\,h\log.x - \frac{hz}{x^2}\cos.\,h\log.x - \frac{h^2 z}{x^2}\,\text{fin.}\,h\log.x + \frac{d^2u}{dx^2}\cos.\,h\log.x - \frac{2h}{x}\frac{du}{dx}\,\text{fin.}\,h\log.x + \frac{hu}{x^2}\,\text{fin.}\,h\log.x - \frac{h^2u}{x^2}\cos.\,h\log.x.$$

En substituant ces valeurs de y, $\frac{dy}{dx}$, $\frac{d^2y}{dx^2}$ dans l'équation

$$(a + b\,x^n)\,x^2\,\frac{d^2y}{dx^2} + (c + e\,x^n)\,x\,\frac{dy}{dx} + (f + g\,x^n)\,y = 0,$$

on aura une transformée dont, à cause des deux indéterminées u & z, on pourra faire deux équations. On les fera de manière que fin. h log. x & cos. h log. x n'entrent ni dans l'une ni dans l'autre, & on aura

$$(\alpha) \ldots\ldots (a + b\,x^n)\,x^2\,\frac{d^2z}{dx^2} + (c + e\,x^n)\,x\,\frac{dz}{dx} + (f + g\,x^n)\,z - 2h\,(a + b\,x^n)\,x\,\frac{du}{dx} + h\,(a + b\,x^n)\,u - h\,(c + e\,x^n)\,u - h^2\,(a + b\,x^n)\,z = 0,$$

$$(\beta) \ldots\ldots (a+bx^n)x^2 \frac{d^2 u}{dx^2} + (c+ex^n)x\frac{du}{dx} + (f+gx^n)u + 2h(a+bx^n)x\frac{dz}{dx} - h(a+bx^n)z + h(c+ex^n)z - h^2(a+bx^n)u = 0.$$

Soit $z = Ax^\lambda + Bx^{\lambda+\mu} + \&c.$ $u = A'x^\lambda + B'x^{\lambda+\mu} + \&c.$, & soient substituées ces valeurs dans l'équation α, on aura la transformée

$$[(a\lambda.(\lambda-1)+c\lambda+f-ah^2)A-(2ah\lambda-ah+ch)A']x^\lambda + [(a.(\lambda+\mu).(\lambda+\mu-1)+c.(\lambda+u)+f-ah^2)B-(2ah.(\lambda+\mu)-ah+ch)B']x^{\lambda+\mu} + [(a.(\lambda+2\mu).(\lambda+2\mu-1)+c.(\lambda 2+\mu)+f-ah^2)C-(2ah.(\lambda+2\mu)-ah+ch)C']x^{\lambda+2\mu} + \&c. + [(b\lambda.(\lambda-1)+e\lambda+g-bh^2)A-(2bh\lambda-bh+eh)A']x^{\lambda+n} + [(b.(\lambda+\mu).(\lambda+\mu-1)+e.(\lambda+\mu)+g-bh^2)B-(2bh.(\lambda+\mu)-bh+eh)B']x^{\lambda+\mu+n} + [(b.(\lambda+2\mu).(\lambda+2\mu-1)+e.(\lambda+2\mu)+g-bh^2)C-(2bh.(\lambda+2\mu)-bh+eh)C']x^{\lambda+2\mu+n} + \&c. = 0.$$

En faisant les mêmes substitutions dans l'équation β, on aura une autre transformée qui ne sera que la précédente, dans laquelle on auroit mis A', B', &c. pour A, B, &c. & réciproquement, & dans laquelle on auroit changé le signe de h. Maintenant, si l'on veut u & z par deux suites ascendantes, on fera dans chacune de ces transformées $\mu = n$, & on aura d'abord les deux équations

$$(a\lambda.(\lambda-1)+c\lambda+f-ah^2)A-(2a\lambda-a+c)hA' = 0,$$
$$(a\lambda.(\lambda-1)+c\lambda+f-ah^2)A'+(2a\lambda-a+c)hA = 0;$$

d'où l'on tirera nécessairement ces deux-ci,

$$a\lambda.(\lambda-1)+c\lambda+f-ah^2 = 0,\quad 2a\lambda-a+c = 0;$$

& par conséquent $\lambda = \frac{a-c}{2a}$ $h^2 = \frac{4af-(a-c)^2}{4a^2}$.

A cause de h^2 qui doit être positif, cette solution exige que $4af > (a-c)^2$, c'est le cas où les deux racines de l'équation α sont imaginaires. Les co-efficiens A & A' resteront indéterminés, & on aura pour déterminer les suivans cette suite d'équations,

$$(2a\lambda+a.(n-1)+c)nB-2ahnB'+(b\lambda.(\lambda-1)+e\lambda+g-bh^2)A-(2b\lambda-b+e)hA' = 0,$$
$$(2a\lambda+a.(n-1)+c)nB'+2ahnB+(b\lambda.(\lambda-1)+e\lambda+g-bh^2)A'+(2b\lambda-b+e)hA = 0;$$
$$(2a\lambda+a.(2n-1)+c)2nC-4ahnC'+(b.(\lambda+n).(\lambda+n-1)+e.(\lambda+n+g-bh^2)B-(2b.(\lambda+n)-b+e)hB' = 0,$$
$$(2A\lambda+a.(2n-1)+c)2nC'+4ahnC+(b.(\lambda+n).(\lambda+n-1)+e.(\lambda+n)+g-bh^2)B'+(2b.(\lambda+n)-b+e)hB = 0, \&c.$$

De cette manière on trouvera bien aisément l'intégrale complète de la proposée par deux séries ascendantes dans le cas où les deux racines de l'équation a sont imaginaires ; il ne seroit pas plus difficile de trouver cette intégrale complète par deux séries descendantes dans le cas où les deux racines de l'équation c seroient imaginaires, nous ne nous y arrêterons donc pas.

(422). C'est ici le lieu de faire quelques remarques sur une méthode que nous avons donnée dans le chapitre précédent pour développer les fonctions en séries. Pour trouver la série qui est le développement de la fonction $a^{A \text{ sin. } x} = y$, on prendra de part & d'autre les différentielles logarithmiques, & on aura $\frac{dy}{y} = \frac{dx \log. a}{\sqrt{1 - x^2}}$; puis élevant les deux membres au quarré & différentiant ensuite, l'équation du second ordre

$$(1 - x^2)\, d^2 y - x\, dy\, dx - n^2 y = 0, \text{ où } n^2 = (\log. a)^2.$$

En nous proposant la fonction $(x + \sqrt{1 + x^2})^n = y$ (n°. 386), nous sommes parvenus, par des opérations semblables, à l'équation du second ordre

$$(1 + x^2)\, d^2 y + x\, dy\, dx - n^2 y\, dx^2 = 0.$$

Soit donc $(1 \pm x^2)\, d^2 y \pm x\, dy\, dx - n^2 y\, dx^2 = 0$.

On fera $y = A x^\lambda + B x^{\lambda + \mu} + C x^{\lambda + 2\mu} +$ &c.,

pour avoir une transformée qu'on ordonnera d'abord comme il suit :

$$\left.\begin{array}{l} \lambda(\lambda - 1) A x^{\lambda - 2} + (\lambda + \mu)(\lambda + \mu - 1) B x^{\lambda + \mu - 2} + \\ \qquad\qquad\qquad\qquad\qquad\qquad\qquad\qquad\qquad + \\ (\lambda + 2\mu)(\lambda + 2\mu - 1) C x^{\lambda + 2\mu - 2} + \text{\&c.} \\ \qquad (\pm \lambda^2 - n^2) A x^\lambda \qquad\qquad + \text{\&c.} \end{array}\right\} = 0,$$

& de laquelle on tirera $\lambda = 0$, $\mu = 1$,

puis $2 C = n^2 A$, $2 \cdot 3 D = (n^2 \mp 1) B$, $3 \cdot 4 E = (n^2 \mp 4) C$, &c.

On déterminera les constantes arbitraires A & B de manière que $x = 0$ donne $y = 1$ & $\frac{dy}{dx} = n$, & on aura la série

$$1 + nx + \frac{n^2}{2} x^2 + \frac{n}{2} \cdot \frac{n^2 \mp 1}{3} x^3 + \frac{n^2}{2} \cdot \frac{n^2 \mp 4}{3 \cdot 4} x^4 + \text{\&c.}$$

On peut ordonner la même transformée de cette autre manière

$$\left.\begin{array}{l} \lambda(\lambda - 1) A x^{\lambda - 2} + (\lambda + \mu)(\lambda + \mu - 1) B x^{\lambda + \mu - 2} + \\ \qquad\qquad + \qquad\qquad (\pm \lambda^2 - n^2) A x^\lambda \qquad\qquad + \\ (\lambda + 2\mu)(\lambda + 2\mu - 1) C x^{\lambda + 2\mu - 2} + \text{\&c.} \\ \qquad (\pm(\lambda + \mu)^2 - n^2) B x^{\lambda + \mu} \qquad + \text{\&c.} \end{array}\right\} = 0$$

qui donne évidemment $\lambda(\lambda - 1) = 0$ & $\mu = 2$.

Or

Or de $\lambda = 0$ & $\mu = 2$, on tire
$2B = n^2 A$, $3 \cdot 4 \cdot C = (n^2 \mp 4) B$, $5 \cdot 6 D = (n^2 \mp 16) C$, &c.;
de $\lambda = 1$ & $\mu = 2$, on tire
$2 \cdot 3 B = (n^2 \mp 1) A$, $4 \cdot 5 C = (n^2 \mp 9) B$, $6 \cdot 7 D = (n^2 \mp 25) C$, &c. : & comme chacune de ces séries n'est qu'une intégrale particulière, on en prendra la somme pour avoir la valeur complète de y, de laquelle, en déterminant les constantes arbitraires de manière que $x = 0$ donne $y = 1$ & $\frac{dy}{dx} = n$, on tirera le même résultat que ci-dessus.

La série $1 + nx + \frac{n^2}{2} x^2 + \frac{n}{2} \cdot \frac{n^2 - 1}{3} x^3 + \frac{n^2}{2} \cdot \frac{n^2 - 4}{3 \cdot 4} x^4 + \frac{n}{2} \cdot \frac{n^2 - 1}{3} \cdot \frac{n^2 - 9}{4 \cdot 5} x^5 + \frac{n^2}{2} \cdot \frac{n^2 - 4}{3 \cdot 4} \cdot \frac{n^2 - 16}{5 \cdot 6} x^6 + \frac{n}{2} \cdot \frac{n^2 - 1}{3} \cdot \frac{n^2 - 9}{4 \cdot 5} \cdot \frac{n^2 - 25}{6 \cdot 7} x^7 +$ &c. est le développement de $(x + \sqrt{1 + x^2})^n$, celle-ci $1 + nx + \frac{n^2}{2} x^2 + \frac{n}{2} \cdot \frac{n^2 + 1}{3} x^3 + \frac{n^2}{2} \cdot \frac{n^2 + 4}{3 \cdot 4} x^4 + \frac{n}{2} \cdot \frac{n^2 + 1}{3} \cdot \frac{n^2 + 9}{4 \cdot 5} x^5 + \frac{n^2}{2} \cdot \frac{n^2 + 4}{3 \cdot 4} \cdot \frac{n^2 + 16}{5 \cdot 6} x^6 + \frac{n}{2} \cdot \frac{n^2 + 1}{3} \cdot \frac{n^2 + 9}{4 \cdot 5} \cdot \frac{n^2 + 25}{6 \cdot 7} x^7 +$ &c. est le développement de $a^{A \text{ fin. } x}$.

Les résultats qu'on obtiendra par la méthode dont il s'agit, seront nécessairement exacts, si la série renferme autant de constantes arbitraires que l'exposant de l'ordre de l'équation différentielle contiendra d'unités ; arbitraires qu'on déterminera par les conditions tirées de la nature de la fonction proposée.

Nous remarquerons aussi que l'équation

$$(1 \pm x^2) d^2 y \pm x\, dy\, dx - n^2 y\, dx^2 = X dx^2$$

est intégrable absolument, par la méthode du (n°. 276), puisque nous avons une valeur de y qui satisfait à cette équation dans le cas de $X = 0$.

(423). Une équation différentielle étant séparée, telle que celle-ci $\frac{dx}{\sqrt{(1 - x^2)}} = \frac{dy}{\sqrt{(1 - y^2)}}$, il n'y a plus qu'à intégrer chaque membre en ajoutant une constante arbitraire. Mais s'ensuit-il de ce que chacun des membres n'est point intégrable séparément, que l'équation ne le soit pas ? Euler a fait voir dans les tomes VI & VII des nouveaux Mémoires de Pétersbourg, & dans le premier volume de son Calcul intégral, qu'il y a des cas où cette conclusion seroit fausse. Par exemple, en y faisant peu d'attention, on pourroit conclure que l'équation précédente n'est point intégrable algébriquement, puisque son intégrale est A fin. $x = A$ fin. $y + c$ ou A fin. $x = A$ fin. $y + A$ fin. a ; cependant q & p étant les arcs qui ont pour finus x & y, & c l'arc constant, si $q = p + c$, on a fin. $q =$ fin. p cos. $c +$ cos. p fin. c, ou $x = y\sqrt{(1 - a^2)} + a\sqrt{(1 - y^2)}$, qui est une équation algébrique & l'intégrale complète de la proposée.

L'équation différentielle

$$\frac{dx}{\sqrt{(a + bx + cx^2 + ex^3 + fx^4)}} = \frac{dy}{\sqrt{(a + by + cy^2 + ey^3 + fy^4)}}$$

(dont chacun des membres dépend de la rectification des sections coniques comme nous l'avons démontré dans le chapitre précédent), étant proposée, Euler a imaginé qu'elle pouvoit avoir une intégrale algébrique qu'il a représentée par

$$A + B(x + y) + C(x^2 + y^2) + Dxy + E(x^2y + xy^2) + Fx^2y^2 = 0.$$

En effet, en différentiant cette équation, on trouve

$$[B + Dy + Ey^2 + 2x(C + Ey + Fy^2)]dx + [B + Dx + Ex^2 + 2y(C + Ex + Fx^2)]dy = 0.$$

On tire aussi de la même équation

$(C + Ey + Fy^2)x^2 + (B + Dy + Ey^2)x + A + By + Cy^2 = 0$, ou

$$(C + Ey + Fy^2)^2 4x^2 + (B + Dy + Ey^2)(C + Ey + Fy^2)4x + (B + Dy + Ey^2)^2 = (B + Dy + Ey^2)^2 - 4(A + By + Cy^2)(C + Ey + Fy^2),$$

& extrayant la racine quarrée de part & d'autre,

$$2x(C + Ey + Fy^2) + B + Dy + Ey^2 = \pm\sqrt{[(B + Dy + Ey^2)^2 - 4(A + By + Cy^2)(C + Ey + Fy^2)]}.$$

On trouvera de la même manière

$$2y(C + Ex + fx^2) + B + Dx + Ex^2 = \pm\sqrt{[(B + Dx + Ex^2)^2 - 4(A + Bx + Cx^2)(C + Ex + Fx^2)]};$$

donc en mettant ces valeurs dans l'équation différentielle, on aura la transformée

$$dx\sqrt{[(B + Dy + Ey^2) - 4(A + By + Cy^2)(C + Ey + Fy^2)]} = dy\sqrt{(B + Dx + Ex^2)^2 - 4(A + Bx + Cx^2(C + Ex + Fx^2)]},$$

qui étant comparée à la proposée

$$dx\sqrt{[a + by + cy^2 + ey^3 + fy^4]} = dy\sqrt{[a + bx + cx^2 + ex^3 + fx^4]},$$

donnera pour déterminer A, B, C, D, E, F les équations

$$B^2 - 4AC = a,$$
$$2BD - 4(BC + AE) = b,$$
$$2BE + D^2 - 4(C^2 + AF + BE) = c,$$
$$2DE - 4(CE + BF) = e,$$
$$E^2 - 4CF = f;$$

& comme il y a six co-efficiens & cinq équations, un de ces co-efficiens restera indéterminé, & l'intégrale trouvée sera complète. Lagrange a donné dans le quatrième volume des Mémoires de Turin, une méthode directé pour intégrer cette même équation qui mérite d'autant plus d'attention qu'elle pourroit être d'usage dans beaucoup d'autres cas.

(424). Soit d'abord l'équation $\frac{dx}{\sqrt{(a+bx+cx^2)}}=\frac{dy}{\sqrt{(a+by+cy^2)}}$; je fais chacun des membres $=dt$, & j'ai par-là les deux équations

$$dt=\frac{dx}{\sqrt{(a+bx+cx^2)}}\ \&\ dt=\frac{dy}{\sqrt{(a+by+cy^2)}},$$

d'où je tire $\frac{dx^2}{dt^2}=a+bx+cx^2$ & $\frac{dy^2}{dt^2}=a+by+cy^2$.

Je différentie chacune de ces équations en prenant dt pour constant, & il vient $\frac{2d^2x}{dt^2}=b+2cx$, $\frac{2d^2y}{dt^2}=b+2cy$, lesquelles étant ajoutées ensemble, donnent, après avoir fait $x+y=p$, $\frac{2d^2p}{dt^2}=2b+2cp$.

Je multiplie cette équation par dp, & l'ayant intégrée ensuite, j'ai $\frac{dp^2}{dt^2}=k+2bp+cp^2$, d'où je tire $\frac{dp}{dt}=\sqrt{(k+2bp+cp^2)}$.

Mais $\frac{dp}{dt}=\frac{dx+dy}{dt}=\sqrt{(a+bx+cx^2)}+\sqrt{(a+by+cy^2)}$; donc $\sqrt{(a+bx+cx^2)}+\sqrt{(a+by+cy^2)}=\sqrt{[k+2b(x+y)+c(x+y)^2]}$, équation algébrique qui est l'intégrale complète de la proposée. Au lieu d'ajouter ensemble les deux équations différentielles du second ordre, on auroit pu retrancher l'une de l'autre, d'où l'on auroit tiré en faisant $x-y=q$, $\frac{2d^2q}{dt^2}=2cq$, & en intégrant, $\frac{dq^2}{dt^2}=h+cq^2$, ou $\frac{dq}{dt}=\sqrt{(h+cq^2)}$.

A cause de $q=x-y$, on auroit eu

$$\frac{dq}{dt}=\sqrt{(a+bx+cx^2)}-\sqrt{(a+by+cy^2)};$$

de sorte que l'équation intégrale auroit été

$$\sqrt{(a+bx+cx^2)}-\sqrt{(a+by+cy^2)}=\sqrt{[h+b(x-y)^2]};$$

qui ne diffère pas de la précédente, comme il sera facile de s'en assurer par un calcul fort simple.

(425). Plus généralement soit

$$\frac{dx}{\sqrt{(a+bx+cx^2)}}=\frac{dy}{\sqrt{(a+by+cy^2)}}=\frac{dt}{T},$$

T étant une fonction quelconque de x & y. Je tire de ces deux équations

$$\frac{T^2 dx^2}{dt^2} = a + bx + cx^2, \quad \frac{T^2 dx^2}{dt^2} = a + by + cy^2.$$

Celles-ci étant différentiées, en faisant dt constant, donnent

$$\frac{2TdTdx + 2T^2 d^2 x}{dt^2} = b + 2cx, \quad \frac{2TdTdy + 2T^2 d^2 y}{dt^2} = b + 2cy.$$

J'ajoute ensemble ces deux dernières équations, & en faisant $x + y = p$, j'en tire celle-ci $\frac{TdTdp + T^2 d^2 p}{dt^2} = b + cp$. Si je fais $x - y = q$, & que je suppose T une fonction de p & q telle que $dT = Mdp + Ndq$, j'aurai $\frac{dTdp}{dt^2} = \frac{Mdp^2 + Ndpdq}{dt^2}$.

Mais $\frac{dpdq}{dt^2} = \frac{dx^2 - dy^2}{dt^2} = \frac{b \cdot (x - y) + c \cdot (x^2 - y^2)}{T^2} = \frac{bq + cpq}{T^2}$;

donc $\frac{dTdp}{dt^2} = \frac{Mdp^2}{dt^2} + \frac{Nq(b + cp)}{T^2}$.

En substituant cette valeur dans $\frac{TdTdp + T^2 d^2 p}{dt^2} = b + cp$, il me vient

$$\frac{T^2(Mdp^2 + Td^2 p)}{dt^2} = (b + cp)(T - nq).$$

Or, puisque T est indéterminé, si je fais $T = Nq$, l'équation précédente se réduira à celle-ci $\frac{Mdp^2 + Td^2 p}{dt^2} = 0$; il est donc question d'examiner ce qui résultera de cette supposition. A cause de $N = \frac{dT}{dq}$, on a $\frac{1}{T}\frac{dT}{dq} = \frac{1}{q}$; d'où l'on tire en intégrant par rapport à q, & en ajoutant une fonction de p & de constantes, $\log. T = \log. q + \log. P$ ou $T = Pq$.

Mais $M \left(= \frac{dT}{dp}\right) = \frac{dP}{dp} q$; donc $\frac{Mdp^2 + Td^2 p}{dt^2} = q\left(\frac{dP}{dp}\frac{dp^2}{dt^2} + \frac{Pd^2 p}{dt^2}\right) = (\text{à cause de } \frac{dP}{dp} dp = dP)\ q\ \frac{dpdP + Pd^2 p}{dt^2} = \frac{qd \cdot Pdp}{dt^2} = 0.$

Donc $\frac{d \cdot Pdp}{dt} = 0$, & $\frac{Pdp}{dt} = g$, g étant la constante arbitraire qu'on doit ajouter en intégrant.

On a supposé $\frac{dp}{dt} = \frac{dx + dy}{dt} = \frac{\sqrt{(a + bx + cx^2)} + \sqrt{(a + by + cy^2)}}{T}$;

donc, à cause de $\frac{P}{T} = \frac{1}{q} = \frac{1}{x - y}$, on a

$$\sqrt{(a + bx + cx^2)} + \sqrt{(a + by + cy^2)} = g(x - y);$$

c'est l'intégrale précédente sous une forme beaucoup plus simple.

(426).

(426). Nous ferons usage de la même méthode pour intégrer l'équation

$$\frac{dx}{\sqrt{(a+bx+cx^2+ex^3+fx^4)}}=\frac{dy}{\sqrt{(a+by+cy^2+ey^3+fy^4)}};$$

c'est-à-dire que nous supposerons chacun des membres de cette équation $=\frac{dt}{T}$, & nous aurons

$$\frac{T^2dx^2}{dt^2}=a+bx+cx^2+ex^3+fx^4;$$

$$\frac{T^2dy^2}{dt^2}=a+by+cy^2+ey^3+fy^4;$$

d'où nous tirerons en différentiant comme nous avons fait ci-dessus,

$$\frac{2TdTdx+2T^2d^2x}{dt^2}=b+2cx+3ex^2+4fx^3,$$

$$\frac{2TdTdy+2T^2d^2y}{dt^2}=b+2cy+3ey^2+4fy^3.$$

Nous ajouterons ensemble ces deux dernières équations, & après avoir fait $x+y=p$, $x-y=q$, $dT=Mdp+Ndq$, nous aurons

$$\frac{2TMdp^2+2TNdpdq+2T^2d^2p}{dt^2}=2b+2cp+\frac{3e}{2}.(p^2+q^2)+f.(p^3+3pq^2).$$

Mais $\frac{dpdq}{dt^2}=\frac{dx^2-dy^2}{dt^2}=\frac{b(x-y)+c(x^2-y^2)+e(x^3-y^3)+f(x^4-y^4)}{T^2}$

$$=\frac{bq+cpq+\frac{e}{4}(3p^2q+q^3)+\frac{f}{2}(p^3q+pq^3)}{T^2};$$

donc, en substituant cette valeur, l'équation précédente deviendra

$$\frac{T^2(Mdp^2+Td^2p)}{dt^2}=(b+cp)(T-Nq)+\frac{e}{4}(3T.(p^2+q^2)-$$

$$N.(3p^2q+q^3))+\frac{f}{2}(T.(p^3+3pq^2)-N.(p^3q\mp pq^3)).$$

Soit comme ci-dessus $T-Nq=0$,

& par conséquent $T=Pq$, $N=P$, $M=q\frac{dP}{dp}$;

on aura $\frac{T^2(Mdp^2+Td^2p)}{dt^2}=P^2q^3.\frac{dPdp+Pd^2p}{dt^2}$,

& par conséquent $\frac{Pd.Pdp}{dt^2}=\frac{e}{2}+fp$.

Cette équation devient intégrable étant multipliée par $2dp$, & l'intégrale est $\frac{P^2dp^2}{dt^2}=ep+fp^2+g$, d'où l'on tire $\frac{Pdp}{dt}=\sqrt{(ep+fp^2+g)}$.

Mais $\frac{Pdp}{dt} = \frac{T\cdot(dx+dy)}{qdt} = \frac{\sqrt{(a+bx+cx^2+ex^3+fx^4)}}{x-y} + \frac{\sqrt{(a+by+cy^2+ey^3+fy^4)}}{x-y}$;

on a donc pour l'intégrale complète demandée

$$\sqrt{(a+bx+cx^2+ex^3+fx^4)} + \sqrt{(a+by+cy^2+ey^3+fy^4)} = (x-y)\sqrt{(e.(x+y)+f.(x+y)^2+g)}.$$

Si on eût proposé l'équation

$$\frac{dx}{\sqrt{(a+bx+cx^2+ex^3+fx^4)}} + \frac{dy}{\sqrt{(a+by+cy^2+ey^3+fy^4)}} = 0;$$

on auroit trouvé pour intégrale

$$\sqrt{(a+bx+cx^2+ex^3+fx^4)} - \sqrt{(a+by+cy^2+ey^3+fy^4)} = (x-y)\sqrt{(e.(x+y)+f(x+y)^2+g)}.$$

(427). Maintenant si l'on multiplie l'intégrale de la première équation par la différence des deux radicaux & l'intégrale de la seconde par la somme de ces mêmes radicaux, on aura ces deux équations

$$b(x-y) + c(x^2-y^2) + e(x^3-y^3) + f(x^4-y^4) = (x-y)\sqrt{(e.(x+y)+f.(x+y)^2+g)}\,[\sqrt{(a+bx+cx^2+ex^3+fx^4)} - \sqrt{(a+by+cy^2+ey^3+fy^4)}],$$

$$b(x-y) + c(x^2-y^2) + e(x^3-y^3) + f(x^4-y^4) = (x-y)\sqrt{(e.(x+y)+f.(x+y)^2+g)}\,[\sqrt{(a+bx+cx^2+ex^3+fx^4)} + \sqrt{(a+by+cy^2+ey^3+fy^4)}].$$

On divisera la première par $x-y$, & on aura

$$b + c(x+y) + e(x^2+xy+y^2) + f(x^3+x^2y+xy^2+y^3) = \sqrt{(e.(x+y)+f(x+y)^2+g)}\,[\sqrt{(a+bx+cx^2+ex^3+fx^4)} - \sqrt{(a+by+cy^2+ey^3+fy^4)}],$$

qui étant ajoutée à celle-ci,

$$(x-y)\sqrt{(e.(x+y)+f.(x+y)^2+g)} = \sqrt{(a+bx+cx^2+ex^3+fx^4)} + \sqrt{(a+by+cy^2+ey^3+fy^4)}$$

dont auparavant on multipliera les deux membres par

$\sqrt{(e.(x+y)+f.(x+y)^2+g)}$, donnera

$$b + c.(x+y) + g.(x-y) + e.(2x^2+xy) + 2f.(x^3+x^2y) = 2\sqrt{(e.(x+y)+f.(x+y)+g)}.\sqrt{(a+bx+cx^2+ex^3+fx^4)},$$

& élevant chaque membre au quarré,

$$b^2 - 4ag + (2bc - 4ae - 2bg).(x+y) + (c^2 - 4af - 2cg + g^2).(x^2+y^2) + 2(c^2 - 4af - ba - g^2)xy + 2(ce - 2bf - eg).(x^2y+xy^2) + (e^2 - 4gf)x^2y^2 = 0.$$

En opérant sur la seconde équation comme on a fait sur la première, on parviendroit au même résultat; cette équation résultante, qui est exactement celle de Euler, est donc également l'intégrale de l'une & de l'autre équations différentielles proposées.

(428). Lagrange examine ensuite si l'on ne pourroit pas trouver d'autres cas d'intégrabilité de l'équation $\frac{dx}{\sqrt{X}} = \frac{dy}{\sqrt{Y}}$, que les précédens.

Pour cela, soit toujours $\frac{dx}{\sqrt{X}} = \frac{dy}{\sqrt{Y}} = \frac{dt}{T}$;

d'où l'on tire $\frac{T^2 dx^2}{dt^2} = X$, $\frac{T^2 dy^2}{dt^2} = Y$; & par la différentiation

$$\frac{2TdTdx + 2T^2 d^2x}{dt^2} = \frac{dX}{dx}, \quad \frac{2TdTdy + 2T^2 d^2y}{dt^2} = \frac{dY}{dy}.$$

Je supposerai $x + y = p$, $x - y = q$, $dT = M dp + N dq$;
& l'équation précédente deviendra

$$\frac{2T(Mdp^2 + Ndpdq) + 2T^2 d^2p}{dt^2} = \frac{dX}{dx} + \frac{dY}{dy},$$

laquelle, à cause de $dpdq = dx^2 - dy^2 = \frac{(X-Y)dt^2}{T^2}$, se changera en celle-ci $\frac{2T(Mdp^2 + Td^2p)}{dt^2} = \frac{dX}{dx} + \frac{dy}{dy} - \frac{2N(X-Y)}{T}$.

Je mets pour M sa valeur $\frac{dT}{dp}$, & j'ai le premier membre de l'équation précédente

$= 2T\frac{dT}{dp} \cdot \frac{dp^2}{dt^2} + 2T^2 \frac{d^2p}{dt^2} = \frac{d\left(\frac{Tdp^2}{dt^2}\right)}{dp}$, en n'oubliant pas que dans T on n'a fait varier que p seul. A cause de $x + y = p$ & de $x - y = q$, on a $x = \frac{p+q}{2}$ & $y = \frac{p-q}{2}$, de sorte qu'en ne considérant que la variabilité de q, on peut mettre dans le second membre de la même équation $\frac{2dX}{dq}$ & $-\frac{2aY}{dq}$ pour $\frac{dX}{dx}$ & $\frac{dY}{dy}$. Puisque $N = \frac{dT}{dq}$, ce second membre devient $= \frac{2d(X-Y)}{dq} - \frac{2(X-Y)}{T}\frac{dT}{dq} = 2T\frac{d\left(\frac{X-Y}{T}\right)}{dq}$, en ne perdant pas de vue qu'ici dans X, Y & T on n'a fait varier que q seul. Ainsi notre équation aura la forme suivante $\frac{d\left(\frac{Tdp^2}{dt^2}\right)}{dp} = \frac{2Td\left(\frac{X-Y}{T}\right)}{dq}$; & pour pouvoir en tirer $\frac{dp}{dt}$, il faudra faire en sorte qu'elle ne contienne que les variables p & q. Lagrange pense qu'on ne pourra l'obtenir, 1°. qu'en supposant $T = PQ$, P étant une fonction quelconque de p, & Q une fonction quelconque de q, pour avoir en divisant par Q^2, $\frac{d\left(\frac{P\,dp}{dt}\right)^2}{dp} = \frac{2\,d\left(\frac{X-Y}{Q}\right)}{Q\,dq}$; 2°. qu'il faudra que le second membre de cette équation soit fonction de la seule variable p, c'est-à-dire que l'on ait $\frac{d\left(\frac{X-Y}{Q}\right)}{Q\,dq} = f:(p)$; d'où l'on tire, en intégrant par rapport à q, $X - Y = Q\,(f:(p)\int Q\,dq + F:(p))$.

Si cette condition a lieu, on aura aussi $\frac{d\left(\frac{P\,dp}{dt}\right)^2}{dp} = 2f:(p)$; & parce que cette équation ne renferme que p, l'intégration donnera $\left(\frac{P\,dp}{dt}\right)^2 = g' + 2\int f:(p)\,dp$, g' étant une constante arbitraire. Donc $\frac{P\,dp}{dt} = \sqrt{(g' + 2\int f:(p)\,dp)}$; mais $\frac{dp}{dt} = \frac{dx + dy}{dt} = \frac{\sqrt{X} + \sqrt{Y}}{PQ}$; donc la proposée aura pour intégrale $\sqrt{X} + \sqrt{Y} = Q\sqrt{(g' + 2\int f:(p)\,dp)}$; il reste à voir quelle doit être la nature des fonctions X & Y pour que l'équation de condition $X - Y = Q\,[f:(p)\int Q\,dq + F:(p)]$ ait lieu.

(429). Supposons d'abord qu'elles soient de la forme suivante,

$$X = a + bx + cx^2 + ex^3 + fx^4 + gx^5 + \&c.$$
$$Y = a + by + cy^2 + ey^3 + fy^4 + gy^5 + \&c.;$$

alors $X - Y = b\,(x - y) + c\,(x^2 - y^2) + e\,(x^3 - y^3) + f\,(x^4 - y^4) + g\,(x^5 - y^5) + \&c.$

Or, en faisant $x + y = p$ & $x - y = q$, d'où l'on tire $x = \frac{p+q}{2}$, $y = \frac{p-q}{2}$, nous avons

$$X - Y = bq + cpq + \frac{e}{4}(3p^2 + q^3) + \frac{f}{2}(p^3 q + pq^3) + \frac{g}{16}(5p^4 q + 10p^2 q^3 + q^5) + \&c.;$$

donc pour que dans ce cas-ci l'équation de condition ait lieu, il faut nécessairement que $Q = q$, ce qui donne $\int Q\,dq = \frac{q^2}{2}$, puis

$$F:(p) = b + cp + \frac{3e}{4}p^2 + \frac{f}{2}p^3 + \frac{5g}{16}p^4 + \&c.$$

$$f:(p) = \frac{e}{2} + fp + \frac{5g}{4}p^2 + \&c.,$$

&

& tous les termes qui renferment des puissances de q plus élevées que la troisième nuls, ce qui ne peut être à moins que le co-efficient g & les suivans ne soient zéro, ou, ce qui revient au même, à moins que X & Y ne contiennent point d'autres puissances de x & de y que celles qui ne passent pas le quatrième degré.

(430). Si on suppose généralement $X = f:(2x) = f:(p+q)$, $Y = F:(2y) = F:(p-q)$; l'équation de condition deviendra

$$f:(p+q) - F:(p-q) = Q(f:(p)\int Q\,dq + F:(p)).$$

Je la différentie deux fois de suite, en ne faisant varier que p, & il me vient

$$f'':(p+q) - F'':(p-q) = Q(f'':(p)\int Q\,dq + F'':(p));$$

je différentie deux fois de suite la même équation en ne faisant varier que q, & il me vient

$$f'':(p+q) - F'':(p-q) = \frac{d^2(Q\int Q\,dq)}{dq^2} f:(p) + \frac{d^2 Q}{dq^2} F:(p).$$

Donc $QF'':(p) + Qf'':(p)\int Q\,dq = \frac{d^2 Q}{dq^2} F:(p) + \frac{d^2(Q\int Q\,dq)}{dq^2} f:(p)$, équation qui doit être identique. Je ferai $\frac{d^2 Q}{dq^2} = -m^2 Q$, m^2 étant un co-efficient constant quelconque; cette équation du second ordre donnera $Q = a\,1 \text{ sin. } (mq + b\,1)$, $a\,1$ & $b\,1$ étant aussi des constantes quelconques, & par conséquent

$$\int Q\,dq = -\frac{a\,1}{m} \cos.(mq + b\,1),\; Q\int Q\,dq = -\frac{a^2\,1}{2m} \text{ sin. } 2(mq + b\,1).$$

En mettant ces valeurs dans l'équation de condition, on la change en celle-ci

$$a\,1 \text{ sin. }(mq+b\,1)(F'':(p) + m^2 F:(p)) - \frac{a^2\,1}{2m} \text{ sin. } 2(mq+b\,1)(f'':(p) + 4m^2 f:(p)) = 0,$$

qui devant être vraie indépendamment d'aucune équation entre p & q, donne $F''(p) + m^2 F:(p) = 0$, $f'':(p) + 4m^2 f:(p) = 0$; ou

$$\frac{d^2 F:(p)}{dp^2} = -m^2 F:(p),\quad \frac{d^2 f:(p)}{dp^2} = -4m^2 f:(p);$$

d'où l'on tire

$$F:(p) = a\,2 \text{ sin. }(mp + b\,2),\; f:(p) = a\,3 \text{ sin. } 2(mp + b\,3),$$

$a\,2$, $b\,2$, $a\,3$, $b\,3$ étant des constantes arbitraires. On mettra ces valeurs dans l'équation

$$f:(p+q) - F:(p-q) = Q(f:(p)\int Q\,dq + F:(p)),$$

& on aura

$f:(p+q) - F:(p-q) = a\,1\,a\,2 \text{ fin. } (mq+b\,1) \text{ fin. } (mp+b\,2) - \frac{a^2\,1\,a\,3}{2m} \text{ fin. } 2\,(mq+b\,1) \text{ fin. } 2\,(mp+b\,3) = -\frac{a\,1\,a\,2}{2}(\text{cos. } (m\,.\,(p+q)+b\,2+b\,1) - \text{cos. } (m\,.\,(p-q)+b\,2-b\,1)) + \frac{a^2\,1\,a\,3}{4m}(\text{cos. } 2\,(m\,.\,(p+q)+b\,3+b\,1) - \text{cos. } 2\,(m\,.\,(p-q)+b\,3-b\,1))$.

On peut donc supposer

$f:(p+q) = A + B \text{ cos. } (m\,.\,(p+q)+b\,2+b\,1) + C \text{ cos. } 2\,(m\,.\,(p+q)+b\,3+b\,1)$,

$F:(p-q) = A + B \text{ cos. } (m\,.\,(p-q)+b\,2-b\,1) + C \text{ cos. } 2\,(m\,.\,(p-q)+b\,3-b\,1)$,

A, B, C étant des constantes quelconques; ou, mettant pour $p+q$ & $p-q$ leurs valeurs $2\,x$ & $2\,y$, on peut supposer que

$X = A + B \text{ cos. } (2\,m\,x+b\,2+b\,1) + C \text{ cos. } 2\,(2\,m\,x+b\,3+b\,1)$,

$Y = A + B \text{ cos. } (2\,m\,y+b\,2-b\,1) + C \text{ cos. } 2\,(2\,m\,y+b\,3-b\,1)$.

Ce sont-là les valeurs les plus générales que l'on puisse donner à X & à Y, pour que l'équation $\frac{dx}{\sqrt{X}} = \frac{dy}{\sqrt{Y}}$ soit intégrable par la méthode précédente; à cause de

$\int f:(p)\,dp = \int a\,3\,dp \text{ fin. } 2\,(mp+b\,3) = -\frac{a\,3}{2m} \text{ cos. } 2\,(mp+b\,3)$,

l'intégrale sera

$\sqrt{X}+\sqrt{Y} = a\,1 \text{ fin. } (m\,.\,(x-y)+b\,1)\sqrt{[g' - \frac{a\,3}{m} \text{ cos. } 2\,(m\,.\,(x+y)+b\,3)]}$,

à laquelle, en faisant $2\,m = n$, je puis donner la forme suivante :

$\sqrt{X}+\sqrt{Y} = \text{fin. } \left(n\,.\,\frac{x-y}{2}+b\,1\right)\sqrt{[h - i \text{ cos. } (n\,.\,(x+y)+2\,b\,3)]}$.

(431). Soient $\text{cos. } nx + \text{fin. } nx\sqrt{-1} = u$, $\text{cos. } ny + \text{fin. } ny\sqrt{-1} = z$; on aura

$\text{cos. } nx = \frac{1+u^2}{2u}$, $\text{fin. } nx = \frac{1-u^2}{2u}\sqrt{-1}$,

$\text{cos. } 2\,nx = \frac{1+u^4}{2\,u^2}$, $\text{fin. } 2\,nx = \frac{1-u^4}{2\,u^2}\sqrt{-1}$,

$\text{cos. } ny = \frac{1+z^2}{2z}$, $\text{fin. } ny = \frac{1-z^2}{2z}\sqrt{-1}$,

$\text{cos. } 2\,ny = \frac{1+z^4}{2\,z^2}$, $\text{fin. } 2\,ny = \frac{1-z^4}{2\,z^2}\sqrt{-1}$;

& par conséquent

$$\cos. n(x+y) = \frac{1+u^2 z^2}{2uz}, \ \text{fin.}\, n(x+y) = \frac{1-u^2 z^2}{2uz} \sqrt{-1},$$

$$\cos. \frac{n(x-y)}{2} = \frac{z+u}{2\sqrt{(zu)}}, \ \text{fin.} \frac{n(x-y)}{2} = \frac{z-u}{2\sqrt{(zu)}} \sqrt{-1}.$$

Soient auſſi $\cos.(b2+b1)=D$, $\cos.(b2-b1)=E$,

$\cos. 2(b3+b1)=F$, $\cos. 2(b3-b1)=G$;

on tire des deux premières ſuppoſitions,

$$(2\cos. b1 \ \text{fin.}\, b1)^2 = (D+E)^2 (\text{fin.}\, b1)^2 + (E-D)^2 (\cos. b1)^2,$$

qui devient

$(\text{fin.}\, 2b1)^2 = (D+E)^2 (\text{fin.}\, b1)^2 + (E-D)^2 (\cos. b1)^2$, ou

$1-(\cos. 2b1)^2 = D^2+E^2-2DE\cos. 2b1$, & donne

$\cos. 2b1 = DE + \sqrt{(1-D^2-E^2+D^2E^2)} = DE+\sqrt{(1-D^2)}.\sqrt{(1-E^2)}$;

les deux autres donneront $\cos. 4b1 = FG+\sqrt{(1-F^2)}.\sqrt{(1-G^2)}$.

Donc ſi l'on fait pour abréger

$DE+\sqrt{(1-D^2)}.\sqrt{(1-E^2)}=M$, $FG+\sqrt{(1-F^2)}.\sqrt{(1-G^2)}=N$, $FG-\sqrt{(1-F^2)}.\sqrt{(1-G^2)}=P$;

on aura d'abord $N=2M^2-1$; & enſuite

$$\cos. b1 = \sqrt{\left(\frac{1+M}{2}\right)}, \ \text{fin.}\, b1 = \sqrt{\left(\frac{1-M}{2}\right)},$$

$$\cos. 2b3 = \frac{F+G}{2\cos. 2b1} = \sqrt{\left(\frac{1+P}{2}\right)}, \ \text{fin.}\, 2b3 = \sqrt{\left(\frac{1-P}{2}\right)}.$$

On donnera à X, à Y & à l'intégrale précédente la forme que voici,

$X = A+B(\cos.(b2+b1).\cos. nx - \text{fin.}(b2+b1)\,\text{fin.}\, nx) + C(\cos. 2.(b3+b1).\cos. 2nx - \text{fin.}\, 2.(b3+b1).\text{fin.}\, 2nx)$,

$Y = A+B(\cos. b2-b1).\cos. ny - \text{fin.}(b2-b1).\text{fin.}\, ny) + C(\cos. 2.(b3-b1).\cos. 2ny - \text{fin.}\, 2.(b3-b1).\text{fin.}\, 2ny)$,

$$\sqrt{X}+\sqrt{Y} = \left(\cos. b1 \ \text{fin.} \frac{n.(x-y)}{2} + \text{fin.}\, b1 \cos. \frac{n.(x-y)}{2}\right)$$
$$\sqrt{[h-i(\cos. 2b3 \cos. n.(x+y) - \text{fin.}\, 2b3\ \text{fin.}\, n.(x+y))]};$$

& après avoir fait les ſubſtitutions néceſſaires, on aura

$$X = A+B\left(D.\frac{1+u^2}{2u} - \sqrt{(D^2-1)}.\frac{1-u^2}{2u}\right) + C\left(F.\frac{1+u^4}{2u^2} - \sqrt{(F^2-1)}.\frac{1-u^4}{2u^2}\right),$$

$$Y = A+B\left(E.\frac{1+z^2}{2z} - \sqrt{(E^2-1)}.\frac{1-z^2}{2z}\right) + C\left(G.\frac{1+z^4}{2z^2} - \sqrt{(G^2-1)}.\frac{1-z^4}{2z^2}\right).$$

$$\sqrt{X} + \sqrt{Y} = \left(\sqrt{\left(\frac{-1-M}{2}\right)} \cdot \frac{z-u}{2\sqrt{(zu)}} + \sqrt{\left(\frac{1-M}{2}\right)} \cdot \frac{z+u}{2\sqrt{(zu)}} \right)$$
$$\sqrt{\left(h - i\left[\sqrt{\left(\frac{1+P}{2i}\right)} \cdot \frac{1+u^2 z^2}{2uz} - \frac{1-u^2 z^2}{2uz}\right]\right)}.$$

Enfin, à cause de $dx = \frac{du}{nu\sqrt{-1}}$, $dy = \frac{dz}{nz\sqrt{-1}}$,

l'équation $dx : \sqrt{X} = dy : \sqrt{Y}$ deviendra

$$du : \sqrt{[C.(F - \sqrt{(F^2 - 1)}) + B.(D - \sqrt{(D^2 - 1)}).u + 2Au^2 +}$$
$$B.(D + \sqrt{(D^2 - 1)}).u^3 + C.(F + \sqrt{(F^2 - 1)}).u^4) =$$
$$dz : \sqrt{(C.(G - \sqrt{(G^2 - 1)}) + B.(E - \sqrt{(E^2 - 1)}).z + 2Az^2 +}$$
$$B.(E + \sqrt{(E^2 - 1)}).z^3 + C.(G + \sqrt{(G^2 - 1)}).z^4),$$

qui est un peu plus générale que celle-ci,

$$dx : \sqrt{(a + bx + cx^2 + ex^3 + fx^4)} = dy : \sqrt{(a + by + cy^2 + ey^3 + fy^4)};$$

puisque la première renferme six co-efficiens indéterminés (elle en renferme sept, dont quatre ont entr'eux une relation exprimée par l'équation $N = 2M^2 - 1$) tandis que l'autre n'en renferme que cinq.

(432). Pour généraliser s'il est possible la méthode que nous venons d'expliquer, nous reprendrons les deux équations $\frac{dT}{T} = \frac{dx}{\sqrt{X}}$ & $\frac{dT}{T} = \frac{dy}{\sqrt{Y}}$, dont nous prendrons les différentielles logarithmiques en regardant toujours dt comme constant; & nous aurons

$$\frac{d^2 x}{dx} = \frac{dX}{2X} - \frac{dT}{T}, \quad \frac{d^2 y}{dy} = \frac{dY}{2Y} - \frac{dT}{T}, \text{ ou}$$

$$d^2 x = \left(\frac{dX}{2X\,dx} - \frac{1}{T}\,\frac{dT}{dx}\right) dx^2 - \frac{1}{T}\,\frac{dT}{dy}\,dx\,dy,$$

$$d^2 y = \left(\frac{dY}{2Y\,dy} - \frac{1}{T}\,\frac{dT}{dy}\right) dy^2 - \frac{1}{T}\,\frac{dT}{dx}\,dx\,dy,$$

d'où l'on tirera, en mettant au lieu de dx^2 & dy^2 leurs valeurs $\frac{X\,dt^2}{T^2}$ & $\frac{Y\,dt^2}{T^2}$,

$$d^2 x = \frac{d\,(X : T^2)}{2\,dx}\,dt^2 - \frac{d\,.\,\log.\,T}{dy}\,dx\,dy,$$

$$d^2 y = \frac{d\,(Y : T^2)}{2\,dy}\,dt^2 - \frac{d\,.\,\log.\,T}{dx}\,dx\,dy,$$

(433). Soit Z une fonction quelconque de x, y, & supposons $dZ = P\,dx + Q\,dy$; nous aurons, en différentiant de nouveau, & en faisant attention que

$$\frac{dP}{dy} = \frac{dQ}{dx}, \quad d^2 Z = P\,d^2 x + Q\,d^2 y + \frac{dP}{dx}\,dx^2 + 2\,\frac{dP}{dy}\,dx\,dy + \frac{dQ}{dy}\,dy^2,$$

qui

qui devient, en mettant pour dx^2, dy^2, d^2x, d^2y leurs valeurs,

$$d^2Z = \left(P\frac{d(X:T^2)}{2dx} + Q\frac{d(Y:T^2)}{2dy} + \frac{X}{T^2}\frac{dP}{dx} + \frac{Y}{T^2}\frac{dQ}{dy}\right)\ldots\ldots\ldots$$

$$(\alpha)\, dt^2 + \left(2\frac{dP}{dy} - P\frac{d\cdot\log. T}{dy} - Q\frac{d\cdot\log. T}{dx}\right)\ldots\ldots(\beta)\, dx\, dy.$$

Donc si nous supposons le co-efficient de $dx\,dy$ ou $\beta = 0$, & le co-efficient de dt^2 ou $\alpha = F':(Z)$; nous aurons $d^2Z = dt^2 F':(Z)$ qui étant multiplié par $2\,dZ$, & ensuite intégrée, donnera

$$\frac{dZ^2}{dt^2} = g + 2\int dZ F':(Z) = g + 2F:(Z), \;\&\; \frac{dZ}{dt} = \sqrt{[g+2F:(Z)]};$$

g étant la constante arbitraire ajoutée en intégrant.

Mais $\frac{dZ}{dt} = \frac{P\,dx + Q\,dy}{dT} = \frac{P\sqrt{X} + Q\sqrt{Y}}{T}$;

donc l'intégrale de l'équation $\frac{dx}{\sqrt{X}} = \frac{dy}{\sqrt{Y}}$ sera

$$P\sqrt{X} + Q\sqrt{Y} = T\sqrt{[g + 2F:(Z)]}.$$

Toute la difficulté se réduit donc à trouver pour T & Z des valeurs qui satisfassent aux équations $\alpha = 0$ & $\beta = 0$.

Si l'on fait pour simplifier log. $T = u$, l'équation $\beta = 0$, donnera

$\frac{du}{dy} = -\frac{Q}{P}\frac{du}{dx} + \frac{2}{P}\frac{dP}{dy}$, &, à cause de $du = \frac{du}{dx}dx + \frac{du}{dy}dy$,

$du = \frac{du}{dx}\cdot\frac{P\,dx - Q\,dy}{P} + \frac{2}{P}\frac{dP}{dy}dy$; d'où l'on tirera (n°. 308), en nommant μ le facteur propre à rendre $P\,dx - Q\,dy$ une différentielle exacte, & en faisant $\mu P\,dx - \mu Q\,dy = dS$, $u = \int\frac{2}{P}\frac{dP}{dy}dy + f:(S)$; l'intégrale $\int\frac{2}{P}\frac{dP}{dy}dy$ étant prise comme il est dit dans le n°. cité. Donc

$T\,(=e^u) = e^{\int\frac{2}{P}\frac{dP}{dy}dy}\,.\,e^{f:(S)}$, ou mieux $T = \varphi:(S)\,e^{\int\frac{2}{P}\frac{dP}{dy}dy}$.

Il ne reste plus qu'à satisfaire à l'équation $\alpha = 0$ que nous pouvons mettre sous cette forme plus simple

$$(K)\ldots\ldots\frac{1}{P}\frac{d(P^2X:T^2)}{dx} + \frac{1}{Q}\frac{d(Q^2Y:T^2)}{dy} = 2F':(Z).$$

(434). Nous supposerons P fonction de x seul, & Q fonction de y seul, en sorte que $Z = \int P\,dx + \int Q\,dy$ & $T = \varphi:(\int P\,dx - \int Q\,dy)$. Cela posé, si après avoir multiplié l'équation K par $P\,dx$, on l'intègre en ne faisant varier que x, on aura, en faisant attention que dans cette hypothèse $dz = P\,dx$,

$$\frac{P^2X}{T^2} + \int\frac{d(Q^2Y:T^2)}{dy}\cdot\frac{P}{Q}dx = 2F:(Z) + \Pi:(y).$$

Mais $\frac{d(Q^2 Y : T^2)}{dy} = \frac{1}{T^2} \frac{d . Q^2 Y}{dy} - \frac{2 Q^2 Y}{T^3} \frac{dT}{dy}$; donc

$\int \frac{d(Q^2 Y : T^2)}{dy} . \frac{P}{Q} dx = \frac{d . Q^2 Y}{Q dy} \int \frac{P dx}{T^2} - 2 Q Y \int \frac{dT}{dy} \frac{P dx}{T^3} =$

$\frac{1}{Q} \frac{d\left(Q^2 Y \int \frac{P dx}{T^2}\right)}{dy}$; & l'équation précédente devient

$$\frac{P^2 X}{T^2} + \frac{1}{Q} \frac{d\left(Q^2 Y \int \frac{P dx}{T^2}\right)}{dy} = 2 F : (Z) + \Pi : (y);$$

Je multiplie celle-ci par $Q dy$, & je l'intègre en ne faisant varier que y, ce qui me donne, en faisant attention que dans cette hypothèse $dZ = Q dy$,

$$P^2 X \int \frac{Q dy}{T^2} + Q^2 Y \int \frac{P dx}{T^2} = 2 \int dZ F : (Z) + \Delta : (y) + \Psi : (x).$$

Maintenant puisque T est une fonction de $\int P dx + \int Q dy$, cette quantité est réciproquement une fonction de T qu'on peut représenter par $\sigma : (T)$,

& on aura $P dx = \frac{dT}{dx} \sigma' : (T)$, $Q dy = -\frac{dT}{dy} \sigma' : (T)$.

C'est pourquoi si l'on suppose $\frac{P dx}{T^2} = \frac{dT}{dx} \Sigma' : (T)$,

& par conséquent $\int \frac{P dx}{T^2} = \Sigma : (T)$; on aura

$\frac{Q dy}{T^2} = - \frac{dT}{dy} \Sigma' : (T)$, & $\int \frac{Q dy}{T^2} = - \Sigma : (T)$. Donc

$\int \frac{P dx}{T^2} = \Gamma : (\int P dx - \int Q dy)$ & $\int \frac{Q dy}{T^2} = - \Gamma : (\int P dx - \int Q dy)$.

En substituant ces valeurs dans la dernière équation, on la changera en celle-ci:

$$(Q^2 Y - P^2 X) \Gamma : (\int P dx - \int Q dy) = 2 \int dZ F : (Z) + \Delta : (y) + \Psi : (x).$$

Lorsque $X = a + bx + cx^2 + ex^3 + fx^4$, $Y = a + by + cy^2 + ey^3 + fy^4$; on satisfera à l'équation précédente, en faisant $Z = x + y$, & par conséquent $P = 1$, $Q = 1$;

puis $\Gamma : (x - y) = \frac{-1}{x - y}$, $2 \int dZ F : (Z) = b + cZ + \frac{e}{2} Z^2 + \frac{f}{3} Z^3$;

$\Delta : (y) = \frac{e y^2}{2} + \frac{2 f y^3}{3}$, $\Psi : (x) = \frac{e x^2}{2} + \frac{2 f x^3}{3}$.

Mais c'est sur-tout de l'équation K qui est infiniment plus générale que celle-là dont il faudra s'occuper, si l'on veut trouver des cas d'intégrabilité de l'équation $\frac{dx}{\sqrt{X}} = \frac{dy}{\sqrt{Y}}$ autres que ceux que l'on connoît & que nous avons indiqués dans cet article.

(435). On a dû remarquer que par les méthodes dont il est question dans ce chapitre, on peut parvenir à satisfaire à une équation différentielle, sans que l'équation qui satisfait soit comprise dans l'intégrale complète ou générale. Or, sans connoître l'intégrale complète d'une équation différentielle, comment s'assurer que la solution qu'on vient de trouver, en est une intégrale particulière. Euler s'est occupé de cette importante question dans le premier volume de son Calcul intégral; la solution qu'il en a donnée a été étendue & perfectionnée par Dalembert dans les Mémoires de l'académie de 1769. Mais le problême n'a été résolu généralement que dans la première partie des Mémoires de 1772; Laplace y donne des méthodes pour trouver toutes les solutions particulières d'une équation différentielle proposée qui ne seroit pas comprise dans l'intégrale complète.

Soit l'équation du premier ordre $dy = p\,dx$; si $\mu = 0$ satisfait à cette équation différentielle, elle sera une solution particulière (Laplace entend par-là qu'elle ne sera pas comprise dans l'intégrale complète) toutes les fois qu'elle rendra nulle la quantité $1 : \left(\frac{d^2\mu}{dx^2} + p\frac{d^2\mu}{dx\,dy} + \frac{d\mu}{dx} \cdot \frac{d\mu}{dy}\right)$; autrement elle sera une intégrale particulière : on suppose μ fonction de x, y, & par $\frac{d\mu}{dx}$, $\frac{d\mu}{dy}$, $\frac{d^2\mu}{dx^2}$, $\frac{d^2\mu}{dx\,dy}$, on entend les différences partielles de μ du premier & du second ordre. Voilà bien la manière de reconnoître si l'équation qui satisfait est une solution particulière ou une intégrale particulière; mais comment trouver toutes les solutions particulières d'une équation différentielle du premier ordre proposée? Le théorême suivant donne le moyen d'y parvenir. Si $\mu = 0$, μ étant toujours fonction des variables x & y, est une solution particulière de l'équation différentielle $dy = p\,dx$; μ est un facteur commun aux deux quantités $p + \frac{d^2p}{dx\,dy} : \frac{d^2p}{dy^2}$ & $1 : \frac{dp}{dy}$; c'est-à-dire que $\mu = 0$ rendra nulle chacune de ces quantités : réciproquement tout facteur commun à ces deux quantités égalé à zéro, est une solution particulière de l'équation différentielle $dy = p\,dx$. On trouve dans le Mémoire cité les démonstrations de ces deux théorêmes, & de théorêmes relatifs pour les équations différentielles des ordres supérieurs. Cela n'a pas empêché Lagrange de s'occuper des mêmes questions; voici la solution qu'il en donne dans les Mémoires de Berlin de 1774, & qui est très-directe & très-simple.

(436. Nous avons démontré (n°. 262) que si l'équation différentielle du premier ordre $(V) = 0$ a pour intégrale complète l'équation $V = 0$ entre y, x & la constante arbitraire a, & qu'en différentiant $V = 0$, on trouve $dy = p\,dx$; nous avons, dis-je, démontré que $(V) = 0$ résulte de l'élimination de a au moyen des deux équations $V = 0$ & $dy = p\,dx$. Ainsi quand même a ne seroit pas constant, $V = 0$ satisferoit à $(V) = 0$, pourvu que par la différentiation de $V = 0$, on eût également $dy = p\,dx$. Supposons maintenant qu'en faisant varier y, x & a dans $V = 0$, on ait $dy = p\,dx + q\,da$, qu'on réduira à $dy = p\,dx$ en faisant $q = 0$; si cette équation $q = 0$ donne une ou plusieurs

valeurs de a en y & x, ces valeurs étant ſubſtituées ſucceſſivement dans $V=o$, on aura différentes équations entre y & x qui ſatisferont à l'équation différentielle $V=o$, ſans être compriſes dans l'intégrale complète $V=o$, & qui ſeront par conſéquent autant de ſolutions particulières de cette équation différentielle. On auroit pu donner à la différentielle de $V=o$, priſe en faiſant varier y, x & a, cette autre forme $dx=Pdy+Qda$; alors ſi ayant fait $Q=o$, on eut trouvé une ou pluſieurs valeurs de a en y & x, ces valeurs étant ſubſtituées ſucceſſivement dans $V=o$, auroient auſſi donné autant de ſolutions particulières de l'équation différentielle $(V)=o$. Lagrange tire de cette remarque la règle ſuivante pour trouver toutes les ſolutions particulières d'une équation différentielle du premier ordre dont on connoît l'intégrale complète. Différentiez cette intégrale complète en faiſant varier y & a, puis x & a; tirez de ces équations les valeurs de $\frac{dy}{da}$ & $\frac{dx}{da}$; faites ces valeurs chacune $=o$; & ſi les équations que vous aurez de cette manière donnent une ou pluſieurs valeurs de a en y & x, vous les ſubſtituerez ſucceſſivement dans l'intégrale complète, & vous aurez autant de ſolutions particulières de l'équation différentielle propoſée.

Il pourroit arriver que quelques-unes de ces équations ne renfermaſſent que a & des conſtantes de l'équation différentielle; alors les valeurs de a qu'on en tireroit étant conſtantes & déterminées, on n'auroit par la ſubſtitution de ces valeurs dans l'intégrale complète, que des intégrales particulières de la propoſée. Il pourroit arriver auſſi que quelques-unes de ces mêmes équations ne renfermaſſent que x & y ſans l'arbitraire a; & comme dans ce cas elles ſatisferont elles-mêmes à l'équation différentielle, il ne ſera plus queſtion que de s'aſſurer ſi elles en ſont des ſolutions particulières ou des intégrales particulières. Pour cela on les combinera chacune avec l'intégrale complète, en chaſſant x ou y, & on verra ſi la réſultante donne a variable ou conſtant. Si elle donnoit $a=\frac{o}{o}$, ce ſeroit une marque que la valeur de $\frac{dy}{da}$ ou $\frac{dx}{da}$ en queſtion, eſt un facteur de l'intégrale complète, indépendant de la conſtante arbitraire a, & par conſéquent étranger à l'équation différentielle. Il ne s'agit plus que d'éclaircir cette théorie par des exemples.

(437). Soit d'abord l'équation différentielle $dy=\frac{x\,dx+y\,dy}{\sqrt{(x^2+y^2-m^2)}}$ qui a pour intégrale complète $x^2-2ay-a^2-m^2=o$; je tire de cette dernière équation $\frac{dy}{da}=-\frac{a+y}{a}$, $\frac{dx}{da}=\frac{a+y}{x}$ qui donnent également $a=-y$; & ſubſtituant cette valeur de a dans l'intégrale complète, on trouve $x^2+y^2-m^2=o$, qui eſt la ſeule ſolution particulière de l'équation différentielle propoſée qui puiſſe avoir lieu. Je prendrai pour ſecond exemple l'équation différentielle ſéparée $\frac{dx}{\sqrt{X}}=\frac{dy}{\sqrt{Y}}$, dans laquelle

$$X=A+Bx+Cx^2+Dx^3+Ex^4,\ Y=A+By+Cy^2+Dy^3+Ey^4,$$

&

& dont l'intégrale complète est, comme nous l'avons démontré dans l'article précédent, $\sqrt{X} + \sqrt{Y} = (x - y)\sqrt{(a + U)}$, où a est la constante arbitraire, & $U = D(x + y) + E(x + y)^2$. En faisant pour plus de simplicité $\frac{dX}{dx} = X'$, $\frac{dY}{dy} = Y'$, $\frac{dU}{dx} = \frac{dU}{dy} = U'$, je tirerai de l'intégrale complète

$$\frac{dy}{da} = \frac{(x-y)\sqrt{Y}}{Y'\sqrt{(a+U)} - [U'(x-y) + 2(a+U)]\sqrt{Y}},$$
$$\frac{dx}{da} = \frac{(x-y)\sqrt{X}}{X'\sqrt{(a+U)} - [U'(x-y) + 2(a+U)]\sqrt{X}};$$

ainsi les suppositions de $\frac{dy}{da} = 0$, $\frac{dx}{da} = 0$, me donneront ces équations $x - y = 0$, $Y = 0$ & $X = 0$ que je vais examiner successivement.

Je tire de l'intégrale complète, $a = \frac{(\sqrt{X} + \sqrt{Y})^2}{(x-y)^2} - U$; & comme $x - y = 0$ rend a infini, j'en conclus que cette équation est une intégrale particulière de la proposée, ce qui d'ailleurs est évident. Mais ni $Y = 0$ ni $X = 0$ ne rend a constant; il n'est donc plus question que d'examiner quand elles sont des solutions particulières de la même équation differentielle. Or en faisant $Y = 0$, le dénominateur de $\frac{dy}{da}$ devient $Y'\sqrt{(a + U)}$ qui sera nul lorsque $Y' = 0$; de même la supposition de $X = 0$, réduit le dénominateur de $\frac{dx}{da}$ à $X'\sqrt{(a + U)}$ qui sera nul lorsque $X' = 0$. Donc les équations $Y = 0$ & $X = 0$ ne seront des solutions particulières de la proposée que lorsqu'on n'aura pas en même temps $Y' = 0$ & $X' = 0$; & par conséquent les solutions particulières de la proposée seront toutes comprises sous cette forme $x = u$ ou $y = u$, en prenant pour u une des racines simples quelconques de l'équation

$$A + Bu + Cu^2 + Du^3 + Eu^4 = 0.$$

Si on propose $\frac{dx}{\sqrt{X}} + \frac{dy}{\sqrt{Y}} = 0$, dont l'intégrale complète est $\sqrt{X} - \sqrt{Y} = (x - y)\sqrt{(a + U)}$, on aura aussi $x - y = 0$. Mais comme cette équation rend $a \left(= \frac{(\sqrt{X} - \sqrt{Y})^2}{(x-y)^2} - U \right) = \frac{0}{0}$; il s'ensuit qu'elle doit être rejettée comme étrangère à l'équation differentielle proposée. Du reste, on trouvera dans ce cas-ci les mêmes solutions particulières que dans le cas précédent.

(438). Soit toujours l'équation $V = 0$ entre y, x & a qui étant differentiée en faisant tout varier, donne $dy = p\,dx + q\,da$; je suppose qu'ayant differentié p, en faisant varier y, x & a, & qu'ayant mis ensuite pour dy sa valeur tirée de l'équation précédente, on ait $dp = p'\,dx + q'\,da$; qu'ayant differentié p' de la même manière, on ait $dp' = p''dx + q''da$; qu'ayant différentié p'' encore de la même manière, on ait $dp'' = p'''dx + q'''da$, & ainsi de suite. Cela posé, de même que j'ai formé l'équation différentielle du premier ordre $(V) = 0$, en chassant a au moyen des deux équations $V = 0$ & $\frac{dy}{dx} = p$; je formerai l'équation du second ordre $(V') = 0$ des trois équations $V = 0$, $\frac{dy}{dx} = p$, $\frac{d^2y}{dx^2} = p'$ (dx est supposé constant) de manière que a disparoisse; je formerai l'équation du troisième ordre $(V'') = 0$ des quatre équations $V = 0$, $\frac{dy}{dx} = p$, $\frac{d^2y}{dx^2} = p'$, $\frac{d^3y}{dx^3} = p''$, de manière que a disparoisse, & ainsi de celles des ordres supérieurs. Or il est clair que dans l'hypothèse de a variable, $V = 0$ ne peut satisfaire à $(V) = 0$ que l'on n'ait $q = 0$; de même $V = 0$ ne pourra, dans la même hypothèse, satisfaire à $(V') = 0$, que l'on n'ait en même temps $q = 0$ & $q' = 0$, sans quoi les équations $dy = pdx + qda$ & $dp = p'dx + q'da$ ne se réduiroient pas à $dy = pdx$ & $dp = p'dx$; cette même équation $V = 0$, ne pourra satisfaire à $(V'') = 0$, toujours dans l'hypothèse de a variable, que l'on n'ait en même temps $q = 0$, $q' = 0$ & $q'' = 0$, sans quoi les équations

$$dy = pdx + qda,\ dp = p'dx + q'da,\ dp' = p''dx + q''da$$

ne pourroient se réduire à $dy = p'dx$, $dp = p'dx$, $dp' = p''dx$, &c. On remarquera que ces quantités q, q', q'', &c. ne sont autre chose que

$$\frac{dy}{dx},\ \frac{d^2y}{dxda},\ \frac{d^3y}{dx^2da},\ \&c.;$$

on remarquera de plus qu'au lieu de dégager dy dans la différentielle de $V = 0$, on auroit pu dégager dx; & on verra aisément que pour que dans l'hypothèse de a variable $V = 0$ satisfasse à cette suite d'équations $(V) = 0$, $(V') = 0$, $(V'') = 0$, &c. à l'infini, il faut qu'on ait à l'infini $\frac{dy}{da} = 0$, $\frac{d^2y}{dxda} = 0$, $\frac{d^3y}{dx^2da} = 0$, &c. ou $\frac{dx}{da} = 0$, $\frac{d^2x}{dyda} = 0$, $\frac{d^3x}{dy^2da} = 0$, &c.

Mais si en regardant y comme une fonction de x & a, donnée par $V = 0$, on a l'infini $\frac{dy}{da} = 0$, $\frac{d^2y}{dxda} = 0$, &c., il faut nécessairement que la valeur de $\frac{dy}{da}$ ne contienne pas x, alors on ne pourra tirer de $\frac{dy}{da} = 0$ que a égal à une fonction de constantes déterminées; de même si en regardant x comme une fonction de y & a, donnée par $V = 0$, on a à l'infini $\frac{dx}{da} = 0$, $\frac{d^2x}{dyda} = 0$, &c. il est nécessaire que la valeur de $\frac{dx}{da}$ ne contienne pas y, & $\frac{dx}{da} = 0$ donnera

a égal à une fonction de constantes déterminées. C'est de cette remarque que Lagrange tire la solution de ce problême : *Trouver toutes les solutions particulières de l'équation différentielle du premier ordre* $(V) = 0$ *sans connoître son intégrale complète* $V = 0$.

(439). On suppose pour plus de simplicité que l'équation $(V) = 0$ ne renferme pas de quantité transcendante, & qu'on l'a préparée de manière qu'elle est absolument délivrée de fractions & de radicaux. Alors si l'on fait $d(V) = A d \frac{dy}{dx} + B dy + C dx$, A, B, C seront des fonctions rationnelles entières de y, x & $\frac{dy}{dx}$. Maintenant puisque l'équation $(V) = 0$ est indépendante de a, on doit avoir $\frac{d(V)}{da} = 0$, soit qu'on regarde y comme fonction de x & a, ou x comme fonction de y & a, l'une ou l'autre donnée par l'équation $V = 0$. On aura donc $A \frac{d^2 y}{dx\, da} + B \frac{dy}{da} = 0$. Mais pour trouver les solutions particulières de l'équation différentielle $(V) = 0$, il faut faire $\frac{dy}{da} = 0$; de plus, B étant sans dénominateur ne peut devenir infini par cette supposition; ainsi l'équation précédente se réduit nécessairement à celle-ci : $A \frac{d^2 y}{dx\, da} = 0$, qui, lorsque $\frac{d^2 y}{dx\, da}$ n'est pas nul en même temps que $\frac{dy}{da}$, donne $A = 0$. Lorsque $\frac{dy}{da}$ & $\frac{d^2 y}{dx\, da}$ seront nuls en même temps, l'équation $A \frac{d^2 y}{dx\, da} + B \frac{dy}{da} = 0$ aura lieu d'elle-même. Dans ce cas on la différentiera en faisant varier y & x, & on aura

$$A \frac{d^3 y}{dx^2\, da} + \left(\frac{dA}{dx} + B\right) \frac{d^2 y}{dx\, da} + \frac{dB}{dx} \frac{dy}{da} = 0,$$

qui, à cause que les deux quantités $\frac{dy}{da}$ & $\frac{d^2 y}{dx\, da}$ sont nulles par l'hypothèse, se réduit à $A \frac{d^3 y}{dx^2\, da} = 0$, laquelle donne $A = 0$, lorsque $\frac{d^3 y}{dx^2\, da}$ n'est pas nul en même temps que $\frac{dy}{da}$ & $\frac{d^2 y}{dx\, da}$. Lorsque ces trois quantités seront nulles en même temps, il faudra différentier

$$A \frac{d^3 y}{dx^2\, da} + \left(\frac{dA}{dx} + B\right) \frac{d^2 y}{dx\, da} + \frac{dB}{dx} \frac{dy}{da} = 0,$$

en faisant varier y & x; & après avoir effacé les termes qui seront multipliés par $\frac{dy}{da}$, $\frac{d^2 y}{dx\, da}$, $\frac{d^3 y}{dx^2\, da}$, on aura $A \frac{d^4 y}{dx^3\, da} = 0$, qui donnera encore

$A = 0$, si $\frac{d^4 y}{dx^3 da}$ n'est pas nul en même temps que $\frac{dy}{da}$, $\frac{d^2 y}{dx da}$, $\frac{d^3 y}{dx^2 da}$, Donc on aura nécessairement l'équation $A = 0$, si toutes ces quantités $\frac{dy}{da}$, $\frac{d^2 y}{dx da}$, &c. à l'infini ne sont pas nulles. Or nous avons démontré plus haut que si elles étoient nulles à l'infini, $\frac{dy}{da}$ ne pourroit donner que a égal à une fonction de constantes déterminées, & que par conséquent la substitution faite de a dans $V = 0$ donneroit une intégrale particulière & non une solution particulière; ainsi pour que ce soit une solution particulière, il faut nécessairement que $A = 0$.

Je reprends l'équation $d(V) = A d \frac{dy}{dx} + B dy + C dx = 0$, qui, à cause de $A = 0$, se réduit à $B dy + C dx = 0$; celle-ci devra s'accorder avec $A = 0$, lorsqu'on aura chassé $\frac{dy}{dx}$ au moyen de l'équation $V = 0$, Mais $\frac{d^2 y}{dx^2} = -\frac{B \frac{dy}{dx} + C}{A}$; donc dans le cas des solutions particulières tirées de $\frac{dy}{da} = 0$, $\frac{d^2 y}{dx^2}$ deviendra $\frac{0}{0}$: on démontreroit de la même manière que dans le cas des solutions particulières tirées de $\frac{dx}{da} = 0$, $\frac{d^2 x}{dy^2}$ deviendroit $\frac{0}{0}$. Je m'empresse d'éclaircir tout cela par des exemples.

(440). Soit d'abord l'équation $x dx + y dy = dy \sqrt{(x^2 + y^2 - m^2)}$, d'où je tire $\frac{dy}{dx} = \frac{x}{\sqrt{(x^2 + y^2 - m^2)} - y}$ &

$$\frac{d^2 y}{dx^2} = \frac{y^2 - m^2 - xy \frac{dy}{dx} + (x \frac{dy}{dx} - y) \sqrt{(x^2 + y^2 - m^2)}}{(\sqrt{(x^2 + y^2 - m^2)} - y)^2 \sqrt{(x^2 + y^2 - m^2)}};$$

cette quantité devant être $\frac{0}{0}$, il en résulte deux équations

$$(a) \ldots\ldots y^2 - m^2 - xy \frac{dy}{dx} + \left(x \frac{dy}{dx} - y\right) \sqrt{(x^2 + y^2 - m^2)} = 0,$$

$$(b) \ldots\ldots (\sqrt{(x^2 + y^2 - m^2)} - y)^2 \sqrt{(x^2 + y^2 - m^2)} = 0.$$

La seconde donne

$$\sqrt{(x^2 + y^2 - m^2)} - y = 0, \text{ ou } \sqrt{(x^2 + y^2 - m^2)} = 0.$$

Si l'on fait $\sqrt{(x^2 + y^2 - m^2)} - y = 0$, l'équation a devient $-m^2 = 0$, ce qui n'apprend rien absolument. Mais si l'on fait $\sqrt{(x^2 + y^2 - m^2)} = 0$, l'équation a devient $y^2 - m^2 - xy \frac{dy}{dx} = 0$; & parce que dans la même

supposition

ſuppoſition $\frac{dy}{dx} = -\frac{x}{y}$, elle donne pour ſolution particulière de la propoſée $y^2 + x^2 - m^2 = 0$. Je puis auſſi tirer de la propoſée $\frac{dx}{dy} = \frac{\sqrt{(x^2+y^2-m^2)} - y}{x}$ &

$$\frac{d^2 x}{dy^2} = \frac{xy - (y^2 - m^2)\frac{dx}{dy} + (y\frac{dx}{dy} - x)\sqrt{(x^2+y^2-m^2)}}{x^2\sqrt{(x^2+y^2-m^2)}};$$

cette quantité devant être $\frac{0}{0}$, il en réſulte les deux équations

$$(c) \ldots\ldots xy - (y^2 - m^2)\frac{dx}{dy} + (y\frac{dx}{dy} - x)\sqrt{(x^2+y^2-m^2)} = 0;$$

$$(d) \ldots\ldots x^2\sqrt{(x^2+y^2-m^2)} = 0.$$

La ſeconde donne $x = 0$ ou $\sqrt{(x^2+y^2-m^2)} = 0$. La ſuppoſition de $x = 0$, réduit l'équation c à celle-ci, $(y\sqrt{(y^2-m^2)} - y^2 + m^2)\frac{dx}{dy} = 0$; & parce que dans la même hypothèſe $\frac{dx}{dy}$ devient $\frac{1}{0}$, il eſt clair que $x = 0$, ne peut être une ſolution particulière de la propoſée. Mais ſi je fais $\sqrt{(x^2+y^2-m^2)} = 0$, l'équation c devient $xy - (y^2-m^2)\frac{dx}{dy} = 0$, & comme alors $\frac{dx}{dy} = -\frac{y}{x}$, elle ſe réduit à $x^2 + y^2 - m^2 = 0$. Donc $x^2 + y^2 - m^2 = 0$ eſt la ſeule ſolution particulière de la propoſée qui puiſſe avoir lieu, ce que nous ſavions déjà.

(441). Cette autre équation $\frac{dx}{\sqrt{X}} = \frac{dy}{\sqrt{Y}}$ étant propoſée, on en tire

$$\frac{dy}{dx} = \frac{\sqrt{Y}}{\sqrt{X}}, \text{ \& } \frac{d^2 y}{dx^2} = \frac{XY'\frac{dy}{dx} - YX'}{2X\sqrt{XY}}.$$

Cettte quantité devant être $\frac{0}{0}$, il en réſulte les deux équations

$$XY'\frac{dy}{dx} - YX' = 0,\ X\sqrt{XY} = 0,$$

La ſeconde donne $X = 0$ ou $Y = 0$. Si l'on fait $X = 0$, l'équation $XY'\frac{dy}{dx} - YX' = 0$, devient $YX' = 0$, qui, ſi X' n'eſt pas nul en même temps que X, donne $Y = 0$; donc $X = 0$ eſt une ſolution particulière de la propoſée, lorſqu'on n'a pas en même temps $X' = 0$. On trouveroit de la même manière que $Y = 0$ eſt une ſolution particulière de la propoſée lorſqu'on n'a pas en même temps $Y' = 0$.

(442). Dans l'équation $Ad\frac{dy}{dx} + Bdy + Cdx = 0$, ſi $Bdy + Cdx$

est nul de lui-même ; on aura $Ad\frac{dy}{dx}=0$, & pour que $\frac{d^2y}{dx^2}=\frac{0}{0}$, il suffira que $A=0$. On éliminera $\frac{dy}{dx}$ au moyen de $A=0$ & de $(V)=0$; & l'équation résultante entre x & y sera une solution particulière de $(V)=0$. Dans ce cas-ci l'intégrale complète est facile à trouver; car alors A n'étant pas zéro, on a $d\frac{dy}{dx}=0$ & $\frac{dy}{dx}=a$; cette valeur de $\frac{dy}{dx}$ étant substituée dans $(V)=0$, on a une équation entre y, x & la constante arbitraire a qui est l'intégrale complète de $(V)=0$.

On tire de $Bdy+Cdx=0$, $C=-B\frac{dy}{dx}=-Bp$, en faisant $\frac{dy}{dx}=p$; & l'équation $Ad\frac{dy}{dx}+Bdy+Cdx=0$ devient $Adp+B(dy-pdx)=0$; d'où l'on tire $dy-pdx+\frac{A}{B}dp=0$, &, en intégrant,

$$y-px+\int xdp+\int\frac{A}{B}dp=0, \text{ ou } y-px+\int\left(x+\frac{A}{B}\right)dp=0.$$

Cette équation ne peut être vraie à moins que $x+\frac{A}{B}$ ne soit fonction de p; faisons donc $x+\frac{A}{B}=f:(p)$, & nous aurons

$$y-px+f:(p)=0, \text{ ou } y-x\frac{dy}{dx}+f:\left(\frac{dy}{dx}\right)=0,$$

équation différentielle qui représente toutes celles du premier ordre qui s'intègrent par la différentiation. En effet, en la différentiant elle devient $\left(f':\left(\frac{dy}{dx}\right)-x\right)d\frac{dy}{dx}=0$; d'où l'on tire $d\frac{dy}{dx}=0$ ou $f':\left(\frac{dy}{dx}\right)-x=0$. La première de ces équations donne $\frac{dy}{dx}=a$; & en substituant dans $y-x\frac{dy}{dx}+f:\left(\frac{dy}{dx}\right)=0$, on a pour l'intégrale complète de cette équation différentielle $y-ax+f:(a)=0$. L'intégrale complète que nous venons de trouver appartient à la ligne droite; tandis que la solution particulière, qu'on obtiendra en éliminant $\frac{dy}{dx}$ au moyen de la proposée $y-x\frac{dy}{dx}+f:\left(\frac{dy}{dx}\right)=0$, & de $f':\left(\frac{dy}{dx}\right)-x=0$, appartiendra à une ligne courbe. Clairaut est le premier qui ait remarqué ce genre d'équations qui s'intègrent par la différentiation (Mémoires de l'académie des sciences de 1734) & dont la propriété est d'appartenir en même temps à une ligne droite & à une ligne courbe; mais personne avant Lagrange n'avoit démontré que cette espèce de paradoxe tenoit à la théorie des solutions particulières des équations différentielles.

(443). Si l'équation du second ordre $(V) = 0$ a pour intégrale finie complète $V = 0$, V sera une fonction de x, y & de deux constantes arbitraires a & b. On peut supposer que b est fonction de a, & regarder V comme fonction de x, y & a; alors on verra aisément qu'il suit de ce qui précède, que même dans le cas de a variable, $V = 0$ satisfera à $(V) = 0$, pourvu que l'on ait

$$\frac{dy}{da} + \frac{dy}{db}\frac{db}{da} = 0 \text{ \& } \frac{d^2y}{dx\,da} + \frac{d^2y}{dx\,db}\frac{db}{da} = 0, \text{ ou}$$

$$\frac{dx}{da} + \frac{dx}{db}\frac{db}{da} = 0 \text{ \& } \frac{d^2x}{dy\,da} + \frac{d^2x}{dy\,db}\frac{db}{da} = 0.$$

Maintenant si on différentie $V = 0$, en faisant tout varier, on aura $dy = p\,dx + \frac{dy}{da}da + \frac{dy}{db}db$, qui se réduit à $dy = p\,dx$, à cause de $\frac{dy}{da}da + \frac{dy}{db}db = 0$; ou $dx = P\,dy + \frac{dx}{da}da + \frac{dx}{db}db$, qui se réduit à $dx = P\,dy$, à cause de $\frac{dx}{da}da + \frac{dx}{db}db = 0$.

Ainsi on aura ces quatre équations

$$V = 0, \frac{dy}{dx} - p = 0, \frac{dy}{da} + \frac{dy}{db}\frac{db}{da} = 0 \text{ \& } \frac{d^2y}{dx\,da} + \frac{d^2y}{dx\,db}\frac{db}{da} = 0,$$

ou ces quatre autres

$$V = 0, \frac{dx}{dy} - P = 0, \frac{dx}{da} + \frac{dx}{db}\frac{db}{da} = 0 \text{ \& } \frac{d^2x}{dy\,da} + \frac{d^2x}{dy\,db}\frac{db}{da} = 0;$$

au moyen desquelles si on élimine a, b & $\frac{db}{da}$, on parviendra à une équation différentielle du premier ordre, qui sera une solution particulière de la proposée.

(444). Je prendrai pour exemple l'equation du second ordre

$$y - x\frac{dy}{dx} + \frac{x^2}{2}\frac{d^2y}{dx^2} = \left(\frac{dy}{dx} - x\frac{d^2y}{dx^2}\right)^2 + \frac{d^2y^2}{dx^4},$$

dont l'intégrale finie complète est $y = \frac{ax^2}{2} + bx + a^2 + b^2$, a & b étant les deux constantes arbitraires ajoutées en intégrant. Je tire de cette intégrale $\frac{dy}{dx} = ax + b$, $\frac{dy}{da} = \frac{x^2}{2} + 2a$, $\frac{dy}{db} = x + 2b$, $\frac{d^2y}{dx\,da} = x$, $\frac{d^2y}{dx\,db} = 1$; & substituant ces valeurs dans les quatre premières équations que nous venons de trouver, il me vient celles-ci,

$$y = \frac{ax^2}{2} + bx + a^2 + b^2, \frac{dy}{dx} = ax + b,$$

$$\frac{x^2}{2} + 2a + (x + 2b)\frac{db}{da} = 0, x + \frac{db}{da} = 0,$$

qui donnent, en éliminant a, b & $\frac{db}{da}$, l'équation du premier ordre

$$y = \frac{-x^4 + (8x^3 + 16x)\frac{dy}{dx} + \frac{16dy^2}{dx^2}}{16(1 + x^2)}$$

qui eſt une ſolution particulière de la propoſée. En intégrant cette équation différentielle du premier ordre, j'aurai une équation finie qui ſera une ſolution particulière finie de la propoſée ; voici comme je la trouve.

De l'équation différentielle du premier ordre en queſtion, je tire

$$\frac{16dy^2}{dx^2} + (8x^3 + 16x)\frac{dy}{dx} = x^4 + 16y(1 + x)^2,$$

& par conſéquent $\frac{4dy}{dx} + x^3 + 2x = \sqrt{(1 + x^2)} \cdot \sqrt{(16y + 4x^2 + x^4)}$;

j'ai donc $\frac{8dy + 4xdx + 2x^3dx}{\sqrt{(16y + 4x^2 + x^4)}} = 2dx\sqrt{(1 + x^2)}$,

dont l'intégrale complète eſt

$\sqrt{(16y + 4x^2 + x^4)} = x\sqrt{(1 + x^2)} - \log.(\sqrt{(1 + x^2)} - x) + a1$.

Il eſt à remarquer que cette ſolution particulière finie de la propoſée eſt tranſcendante, tandis que l'intégrale complète finie eſt algébrique.

(445). La ſolution particulière aux premières différences de la propoſée admet elle-même, outre cette intégrale complète, une ſolution particulière qu'on trouvera en faiſant $\frac{dy}{da1} = \frac{\sqrt{(16y + 4x^2 + x^4)}}{8} = 0$; en effet, ſi l'on combine cette dernière équation qui ne contient pas $a1$ avec l'intégrale complète, on trouvera $a1$ égal à une fonction de x, ce qui eſt la condition requiſe. Mais il ne s'enſuit pas que $16y + 4x^2 + x^4 = 0$ ſoit une ſolution particulière de la propoſée, car pour cela il faudroit que cette équation rendît nul auſſi

$\frac{d^2y}{dxda1} = \frac{\frac{8dy}{dx} + 4x + 2x^3}{8\sqrt{(16y + 4x^2 + x^4)}}$; or en mettant dans le ſecond membre pour

$\frac{dy}{dx}$ ſa valeur $-\frac{x^3}{4} - \frac{x}{2} + \frac{1}{4}\sqrt{(1 + x^2)} \cdot \sqrt{(16y + 4x^2 + x^4)}$,

on trouve $\frac{d^2y}{dxda1} = \frac{\sqrt{(1 + x^2)}}{4}$, qui ne devient pas nul par la ſupppoſition

de $16y + 4x^2 + x^4 = 0$, &c.

(446). Suppoſons qu'au moyen de $V = 0$ & de $\frac{dy}{dx} - p = 0$, on ait éliminé b pour avoir $V'1 = 0$ qui eſt une des intégrales premières complètes de de la proposée ; supposons aussi que cette équation différentielle du premier ordre étant différentiée, donne

$$d V' 1 = A d \frac{dy}{dx} + B dy + C dx + E da.$$

On aura $d \frac{dy}{dx} = - \frac{B dy + C dx + E da}{A}$, d'où l'on tire, en regardant y comme une fonction de x, a & b, donnée par $V = 0$,

$$\frac{d^2 y}{dx\, da} = - \frac{B}{A} \frac{dy}{da} - \frac{E}{A}, \quad \frac{d^2 y}{dx\, db} = - \frac{B}{A} \frac{dy}{db};$$

substituant ces valeurs dans $\frac{d^2 y}{dx\, da} + \frac{d^2 y}{dx\, db} \frac{db}{da} = 0$, on aura l'équation $\frac{B}{A} \left(\frac{dy}{da} + \frac{dy}{db} \frac{db}{da} \right) + \frac{E}{A} = 0$, qui se réduit à $\frac{E}{A} = 0$; car on doit aussi avoir $\frac{dy}{da} + \frac{dy}{db} \frac{db}{da} = 0$. Or si dans $V' 1 = 0$, on fait varier uniquement $\frac{dy}{dx}$ & a, en regardant y & x comme constans, on aura

$$A d \frac{dy}{dx} + E da = 0, \text{ d'où l'on tirera } \frac{E}{A} = - \frac{d \frac{dy}{dx}}{da} = - \frac{d^2 y}{dx\, da}.$$

Ainsi l'équation de condition se réduira à $\frac{d^2 y}{dx\, da} = 0$, qui combinée avec $V' 1 = 0$, donnera par l'élimination de a la même solution particulière de la proposée, que par les quatre équations dont nous avons fait usage précédemment.

Si au lieu d'éliminer b, on eut éliminé a au moyen de $V = 0$, & de $\frac{dy}{dx} - p = 0$, on auroit trouvé $V' 2 = 0$ qui est l'autre intégrale première complète de la proposée; puis on seroit parvenu à une équation $\frac{d^2 y}{dx\, db} = 0$, qui, combinée avec $V' 2 = 0$, auroit donné par l'élimination de b encore le même résultat. Il suit de-là que si on ne connoît pas l'intégrale finie complète de la proposée, mais seulement une des deux intégrales complètes aux premières différences, on pourra également trouver toutes les solutions particulières. Cette proposition peut se démontrer directement; car si $V' 1 = 0$, par exemple, satisfait à $(V) = 0$, quelle que soit la constante arbitraire a, il s'ensuit que $(V) = 0$ vient de l'élimination de a au moyen des équations $V' = 0$, & $d \frac{dy}{dx} = p' dx$, dont la seconde est déduite de $V' 1 = 0$ par la différentiation. Or il est clair que a étant variable, le résultat seroit le même, si, en supposant $d \frac{dy}{dx} = p' dx + q' da$, on avoit q' ou $\frac{d^2 y}{dx\, da} = 0$.

(447). Pour confirmer cela par un exemple, reprenons l'équation du second ordre

$$y-x\frac{dy}{dx}+\frac{x^2}{2}\frac{d^2y}{dx^2}=\left(\frac{dy}{dx}-x\frac{d^2y}{dx^2}\right)^2+\frac{d^2y^2}{dx^4},$$

dont nous trouverons les deux intégrales premières en éliminant successivement a & b au moyen de l'intégrale complète

$$y=\frac{ax^2}{2}+bx+a^2+b^2 \text{ \& de } \frac{dy}{dx}=ax+b.$$

L'élimination de b donne $y=-\frac{ax^2}{2}+x\frac{dy}{dx}+\left(\frac{dy}{dx}-ax\right)^2+a^2$;

d'où l'on tire, en ne faisant varier que $\frac{dy}{dx}$ & a,

$$-\frac{x^2}{2}da+xd\frac{dy}{dx}+2\left(\frac{dy}{dx}-ax\right)\left(d\frac{dy}{dx}-xda\right)+2ada=0,$$

& par conséquent $\frac{d^2y}{dxda}=\frac{2x\left(\frac{dy}{dx}-ax\right)+\frac{x^2}{2}-2a}{2\left(\frac{dy}{dx}-ax\right)+x}$.

En supposant cette quantité $=0$, on aura l'équation

$$2x\frac{dy}{dx}-2ax^2+\frac{x^2}{2}-2a=0,$$

qui donnera $a=\frac{x\frac{dy}{dx}+\frac{x^2}{4}}{1+x^2}$; & en substituant pour a sa valeur dans l'intégrale première dont on est parti, on trouvera

$$y=\frac{-x^4+(8x^3+16x)\frac{dy}{dx}+16\frac{dy^2}{dx^2}}{16(1+x^2)},$$

qui est la même solution particulière qu'on a déjà trouvée. L'élimination de a donne pour intégrale première

$$y=\frac{x}{2}\frac{dy}{dx}+\frac{bx}{2}+\left(\frac{\frac{dy}{dx}-b}{x}\right)^2+b^2;$$

laquelle on différentiera, en ne faisant varier que $\frac{dy}{dx}$ & b, pour avoir

$$\frac{d^2y}{dxdb}=\frac{\frac{2}{x^2}\left(\frac{dy}{dx}-b\right)+\frac{x}{2}+2b}{\frac{x}{2}+\frac{2}{x^2}\left(\frac{dy}{dx}-b\right)}=0,$$

& par conséquent $b=\frac{\frac{dy}{dx}-\frac{x^3}{4}}{x^2+1}$. En mettant cette valeur de b dans l'intégrale première dont il est question, on trouvera encore la même solution particulière; & les deux intégrales premières de la proposée, quoique très-différentes, nous aurons conduit au même résultat.

(443). Tout cela est analogue à ce que nous avons dit pour le premier ordre; & sans autre explication on doit voir qu'ayant formé comme alors cette suite d'équations $(V') = 0$, $(V'') = 0$, &c. les solutions particulières de $(V) = 0$ ne satisferont point à $(V') = 0$, à moins que l'on n'ait $\frac{d^2 y}{dx\,da} = 0$, & $\frac{d^3 y}{dx^2\,da} = 0$; que ces mêmes solutions ne satisferont point à $(V'') = 0$, à moins que l'on n'ait $\frac{d^2 y}{dx\,da} = 0$, $\frac{d^3 y}{dx^2\,da} = 0$, $\frac{d^4 y}{dx^3\,da} = 0$, &c.; dans tous ces calculs on regardera b comme fonction de a, & par conséquent y comme fonction de x & a. Si on a à l'infini $\frac{d^2 y}{dx\,da} = 0$, $\frac{d^3 y}{dx^2\,da} = 0$, &c.; $\frac{d^2 y}{dx\,da} = 0$ ne donnera pas une solution particulière, mais une intégrale particulière, d'où l'on tirera la règle suivante pour trouver les solutions particulières d'une équation différentielle du second ordre proposée sans connoître aucune de ses intégrales complètes. Il faudra différentier la proposée, & en tirer $\frac{d^3 y}{dx^3}$ qu'on fera $= \frac{0}{0}$; on aura de cette manière deux équations, au moyen de chacune desquelles & de la proposée, si on élimine $\frac{d^2 y}{dx^2}$, il viendra deux autres équations entre x, y & $\frac{dy}{dx}$ qui se réduiront à une seule lorsque la proposée sera susceptible d'une solution particulière; cette équation sera la solution particulière demandée.

Soit toujours l'équation du second ordre

$$y - x\frac{dy}{dx} + \frac{x^2}{2}\frac{d^2 y}{dx^2} = \left(\frac{dy}{dx} - x\frac{d^2 y}{dx^2}\right)^2 + \frac{d^2 y^2}{dx^4},$$

de laquelle on tire par la différentiation

$$\left(2(x^2+1)\frac{d^2 y}{dx^2} - 2x\frac{dy}{dx} - \frac{x^2}{2}\right)\frac{d^3 y}{dx^3} = 0.$$

A cause que $\frac{d^3 y}{dx^3}$ doit être $\frac{0}{0}$, on a l'équation

$$2(x^2+1)\frac{d^2 y}{dx^2} - 2x\frac{dy}{dx} - \frac{x^2}{2} = 0,$$

qui donne $\frac{d^2 y}{dx^2} = \frac{4x\frac{dy}{dx} + x^2}{4(x^2+1)}$. Cette valeur de $\frac{d^2 y}{dx^2}$ étant substituée dans la proposée, on trouve toujours la même solution particulière, savoir

$$y = \frac{-x^4 + (8x^3 + 16x)\frac{dy}{dx} + 16\frac{dy^2}{dx^2}}{16(1+x^2)}.$$

(449). Si la proposée $(V) = 0$ étoit telle qu'on eût $d(V) = A' d\frac{d^2y}{dx^2}$, alors $\frac{d^3y}{dx^3} = \frac{0}{0}$ donneroit $A' = 0$; & on trouveroit la solution particulière en éliminant $\frac{d^2y}{dx^2}$ au moyen de $A' = 0$ & de $(V) = 0$. Dans ce cas on peut trouver facilement l'intégrale finie complète de $(V) = 0$. En effet, à cause de $A' d\frac{d^2y}{dx^2} = 0$, si A' n'est pas $= 0$, on doit avoir $d\frac{d^2y}{dx^2} = 0$, d'où l'on tirera $y = \frac{ax^2}{2} + bx + c$. Mais la proposée n'étant que du second ordre, son intégrale complète finie ne doit renfermer que deux constantes arbitraires; il faudra donc substituer dans la proposée pour y, $\frac{dy}{dx}$, $\frac{d^2y}{dx^2}$ leurs valeurs tirées de son intégrale finie complète, & il viendra nécessairement une équation entre les trois arbitraires a, b, c, sans x ni y, qui servira à déterminer l'une de ces arbitraires par les deux autres. Maintenant pour trouver la forme de ces sortes d'équations, nous supposerons $c = f:(a, b)$; & à cause de

$$a = \frac{d^2y}{dx^2},\; b = \frac{dy}{dx} - ax = \frac{dy}{dx} - x\frac{d^2y}{dx^2},$$

nous aurons $c = f:\left(\frac{d^2y}{dx^2}, \frac{dy}{dx} - x\frac{d^2y}{dx^2}\right)$, & par conséquent

$$y = x\frac{dy}{dx} - \frac{x^2}{2}\frac{d^2y}{dx^2} + f:\left(\frac{d^2y}{dx^2}, \frac{dy}{dx} - x\frac{d^2y}{dx^2}\right).$$

Toute équation réductible à cette forme aura la propriété de pouvoir être intégrée par une nouvelle différentiation; on trouvera de cette manière que l'équation précédente a pour intégrale finie complète $y = \frac{ax^2}{2} + bx + f:(a, b)$ qui représente toujours une parabole; & qu'elle admet une solution particulière qu'on trouvera en éliminant $\frac{d^2y}{dx^2}$ au moyen de

$$-\frac{x^2}{2} + \frac{df:\left(\frac{d^2y}{dx^2}, \frac{dy}{dx} - x\frac{d^2y}{dx^2}\right)}{\frac{d^3y}{dx^3}} = 0,$$ solution particulière qui pourra représenter différentes courbes.

Nous

Nous avons déduit bien ſimplement la manière de trouver les ſolutions particulières des équations différentielles du ſecond ordre de celle dont nous avions fait uſage pour le premier ordre; il ne ſeroit pas plus difficile d'appliquer cette théorie aux équations différentielles des ordres ſupérieurs; c'eſt pourquoi nous terminerons-là ce chapitre de la ſéparation des variables dans les équation differentielles, pour pouvoir traiter avec quelqu'étendue de l'autre méthode de les intégrer, ce que nous nous propoſons de faire dans le chapitre ſuivant.

CHAPITRE III.

DE LA MANIÈRE D'INTÉGRER LES ÉQUATIONS DIFFÉRENTIELLES EN LES MULTIPLIANT PAR DES FACTEURS.

(450). JE commencerai par les équations du premier ordre entre deux variables qu'on peut toutes repréſenter par $\alpha dx + 6dy = 0$, α & 6 étant des fonctions quelconques de ces variables y, x & de conſtantes; or j'ai démontré (n°. 305), que ſi on déſignoit par μ un des facteurs propres à rendre $\alpha dx + 6dy$ une differentielle exacte, $z = \mu$ ſeroit une intégrale particulière de l'équation aux différences partielles

$$(A) \ldots\ldots\ldots\ldots \alpha \frac{dz}{dy} - 6\frac{dz}{dx} + \left(\frac{d\alpha}{dy} - \frac{d6}{dx}\right) z = 0.$$

Je ſuppoſe qu'on ait donné le facteur μ, & qu'on demande quels doivent être α & 6 pour que $\mu \alpha dx + \mu 6 dy$ ſoit une differentielle exacte.

Soit, par exemple $\mu = \frac{1}{\alpha x + 6y}$; à cauſe de

$$\frac{d\mu}{dy} = -\left(\frac{d\alpha}{dy}x + \frac{d6}{dy}y + 6\right) : (\alpha x + 6y)^2,$$

$$\frac{d\mu}{dx} = -\left(\alpha + \frac{d\alpha}{dx}x + \frac{d6}{dx}y\right) : (\alpha x + 6y)^2,$$

l'équation A devient

$$\alpha\left(\frac{d6}{dy}y + \frac{d6}{dx}x\right) = 6\left(\frac{d\alpha}{dy}y + \frac{d\alpha}{dx}x\right),$$

qui eſt identique ſi α & 6 ſont des fonctions homogènes de même dimenſion n; car on a dans ce cas

$$\frac{d6}{dy}y + \frac{d6}{dx}x = n6 \;\&\; \frac{d\alpha}{dy}y + \frac{d\alpha}{dx}x = n\alpha,$$

ce qui réduit l'équation précédente à celle-ci $n \alpha \beta = n \alpha \beta$ qui est évidemment identique. Je mets la même équation sous la forme

$$y \frac{\alpha \frac{d\beta}{dy} - \beta \frac{d\alpha}{dy}}{\alpha^2} + x \frac{\alpha \frac{d\beta}{dx} - \beta \frac{d\alpha}{dx}}{\alpha^2} = 0;$$

&, en faisant $\frac{\beta}{\alpha} = m$, je la change en celle-ci $y \frac{dm}{dy} + x \frac{dm}{dx} = 0$, d'où je tire $\frac{dm}{dy} = -\frac{x}{y} \frac{dm}{dx}$. Mais $dm = \frac{dm}{dx} dx + \frac{dm}{dy} dy$; donc

$$dm = \frac{dm}{dx} \cdot \frac{y\,dx - x\,dy}{y} = \frac{dm}{dx} y\, d\left(\frac{x}{y}\right).$$

Il suit de-là que m doit être une fonction quelconque de $\frac{x}{y}$, ce qu'on exprime en ecrivant $m = f:\left(\frac{x}{y}\right)$; & que par conséquent $\frac{dx + dy\, f:\left(\frac{x}{y}\right)}{x + y f:\left(\frac{x}{y}\right)}$, ou $\frac{\frac{dx}{x} + \frac{dy}{y} f:\left(\frac{x}{y}\right)}{1 + f:\left(\frac{x}{y}\right)}$, ou même encore $\frac{\frac{dx}{x} + \frac{dy}{y} f:\left(\int \frac{dx}{x} - \int \frac{dy}{y}\right)}{1 + f:\left(\int \frac{dx}{x} - \int \frac{dy}{y}\right)}$, est une différentielle exacte. Or T & U étant deux fonctions, l'une de t, l'autre de u, je puis faire $\frac{dt}{T} = \frac{dx}{x}$ & $\frac{du}{U} = \frac{dy}{y}$; j'aurai donc

$$\frac{dt + \frac{T}{U} du f:\left(\int \frac{dt}{T} - \int \frac{du}{U}\right)}{T + T f:\left(\int \frac{dt}{T} - \int \frac{du}{U}\right)},$$ qui sera aussi une différentielle exacte.

Donc M & N étant deux fonctions de t & u, pour que $M\,dt + N\,du$ devienne une différentielle exacte étant divisé par $MT + NU$, il faut que $\frac{N}{M} = \frac{T}{U} : f\left(\int \frac{dt}{T} - \int \frac{du}{U}\right)$, ou, ce qui revient au même, que

$$M = \frac{P}{T} F:\left(\int \frac{dt}{T} - \int \frac{du}{U}\right) \;\&\; N = \frac{P}{U} : \varphi\left(\int \frac{dt}{T} - \int \frac{du}{U}\right);$$

P étant une fonction quelconque de t, u, & les caractéristiques F, φ désignant deux fonctions différentes de la même quantité $\int \frac{dt}{T} - \int \frac{du}{U}$.

On suppose μ fonction de x seul & de constantes, & on demande quels doivent être α & β pour que $\alpha\,dx + \beta\,dy$ devienne une différentielle exacte étant multiplié par μ. On a dans ce cas $\frac{d\mu}{dy} = 0$, & l'équation A devient

$\frac{d\alpha}{dy} - \frac{d\beta}{dx} = \frac{\beta}{\mu}\frac{d\mu}{dx}$. On pourra prendre pour β telle fonction de y, x & de constantes qu'on voudra, pourvu que $\alpha = \int\left(\frac{d\beta}{dx} + \frac{\beta}{\mu}\frac{d\mu}{dx}\right)dy + f:(x)$. Si $\beta = F:(x)$, α sera nécessairement de cette forme $yf:(x) + \varphi:(x)$; & on pourra rendre exacte la différentielle $dy\,F:(x) + y\,dx\,f:(x) + dx\,\varphi:(x)$, en la multipliant par une fonction de x seul & de constantes, ce que nous savions déjà.

(451). L'équation $y\,dy + My\,dx + N\,dx = 0$, où M & N sont des fonctions de x seul & de constantes, ne paroît pas être beaucoup plus compliquée que l'équation linéaire dont il vient d'être question; cependant on ne connoît point encore de moyen de l'intégrer généralement. Dans cet exemple, $\beta = y$, $\alpha = My + N$; d'où l'on tire $\frac{d\beta}{dx} = 0$ & $\frac{d\alpha}{dy} = M$. Je supposerai premièrement μ de cette forme $\frac{1}{(y+X)^n}$; alors $\frac{d\mu}{dy} = \frac{-n}{(y+X)^{n+1}}$, $\frac{d\mu}{dx} = \frac{-n\,X'}{(y+X)^{n+1}}$, en faisant $dX = X'\,dx$. Je mets ces valeurs dans l'équation A, & elle devient

$$(n-1)\,My - n\,X'y - MX + n\,N = 0,$$

qui ne peut être identique à moins que $(n-1)M - nX' = 0$, $nN - MX = 0$. Je tire de-là $M = \frac{n}{n-1}X'$, $N = \frac{1}{n-1}XX'$; & j'ai l'équation $y\,dy + \frac{n}{n-1}y\,dX + \frac{1}{n-1}X\,dX = 0$, que je pourrai intégrer en la multipliant par $\frac{1}{(y+X)^n}$. Mais cette équation qui est homogène a aussi pour facteur

$$\frac{1}{y^2 + \frac{n}{n-1}yX + \frac{1}{n-1}X^2} = \frac{1}{(y+X)\left(y + \frac{1}{n-1}X\right)};$$

en faisant usage de ce facteur, on a à intégrer la différentielle $\frac{y\,dy}{(y+X)\left(y+\frac{1}{n-1}X\right)}$, par rapport à y seul, laquelle n'est autre que $\frac{n-1}{n-2}\left(\frac{dy}{y+X} - \frac{dy}{(n-1)y+X}\right)$, ainsi la proposée a pour intégrale complète log. $\frac{y+X}{((n-1)y+X)^{\frac{1}{n-1}}} + F:(x) = 0$. On différentiera le premier membre de cette équation en faisant varier y & x,

& on aura

$$\frac{dy + dX}{y + X} - \frac{(n-1)\,dy + dX}{(n-1)((n-1)y + X)} + dF:(x);$$

ou $\frac{n-2}{n-1} \cdot \frac{(n-1)\,y\,dy + ny\,dX + X\,dX}{(y+X)((n-1)y + X)} + dF:(x)$,

qui, comparé à $\frac{(n-1)\,y\,dy + ny\,dX + X\,dX}{(y+X)((n-1)y+X)}$, donne évidemment

$dF:(x) = 0$, & pour l'intégrale demandée $\frac{(y+X)^{n-1}}{(n-1)y+X} = c$.

De plus, si $\mu\alpha\,dx + \mu\beta\,dy = dS$, $\mu F:(S)$ (n°. 305) est l'expression générale de tous les facteurs propres à rendre $\alpha\,dx + \beta\,dy$ une différentielle exacte; donc ici cette expression générale est

$$\frac{1}{(y+X)((n-1)y+X)}\,F:\left(\frac{(y+X)^{n-1}}{(n-1)y+X}\right) \text{ qui comprend } \frac{1}{(y+X)^2}.$$

Lorsque $n = 2$, la transformation que nous avons faite pour parvenir à l'intégrale précédente ne peut point avoir lieu, car dans ce cas on a à intégrer $\frac{y\,dy}{(y+X)^2}$, dont l'intégrale est log. $(y+X) - \frac{y}{y+X}$ qu'il faut égaler à une constante arbitraire. Il y a encore le cas de $n = 1$ où l'équation identique donne $\frac{N}{M} = X$, $X' = 0$ & $X =$ constante; c'est-à-dire que si l'on proposoit l'équation $y\,dy + My\,dx + aM\,dx = 0$, on pourroit la rendre intégrable en la divisant par $y + a$, & son intégrale complète seroit $y - a$ log. $(y + a) + \int M\,dx = c$.

(452). Secondement, soit μ de cette forme $\frac{1}{(y^2 + Xy + X1)^n}$, X & $X1$ étant toujours des fonctions de x & de constantes dont nous représenterons les différentielles par $X'\,dx$ & $X'1\,dx$. Nous aurons

$$\frac{d\mu}{dy} = \frac{-n(2y + X)}{(y^2 + Xy + X1)^{n+1}}, \quad \frac{d\mu}{dx} = \frac{-n(yX' + X'1)}{(y^2 + Xy + X1)^{n+1}};$$

& mettant ces valeurs dans l'équation A, nous la changerons en celle-ci

$$((2n-1).M - nX')y^2 + ((n-1).MX + 2nN - nX'1)y + nNX - MX1 = 0,$$

qui devant être identique, donne nécessairement

$$(2n-1).M\,dx = n\,dX,\ (n-1).MX\,dx + 2nN\,dx = n\,dX1;\ nNX = MX1.$$

On tire de la première & de la troisième

$$M\,dx = \frac{n\,dX}{2n-1},\ nN\,dx = \frac{MX1\,dx}{X} = \frac{nX1\,dX}{(2n-1)\cdot X};$$

en

en substituant ces valeurs dans la seconde ; il vient

$$dX1 - \frac{2X1dX}{(2n-1)\cdot X} = \frac{n-1}{2n-1}XdX,$$

qui est linéaire par rapport à $X1$, & qu'on rendra par conséquent intégrable en la multipliant par $X^{\frac{-2}{2n-1}}$. Cela donne $X1 = \frac{1}{4}X^2 + cX^{\frac{2}{2n-1}}$. Donc si on a l'équation

$$ydy + \frac{n}{2n-1}ydx + \frac{1}{2n-1}\left(\tfrac{1}{4}X + cX^{\frac{3-2n}{2n-1}}\right)dX = 0;$$

on la rendra intégrable en la divisant par $(y^2 + Xy + \frac{1}{4}X^2 + cX^{\frac{2}{2n-1}})^n$.

Lorsque $n = \frac{1}{2}$, $dX = 0$ & $X = b$; les autres équations deviennent $-\frac{b}{2}MdX + Ndx = \frac{1}{2}dX1$, $\frac{1}{2}bN = MX1$, & donnent $Mdx = \frac{2Ndx - dX1}{b} = \frac{bNdx}{2X1}$; d'où il est facile de tirer

$$Ndx = \frac{2X1dX1}{4X1 - b^2},\ Mdx = \frac{bdX1}{4X1 - b^2}.$$

Ainsi l'équation $ydy + \frac{(by + 2X1)dX1}{4X1 - b^2} = 0$, deviendra intégrable étant divisée par $\sqrt{(y^2 + by + X1)}$;

or $\frac{ydy}{\sqrt{(y^2 + by + X1)}}$ intégré par rapport à y seul donne

$$\sqrt{(y^2 + by + X1)} + \frac{b}{2}\log.\left(\frac{b}{2} + y - \sqrt{(y^2 + by + X1)}\right);$$

donc le premier membre de la proposée aura pour intégrale la quantité précédente plus une fonction de $X1$ seul, dont la différentielle est $\frac{bdX1}{b^2 - 4X1}$. Cette différentielle a pour intégrale $-\frac{b}{4}\log.\left(\frac{b^2}{4} - X1\right)$; donc enfin l'intégrale complète de la proposée sera

$$\sqrt{(y^2 + by + X1)} + \frac{b}{2}\log.\frac{\frac{b}{2} + y - \sqrt{(y^2 + by + X1)}}{\sqrt{\left(\frac{b^2}{4} - X1\right)}} = \text{constante}.$$

Le cas où $n = 1$ mérite aussi quelqu'attention ; alors l'équation à intégrer est

$$ydy + ydX + (c + \tfrac{1}{4})XdX = 0.$$

Cette équation est homogène, & le calcul précédent fait voir que pour la rendre intégrable il faut la diviser par $y^2 + Xy + (c + \frac{1}{4})X^2$, ce qui s'accorde bien avec ce que nous savions déjà.

(453). Nous supposerons troisiémement $\mu = \frac{1}{(y^3 + Xy^2 + X1y + X2)^n}$; d'où l'on tire

$$\frac{d\mu}{dy} = \frac{-n(3y^2 + 2Xy + X1)}{(y^3 + Xy^2 + X1y + X2)^{n+1}},$$

$$\frac{d\mu}{dx} = \frac{-n(y^2X' + yX'1 + X'2)}{(y^3 + Xy^2 + X1y + X2)^{n+1}}.$$

Ces valeurs étant substituées dans l'équation A, elle devient

$$((3n-1).M - nX')y^3 + ((2n-1).MX + 3nN - nX'1)y^2 + ((n-1).MX1 + 2nNX - nX'2)y + nNX1 - MX2 = 0,$$

d'où l'on tire

$$(3n-1).Mdx = ndX,$$
$$(2n-1).MXdx + 3nNdx = ndX1;$$
$$(n-1).MX1dx + 2nNXdx = ndX2,$$
$$nNX1 - MX2 = 0.$$

La première & la dernière donnent $Mdx = \frac{ndX}{3n-1}$, $Ndx = \frac{X2dX}{(3n-1).X1}$; & mettant ces valeurs dans les deux autres, on a

$$(2n-1).X1XdX + 3X2dX = (3n-1).X1dX1,$$
$$(n-1).X^21dX + 2X2XdX = (3n-1).X1dX2,$$

équations au moyen desquelles il faudroit pouvoir trouver $X1$, $X2$ en X, ce qui paroît être fort difficile généralement.

Lorsque $n = 1$, ces équations deviennent

$$2X1dX1 = X1XdX + 3X2dX, \quad X1dX2 = X2XdX.$$

Je tire de la seconde $X1 = \frac{X2XdX}{dX2}$, & différentiant en faisant $dX2$ constant, $dX1 = XdX + \frac{X2dX^2 + X2Xd^2X}{dX2}$,

valeur qui étant substituée dans la première, la change en celle-ci:

$$\frac{XdXdX2 + 2X2XdX^2 + 2X2X^2d^2X}{dX2} = 3dX2,$$

qu'on multipliera par $\frac{dX}{dX2}$ pour avoir

$$\frac{X^2dX^2dX2 + 2X2XdX^3 + 2X2X^2dXd^2X}{dX^22} = 3dX,$$

dont l'intégrale est $\frac{X2X^2dX^2}{dX^22} = 3X + c1.$

En donnant à cette dernière équation la forme que voici : $\frac{dX2}{\sqrt{X2}} = \frac{XdX}{\sqrt{(3X+c1)}}$, on voit qu'elle a pour intégrale complète

$$\sqrt{X2} = \left(\frac{X}{9} - \frac{2a}{27}\right)\sqrt{(3X+c1)} + c2.$$

Mais $X1 = \frac{X2XdX}{dX2} = \left(\frac{X}{9} - \frac{2a}{27}\right)(3X+c1) + c2\sqrt{(3X+c1)}$; donc $X1$ & $X2$ étant tels que nous venons de les définir, si on a l'équation $ydy + \frac{ydX}{2} + \frac{X2dX}{2X1} = 0$, on la rendra intégrable en la divisant par $y^3 + Xy^2 + X1y + X2$.

(454). L'équation du second ordre que nous venons d'intégrer, étant divisée par $X\sqrt{X2}$, devient

$$\frac{XdX}{\sqrt{X2}} + \frac{2dX^2\sqrt{X2}}{dX2} + \frac{2Xd^2X\sqrt{X2}}{dX2} = \frac{3dX2}{X\sqrt{X2}};$$

& donne par l'intégration

$$\frac{2XdX\sqrt{X2}}{dX2} = 3\int\frac{dX2}{X\sqrt{X2}} \text{ \& } dX = \frac{3dX2}{2X\sqrt{X2}}\int\frac{dX2}{X\sqrt{X2}}:$$

Soit $\int\frac{dX2}{X\sqrt{X2}} = u$; on tire des deux dernières équations $X = \frac{dX2}{du\sqrt{X2}}$ & $dX = \frac{3}{2}udu$; donc $X = \frac{3}{4}u^2 + c1$, & par conséquent $\frac{dX2}{\sqrt{X2}} = \frac{3}{4}u^2du + c1du$.

En intégrant on trouvera

$$2\sqrt{X2} = \frac{u^3}{4} + c1u + c2 \text{ \& } X2 = \left(\frac{u^3}{8} + \frac{c1u + c2}{2}\right)^2;$$

on trouvera de plus

$$X1 = \frac{X2XdX}{dX2} = \frac{3}{2}u\sqrt{X2} = \frac{3}{2}u\left(\frac{u^3}{8} + \frac{c1u+c2}{2}\right),$$

$$Mdx = \frac{dX}{2} = \frac{3}{4}udu,$$

$$Ndx = \frac{X2dX}{2X1} = \frac{du\sqrt{X2}}{2} = \frac{du}{2}\left(\frac{u^3}{8} + \frac{c1u+c2}{2}\right).$$

Maintenant si l'on suppose $u = 2x + 2f$ pour que $X = 3x^2 + 6fx + 3f2 + c1$;

$$X1 = 3(x+f)\left\{x^3 + 3fx^2 \begin{matrix} + 3f^2 \\ + c1 \end{matrix} \cdot x \begin{matrix} + f^3 \\ + c1f \\ + \frac{c2}{2} \end{matrix}\right\};$$

$$X2 = \left\{x^3 + 3fx^2 \begin{matrix} + 3f^2 \\ + c1 \end{matrix} \cdot x \begin{matrix} + f^3 \\ + c1f \\ + \frac{c2}{2} \end{matrix}\right\}^2;$$

on verra aisément, après avoir fait

$$3f = a,\ 3f^2 + c1 = b,\ f^3 + c1 f + \frac{c2}{2} = c,$$

que les calculs précédens nous apprennent que l'équation

$$y\,dy + (3x + a)\,y\,dx + (x^3 + ax^2 + bx + c)\,dx = 0;$$

deviendra intégrable étant divisée par

$$y^3 + (3x^2 + 2ax + b)\,y^2 + (3x + a)(x^3 + ax^2 + bx + c)\,y + (x^3 + ax^2 + bx + c)^2.$$

En supposant $x^3 + ax^2 + bx + c = (x + \alpha)(x + \beta)(x + \gamma)$, de manière que $a = \alpha + \beta + \gamma$, $b = \alpha\beta + \alpha\gamma + \beta\gamma$, $c = \alpha\beta\gamma$; le diviseur précédent deviendra

$$[y + (x + \alpha)(x + \beta)][y + (x + \alpha)(x + \gamma)][y + (x + \beta)(x + \gamma)],$$

& il est clair que l'intégrale complète de notre équation est

$$[y + (x + \alpha)(x + \beta)]^{\alpha - \beta} \cdot [y + (x + \beta)(x + \gamma)]^{\beta - \gamma} \cdot [y + (x + \alpha)(x + \gamma)]^{\gamma - \alpha} = \text{constante}.$$

Nous avons fait $n = 1$, faisons maintenant $n = \frac{1}{3}$, & nous aurons $dX = 0$ ou $X = c1$; puis ces trois équations

$$-\frac{c1}{3} M\,dx + N\,dx = \tfrac{1}{3}\,dX1,$$

$$-\tfrac{2}{3} M X1\,dx + \frac{2c1}{3} N\,dx = \tfrac{1}{3}\,dX2,\quad NX1 = 3MX2;$$

d'où l'on tire, en éliminant $M\,dx$ & $N\,dx$,

$$\left(\frac{2c1\,X2}{X1} - \tfrac{2}{3} X1\right) dX1 = \left(\frac{3X2}{X1} - \frac{c1}{3}\right) dX2.$$

Nous ne voyons pas comment on pourroit résoudre cette équation généralement ; mais en faisant $c1 = 0$, elle devient $9\,X2\,dX2 + 2X^2 1\,dX1 = 0$, & donne $\frac{9}{2} X^2 2 + \frac{2}{3} X^3 1 = \text{constante}$, ou $X2 = \sqrt{(a - \frac{4}{27} X^3 1)}$.

On a aussi $N\,dx = \frac{1}{3}\,dX1$, $M\,dx = -\frac{dX2}{2X1} = \frac{X1}{9X2}\,dX1$.

Soit maintenant $X1 = 3x$, d'où l'on tire

$$X2 = \sqrt{(a - 4x^3)},\ N\,dx = dx,\ M\,dx = \frac{x\,dx}{\sqrt{(a - 4x^3)}};$$

& il s'ensuivra des calculs précédens que l'équation $y\,dy + \frac{x\,y\,dx}{\sqrt{(a - 4x^3)}} + dx = 0$ étant proposée, on pourra rendre son premier membre une différentielle exacte en le divisant par $\sqrt[3]{(y^3 + 3xy + \sqrt{(a - 4x^3)})}$.

(455).

(455). Quatriémement, soit $\mu = \frac{1}{(y^4 + Xy^3 + X1y^2 + X2y + X3)^n}$; d'où l'on tire

$$\frac{d\mu}{dy} = \frac{-n(4y^3 + 3Xy^2 + 2X1y + X2)}{(y^4 + Xy^3 + X1y^2 + X2y + X3)^{n+1}},$$
$$\frac{d\mu}{dx} = \frac{-n(X'y^3 + X'1y^2 + X'2y + X'3)}{(y^4 + Xy^3 + X1y^2 + X2y + X3)^{n+1}}.$$

Ces valeurs étant ſubſtituées dans l'équation A, il vient une transformée de laquelle on tire

$$(4n-1)\cdot Mdx = ndX,$$
$$(3n-1)\cdot MXdx + 4nNdx = ndX1,$$
$$(2n-1)MX1dx + 3nNXdx = ndX2,$$
$$(n-1)\cdot MX2dx + 2nNX1dx = ndX3,$$
$$nNX2 = MX3;$$

ou, éliminant Mdx & Ndx,

$$(4n-1)\cdot X2dX1 = (3n-1)\cdot X2XdX + 4X3dX;$$
$$(4n-1)\cdot X2dX2 = (2n-1)\cdot X1X2dX + 3X3XdX;$$
$$(4n-1)X2dX3 = (n-1)\cdot X^2 2dx + 2X1X3dX,$$

Nous ne nous occuperons que du cas où $n = 1$; alors $Mdx = \frac{1}{3}dX$, $Ndx = \frac{1}{3}\frac{X3}{X2}dX$, & on a les trois équations

$$3X2dX1 = 2X2XdX + 4X3dX,$$
$$3X2dX2 = X1X2dX + 3XX3dX,$$
$$3X2dX3 = 2X1X3dX.$$

On éliminera $X1$ des deux dernières, & on aura

$\frac{2X3X2dX2 - X^2 2dX3}{X^2 3} = 2XdX$, qui étant intégrée, donnera

$\frac{X^2 2}{X3} = X^2 + c1$, ou $X3 = \frac{X^2 2}{X^2 + c1}$. La ſeconde de nos équations donne

$$X1 = \frac{3dX^2}{dX} - \frac{3XX3}{X2} = \frac{3dX2}{dX} - \frac{3XX2}{X^2 + c1},$$

& différentiant en faiſant dX conſtant,

$$dX1 = \frac{3d^2X2}{dX} - \frac{3XdX2}{X^2 + c1} + \frac{3X^2X2dX - 3c1X2dX}{(X^2 + c1)^2};$$

on tire auſſi de la première

$$dX1 = \tfrac{2}{3}XdX + \tfrac{4}{3}\frac{X3dX}{X2} = \tfrac{2}{3}XdX + \tfrac{4}{3}\frac{X2dX}{X^2 + c1};$$

on aura donc cette équation du second ordre

$$\frac{d^2 X2}{dX} - \frac{X\,d\,X2}{X^2+c1} + \frac{5X^2\,X2\,dX - 13\,c1\,X2\,dX}{9(X^2+c1)^2} - \tfrac{2}{9}X\,dX = 0,$$

que nous n'entreprendrons pas d'intégrer généralement.

Lorsque $c1 = 0$, $X3 = \frac{X^2 2}{X^2}$, $X1 = \frac{3\,d\,X2}{d\,X} - \frac{3\,X2}{X}$, & l'équation précédente se réduit à celle-ci $\frac{d^2 X2}{dX^2} - \frac{d\,X2}{X\,dX} + \frac{5}{9}\frac{X2}{X^2} = \frac{2}{9}X$, qui est linéaire.

Or je remarque qu'on satisfait à $\frac{d^2 X2}{dX^2} - \frac{d\,X2}{X\,dX} + \frac{5}{9}\frac{X2}{X^2} = 0$, en faisant $X2 = X^{\lambda}$, λ étant donné par l'équation du second degré $\lambda^2 - 2\lambda + \frac{5}{9} = 0$; dont les deux racines sont $\frac{5}{3}$ & $\frac{1}{3}$; on aura donc (n°. 277)

$X2 = \frac{1}{16}X^3 + aX^{\frac{5}{3}} + bX^{\frac{1}{3}}$, & par conséquent

$X1 = \frac{3}{8}X^2 + 2aX^{\frac{2}{3}} - 2bX^{-\frac{2}{3}}$, $X3 = (\frac{1}{16}X^2 + aX^{\frac{2}{3}} + bX^{-\frac{2}{3}})^2$,

$M\,dx = \frac{1}{3}dX$, $N\,dx = \frac{dX}{3X}(\frac{1}{16}X^2 + aX^{\frac{2}{3}} + bX^{-\frac{2}{3}})$.

C'est pourquoi si l'on fait $X = t^3$, on aura l'équation

$$y\,dy + y\,t^2\,dt + \frac{dt}{t^3}\left(\tfrac{1}{16}t^8 + at^4 + b\right) = 0,$$

dont on pourra rendre le premier membre une différentielle exacte en le divisant par

$$y^4 + t^3y^3 + \left(\tfrac{3}{8}t^6 + 2at^2 - \frac{2b}{t^2}\right)y^2 + \left(\tfrac{1}{16}t^9 + at^5 + bt\right)y + \left(\tfrac{1}{16}t^6 + at^2 + \frac{b}{t^2}\right)^2.$$

(456). Nous ne ferons point d'autres tentatives relativement à l'équation $y\,dy + My\,dx + N\,dx = 0$, & nous nous occuperons de celle-ci $(y+N)\,dy + My\,dx = 0$. Dans cet exemple $\beta = y + N$, $\alpha = My$; & par conséquent on a $\frac{d\beta}{dx} = N'$ (en faisant $dN = N'dx$) & $\frac{d\alpha}{dy} = M$.

Je supposerai premièrement que $\mu = \frac{y^{n-1}}{y^2 + Xy + X1}$, & que par conséquent

$$\frac{d\mu}{dy} = \frac{(n-1)\cdot y^{n-2}}{y^2+Xy+X1} - \frac{(2y+X)\,y^{n-1}}{(y^2+Xy+X1)^2},\quad \frac{d\mu}{dx} = -\frac{(yX' + X'1)\,y^{n-1}}{(y^2+Xy+X1\,y)^2};$$

en mettant ces valeurs dans l'équation A, j'aurai la transformée

$$\begin{array}{llll}(n-2)\cdot My^{n+1} & +(n-1)\cdot MXy^{n} & +\,nMX1\,y^{n-1} & = 0,\\ \quad -N' & \quad - N'X & -\,N'X1 & \\ \quad +X' & \quad + NX' & +\,NX'1 & \\ & \quad + X'1 & & \end{array}$$

de laquelle je tirerai les équations suivantes

$$(n-2)\cdot M dx = dN - dX,$$
$$(n-1)\cdot M X dx = X dN - N dX - dX1,$$
$$n M X1 dx = X1 dN - N dX1.$$

Si $n=0$, on a d'abord $\frac{dX1}{X1} = \frac{dN}{N}$, & par conséquent $X1 = AN$; puis ces deux équations

$2Mdx + dN - dX = 0$, $MXdx + XdN - NdX - adN = 0$;

d'où l'on tire, en ôtant la seconde multipliée par 2 de la première multipliée par X,

$-XdN - XdX + 2NdX + 2adN = 0$, ou $dN + \frac{2NdX}{2a-x} = \frac{XdX}{2a-x}$,

équation linéaire qu'on rendra intégrable en la divisant par $(2a - X)^2$, & on aura $N = X - a + b(2a - X)^2$.

Mais $2Mdx = dX - dN = 2b(2a - X)dX$;

ainsi l'équation $(y + X - a + b(2a - X)^2)dy + b(2a - X)y dX = 0$ étant proposée, on la rendra intégrable en la divisant par

$$y^3 + Xy^2 + (a\cdot(X-a) + ab\cdot(2a-X)^2)y.$$

Si $n=2$, alors on a $dN = dX$ & $N = a + X$, puis les deux équations

$$MXdx = XdX - (a+X)dX - dX1,$$
$$2MX1dx = X1dX - (a+X)dX1,$$

desquelles on tire en chassant Mdx,

$$2aX1dX - aXdX1 = X(XdX1 - X1dX) - 2X1dX1.$$

Je ferai $X = uX1$, pour avoir $XdX1 - X1dX = -X^2 1du$, $2X1dX - XdX1 = 2X^2 1du + uX1dX1$, & la transformée

$$2aX^2 1du + auX1dX1 + X^3 1udu + 2X1dX1 = 0,$$

qui devient $udu + \frac{2adu}{X1} + \frac{audX1}{X^2 1} + \frac{2dX1}{X^2 1} = 0$, & que je transformerai, en faisant $\frac{1}{X1} = z$, en celle-ci $dz - \frac{2azdu}{au+2} = \frac{udu}{au+2}$ qui est linéaire par rapport à z, & que par conséquent je rendrai intégrable en la divisant par $(au+2)^2$. J'aurai de cette manière $z = \frac{b(au+2)^2 - au - 1}{a^2}$; &

$X1 = \frac{a^2}{b(au+2)^2 - au - 1}$, $X = \frac{a^2u}{b(au+2)^2 - au - 1}$,

$N = a + X = \frac{ab(au+2)^2 - a}{b(au+2)^2 - au - 1}$. A cause de $2MX1dx = X1dN - NdX1$, d'où je tire $2 M d x = X 1 d \cdot \frac{N}{X 1}$, & de $\frac{N}{X 1} = \frac{b(a u + 2)^2 - 1}{a}$;

d'où je tire $d \cdot \frac{N}{X 1} = 2 b (a u + 2) d u$; j'aurai $M d x = \frac{a^2 b (a u + 2) d u}{b (a u + 2)^2 - a u - 1}$.
Il suit de tout cela que l'équation

$$(b(au + 2)^2 (y + a) - (au + 1) y - a) dy + a^2 b (au + 2) y du = 0$$

étant proposée, on pourra la rendre intégrable en la multipliant par

$$\frac{y}{(b \cdot (au + 2)^2 - au - 1) y^2 + a^2 u y + a^2}.$$

Si on fait dans cette équation $a u + 2 = \frac{-fx}{a}$, $b = \frac{ag}{f^2}$; on aura celle-ci

$$(g x^2 + f x + a) y d y + (g x^2 - a) a d y + a g x y d x = 0,$$

qu'on rendra intégrable en la multipliant par $\frac{y}{(gx^2 + fx + a) y^2 - a(2a + fx) y + a^3}$.

(457). Soit en second lieu $\mu = \frac{X y^n}{(1 + X 1 y + X 2 y^2)^m}$, d'où l'on tirera

$$\frac{d\mu}{dy} = \frac{n X y^{n-1}}{(1 + X 1 y + X 2 y^2)^m} - \frac{m X y^n (X 1 + 2 X 2 y)}{(1 + X 1 y + X 2 y^2)^{m+1}},$$

$$\frac{d\mu}{dx} = \frac{X' y^n}{(1 + X 1 y + X 2 y^2)^m} - \frac{m X y^n (X' 1 y + X' 2 y^2)}{(1 + X 1 y + X 2 y^2)^{m+1}};$$

& en mettant ces valeurs dans l'équation A la transformée

$$\begin{array}{llll}
(n+1) \,. & M X y^n + (n - m + 1) \,. & M X X 1 y^{n+1} + \\
- & N X' & - & X' \\
- & X N' & - & N X' X 1 \\
 & & - & N' X X 1 \\
 & & + & m N X X' 1
\end{array}$$

$$\begin{array}{llll}
(n - 2m + 1) \,. & M X X 2 y^{n+2} & + m X X' 2 y^{n+3} = 0; \\
- & X' X 1 & - X' X 2 \\
- & N X' X 2 & \\
- & N' X X 2 & \\
+ & m X X' 1 & \\
+ & m N X X' 2 &
\end{array}$$

qui devant être identique, donne d'abord $\frac{m\, d X 2}{X 2} = \frac{d X}{X}$; & par conséquent $X = a X^m 2$. On égalera à zéro les co-efficiens des autres termes; après

après avoir fait pour plus de simplicité $MX = P$ & $NX = Q$; & on aura ces trois équations

$$(n+1) \,.\, P\,dx = dQ,$$
$$(n-m+1) \,.\, PX_1\,dx = dX + X_1\,dQ - mQ\,dX_1;$$
$$(n-2m+1) \,.\, PX_2\,dx = X_1\,dx + X_2\,dQ - mX\,dX_1 - mQ\,dX_2.$$

La première donne $P\,dx = \frac{dQ}{n+1}$; on a aussi $X = aX^m_2$ & $dX = amX^{m-1}_2\,dX_2$; c'est pourquoi si l'on met ces valeurs dans les deux autres, il viendra

$$Q\,dX_1 = \frac{X_1\,dQ}{n+1} + aX^{m-1}_2\,dX_2,$$
$$Q\,dX_2 = \frac{2X_2\,dQ}{n+1} + aX^{m-1}_2\,(X_1\,dX_2 - X_2\,dX_1).$$

(458). Lorsque $n = -2$, la première des deux équations précédentes s'intègre aisément, & elle donne alors $Q = \frac{b}{X_1} + \frac{aX^m_2}{mX_1}$; & mettant pour Q & dQ leurs valeurs dans la seconde, on a

$$\frac{aX_1}{m}\left(\frac{(2m+1)\cdot X^m_2\,dX_2}{X^2_1} - \frac{2X^{m+1}_2\,dX_1}{X^3_1}\right) + a\cdot X^{m-1}_2\,(X_2\,dX_1 - X_1\,dX_2) + bX_1\left(\frac{dX_2}{X^2_1} - \frac{2X_2\,dX_1}{X^3_1}\right) = 0,$$

qu'on voit n'être autre que

$$\frac{aX_1}{mX^m_2}\,d\,\frac{X^{2m+1}_2}{X^2_1} + aX^{m+1}_2\,d\,\frac{X_1}{X_2} + bX_1\,d\,\frac{X_2}{X^2_1} = 0.$$

Je ferai pour simplifier $\frac{X^{2m+1}_2}{X^2_1} = p$, $\frac{X_1}{X_2} = q$, $\frac{X_2}{X^2_1} = r$;

d'où je tirerai $X_1 = \frac{1}{qr}$, $X_2 = \frac{1}{q^2 r}$, $p = q^{-4m}\,r^{-2m+1}$;

& l'équation précédente deviendra $\frac{a\sqrt{r}}{m\sqrt{p}}\,dp + \frac{a\sqrt{p}}{q\sqrt{r}}\,dq + b\,dr = 0.$

Le premier terme de celle-ci deviendra intégrable étant multiplié par $\frac{\sqrt{p}}{\sqrt{r}}\,p^\lambda$; & le second étant multiplié par $\frac{q\sqrt{r}}{\sqrt{p}}\,q^\mu$; mais on ne peut multiplier l'équation que par un même facteur, il est donc nécessaire que

$$\frac{\sqrt{p}}{\sqrt{r}}\,p^\lambda = \frac{\sqrt{r}}{\sqrt{p}}\,q^{\mu+1},$$ ou que $p\,(= q^{-4m}\,r^{-2m+1}) = q^{\frac{\mu+1}{\lambda+1}}\,r^{\frac{1}{\lambda+1}}$;

ce qui suppose que $\frac{\mu+1}{\lambda+1} = -4m$, $\frac{1}{\lambda+1} = -2m+1$;

& par conséquent que $\mu + 1 = \frac{4m}{2m-1}$, $\lambda + 1 = \frac{-1}{2m-1}$;

ainsi le facteur en question sera $q^{\frac{4m^2+2m}{2m-1}} r^m$.

Je donne à l'équation $\frac{a}{m} p^\lambda dp + a q^\mu dp + b q^{\frac{4m^2+2m}{2m-1}} r^m dr = 0$ la forme que voici :

$$a d\left(\frac{p^{\lambda+1}}{m\cdot(\lambda+1)} + \frac{q^{\mu+1}}{\mu+1}\right) + b q^{\frac{4m^2+2m}{2m-1}} r^m dr = 0,$$

qui devient, en faisant les substitutions nécessaires,

$$\frac{a(2m-1)}{4m} d\left(q^{\frac{4m}{2m-1}}.(1-4r)\right) + b q^{\frac{4m^2+2m}{2m-1}} r^m dr = 0;$$

& après l'avoir multipliée par $q^{\frac{4\theta m}{2m-1}}.(1-4r)^\theta$, ce qui la change en celle-ci :

$$\frac{a\cdot(2m-1)}{4m} q^{\frac{4\theta m}{2m-1}}.(1-4r)^\theta d\left(q^{\frac{4m}{2m-1}}.(1-4r)\right)$$
$$+ b q^{\frac{4m^2+2m+4\theta m}{2m-1}}.(1-4r)^\theta . r^m dr = 0,$$

je remarque que chacun de ses termes pourra s'intégrer séparément si $4m + 2 + 4\theta = 0$, d'où l'on tirera $\theta = -m - \frac{1}{2}$.

Alors notre équation deviendra

$$\frac{-a}{2m}\left(q^{\frac{4m}{2m-1}}.(1-4r)\right)^{\frac{1}{2}-m} + b\int(1-4r)^{-\frac{1}{2}-m} r^m dr = c;$$

d'où il sera facile de tirer q en r, & par conséquent $X1$ & $X2$ en valeurs de la même quantité ;

de plus $X = aX^m 2$, $N = \frac{b}{XX1} + \frac{aX^m 2}{mXX1}$, $-Mdx = \frac{d.NX}{X}$.

Pour en donner un exemple, nous ferons $m = -\frac{1}{2}$, & nous aurons

$aq.(1-4r) + b\int\frac{dr}{\sqrt{r}} = c$, ou $q = \frac{c-2b\sqrt{r}}{a(1-4r)}$; donc

$X1 = \frac{a\cdot(1-4r)}{(c-2b\sqrt{r})\cdot r}$, $X2 = \frac{a^2\cdot(1-4r)^2}{(c-2b\sqrt{r})^2\cdot r}$, $X = \frac{(c-2b\sqrt{r})\cdot\sqrt{r}}{1-4r}$,

$NX = \frac{c-2b\sqrt{r}}{a\cdot(1-4r)}\left(br - \frac{(c-2b\sqrt{r})\cdot 2r\sqrt{r}}{1-4r}\right)$, $N = \frac{b\sqrt{r}}{a} - \frac{(c-2b\sqrt{r})\cdot 2r\sqrt{r}}{a\cdot(1-4r)}$,

$$Mdx = \frac{-bc + 3\cdot(b^2+c^2)\cdot\sqrt{r} - 12bcr + 4\cdot(b^2+c^2).r\sqrt{r}}{a\cdot(c-2b\sqrt{r}).(1-4r)^2.\sqrt{r}}.$$

En mettant dans $(y+N)\,dy+My\,dx=0$, pour N & $M\,dx$ les valeurs que nous venons de trouver, nous aurons une équation que nous pourrons rendre intégrable en la multipliant par

$$\frac{(c-2b\sqrt{r})\cdot\sqrt{r}}{(1-4r)\cdot y^2}\sqrt{\left(1+\frac{a\cdot(1-4r)}{(c-2b\sqrt{r})\cdot r}\,y+\frac{a^2\cdot(1-4r)^2}{(c-2b\sqrt{r})^2\cdot r}\right)}.$$

(459). Nous avons vu que dans le cas de $n=-2$ la première de nos deux équations de condition pouvoit être facilement intégrée ; l'autre le sera dans le cas de $n=2m-1$, car elle devient alors

$$\frac{mQ\,dX2-X2\,dQ}{mX^{m+1}2}=a\,\frac{X1\,dX2-X2\,dX1}{X^2 2},$$

& elle a pour intégrale $\frac{Q}{mX^m 2}=\frac{aX1}{X2}+\frac{b}{m}$.

d'où l'on tire $Q=am\,X1\,X^{m-1}2+b\,X^m 2$.

Cette valeur de Q étant substituée dans la première, elle deviendra

$$(2m-1)\,.\,aX2\,X1\,dX1-(m-1)\,aX^2 1\,dX2-2aX2\,dX2+2bX^2 2\,dX1-bX1\,X2\,dX2=0,$$

à laquelle on pourra donner la forme que voici :

$$\frac{2m-1}{2}\,aX2^{\frac{4m-3}{2m-1}}\,d\left(X2^{\frac{1}{2m-1}}\cdot\left(\frac{X^2 1}{X2}-4\right)\right)+\frac{bX^3 2}{X1}\,d\,\frac{X^2 1}{X2}=0,$$

ou celle-ci,

$$(2m-1)\,.\,aX2^{\frac{-1}{2m-1}}\,d\left(X2^{\frac{1}{2m-1}}\cdot\left(\frac{X^2 1}{X2}-4\right)\right)+\frac{2bX2}{X1}\,d\,.\,\frac{X^2 1}{X2}=0.$$

Soit $\frac{X^2 1}{X2}=p$, $X2^{\frac{1}{2m-1}}\left(\frac{X^2 1}{X2}-4\right)=q$; on aura

$$X2^{\frac{1}{2m-1}}=\frac{q}{p-4},\quad X2=\left(\frac{q}{p-4}\right)^{2m-1}\ \&\ X1=\left(\frac{q}{p-4}\right)^{\frac{2m-1}{2}}\cdot\sqrt{p}.$$

Par ces substitutions notre dernière équation deviendra

$$a\,.\,(2m-1)\,.\,(p-4)\,.\,\frac{dq}{q}+\frac{2b\,dp}{\sqrt{p}}\left(\frac{q}{p-4}\right)^{\frac{2m-1}{2}}=0,\ \text{ou}$$

$$a\,.\,(2m-1)\,.\,\frac{dq}{q^{m+\frac{1}{2}}}+\frac{2b\,dp}{(p-4)^{m+\frac{1}{2}}\cdot\sqrt{p}}=0;$$

laquelle étant intégrée donnera $a\,q^{\frac{1}{2}-m}=c+b\int\frac{dp}{(p-4)^{m+\frac{1}{2}}\cdot\sqrt{p}}$.

(460). Un autre cas bien facile à résoudre est celui où $n=-1$; on a alors $dQ=0$ & $Q=c$, $X=aX^m 2$; en mettant ces valeurs dans les deux autres équations, on les change en celles-ci :

$$-PX1\,dx = aX^{m-1}2\,dX2 - c\,dX1,$$
$$-2PX2\,dx = aX1X^{m-1}2\,dX2 - aX^m2\,dX1 - c\,dX2;$$

d'où l'on tire, en chassant $P\,dx$,

$$aX^21X^{m-1}2\,dX2 - 2aX^m2\,dX2 - aX^m2X1\,dX1 + 2cX2\,dX1 - cX1\,dX2 = 0.$$

Je ferai $X^21 = X2u$, pour avoir $2X2\,dX1 - X1\,dX2 = X1X2\left(\frac{2\,dX1}{X1} - \frac{dX2}{X2}\right) = X1X2\frac{du}{u} = \frac{X2\,du\sqrt{X2}}{\sqrt{u}}$.

Cela posé, si on met ces valeurs dans l'équation précédente, elle deviendra

$$\frac{a}{2}uX^m2\,dX2 - 2aX^m2\,dX2 - \frac{a}{2}X^{m+1}2\,du + \frac{cX2\,du\sqrt{X2}}{\sqrt{u}} = 0;$$

ou $-\frac{a}{2}X^{m+2}2\,d.\frac{u-4}{X2} + \frac{cX2\,du\sqrt{X2}}{\sqrt{u}} = 0.$

On rendra cette équation intégrable en la divisant par $(u-4)^{m+\frac{1}{2}}X2\sqrt{X2}$; & l'intégrale sera

$$\frac{aX^{m-\frac{1}{2}}2}{(2m-1)\cdot(u-4)^{m-\frac{1}{2}}} + \int\frac{du}{(u-4)^{m+\frac{1}{2}}\cdot\sqrt{u}} = c.$$

On aura donc $X2$ en fonction de u; & à cause de

$X1 = \sqrt{X2u}$, $X = aX^m2$, $NX = c$, $MX\,dx = \frac{c\,dX1 - aX^{m-1}2\,dX2}{X1}$;

on aura aussi $X1$, X, NX, $MX\,dx$ données en fonction de la même quantité.

(461). Si on eut supposé $m = \frac{1}{2}$, le premier terme de notre différentielle exacte eût été $\frac{-aX2}{2(u-4)}d.\frac{u-4}{X2}$, & on auroit eu pour équation intégrale

$$-\frac{a}{2}\log.\frac{u-4}{X2} + c\int\frac{du}{(u-4)\cdot\sqrt{u}} = c, \text{ ou}$$
$$\frac{a}{2}\log.\frac{X2}{u-4} - \frac{c}{2}\log.\frac{\sqrt{u}+\sqrt{2}}{\sqrt{u}-\sqrt{2}} = c.$$

Je puis, en faisant $c = a\lambda$, donner à l'équation précédente la forme que voici :

$\log.\frac{X2}{u-4} - \lambda\log.\frac{\sqrt{u}+2}{\sqrt{u}-2} = \log.f$; d'où je tire

$X2 = f(u-4)\left(\frac{\sqrt{u}+\sqrt{2}}{\sqrt{u}-\sqrt{2}}\right)^\lambda$, ou, en faisant $u = 4z^2$,

$X2 = 4f(z^2-1)\left(\frac{z+1}{z-1}\right)^\lambda$, ou même encore

$X2 =$

$X2 = g(1-z^2)\left(\frac{1+z}{1-z}\right)^{\lambda}$. Ainsi $X1 = 2z\left(\frac{1+z}{1-z}\right)^{\frac{\lambda}{2}}\sqrt{[g\cdot(1-z^2)]}$;

$X = a\left(\frac{1+z}{1-z}\right)^{\frac{\lambda}{2}}\sqrt{[g\cdot(1-z^2)]}$, $NX = a\lambda$, $MXdx\left(= \frac{a\lambda dX1}{X1} - \frac{adX2}{X1\sqrt{X2}}\right) =$ (à cause de $X1 = 2z\sqrt{X2}$ & de $\frac{dX1}{X1} = \frac{dz}{z} + \frac{dX2}{2X2}$) $\frac{a\lambda dz}{z} + \frac{a\lambda dX2}{2X2} - \frac{adX2}{2zX2}$; mais $\frac{dX2}{X2} = \frac{2\lambda dz - 2z dz}{1-z^2}$, donc

$MXdx = \frac{adz(1+\lambda^2-2\lambda z)}{1-z^2}$.

Donc le facteur qui doit rendre intégrable l'équation

$$\frac{\left(\frac{1-z}{1+z}\right)^{\frac{\lambda}{2}}}{\sqrt{[g(1-z^2)]}}\left(\frac{(1+\lambda^2-2\lambda z)ydz}{1-z^2} + \lambda dy\right) + ydy = 0,$$ sera

$$a\left(\frac{1+z}{1-z}\right)^{\frac{\lambda}{2}}\sqrt{[g(1-z^2)]} : y\sqrt{\left[1+2yz\left(\frac{1+z}{1-z}\right)^{\frac{\lambda}{2}}\sqrt{[g(1-z^2)]} + gy^2(1-z^2)\left(\frac{1+z}{1-z}\right)^{\lambda}\right]}.$$

(462). Si $m = -\frac{1}{2}$, on aura l'équation $\frac{-a(u-4)}{2X2} + c\int\frac{du}{\sqrt{u}} = e$;

ou $\frac{-a(u-4)}{X2} + 2c\sqrt{u} = -2f$; d'où l'on tire $X2 = \frac{a(u-4)}{4c\sqrt{u}+4f}$.

On fera $u = 4z^2$, pour que $X2 = \frac{a(z^2-1)}{2cz+f}$, & on aura

$X1 = 2z\sqrt{\left(\frac{a(z^2-1)}{2cz+f}\right)}$, $X = \sqrt{\left(\frac{a(2cz+f)}{z^2-1}\right)}$, $NX = c$;

$MXdx = \frac{cdX1}{X1} - \frac{adX2}{X1X2\sqrt{X2}} = \frac{cdz}{z} + \frac{cdX2}{2X2} - \frac{adX2}{2zX^2 2}$; mais

$\frac{dX2}{X2} = \frac{2dz(cz^2+fz+c)}{(2cz+f)(z^2-1)}$, donc $MXdx = \frac{cdz}{z} + \frac{dz(cz^2+fz+c)(cz^3-3cz-f)}{z(2cz+f)(z^2-1)^2}$. Ainsi l'équation

$$\sqrt{\left(\frac{z^2-1}{a(2cz+f)}\right)}\left(cdy + \frac{cdz}{z} + \frac{dz(cz^2+fz+c)(cz^3-3cz-f)}{z(2cz+f)(z^2-1)^2}\right) + ydy = 0;$$

aura pour facteur propre à la rendre intégrable cette quantité

$$\frac{1}{y}\sqrt{\left(\frac{a(2cz+f)}{z^2-1}\right)}\sqrt{\left[1+2yz\sqrt{\left(\frac{a(z^2-1)}{2cz+f}\right)} + \frac{ay^2(z^2-1)}{2cz+f}\right]}.$$

Je n'en dirai pas davantage sur les équations différentielles du premier ordre, & je passe à celles des ordres supérieurs.

(463.) Toutes celles du second ordre pourront être représentées par $dp + \mu dx = 0$, μ étant une fonction de x, y & $\frac{dy}{dx} = p$. Maintenant si A fonction de x, y, p est le facteur propre à rendre cette équation intégrable, on aura, en mettant A pour n & μA pour m dans les équations a & b du (n°. 239), ces deux-ci

$$(A) \ldots\ldots\ldots 2\frac{dA}{dy} + \frac{d^2A}{dx\,dp} + p\frac{d^2A}{dy\,dp} - \mu\frac{d^2A}{dp^2} - 2\frac{d\mu}{dp}\cdot\frac{dA}{dp} - A\frac{d^2\mu}{dp^2} = 0,$$

$$(B) \ldots\ldots\ldots \frac{d^2A}{dx^2} + 2p\frac{d^2A}{dx\,dy} + p^2\frac{d^2A}{dy^2} - \mu\frac{d^2A}{dx\,dp} - \mu p\frac{d^2A}{dy\,dp} - \frac{d\mu}{dp}\frac{dA}{dx} + \left(\mu - p\frac{d\mu}{dp}\right)\frac{dA}{dy} - \left(\frac{d\mu}{dx} + p\frac{d\mu}{dy}\right)\frac{dA}{dp} - \left(\frac{d^2\mu}{dx\,dp} + p\frac{d^2\mu}{dy\,dp} - \frac{d\mu}{dy}\right)A = 0.$$

Voici une manière fort simple de parvenir aux mêmes équations de condition. On a les deux équations $dp + \mu dx = 0$ & $dy - p dx = 0$, qu'on ajoutera ensemble, après avoir multiplié la première par A, & l'autre par A', A & A' étant des fonctions de x, y, p, ce qui donnera

$$A\,dp + (A\mu - A'p)\,dx + A'\,dy = 0.$$

On supposera ensuite que le premier membre de celle-ci est une différentielle exacte, & il en résultera les trois équations de condition

$$\frac{dA}{dx} = A\frac{d\mu}{dp} + \mu\frac{dA}{dp} - p\frac{dA'}{dp} - A', \quad \frac{dA}{dy} = \frac{dA'}{dp},$$

$$A\frac{d\mu}{dy} + \mu\frac{dA}{dy} - p\frac{dA'}{dy} = \frac{dA'}{dx}.$$

On mettra dans la première pour $\frac{dA'}{dp}$ sa valeur $\frac{dA}{dy}$, & on aura

$$A' = A\frac{d\mu}{dp} + \mu\frac{dA}{dp} - p\frac{dA}{dy} - \frac{dA}{dx}.$$

Cette valeur de A' étant substituée dans la première ou dans la seconde, il en résultera l'équation A; si on met cette même valeur dans la troisième, il en résultera l'équation B; ainsi de toutes les manières le problême se réduit à trouver pour A une valeur qui satisfasse en même temps aux équations A & B.

(464). Supposons que A ne doive pas renfermer p, & que la proposée soit $\frac{d^2y}{dx^2} + \alpha\frac{dy^2}{dx^2} + \beta\frac{dy}{dx} + \gamma = 0$, où α, β & γ ne renferment aussi que x & y sans p. A cause de $\mu = \alpha p^2 + \beta p + \gamma$, d'où l'on tire

$$\frac{d\mu}{dp} = 2\alpha p + \beta, \quad \frac{d^2\mu}{dp^2} = 2\alpha, \text{ \& de } \frac{dA}{dp} = 0;$$

les équations A & B deviendront $\frac{dA}{dy} - \alpha A = 0$,

$$\frac{d^2 A}{dx^2} - \mathcal{C} \frac{dA}{dx} + \gamma \frac{dA}{dy} - \left(\frac{d\mathcal{C}}{dx} - \frac{d\gamma}{dy}\right) A + 2p \left(\frac{d^2 A}{dx\,dy} - \alpha \frac{dA}{dx} - \frac{d\alpha}{dx} A\right) + p^2 \left(\frac{d^2 A}{dy^2} - \alpha \frac{dA}{dy} - \frac{d\alpha}{dy} A\right) = 0,$$

dont la seconde se réduit à

$$(c) \ldots\ldots \frac{d^2 A}{dx^2} - \mathcal{C} \frac{dA}{dx} + \gamma \frac{dA}{dy} - \left(\frac{d\mathcal{C}}{dx} - \frac{d\gamma}{dy}\right) A = 0,$$

à cause de $\frac{dA}{dy} - \alpha A = 0$, qui donne

$$\frac{d^2 A}{dx\,dy} - \alpha \frac{dA}{dx} - \frac{d\alpha}{dx} A = 0, \quad \frac{d^2 A}{dy^2} - \alpha \frac{dA}{dy} - \frac{d\alpha}{dy} A = 0.$$

On tire de l'équation $\frac{dA}{dy} - \alpha A = 0$ (n°. 301), $A = e^{\int \alpha dy} F:(x)$, & par conséquent

$$\frac{dA}{dy} = e^{\int \alpha dy} . \alpha F:(x), \quad \frac{dA}{dx} = e^{\int \alpha dy}\left(F':(x) + \int \frac{d\alpha}{dx} dy . F:(x)\right);$$

$$\frac{d^2 A}{dx^2} = e^{\int \alpha dy}\left(F'':(x) + 2\int' \frac{d\alpha}{dx} dy . F':(x) + \left(\int' \frac{d\alpha}{dx} dy\right)^2 F:(x) + \int' \frac{d^2 \alpha}{dx^2} dy . F:(x)\right);$$

en substituant ces valeurs dans l'équation c, elle devient

$$(c') \ldots\ldots\ldots F'':(x) + \left(2\int' \frac{d\alpha}{dx} dy - \mathcal{C}\right) F':(x) + \left(\int' \frac{d^2 \alpha}{dx^2} dy + \left(\int' \frac{d\alpha}{dx} dy\right)^2 - \mathcal{C}\int' \frac{d\alpha}{dx} dy + \alpha\gamma - \frac{d\mathcal{C}}{dx} + \frac{d\gamma}{dy}\right) F:(x) = 0.$$

On fera en sorte que dans cette équation les y disparoissent, ce qui donnera plusieurs équations qui devront se réduire à une seule, puisqu'il n'y a qu'une seule indéterminée ; autrement il ne sera pas vrai que la proposée puisse devenir intégrable, étant multipliée par un facteur fonction de x & y seulement. Si dans l'équation c' les co-efficiens de $F':(x)$, $F:(x)$ sont des fonctions déterminées de x seul, on aura à résoudre une équation linéaire de cette forme

$$\frac{d^2 F:(x)}{dx^2} + X1 \frac{dF:(x)}{dx} + X2\, F:(x) = 0.$$

C'est à-peu-près ainsi que ce cas particulier avoit été résolu, lorsqu'ayant mis d'une autre manière le problême général en équation, j'ai été conduit à une solution de ce même cas particulier, qui, je crois, mérite attention, & dont je parlerai après que j'aurai éclairci ce que je viens de dire par des exemples.

(465). L'équation du second ordre

$$\frac{d^2 y}{d x^2} + \frac{2 d y^2}{y d x^2} + \frac{2 + 3 y}{x y} \frac{d y}{d x} + \frac{2}{x^2} = 0$$

étant proposée, on demande si elle est susceptible de devenir intégrable par la multiplication d'un facteur fonction de x & y seulement. On a dans cet exemple

$$\alpha = \frac{2}{y}, \; \mathcal{C} = \frac{2 + 3 y}{x y}, \; \gamma = \frac{2}{x^2}, \; \& \; e^{\int \alpha d y} = y^2.$$

C'est pourquoi l'équation c' devient

$$F'' : (x) - \frac{2 + 3 y}{x y} F' : (x) + \left(\frac{4}{x^2 y} + \frac{2 + 3 y}{x^2 y}\right) F : (x) = 0;$$

ou $y(x^2 F'' : (x) - 3 x F' : (x) + 3 F : (x)) - 2 x F' : (x) + 6 F : (x) = 0$;

& comme y doit disparoître de cette équation, on en tire

$$x F' : (x) = 3 F : (x), \; x^2 F'' : (x) - 3 x F' : (x) + 3 F : (x) = 0.$$

La première donne $F : (x) = x^3$, $F' : (x) = 3 x^2$, $F''(x) = 6 x$, ces valeurs étant substituées dans la seconde y satisfont ; il est donc possible de rendre la proposée intégrable en la multipliant par une fonction de x & y seulement ; &, à cause de $A = e^{\int \alpha d y} F : (x)$, ce facteur est $x^3 y^2$.

Ainsi $x^3 y^2 \frac{d^2 y}{d x} + \left(2 x^3 y \frac{d y^2}{d x^2} + (2 x^2 y + 3 x^2 y^2) \frac{d y}{d x} + 2 x y^2\right) d x$

est la différentielle exacte d'une fonction du premier ordre ; & pour distinguer les trois termes de cette différentielle exacte (n°. 239), nous mettrons pour n & m leurs valeurs $x^3 y^2$ & $2 x^3 y \frac{d y^2}{d x^2} + (2 x^2 y + 3 x^2 y^2) \frac{d y}{d x} + 2 x y^2$ dans l'expression générale de π, & nous aurons $\pi = 2 x^3 y \frac{d y^2}{d x^2} + 2 x^2 y \frac{d y}{d x}$.

Donc ayant écrit cette différentielle exacte comme il suit :

$$x^3 y^2 d \frac{d y}{d x} + \left(2 x^3 y \frac{d y}{d x} + 2 x^2 y\right) d y + \left(3 x^2 y^2 \frac{d y}{d x} + 2 x y^2\right) d x,$$

nous intégrerons son premier terme en regardant $\frac{d y}{d x}$ seul comme variable, & nous aurons pour l'intégrale totale $x^3 y^2 \frac{d y}{d x} + S$, S étant une fonction de x, y & de constantes ; en différentiant & comparant, nous trouverons $d S = 2 x^2 y d y + 2 x y^2 d x$, $S = x^2 y^2 + c$, & $x^3 y^2 \frac{d y}{d x} + x^2 y^2 + c = 0$ pour l'intégrale première complète de l'équation différentielle du second ordre proposée.

Je

Je prendrai pour second exemple l'équation linéaire $\frac{d^2y}{dx^2}+M\frac{dy}{dx}+Ny=0$; ici $\alpha=0$, $\mathcal{C}=M$, $\upsilon=Ny$, $e^{\int\alpha dy}=1$; & l'équation c' devient

$$F'':(x)-MF':(x)+\left(N-\frac{dM}{dx}\right)F:(x)=0,$$

à laquelle il est question de satisfaire. En comparant cette dernière équation à l'équation générale, on trouve $\alpha=0$, $\mathcal{C}=-M$, $\upsilon=\left(N-\frac{dM}{dx}\right)F:(x)$; & que définitivement tout se réduit à satisfaire à $f'':(x)+Mf':(x)+Nf:(x)=0$; c'est-à-dire que pour intégrer l'équation linéaire $\frac{d^2y}{dx^2}+M\frac{dy}{dx}+Ny=0$, il suffit de trouver une valeur de y qui satisfasse à cette équation, proposition que nous avons démontrée (n°. 276).

(466). Maintenant je suppose que le facteur soit donné, qu'il soit de cette forme $Xp+X1y$, X & $X1$ désignant toujours des fonctions de x seul & de constantes; & je demande les conditions entre M & N pour que l'équation linéaire $\frac{d^2y}{dx}+Mdy+Nydx=0$ devienne intégrable étant multipliée par ce facteur. On a $\mu=Mp+Ny$, $A=Xp+X1y$; en mettant ces valeurs dans les équations A & B, elles deviennent

$$2X1-2MX+\frac{dX}{dx}=0,\left(\frac{d^2X}{dx^2}+\frac{2dX1}{dx}-2\frac{MdX+XdM}{dx}\right)p+\left(\frac{d^2X1}{dx^2}-\frac{MdX1+X1dM}{dx}-\frac{NdX+XdN}{dx}+2NX1\right)y=0,$$

dont la seconde se réduit à

$$\frac{d^2X1}{dx^2}-\frac{MdX1+X1dM}{dx}-\frac{NdX+XdN}{dx}+2NX1=0,$$

à cause que le co-efficient de p n'est autre chose que la différentielle de la première. Je tire de la première $M=\frac{X1}{X}+\frac{dX}{2Xdx}$; je donne ensuite à la seconde la forme que voici,

$$dN+\frac{NdX}{X}-\frac{2NX1dx}{X}=\frac{d^2X1}{Xdx}-\frac{d.MX1}{X};$$

& en l'intégrant, après l'avoir multipliée par $Xe^{-2\int\frac{X1dx}{X}}$, je trouve

$$NXe^{-2\int\frac{X1dx}{X}}=a+\int e^{-2\int\frac{X1dx}{X}}\left(\frac{d^2X1}{dx}-d.MX1\right)=a+e^{-2\int\frac{X1dx}{X}}\left(\frac{dX1}{dx}-MX1\right)+\int e^{-2\int\frac{X1dx}{X}}\left(\frac{2X1dX1}{X}-\frac{2MX^21dx}{X}\right).$$

En mettant pour M sa valeur dans le dernier terme de cette équation, il devient

$$\int e^{-2\int\frac{X\,1\,dx}{X}}\left(\frac{2\,X\,1\,dX\,1}{X}-\frac{2\,X^3\,1\,dx}{X^2}-\frac{X^2\,1\,dX}{X^2}\right)=e^{-2\int\frac{X\,1\,dx}{X}}\cdot\frac{X^2\,1}{X};$$

donc $N\,X\,e^{-2\int\frac{X\,1\,dx}{X}}=a+e^{-2\int\frac{X\,1\,dx}{X}}\left(\frac{dX\,1}{dx}-\frac{X\,1\,dX}{2\,X\,dx}\right)$,

& par conséquent $N=\frac{a}{X}e^{2\int\frac{X\,1\,dx}{X}}+\frac{dX\,1}{X\,dx}-\frac{X\,1\,dX}{2\,X^2\,dx}$.

Ainsi ayant à intégrer l'équation

$$\frac{d^2\,y}{dx}+\left(\frac{X\,1}{X}+\frac{dX}{2\,X\,dx}\right)dy+\left(\frac{a\,dx}{X}e^{2\int\frac{X\,1\,dx}{X}}+\frac{dX\,1}{X}-\frac{X\,1\,dX}{2\,X^2}\right)y=0,$$

on la multipliera par $X\frac{dy}{dx}+X\,1\,y$, & en intégrant on aura

$$\frac{X\,dy^2}{2\,dx^2}+\frac{X\,1\,y\,dy}{dx}+\tfrac{1}{2}y^2\left(a\,e^{2\int\frac{X\,1\,dx}{X}}+\frac{X^2\,1}{X}\right)=\text{constante.}$$

(467). Si je fais $e^{2\int\frac{X\,1\,dx}{X}}=\Psi$, pour avoir $\frac{2\,X\,1\,dx}{X}=\frac{d\Psi}{\Psi}$, &

$X\,1=\frac{X\,d\Psi}{2\,\Psi\,dx}$, $dX\,1=\frac{X\,d^2\,\Psi}{2\,\Psi\,dx}+\frac{dX\,d\Psi}{2\,\Psi\,dx}-\frac{X\,d\Psi^2}{2\,\Psi^2\,dx}$;

notre équation deviendra

$$\frac{d^2\,y}{dx}+\left(\frac{d\Psi}{2\,\Psi\,dx}+\frac{dX}{2\,X\,dx}\right)dy+\left(\frac{a\,\Psi\,dx}{X}+\frac{dX\,d\Psi}{4\,\Psi\,X\,dx}-\frac{d\Psi^2}{2\,\Psi^2\,dx}+\frac{d^2\,\Psi}{2\,\Psi\,dx}\right)y=0,$$

que je pourrai rendre intégrable en la multipliant par $X\frac{dy}{dx}+\frac{X\,y\,d\Psi}{2\,\Psi\,dx}$,

& dont l'intégrale sera $\frac{X\,dy^2}{2\,dx^2}+\frac{X\,y\,d\Psi\,dy}{2\,\Psi\,dx^2}+\tfrac{1}{2}y^2\left(a\Psi+\frac{X\,d\Psi^2}{4\,\Psi^2\,dx^2}\right)=\text{const.}$

Je remarque encore qu'en faisant $\frac{d\Psi}{\Psi}+\frac{dX}{X}=\frac{2\,d\sigma}{\sigma}$,

j'aurai $X\,\Psi=\sigma^2$, $X=\frac{\sigma^2}{\Psi}$; & que ces substitutions changent la dernière équation en celle-ci

$$\frac{d^2\,y}{dx}+\frac{dy\,d\sigma}{\sigma\,dx}+\left(\frac{a\,\Psi^2\,dx}{\sigma^2}+\frac{d\Psi\,d\sigma}{2\,\Psi\,\sigma\,dx}-\frac{3\,d\Psi^2}{4\,\Psi^2\,dx}+\frac{d\,\Psi}{2\,\Psi\,dx}\right)y=0,$$

qui étant multipliée par $\frac{\sigma^2\,dy}{\Psi\,dx}+\frac{\sigma^2\,y\,d\Psi}{2\,\Psi^2\,dx}$, & ensuite intégrée donne

$$\frac{\sigma^2\,d\,y^2}{2\,\Psi\,dx^2}+\frac{\sigma^2\,y\,d\Psi\,dy}{2\,\Psi^2\,dx^2}+\tfrac{1}{2}y^2\left(a\Psi+\frac{\sigma^2\,d\Psi^2}{4\,\Psi^3\,dx^2}\right)=\text{constante},$$

ou $\frac{\sigma^2}{2\,\Psi}\left(\frac{dy}{dx}+\frac{y\,d\Psi}{2\,\Psi\,dx}\right)^2+\frac{a}{2}\Psi\,y^2=\text{constante.}$

Si dans cette dernière équation je fais la constante arbitraire $=0$, j'aurai pour intégrale particulière de la proposée $\left(\frac{dy}{dx}+\frac{yd\Psi}{2\Psi dx}\right)^2 = -\frac{a\Psi^2y^2}{\sigma^2}$, ou $\frac{dy}{y}+\frac{d\Psi}{2\Psi}=\frac{\Psi dx\sqrt{-a}}{\sigma}$, équation du premier ordre qui étant intégrée donnera $y=\frac{b}{\sqrt{\Psi}}e^{\int\frac{\Psi dx\sqrt{-a}}{\sigma}}$. Cette valeur de y satisfait à l'équation différentielle du second ordre dont il est question; cette autre valeur $y=\frac{c}{\sqrt{\Psi}}e^{-\int\frac{\Psi dx\sqrt{-a}}{\sigma}}$ lui satisfait aussi; ainsi (n°. 276)

$$y=\frac{1}{\sqrt{\Psi}}\left(b\,e^{\int\frac{\Psi dx\sqrt{-a}}{\sigma}}+c\,e^{-\int\frac{\Psi dx\sqrt{-a}}{\sigma}}\right)$$ en sera l'intégrale finie complète.

(468). Soit $\sigma = x^h(k+x)^i$, $\Psi = x^{h'}(k+x)^{i'}$; on aura

$$\frac{d\sigma}{\sigma dx}=\frac{h}{x}+\frac{i}{k+x},\quad \frac{d\Psi}{\Psi dx}=\frac{h'}{x}+\frac{i'}{k+x},$$

$$\frac{d^2\Psi}{\Psi dx^2}-\frac{d\Psi^2}{\Psi^2dx^2}=-\frac{h'}{x^2}-\frac{i'}{(k+x)^2},$$

& l'équation du second ordre

$$\frac{d^2y}{dx}+\frac{h\cdot(k+x)+ix}{x(k+x)}dy+\left(2ax^{2(h'-h)}(k+x)^{2(i'-i)}+\frac{h'(2h-h'-2)}{2x^2}+\frac{hi'+h'i-h'i'}{x(k+x)}+\frac{i'(2i-i'-2)}{2(k+x)^2}\right)\frac{ydx}{2}=0,$$

qu'on rendra intégrable en la multipliant par

$$x^{2h'-h}(k+x)^{2i-i'}\left(\frac{dy}{dx}+\frac{h'(k+x)+i'x}{2x(k+x)}y\right).$$

Je remarquerai quelques cas particuliers; 1°. celui où $h=h'+1$, $i=i'$, & où l'équation devient

$$\frac{d^2y}{dx}+\frac{(h'+1)(k+x)+i'x}{x(k+x)}dy+\left(\frac{4a+h'^2}{2x^2}+\frac{(h'+1)i'}{x(k+x)}+\frac{i'(i'-2)}{2(k+x)^2}\right)\frac{ydx}{2}=0,$$

qu'on rendra intégrable en la multipliant par

$$x^{h'+1}(k+x)^{i'}\left(\frac{dy}{dx}+\frac{h'(k+x)+i'x}{2x(k+x)}y\right).$$

Je ferai dans ce cas particulier $i'=2$ & $a=-\frac{1}{4}h'^2$, & j'aurai l'équation

$$\frac{d^2y}{dx}+\frac{(h'+1)k+(h'+3)x}{x(k+x)}dy+\frac{(h'+1)ydx}{x(k+x)}=0,$$

que je pourrai rendre intégrable en la multipliant par

$$x^{h'+2}(k+x)^2\left(\frac{dy}{dx}+\frac{h'(k+x)+2x}{2x(k+x)}y\right).$$

2°. Le cas particulier où $h=h'$, $i=i'+1$, & où l'équation devient

$$\frac{d^2y}{dx}+\frac{h'(k+x)+(i'+1)x}{x(k+x)}dy+\left(\frac{h'(h'-2)}{x^2}+\frac{2h'(i'+1)}{x(k+x)}+\frac{i'^2+4a}{(k+x)^2}\right)\frac{y\,dx}{4}=0,$$

qu'on rendra intégrable en la multipliant par

$$x^{h'}(k+x)^{i'+2}\left(\frac{dy}{dx}+\frac{h'(k+x)+i'x}{2x(k+x)}y\right).$$

Je ferai dans ce cas particulier $h'=2$ & $a=-\frac{1}{4}i'^2$, & j'aurai l'équation

$$\frac{d^2y}{dx}+\frac{2k+(i'+3)x}{x(k+x)}dy+\frac{(i'+1)y\,dx}{x(k+x)}=0,$$

que je pourrai rendre intégrable en la multipliant par

$$x^2(k+x)^{i'+2}\left(\frac{dy}{dx}+\frac{2(k+x)+i'x}{2x(k+x)}y\right).$$

3°. Le cas particulier où $h=h'+\frac{1}{2}$, $i=i'+\frac{1}{2}$, & où l'équation devient

$$\frac{d^2y}{dx}+\frac{(2h'+1)(k+x)+(2i'+1)x}{2x(k+x)}dy+\left(\frac{h'(h'-1)}{x^2}+\frac{2h'i'+h'+i'+4a}{x(k+x)}+\frac{i'(i'-1)}{(k+x)^2}\right)\frac{y\,dx}{4}=0,$$ qu'on rendra intégrable en la multipliant par $x^{h'+1}(k+x)^{i'+1}\left(\frac{dy}{dx}+\frac{h'(k+x)+i'x}{2x(k+x)}y\right)$.

Soit encore $\sigma=x^h(k^2+x^2)^i$, $\Psi=x^{h'}(k^2+x^2)^{i'}$; on aura $\frac{d\sigma}{\sigma dx}=\frac{h}{x}+\frac{2ix}{k^2+x^2}$, $\frac{d\Psi}{\Psi dx}=\frac{h'}{x}+\frac{2i'x}{k^2+x^2}$, $\frac{d^2\Psi}{\Psi dx^2}-\frac{d\Psi^2}{\Psi^2dx^2}=-\frac{h'}{x^2}+\frac{2i'}{k^2+x^2}-\frac{4i'x^2}{(k^2+x^2)^2}$, & l'équation du second ordre

$$\frac{d^2y}{dx}+\frac{h(k^2+x^2)+2ix^2}{x(k^2+x^2)}dy+\left(\frac{h'(2h-h'-2)}{x^2}+\frac{2h'i+2i'(h+h'+1)}{k^2+x^2}+\frac{2i'(2i-i'-2)x^2}{(k^2+x^2)^2}+2ax^{2(h'-h)}(k^2+x^2)^{2(i'-i)}\right)\frac{y\,dx}{2}=0,$$ qu'on rendra intégrable en la multipliant par

$$x^{2h-h'}(k^2+x^2)^{2i-i'}\left(\frac{dy}{dx}+\frac{h'(k^2+x^2)+2i'x^2}{x(k^2+x^2)}y\right).$$

Je laisse à examiner si dans cet exemple, comme dans le précédent, il y a quelques cas particuliers qui méritent d'être remarqués ; je ne m'arrêterai pas non plus à chercher d'autres cas d'intégrabilité de l'équation linéaire du second ordre, en prenant

prenant pour facteur des fonctions d'une forme plus générale, & je terminerai cet article par résoudre le problême suivant, qui achèvera de nous rendre familier l'usage des équations A & B.

(469). Intégrer l'équation du second ordre $\frac{d^2 y}{dx} + \frac{dy^2}{y\,dx} + \frac{ax\,dx}{y^2} = 0$.

On verra aisément qu'ici le facteur ne peut point être une fonction de x & y seulement; nous le supposerons de cette forme $Mp^2 + Np + P$, M, N & P étant des fonctions de x, y, & de constantes. Cela posé, en faisant dans l'équation A les substitutions convenables, on la changera en celle-ci:

$$\begin{array}{llll} 2\frac{dP}{dy} & + 3\frac{dN}{dy}\cdot p & + 4\frac{dM}{dy}\cdot p^2 & = 0; \\ -\frac{2P}{y} & -\frac{6N}{y} & -\frac{12M}{y} & \\ +\frac{dN}{dx} & + 2\frac{dM}{dx} & & \\ -\frac{2aMx}{y^2} & & & \end{array}$$

& comme M, N, P ne doivent pas renfermer p par l'hypothèse, on en tirera

$$\frac{dM}{dy} - \frac{3M}{y} = 0,\ 3\frac{dN}{dy} - \frac{6N}{y} + 2\frac{dM}{dx} = 0;$$

$$2\frac{dP}{dy} - \frac{2P}{y} + \frac{dN}{dx} - \frac{2aMx}{y^2} = 0,$$

équations aux différences partielles qui étant intégrées par la méthode du (n°. 308), donneront $M = y^3 F:(x)$, $N = y^2 f:(x) - \frac{y^4}{3} F':(x)$;

$P = y\,\varphi:(x) - \frac{y^3}{4} f':(x) + \frac{y^5}{24} F'':(x) + axy^2 F:(x)$;

& par conséquent

$A = y^3 p^2 F:(x) + y^2 p f:(x) - \frac{y^4 p}{3} F':(x) + y\,\varphi:(x) - \frac{y^3}{4} f':(x) + \frac{y^5}{24} F'':(x) + axy^2 F:(x)$.

Telle est la forme la plus générale que l'équation A permette de donner au facteur d'après notre supposition; mais cette valeur du facteur doit aussi satisfaire à l'équation B, ce qui en limitera la généralité. Ayant fait les substitutions nécessaires dans cette équation, il en viendra une dans laquelle y & p devront disparoître, & il suffira pour cela de faire $F':(x) = 0$, $f:(x) = 0$, $\varphi:(x) = 0$. C'est pourquoi si l'on fait $= 1$ la constante qui est la valeur de $F:(x)$, on aura $A = y^3 p^2 + axy^2$, & cette différentielle exacte $\left(y^3 \frac{dy^2}{dx^2} + axy^2\right)\frac{d^2 y}{dx} + y^2 \frac{dy^4}{dx^3} + \frac{2axy\,dy^2}{dx} + a^2 x^2 dx$ dont on pourra repréſenter l'intégrale par $\frac{1}{3} y^3 \frac{dy^3}{dx^3} + axy^2 \frac{dy}{dx} + S$, S étant une fonction de y, x & de conſtantes. En différentiant & comparant, on trouvera

$$dS = -ay^2 dy + a^2 x^2 dx \ \& \ S = -\frac{ay^3}{3} + \frac{a^2 x^3}{3} + c;$$

ainſi l'intégrale première complète de notre équation du ſecond ordre ſera

$$y^3 \frac{dy^3}{dx^3} + 3axy^2 \frac{dy}{dx} - ay^3 + a^2 x^3 + 3c = 0.$$

Je remarquerai en paſſant que ſi l'on donne à cette équation du ſecond ordre, qui n'eſt autre que $yd \cdot \frac{ydy}{dx} + axdx = 0$, la forme que voici $d \frac{dy}{du} + adu \int ydu = 0$, en faiſant $\frac{dx}{y} = du$; & qu'enſuite on la différentie, en prenant du conſtant, on aura cette équation linéaire du troiſième ordre $\frac{d^3 y}{du^3} + ay = 0$. Au reſte cette équation n'eſt pas la ſeule qui puiſſe s'intégrer de cette manière; celle-ci

$$2y^3 d^2 y + y^2 dy^2 = (a + bx + cx^2) dx^2$$

eſt dans le même cas. En effet, ſi l'on ſuppoſe $dx = ydu$, & que l'on faſſe du conſtant, cette équation deviendra

$$2y d^2 y - dy^2 = (a + b\int ydu + c(\int ydu)^2) du^2;$$

& en la différentiant deux fois pour faire diſparoître les deux ſignes d'intégration, on aura l'équation linéaire du quatrième ordre $d^4 y = cydu^4$.

(470). Je reprends l'équation générale du ſecond ordre, $dp + \mu dx = 0$, à laquelle je puis donner la forme ſuivante $d^2 y + \alpha dy^2 + \beta dydx + \gamma dx^2 = 0$, α, β & γ étant des fonctions connues de x, y, p. Cela poſé, A & K étant des fonctions inconnues des mêmes variables, je ſuppoſe

$$A d^2 y + A\alpha dy^2 + A\beta dydx + A\gamma dx^2 = d(Ady + AKdx) =$$
$$Ad^2 y + \frac{dA}{dy} dy^2 + \left(\frac{dA}{dx} + K\frac{dA}{dy} + A\frac{dK}{dy}\right) dxdy +$$
$$\left(K\frac{dA}{dx} + A\frac{dK}{dx}\right) dx^2 + \frac{dA}{dp} dydp + \left(K\frac{dA}{dp} + A\frac{dK}{dp}\right) dxdp;$$

& pour pouvoir comparer terme à terme les deux membres de cette transformée, je mets dans le premier, au lieu de $Ad^2 y$ & de $A\alpha dy^2 + A\beta dydx + A\gamma dx^2$, ce qui ſuit

$$(1 - Np - P) Ad^2 y + ANdydp + APdxdp \ \&$$
$$(\alpha + Q) Ady^2 + \left(\beta - Qp - \frac{R}{p}\right) Adxdy + (\gamma + R) Adx^2;$$

elle devient par-là

$$(1-Np-P)Ad^2y+(\alpha+Q)Ady^2+\left(\beta-Qp-\frac{R}{p}\right)Adxdy+$$
$$(\gamma+R)Adx^2+ANdydp+APdxdp=Ad^2y+\frac{dA}{dy}dy^2+$$
$$\left(\frac{dA}{dx}+K\frac{dA}{dy}+A\frac{dK}{dy}\right)dxdy+\left(K\frac{dA}{dx}+A\frac{dK}{dx}\right)dx^2+$$
$$\frac{dA}{dp}dydp+\left(K\frac{dA}{dp}+A\frac{dK}{dp}\right)dxdp;$$

il n'est pas nécessaire de dire que N, P, Q, R sont aussi des fonctions inconnues de x, y, p. Maintenant, notre transformée étant ainsi préparée, j'y puis faire

$$(1-Np-P)A=A,$$
$$(\alpha+Q)A=\frac{dA}{dy},$$
$$\left(\beta-Qp-\frac{R}{p}\right)A=\frac{dA}{dx}+K\frac{dA}{dy}+A\frac{dK}{dy},$$
$$(\gamma+R)A=K\frac{dA}{dx}+A\frac{dK}{dx},$$
$$NA=\frac{dA}{dp},$$
$$PA=K\frac{dA}{dp}+A\frac{dK}{dp};$$

d'où l'on tire,

$$\frac{dA}{dy}:A=(a\,1)\ldots\ldots\alpha+Q,$$
$$\frac{dA}{dx}:A=(a\,2)\ldots\ldots\beta-Qp-\frac{R}{p}-K(\alpha+Q)-\frac{dK}{dy},$$
$$\frac{dA}{dx}:A=(a\,3)\ldots\ldots\frac{\gamma+R-\frac{dK}{dx}}{K},$$
$$\frac{dA}{dp}:A=(a\,4)\ldots\ldots-\frac{dK}{dp}:(K+p);$$

on remarquera aussi que les deux valeurs de $\frac{dA}{dx}:A$ donnent l'équation

$$(A\,1)\ldots\ldots(\alpha+Q)K^2-\left(\beta-Qp-\frac{R}{p}\right)K+\gamma+R+K\frac{dK}{dy}-\frac{dK}{dx}=0.$$

(471). Nous nous occuperons d'abord du cas particulier où α, β, γ ne renfermant que x & y, le facteur A n'est lui-même fonction que de ces deux variables; alors on aura Q, P, R nuls, & à cause de $\frac{dA}{dp}:A=-\frac{dK}{dp}:(K+p)$, on aura aussi $\frac{dK}{dp}=0$, c'est-à-dire que K

ne sera fonction que de x & y. Les équations précédentes deviendront

$$\frac{dA}{dy}:A=\alpha,\ \frac{dA}{dx}:A=\beta-\alpha K-\frac{dK}{dy},\ \frac{dA}{dx}:A=\frac{\gamma-\frac{dK}{dx}}{K};$$

& en égalant les deux valeurs de $\frac{dA}{dx}:A$, on aura

$$(\alpha)\ \ldots\ldots\ldots\ \gamma-\beta K+\alpha K^2+K\frac{dK}{dy}-\frac{dK}{dx}=0.$$

Il est clair que $\frac{d\alpha}{dx}=\frac{d\left(\beta-\alpha K-\frac{dK}{dy}\right)}{dy}=\frac{d.\frac{\gamma-\frac{dK}{dx}}{K}}{dy}$,

& que ces deux équations donnent

$$\frac{d^2K}{dy^2}=\frac{d\beta}{dy}-\frac{d\alpha}{dx}-\frac{d\alpha}{dy}K-\alpha\frac{dK}{dy},$$

$$\frac{d^2K}{dxdy}=\frac{d\gamma}{dy}-K\frac{d\alpha}{dx}-\frac{\gamma-\frac{dK}{dx}}{K}\frac{dK}{dy};$$

on voit aussi que la différentielle du second membre de la première de ces deux-ci, prise en ne faisant varier que x, & divisée par dx, doit être égale à la différentielle du second membre de l'autre, prise en ne faisant varier que y, & divisée par dy. On trouve par-là cette équation

$$\left(\frac{d^2\beta}{dxdy}-\frac{d^2\alpha}{dx^2}-\frac{d^2\gamma}{dy^2}\right)K^2-\frac{d\alpha}{dy}\frac{dK}{dx}K^2-\left(\alpha K^2+K\frac{dK}{dy}\right)\frac{d^2K}{dxdy}+\left(\gamma-\frac{dK}{dx}\right)K\frac{d^2K}{dy^2}+\frac{d\gamma}{dy}\frac{dK}{dy}K-\left(\gamma-\frac{dK}{dx}\right)\left(\frac{dK}{dy}\right)^2=0;$$

qui, en mettant pour $\frac{d^2K}{dy^2}$ & $\frac{d^2K}{dxdy}$ leurs valeurs, & faisant pour abréger $\frac{d^2\beta}{dxdy}-\frac{d^2\alpha}{dx^2}-\alpha\frac{d\gamma}{dy}-\gamma\frac{d\alpha}{dy}-\frac{d^2\gamma}{dy^2}=a$, deviendra

$$(\beta)\ \ldots\ aK+\alpha\frac{d\alpha}{dx}K^2+\left(\frac{d\alpha}{dx}-\frac{d\beta}{dy}\right)\frac{dK}{dx}+\frac{d\alpha}{dx}\frac{dK}{dy}K+\gamma\left(\frac{d\beta}{dy}-\frac{d\alpha}{dx}\right)=0.$$

Cela posé, en écrivant b pour $\frac{a+\beta\left(\frac{d\beta}{dy}-\frac{d\alpha}{dx}\right)}{\frac{d\beta}{dy}-2\frac{d\alpha}{dx}}$, il sera facile de tirer des équations α & β,

$$\frac{dK}{dy}=b-\alpha K,\ \frac{dK}{dx}=\gamma-(\beta-b)K;$$

&

& par conséquent $\frac{dA}{dy} : A = \alpha$, $\frac{dA}{dx} : A = \beta - b$.

Ainsi $\frac{dA}{A} = \alpha\, dy + (\beta - b)\, dx$, & $A = e^{\int(\alpha dy + (\beta - b) dx)}$;

quant à K, il est donné par l'équation

$$dK + K\,(\alpha\, dy + (\beta - b)\, dx) = b\, dy + \gamma\, dx,$$

d'où l'on tire évidemment

$$K = e^{-\int(\alpha dy + (\beta - b) dx)}\,(c + \int e^{\int(\alpha dy + (\beta - b) dx)}(b dy + \gamma dx)).$$

Donc la proposée a pour intégrale première complète

$$dy\, e^{\int(\alpha dy + (\beta - b) dx)} + dx\,(c + \int e^{\int(\alpha dy + (\beta - b) dx)}(b dy + \gamma dx)) = 0.$$

Cette expression seroit absurde, si

$$\alpha\, dy + (\beta - b)\, dx \ \& \ e^{\int(\alpha dy + (\beta - b) dx)}\,(b\, dy + \gamma\, dx)$$

n'étoient des différentielles exactes. Les équations de condition que cela donnera seront donc aussi celles qui devront avoir lieu pour que la proposée puisse devenir intégrable étant multipliée par une fonction de x & y seulement : voici ces équations de condition

$$(\gamma) \ldots\ldots \frac{d\alpha}{dx} - \frac{d\beta}{dy} + \frac{db}{dy} = 0,$$

$$(\delta) \ldots\ldots \frac{db}{dx} + b\,(\beta - b) - \frac{d\gamma}{dy} - \alpha\gamma = 0.$$

(472). Si nous prenons pour exemple l'équation

$$d^2 y + \frac{2}{y}\, dy^2 + \frac{2 + 3y}{xy}\, dy\, dx + \frac{2}{x^2}\, dx^2 = 0,$$

ou $\alpha = \frac{2}{y}$, $\beta = \frac{2 + 3y}{xy}$, $\gamma = \frac{2}{x^2}$, $a = \frac{6}{x^2 y^2}$, $b = \frac{2}{xy}$;

nous verrons aisément que $\alpha\, dy + (\beta - b)\, dx = \frac{2\, dy}{y} + \frac{3\, dx}{x}$

est une différentielle exacte dont l'intégrale est log. $x^3 y^2$, & que

$$e^{\int(\alpha dy + (\beta - b) dx)}\,(b dy + \gamma dx) = 2 x^2 y\, dy + 2 x y^2\, dx$$

est aussi une différentielle exacte qui a pour intégrale $x^2 y^2$. Ainsi la proposée a pour intégrale première complète $x^3 y^2\, dy + x^2 y^2\, dx + c\, dx = 0$.

(473). On a $b = \frac{a + \beta\left(\frac{d\beta}{dx} - \frac{d\alpha}{dx}\right)}{\frac{d\beta}{dy} - 2\frac{d\alpha}{dx}}$; or $\frac{d\beta}{dy} - 2\frac{d\alpha}{dx}$ peut être nul de deux manières, ou parce que β ne renferme point d'y, & α point d'x; ou parce que $\frac{d\beta}{dy} = 2\,\frac{d\alpha}{dx}$; il faut donc examiner ce qui arrive dans ces deux cas. De quelle manière que $\frac{d\beta}{dy} - 2\frac{d\alpha}{dx}$ devienne nul, on tire alors des équations α & β, $a + \beta\left(\frac{d\beta}{dy} - \frac{d\alpha}{dx}\right) = 0$; c'est-à-dire que dans l'un & l'autre cas la fonction b se présente sous cette forme $\frac{0}{0}$ qu'il s'agit de déterminer. L'équation $\aleph$ donne $\frac{db}{dy} = \frac{d\beta}{dy} - \frac{d\alpha}{dx}$; soit $\frac{\beta}{2} - b = b'$, on aura $\frac{db'}{dy} = -\frac{1}{2}\left(\frac{d\beta}{dy} - 2\frac{d\alpha}{dx}\right) = 0$, & b' sera visiblement fonction de x seul & de constantes. En mettant dans l'équation δ, pour b sa valeur $\frac{\beta}{2} - b'$, on la changera en celle-ci

$$(\text{E}) \ldots\ldots \frac{db'}{dx} + b'^2 = \frac{\beta^2}{4} + \frac{1}{2}\frac{d\beta}{dx} - \frac{d\aleph}{dy} - \alpha\aleph,$$

dont le second membre ne renferme d'autre variable que x, puisque $a + \beta\left(\frac{d\beta}{dy} - \frac{d\alpha}{dx}\right)$ que l'on fait être $= 0$, n'est autre chose que $\frac{d\left(\frac{\beta^2}{4} + \frac{1}{2}\frac{d\beta}{dx} - \frac{d\aleph}{dy} - \alpha\aleph\right)}{dy}$. Ainsi dans les deux cas que nous examinons, tout se réduit à trouver pour b' une valeur qui satisfasse à l'équation E; & la proposée aura pour intégrale première complète

$$dy\, e^{\int\left(\alpha dy + \left(\frac{\beta}{2} + b'\right)dx\right)} + dx\left(c + \int e^{\int\left(\alpha dy + \left(\frac{\beta}{2} + b'\right)dx\right)}\left(\left(\frac{\beta}{2} - b'\right)dy + \aleph dx\right)\right) = 0,$$ qui sera toujours possible.

On pourroit demander quels doivent être α & $\aleph$, β étant tout ce qu'on voudra, pour que la proposée ait pour intégrale première complète l'équation du premier ordre que nous venons de trouver.

A cause de $\frac{d\beta}{dy} = 2\frac{d\alpha}{dx}$, & de $\frac{\beta^2}{4} + \frac{1}{2}\frac{d\beta}{dx} - \frac{d\aleph}{dy} - \alpha\aleph = X$, on entend par X une fonction quelconque de x & de constantes; on aura (n°. 301) $\alpha = \frac{1}{2}\int\frac{d\beta}{dy}dx + \varphi:(y)$, $\aleph = e^{-\int\alpha dy}\left(F:(x) + \int e^{\int\alpha dy}\left[\frac{\beta^2}{4} + \frac{1}{2}\frac{d\beta}{dx} - X\right]dy\right)$.

Si β doit être fonction de x seul, alors $\alpha = \varphi:(y)$ & $\aleph$ sera de cette forme $F:(x)e^{-\int dy\varphi:(y)} + yf:(x) - f:(x)e^{-\int dy\varphi:(y)}.\int y\,dy\,e^{\int dy\varphi:(y)}\varphi:(y)$; cette expression devient $F:(x) + yf:(x)$ lorsque $\alpha = 0$, c'est le cas où l'équation est linéaire.

(474). Occupons-nous maintenant du problême général. Nous formerons les équations $\frac{da1}{dx} = \frac{da2}{dy}$, $\frac{da1}{dx} = \frac{da3}{dy}$, $\frac{da1}{dp} = \frac{da4}{dy}$,

$$\frac{da2}{dp} = \frac{da4}{dx}, \quad \frac{da3}{dp} = \frac{da4}{dx};$$

desquelles nous tirerons

$$\frac{d^2K}{dy^2} = (b1) \ldots \frac{d\left(\beta - Qp - \frac{R}{p}\right)}{dy} - \frac{d(\alpha + Q)}{dx} - K\frac{d(\alpha + Q)}{dy} - (\alpha + Q)\frac{dK}{dy},$$

$$\frac{d^2K}{dx\,dy} = (b2) \ldots \frac{d(\gamma + R)}{dy} - K\frac{d(\alpha + Q)}{dx} - \frac{\gamma + R}{K}\frac{dK}{dy} + \frac{\frac{dK}{dx} \cdot \frac{dK}{dy}}{K},$$

$$\frac{d^2K}{dy\,dp} = (b3) \ldots -(K + p)\frac{d(\alpha + Q)}{dp} + \frac{\frac{dK}{dy} \cdot \frac{dK}{dp}}{K + p},$$

$$\frac{d^2K}{dx\,dp} = (b4) \ldots (K + p)\left[(\alpha + Q)\frac{dK}{dp} - p\frac{d(\alpha + Q)}{dp} - \frac{d\left(\beta - Qp - \frac{R}{p}\right)}{dp}\right] + \frac{dK}{dy} \cdot \frac{dK}{dp} + \frac{\frac{dK}{dx} \cdot \frac{dK}{dp}}{K + p},$$

$$\frac{d^2K}{dx\,dp} = (b5) \ldots \frac{K + p}{p}\left[\frac{d(\gamma + R)}{dp} - \frac{\gamma + R}{K}\frac{dK}{dp}\right] + \frac{2K + p}{K^2 + Kp}\frac{dK}{dx} \cdot \frac{dK}{dp};$$

puis en égalant ensemble les deux valeurs de $\frac{d^2K}{dx\,dp}$, nous aurons $b4 = b5$; équation qui, étant combinée avec l'équation $A1$, donnera, après avoir fait pour abréger $\alpha p^2 + \beta p + \gamma = \mu$ & $\frac{d\alpha}{dp}p^2 + \frac{d\beta}{dp}p + \frac{d\gamma}{dp} = \lambda$,

$$(B1) \ldots\ldots (K + p)\left(\lambda - Qp + \frac{R}{p}\right) - \mu\frac{dK}{dp} = 0.$$

On tire des deux équations $A1$ & $B1$,

$$Q = \frac{1}{(K + p)^2}\left(-\alpha K^2 + \beta K - \gamma + (K + p)\lambda - \mu\frac{dK}{dp} + \frac{dK}{dx} - K\frac{dK}{dy}\right),$$

$$R = \frac{p}{(K+p)^2}\left(p\,(-\alpha K^2 + \beta K - \gamma) - \lambda\,(K^2 + Kp) + \mu K\,\frac{dK}{dp} - p\left(K\,\frac{dK}{dy} - \frac{dK}{dx}\right)\right);$$

& en mettant ces valeurs dans $a\,1$, $a\,2$, ou dans $a\,1$, $a\,3$, il vient

$$\frac{dA}{dy} : A = (c\,1)\,\ldots\ldots\,\frac{1}{(K+p)^2}\left((K+p)\,\frac{d\mu}{dp} - \mu\left(\frac{dK}{dp}+1\right) + \frac{dK}{dx} - K\,\frac{dK}{dy}\right),$$

$$\frac{dA}{dx} : A = (c\,2)\,\ldots\ldots\,\frac{1}{(K+p)^2}\left((K+p)\left(\mu - p\,\frac{d\mu}{dp}\right) + \mu p\left(\frac{dK}{dp}+1\right) - p^2\,\frac{dK}{dy} - (K+2p)\,\frac{dK}{dx}\right),$$

$$\frac{dA}{dp} : A = (c\,3)\,\ldots\ldots\,\frac{-1}{K+p}\,\frac{dK}{dp}.$$

Ces expressions seroient absurdes si l'on n'avoit

$$\frac{dc\,1}{dx} = \frac{dc\,2}{dy}\ \&\ \frac{dc\,1}{dp} = \frac{dc\,3}{dy}\ \text{ou}\ \frac{dc\,2}{dp} = \frac{dc\,3}{dx};$$

ainsi K sera donné par les deux équations

$$(C\,1)\,\ldots\ldots\,(K+p)^2\left(\frac{d^2\mu}{dx\,dp} + p\,\frac{d^2\mu}{dy\,dp} - \frac{d\mu}{dy}\right) - \mu\,(K+p)\left(\frac{d^2K}{dx\,dp} + p\,\frac{d^2K}{dy\,dp} - \frac{dK}{dy}\right) + (K+p)\left(\frac{d^2K}{dx^2} + 2p\,\frac{d^2K}{dx\,dy} + p^2\,\frac{d^2K}{dy^2}\right) + \left[2\mu\left(\frac{dK}{dp}+1\right) - (K+p)\,\frac{d\mu}{dp}\right]\left(\frac{dK}{dx} + p\,\frac{dK}{dy}\right) - (K+p)\left(\frac{dK}{dp}+1\right)\left(\frac{d\mu}{dx} + p\,\frac{d\mu}{dy}\right) - 2\left(\frac{dK}{dx} + p\,\frac{dK}{dy}\right)^2 = 0;$$

$$(C\,2)\,\ldots\ldots\,2\left[\frac{dK}{dx}\left(\frac{dK}{dp}+1\right) - \frac{dK}{dy}\left(K - p\,\frac{dK}{dp}\right)\right] - (K+p)\left(\frac{d^2K}{dx\,dp} + p\,\frac{d^2K}{dy\,dp}\right) - (K+p)^2\,\frac{d^2\mu}{dp^2} + 2\,(K+p)\left(\frac{dK}{dp}+1\right)\frac{d\mu}{dp} + \mu\left[(K+p)\,\frac{d^2K}{dp^2} - 2\left(\frac{dK}{dp}+1\right)^2\right] = 0.$$

Donc l'équation du second ordre $\frac{d^2y}{dx^2} + \mu = 0$ étant proposée, si on nomme A le facteur propre à la rendre intégrable, on aura $\frac{dA}{A} = c\,1\,dy + c\,2\,dx + c\,3\,dp$; & il ne sera plus question que de trouver pour K toute autre valeur que $-p$, qui satisfasse en même temps aux deux équations $C\,1$ & $C\,2$.

Si

Si dans l'équation $C2$ on met A pour μdx^2, α pour K & $\frac{dy}{dx}$ pour p; on aura l'équation de condition donnée par Fontaine, pages 41 & 42 de ses Mémoires publiés en 1764. Il ajoute : *Je suppose que α soit donné, & qu'il ne soit point* $-\frac{dy}{dx}$, *sans quoi il faudroit, par le moyen de l'équation entre α & A, trouver une valeur de α.* Il est clair que cela ne suffiroit pas, & qu'il faudroit encore que cette valeur de α satisfît à une autre équation entre A & α équivalente à l'équation $C1$.

(475). Nous remarquerons aussi que si dans les équations

$$\frac{dA}{dy} : A = c1, \quad \frac{dA}{dx} : A = c2, \quad \frac{dA}{dp} : A = c3,$$

on dégage $\frac{dK}{dx}$, $\frac{dK}{dy}$, $\frac{dK}{dp}$; & qu'ayant fait $\frac{d^2K}{dxdy} = \frac{d^2K}{dydx}$, $\frac{d^2K}{dydp} = \frac{d^2K}{dpdy}$ ou $\frac{d^2K}{dxdp} = \frac{d^2K}{dpdx}$, on mette dans ces deux équations pour $\frac{dK}{dx}$, $\frac{dK}{dy}$, $\frac{dK}{dp}$ leurs valeurs, on aura les équations A & B du (n°. 463).

On fera $\frac{db1}{dx} = \frac{db2}{dy}$; & après avoir mis dans cette équation pour $\frac{d^2K}{dy^2}$, $\frac{d^2K}{dxdy}$ leurs valeurs $b1$, $b2$, il viendra

$$(D1) \ldots K \left[\frac{d^2\left(\epsilon - Qp - \frac{R}{p}\right)}{dydx} - \frac{d^2(\alpha + Q)}{dx^2} + \frac{d^2(\gamma + R)}{dy^2} - \frac{d\cdot(\alpha + Q)(\gamma + R)}{dy} \right] + \left[(\alpha + Q)K^2 + K\frac{dK}{dy} \right] \frac{d(\alpha + Q)}{dx} + \left(\gamma + R - \frac{dK}{dx}\right) \left[\frac{d\left(\epsilon - Qp - \frac{R}{p}\right)}{dy} - \frac{d(\alpha + Q)}{dx} \right] = 0.$$

Maintenant si l'on fait pour abréger $\frac{d\left(\epsilon - Qp - \frac{R}{p}\right)}{dy} - 2\frac{d(\alpha + Q)}{dx} = \rho$;

$$\frac{d^2\left(\epsilon - Qp - \frac{R}{p}\right)}{dxdy} - \frac{d^2(\alpha + Q)}{dx^2} - \frac{d^2(\gamma + R)}{dy^2} - \frac{d\cdot(\alpha + Q)(\gamma + R)}{dy} + \left(\epsilon - Qp - \frac{R}{p}\right)\frac{d(\alpha + Q)}{dx} = \sigma, \quad \frac{\lambda - Qp + \frac{R}{p}}{\mu} = \Sigma,$$

les équations $A1$, $B1$ & $D1$ donneront

$$\frac{dK}{dy} = \epsilon - Qp - \frac{R}{p} + \frac{\sigma}{\rho} - (\alpha + Q)K,$$

$$\frac{dK}{dx} = \upsilon + R + \frac{\sigma}{\rho} K;$$

$$\frac{dK}{dp} = \Sigma(K + p).$$

Ainsi pour déterminer A & K, on aura les deux équations

$$\frac{dA}{A} = (\alpha + Q)dy - \frac{\sigma}{\rho}dx - \Sigma\, dp,$$

$$dK + \frac{K\,dA}{A} = \left(\epsilon - Qp - \frac{R}{p} + \frac{\sigma}{\rho}\right)dy + (\upsilon + R)dx + \Sigma p\, dp;$$

& l'intégrale première complète de la proposée sera

$$A\,dy + dx\left(c + \int A\left(\left(\epsilon - Qp - \frac{R}{p} + \frac{\sigma}{\rho}\right)dy + (\upsilon + R)dx + \Sigma p\, dp\right)\right) = 0,$$

A étant égal à $e^{\int((\alpha + Q)dy - \frac{\sigma}{\rho}dx - \Sigma dp)}$.

Cela suppose que $(\alpha + Q)dy - \frac{\sigma}{\rho}dx - \Sigma\, dp$ & $A\left(\left(\epsilon - Qp - \frac{R}{p} + \frac{\sigma}{\rho}\right)dy + (\upsilon + R)dx + \Sigma p\, dp\right)$ soient des différentielles exactes, & qu'on ait par conséquent les quatre équations de condition

$$(F1) \ldots\ldots \frac{d(\alpha + Q)}{dx} + \frac{d(\sigma : \rho)}{dy} = 0,$$

$$(F2) \ldots\ldots \frac{d(\alpha + Q)}{dp} + \frac{d\Sigma}{dy} = 0,$$

$$(F3) \ldots\ldots \frac{d\left(\epsilon - Qp - \frac{R}{p} + \frac{\sigma}{\rho}\right)}{dx} - \frac{d(\upsilon + R)}{dy} - \frac{\sigma}{\rho}\left(\epsilon - Qp - \frac{R}{p} + \frac{\sigma}{\rho}\right) - (\alpha + q)(\upsilon + R) = 0,$$

$$(F4) \ldots\ldots \frac{d(\upsilon + R)}{dp} - p\frac{d\Sigma}{dx} - \Sigma\left(\upsilon + R - p\frac{\sigma}{\rho}\right) = 0.$$

On cherchera des valeurs de Q & R qui satisfassent à ces équations, & le problême sera résolu.

Il pourra arriver que le dénominateur de la fraction $\frac{\sigma}{\rho}$ soit $= 0$; mais en donnant à l'équation $D\,1$ la forme suivante.

$$K\left[\frac{d^2\left(\beta-Qp-\frac{R}{p}\right)}{dx\,dy}-\frac{d^2(\alpha+Q)}{dx^2}+\frac{d^2(\gamma+R)}{dy^2}-\frac{d(\alpha+Q)(\gamma+R)}{dy}\right]$$
$$+\left[(\alpha+q)K+\gamma+R+K\frac{dK}{dy}-\frac{dK}{dx}\right]\frac{d(\alpha+Q)}{dx}+\left(\gamma+R-\frac{dK}{dx}\right)\left[\frac{d\left(\beta-Qp-\frac{R}{p}\right)}{dy}-2\frac{d(\alpha+Q)}{dx}\right]=0,$$

on voit qu'alors σ fera $=0$, & que par conféquent la fraction $\frac{\sigma}{\rho}$ deviendra $\frac{0}{0}$; voici comment on la déterminera. On fera $\frac{\beta-Qp-\frac{R}{p}}{2}+\frac{\sigma}{\rho}=\Psi$, & en fubftituant pour $\frac{\sigma}{\rho}$ fa valeur dans l'équation $F\,1$, on trouvera

$$\frac{d\Psi}{dy}=\frac{1}{2}\left(\frac{d\left(\beta-Qp-\frac{R}{p}\right)}{dy}-2\frac{d(\alpha+Q)}{dx}\right)=0,$$

c'eft-à-dire que Ψ ne doit point renfermer y. Après avoir fait la même fubftitution dans l'équation $F\,3$, on aura pour déterminer Ψ l'équation

$$(G\,1)\ldots\ldots\frac{d\Psi}{dx}-\Psi^2=(\alpha+Q)(\gamma+R)-\frac{1}{4}\left(\beta-Qp-\frac{R}{p}\right)^2$$
$$-\frac{1}{2}\left(\frac{d\left(\beta-Qp-\frac{R}{p}\right)}{dx}-2\frac{d(\gamma+R)}{dy}\right),$$

dont le fecond membre ne renferme pas d'y, puifqu'étant différentié par rapport à cette variable il eft $=\sigma$ ou $=0$. Enfin dans ce cas-ci l'intégrale première complète de la propofée fera

$$A\,dy+dx\left(c+\int A\left(\left(\frac{\beta-Qp-\frac{R}{p}}{2}+\Psi\right)dy+(\gamma+R)\,dx+\Sigma\,p\,dp\right)\right)=0,$$

A étant égal à $e^{\int\left((\alpha+Q)\,dy+\left(\frac{\beta-Qp-\frac{R}{p}}{2}-\Psi\right)dx+\Sigma\,dp\right)}$; & il ne s'agira plus que de trouver pour Q & R des valeurs qui fatisfaffent aux quatre équations $\rho=0$, $\sigma=0$, $F\,2=0$, $F\,4=0$.

(476). A étant toujours un des facteurs propres à rendre intégrable l'équation différentielle $dp+\mu\,dx=0$, fi l'on fait $A\,dp+A\mu\,dx=du$, $u=a$ fera une des deux intégrales premières complètes de cette équation du fecond ordre; & tout facteur qui fera renfermé dans la formule $A\,\varphi:(u)$, ne pourra conduire qu'à cette intégrale première. Nommons $A\,2$ un autre facteur propre à rendre intégrable la même équation du second ordre, & qui ne soit pas compris dans la formule $A\,\varphi:(u)$; en faisant $A\,2\,dp + A\,2\,\mu\,dx = dt$, $t = b$ sera l'autre intégrale première; & tout facteur qui sera compris dans la formule $A\,2\,f:(t)$, ne pourra donner que cette intégrale première. Mais Ψ étant une fonction quelconque de $\int du\,\varphi:(u)$, $\int dt\,f:(t)$; il est clair que $\left(A\,\frac{d\Psi}{du}\,\varphi:(u) + A\,2\,\frac{d\Psi}{dt}\,f:(t)\right)(dp + \mu\,dx)$ est aussi une différentielle exacte, puisqu'elle est égale à $\frac{d\Psi}{du}\,du\,\varphi:(u) + \frac{d\Psi}{dt}\,dt\,f:(t)$;

donc $A\,\frac{d\Psi}{du}\,\varphi:(u) + A\,2\,\frac{d\Psi}{dt}\,f:(t)$ est la formule générale qui renferme tous les facteurs précédens. Si on en trouvoit un qu'elle ne comprît point, il donneroit une intégrale première de la proposée qui ne coïncideroit point avec une des deux que nous venons de trouver, & au lieu de deux intégrales premières complètes de notre équation du second ordre, on en auroit trois, ce qui ne peut être; d'où je crois pouvoir conclure que

$A\,\frac{d\Psi}{du}\,\varphi:(u) + A\,2\,\frac{d\Psi}{dt}\,f:(t)$ est la formule générale des facteurs propres à rendre $dp + \mu\,dx$ une différentielle exacte, & est par conséquent l'expression la plus générale qui puisse satisfaire aux deux équations A & B du (n°. 463). Ces propositions seront éclaircies par les exemples suivans.

Soit d'abord l'équation du second ordre $dp + \frac{p\,dx}{x} = 0$, dont un des facteurs A est égal à x & donne $u = p\,x$. De $u = p\,x$, on tire $\frac{dy}{u} = \frac{dx}{x}$ & $\frac{y}{u} + \int \frac{y\,du}{u^2} = \log.\,x$; donc $\int \frac{y}{p^2\,x}\left(dp + \frac{p\,dx}{x}\right) = \log.\,x - \frac{y}{p\,x}$;

& il est clair que le facteur $\frac{y}{p^2\,x}$ n'étant pas compris dans la formule $x\,\varphi:(p\,x)$, on peut prendre $\log.\,x - \frac{y}{p\,x} = b$ pour l'autre intégrale première complète de la proposée. La première est $p\,x = a$; avec les deux on trouve pour intégrale complète finie $y = a\,(\log.\,x - b)$. De la même équation $u = p\,x$, on tire aussi $dy = \frac{u\,dx}{x}$ & $y = u\,\log.\,x - \int du\,\log.\,x$; donc $\int x\,\log.\,x$ $\left(dp + \frac{p\,dx}{x}\right) = p\,x\,\log.\,x - y$ & ce nouveau facteur $x\,\log.\,x$ qui n'est compris ni dans $x\,\varphi:(p\,x)$, ni dans $\frac{y}{p^2\,x}\,f:\left(\log.\,x - \frac{y}{p\,x}\right)$, l'est dans la formule plus générale $x\,\frac{d\Psi}{du}\,\varphi:(u) + \frac{y}{p^2\,x}\,\frac{d\Psi}{dt}\,f:(t)$,

où

où $u = px$ & $t = \log. x - \frac{y}{px}$; car en faisant $\Psi = ut$, en sorte que $\varphi : (u) = 1$, $f : (t) = 1$, $\frac{d\Psi}{du} = t$, $\frac{d\Psi}{dt} = u$, cette formule générale deviendra $x \log. x - \frac{y}{p} + \frac{y}{p} = x \log. x$. Voici un autre exemple tiré de la géométrie.

(477). On demande la courbe dont la propriété est, que le rayon de courbure à un point quelconque soit un multiple de la droite tirée de ce point à l'origine des abscisses. Si l'on suppose que les co-ordonnées x & y soient perpendiculaires entr'elles, l'équation qui résoudra le problême sera (n°. 242) $\frac{dp}{(1+p^2)^{\frac{3}{2}}} = \frac{n\,dx}{\sqrt{(x^2+y^2)}}$. Le second membre devient intégrable étant multiplié par $x + py = \frac{x\,dx + y\,dy}{dx}$, & son intégrale est $n\sqrt{(x^2+y^2)}$; je multiplie le premier par le même facteur, & j'ai à intégrer la différentielle $\frac{(x+py)\,dp}{(1+p^2)^{\frac{3}{2}}}$. Pour cela je fais $y = px + u$, pour que $du = -x\,dp$, & que la différentielle précédente devienne $\frac{up\,dp - (1+p^2)\,du}{(1+p^2)^{\frac{3}{2}}}$, qui a évidemment pour intégrale $\frac{-u}{\sqrt{(+p^2)}} = \frac{px-y}{\sqrt{(1+p^2)}}$. Ainsi l'équation du premier ordre $\frac{px-y}{\sqrt{(1+p^2)}} = a + n\sqrt{(x^2+y^2)}$ est une des intégrales premières complètes de la proposée, il s'agit maintenant de trouver l'autre. Je ferai $y = xz$; &, à cause de $dy = p\,dx$, j'aurai $p\,dx = x\,dz + z\,dx$, d'où je tirerai $\frac{dx}{x} = \frac{dz}{p-z}$. Cette valeur étant substituée dans la proposée, elle deviendra $\frac{dp}{(1+p^2)^{\frac{3}{2}}} - \frac{n\,dz}{(p-z)\sqrt{(1+z^2)}} = 0$.

C'est pourquoi si l'on fait encore $z = \frac{p+z'}{1-pz'}$, d'où l'on tire

$$p - z = -z' \cdot \frac{p^2+1}{1-pz'},\quad \sqrt{(1+z^2)} = \frac{\sqrt{[(1+p^2)(1+z'^2)]}}{1-pz'},$$

$$dz = \frac{(1+z'^2)\,dp + (1+p^2)\,dz'}{(1-pz')^2};$$

si, dis-je, l'on fait ces substitutions dans la dernière différentielle, on la transformera en celle-ci,

$$\frac{dp}{(1+p^2)^{\frac{3}{2}}} + \frac{n(1+z'^2)\,dp + n(1+p^2)\,dz'}{z'\sqrt{(1+z'^2)}\,(1+p^2)^{\frac{3}{2}}}.$$

qui n'est autre que

$$\frac{z'+n\sqrt{(1+z'^2)}}{z'\sqrt{(1+p^2)}}\left[\frac{dp}{1+p^2}+\frac{n\,dz'}{[z'+n\sqrt{(1+z'^2)}]\ (1+z'^2)}\right];$$

& on verra clairement que $\frac{z'\sqrt{(1+p^2)}}{z'+n\sqrt{(1+z'^2)}}$ est l'autre facteur demandé, auquel répond l'intégrale première complète

$$\int\frac{dp}{1+p^2}+\int\frac{n\,dz'}{[z'+n\sqrt{(1+z'^2)}]\sqrt{(1+z'^2)}}=b.$$

On en tirera z' en p ou p en z'; &, à cause de $\frac{y}{x}=z=\frac{p+z'}{1-pz'}$, on aura $y=x\ \frac{p+z'}{1-pz'}$. On mettra cette valeur de y dans l'intégrale première complète trouvée précédemment, & on aura $x=\frac{-a(1-pz')}{[z'+n\sqrt{(1+z'^2)}]\sqrt{(1+p^2)}}$; on aura aussi $y=\frac{-a(p+z')}{[z'+n\sqrt{(1+z'^2)}]\sqrt{(1+p^2)}}$.
Ainsi x & y seront donnés en fonction de l'une de ces deux quantités z' ou p, & le problême sera résolu. Dans le (n°. 405) nous avons traité cette même équation d'une autre manière.

(478). B étant une fonction de x, y, p, la différentielle dB a pour facteur l'unité, c'est-à-dire qu'on peut prend $A=1$; cela posé, on demande de trouver A 2. Il seroit important de pouvoir résoudre ce problême généralement; car $B=a$ peut représenter toute équation différentielle du premier ordre; & en la regardant comme une des deux intégrales premières complète de l'équation du second ordre $dB=0$, s'il étoit possible de trouver l'autre au moyen du facteur A 2, on auroit entre x, y, p deux équations, & en éliminant p l'intégrale finie complète de l'équation du premier ordre $B=a$.

Supposons que la fonction B ne renferme point y, & que de plus elle soit telle qu'en faisant $p=x^\lambda z$, elle devienne $x^\mu Z$, où Z est une fonction de z seulement. Nous aurons $Z=\frac{B}{x^\mu}$, ou, supposant $x^\mu=\frac{B}{\sigma}$, $Z=\sigma$; il pourroit arriver que de cette dernière équation on ne pût pas tirer la valeur de z par les méthodes connues; nous n'en dirons pas moins que z est une fonction de σ que nous représenterons par Σ, & nous aurons $z=\Sigma$, $p=\Sigma x^\lambda$, $dy=\Sigma x^\lambda dx$.

Mais $x=\left(\frac{B}{\sigma}\right)^{\frac{1}{\mu}}$, $dx=\frac{1}{\mu}\left(\frac{B}{\sigma}\right)^{\frac{1}{\mu}-1}\times\frac{\sigma dB-Bd\sigma}{\sigma^2}$,

$$\&\ x^\lambda dx=\frac{1}{\mu}\left(\frac{B^{\frac{\lambda+1}{\mu}-1}dB}{\sigma^{\frac{\lambda+1}{\mu}}}-\frac{B^{\frac{\lambda+1}{\mu}}d\sigma}{\sigma^{\frac{\lambda+1}{\mu}+1}}\right);$$

donc $\frac{\mu\, dy}{B^{\frac{\lambda+1}{\mu}}} = \frac{\Sigma\, dB}{B\sigma^{\frac{\lambda+1}{\mu}}} - \frac{\Sigma\, d\sigma}{\sigma^{\frac{\lambda+1}{\mu}+1}}$.

Je mettrai dans le premier terme du second membre pour σ & Σ leurs valeurs $\frac{B}{x^{\mu}}$ & $\frac{p}{x^{\lambda}}$, & il deviendra $\frac{x p\, dB}{B^{\frac{\lambda+1}{\mu}+1}}$;

puis en intégrant toute l'équation, j'aurai

$$\frac{\mu y}{B^{\frac{\lambda+1}{\mu}}} + \int \frac{(\lambda+1)\cdot y\, dB}{B^{\frac{\lambda+1}{\mu}+1}} = \int \frac{x p\, dB}{B^{\frac{\lambda+1}{\mu}+1}} - \int \frac{\Sigma\, d\sigma}{\sigma^{\frac{\lambda+1}{\mu}+1}};$$

d'où je tirerai facilement

$$\int \frac{x p - (\lambda+1) y}{B^{\frac{\lambda+1}{\mu}+1}}\, dB = \frac{\mu y}{B^{\frac{\lambda+1}{\mu}}} + \int \frac{\Sigma\, d\sigma}{\sigma^{\frac{\lambda+1}{\mu}+1}},$$

& que par conséquent dans ce cas-ci le facteur demandé est $\frac{x p - (\lambda+1) y}{B^{\frac{\lambda+1}{\mu}+1}}$.

(479). Au lieu de supposer que la fonction B ne renferme point y, nous supposerons qu'elle ne renferme point x, & que de plus elle soit telle qu'en faisant $p = y^{\lambda} z$, elle devienne $y^{\mu} Z$, où Z est une fonction de z seulement. Nous aurons $Z = \frac{B}{y^{\mu}}$; ou, supposant $y^{\mu} = \frac{B}{\sigma}$, $Z = \sigma$, & regardant cette dernière équation comme résolue, nous aurons $z = \Sigma$, Σ étant une fonction de σ, $p = \Sigma y^{\lambda}$, $dy = \Sigma y^{\lambda} dx$, & $dx = \frac{dy}{\Sigma y^{\lambda}}$.

Mais $y = \left(\frac{B}{\sigma}\right)^{\frac{1}{\mu}}$, $dy = \frac{1}{\mu}\left(\frac{B^{\frac{1}{\mu}-1}\, dB}{\sigma^{\frac{1}{\mu}}} - \frac{B^{\frac{1}{\mu}}\, d\sigma}{\sigma^{\frac{1}{\mu}+1}}\right)$;

donc $\mu B^{\frac{\lambda-1}{\mu}}\, dx = \frac{dB}{B\Sigma\sigma^{\frac{1-\lambda}{\mu}}} - \frac{d\sigma}{\Sigma\sigma^{\frac{1-\lambda}{\mu}+1}}$.

Je mettrai dans le premier terme du second membre pour σ & Σ leurs valeurs $\frac{B}{y^{\mu}}$ & $\frac{p}{y^{\lambda}}$, & il deviendra $\frac{y\, dB}{p B^{\frac{1-\lambda}{\mu}+1}}$;

puis en intégrant toute l'équation, j'aurai

$$\mu x B^{\frac{\lambda-1}{\mu}} - \int(\lambda-1)xB^{\frac{\lambda-1}{\mu}-1}dB = \int\frac{y\,dB}{pB^{\frac{1-\lambda}{\mu}+1}} - \int\frac{d\sigma}{\Sigma\sigma^{\frac{1-\lambda}{\mu}+1}};$$

d'où je tirerai facilement

$$\int B^{\frac{\lambda-1}{\mu}-1}\left((\lambda-1)x+\frac{y}{p}\right)dB = \mu x B^{\frac{\lambda-1}{\mu}} + \int\frac{\sigma^{\frac{\lambda-1}{\mu}-1}d\sigma}{\Sigma};$$

donc dans le cas présent le facteur demandé est $B^{\frac{\lambda-1}{\mu}-1}\left((\lambda-1)x+\frac{y}{p}\right)$.

La différentielle dB ayant pour facteur $\frac{xp-(\lambda+1)y}{B^{\frac{\lambda+1}{\mu}+1}}$ dans le premier cas, & $B^{\frac{\lambda-1}{\mu}-1}\left((\lambda-1)x+\frac{y}{p}\right)$ dans le second, il est clair que $xp-(\lambda+1)y$ & $(\lambda-1)x+\frac{y}{p}$ sont facteurs l'un de $\frac{dB}{B^{\frac{\lambda+1}{\mu}+1}}$, l'autre de $B^{\frac{\lambda-1}{\mu}-1}dB$, qui sont aussi des différentielles exactes. Ces deux facteurs sont si remarquables par leur simplicité, que nous nous proposerons les deux problêmes suivans.

(480). 1°. Trouver toutes les différentielles exactes du second ordre qui ont pour facteur $px+\lambda y$, λ étant un nombre quelconque. Nous représenterons par dB ces différentielles exactes, & nous aurons $(px+\lambda y)dB$ qui sera aussi une différentielle exacte.

Mais $\int(px+\lambda y)dB = B(px+\lambda y) - \int B\,d(px+\lambda y)$;
donc si $px+\lambda y$ est facteur de dB, réciproquement B est facteur de $d(px+\lambda y) = (\lambda+1)p\,dx + x\,dp$. En considérant cette dernière différentielle, je vois que si je prends $A=1$, & par conséquent $u=px+\lambda y$, je pourrai faire $A2=x^{\lambda}$, d'où je tirerai $t=px^{\lambda+1}$. Alors si je nomme Ψ une fonction quelconque de $\int d(px+\lambda y)\,\varphi:(px+\lambda y), \int d\cdot px^{\lambda+1}f:(px^{\lambda+1})$, j'aurai $\frac{d\Psi}{du}\varphi:(u)+x^{\lambda}\frac{d\Psi}{dt}f:(t)$, où $u=px+\lambda y$ & $t=px^{\lambda+1}$, pour la formule qui renferme tous les facteurs de $d(px+\lambda y)$; il est clair que cette formule est aussi celle de toutes les fonctions de x, y, p dont les différentielles premières auroient pour facteur $px+\lambda y$.

2°.

2°. Trouver toutes les différentielles exactes du second ordre qui ont pour facteur $\lambda x + \frac{y}{p}$, λ étant un nombre quelconque. Dans ce cas-ci on aura $\left(\lambda x + \frac{y}{p}\right) dB$ qui sera une différentielle exacte ; &, à cause de

$$\int \left(\lambda x + \frac{y}{p}\right) dB = B\left(\lambda x + \frac{y}{p}\right) - \int B\, d\left(\lambda x + \frac{y}{p}\right);$$

on verra que B doit être facteur de $d\left(\lambda x + \frac{y}{p}\right) = (\lambda + 1)\frac{dy}{p} - \frac{y\,dp}{p^2}$. En considérant cette dernière différentielle, je vois que si je prends $A = 1$, & par conséquent $u = \lambda x + \frac{y}{p}$, je pourrai faire $A\,2 = y^\lambda$, d'où je tirerai $t = \frac{y^{\lambda+1}}{p}$. Alors Ψ étant une fonction quelconque de

$$\int d\left(\lambda x + \frac{y}{p}\right)\varphi : \left(\lambda x + \frac{y}{p}\right), \int d.\frac{y^{\lambda+1}}{p} f : \left(\frac{y^{\lambda+1}}{p}\right);$$

j'aurai $\frac{d\Psi}{du}\varphi : (u) + y^\lambda \frac{d\Psi}{dt}\varphi : (t)$, où $u = \lambda x + \frac{y}{p}$ & $t = \frac{y^{\lambda+1}}{p}$, pour la formule qui renferme tous les facteurs de $d\left(\lambda x + \frac{y}{p}\right)$; il est visible que cette formule est aussi celle de toutes les fonctions de x, y, p dont les différentielles premières auroient pour facteur $\lambda x + \frac{y}{p}$. Je passe aux équations différentielles des ordres supérieurs.

(481). L'équation du troisième ordre $dq + \mu\, dx = 0$, où μ est fonction de x, y, $\frac{dy}{dx} = p$, $\frac{dp}{dx} = q$, étant proposée, on la multipliera par un facteur A fonction de x, y, p, q, & on aura la différentielle exacte $A\,dq + A\mu\,dx$ qui deviendra $(Ar + A\mu)\,dx$, si l'on fait $\frac{dq}{dx} = r$. On comparera cette différentielle exacte à celle-ci $\mathfrak{C}\,dx$ du n°. 241, d'où l'on tirera

$$N = \frac{dA}{dy}r + \frac{d\cdot A\mu}{dy},\ P = \frac{dA}{dp}r + \frac{d\cdot A\mu}{dp},\ Q = \frac{dA}{dq}r + \frac{d\cdot A\mu}{dq},\ R = A;$$

en mettant ces valeurs dans $N - \frac{1}{dx}dP + \frac{1}{dx^2}d^2Q - \frac{1}{dx^3}d^3R = 0$, cette équation deviendra $\sigma + 2r\left(\frac{d\rho}{dx} + p\frac{d\rho}{dy} + q\frac{d\rho}{dp}\right) + \rho\frac{dr}{dx} + r^2\frac{d\rho}{dq} = 0$, dans laquelle

$$\rho = \frac{d^2\cdot A\mu}{dq^2} - 2\frac{dA}{dp} - \frac{d^2A}{dx\,dq} - p\frac{d^2A}{dy\,dq} - q\frac{d^2A}{dp\,dq},$$

$$\sigma = \frac{d \cdot A\mu}{dy} - \frac{d^2 \cdot A\mu}{dx\,dp} - p\frac{d^2 \cdot A\mu}{dy\,dp} - q\frac{d^2 \cdot A\mu}{dp^2} + \frac{d^3 \cdot A\mu}{dx^2\,dq} +$$
$$2p\frac{d^3 \cdot A\mu}{dx\,dy\,dq} + 2q\frac{d^3 \cdot A\mu}{dx\,dp\,dq} + p^2\frac{d^3 \cdot A\mu}{dy^2\,dq} + 2pq\frac{d^3 \cdot A\mu}{dy\,dp\,dq} + q^2\frac{d^3 \cdot A\mu}{dp^2\,dq} +$$
$$q\frac{d^2 \cdot A\mu}{dy\,dq} - q^3\frac{d^3 A}{dp^3} - 3pq^2\frac{d^3 A}{dy\,dp^2} - 3p^2 q\frac{d^3 A}{dy^2\,dp} - p^3\frac{d^3 A}{dy^3} - 3p^2$$
$$\frac{d^3 A}{dy^2\,dx} - 3q^2\frac{d^2 A}{dy\,dp} - 3pq\frac{d^2 A}{dy^2} - 3q^2\frac{d^3 A}{dx\,dp^2} - 6pq\frac{d^3 A}{dx\,dy\,dp} -$$
$$3q\frac{d^2 A}{dx\,dy} - 3q\frac{d^3 A}{dx^2\,dp} - 3p\frac{d^3 A}{dx^2\,dy} - \frac{d^3 A}{dx^3}.$$

Maintenant, comme A & μ par l'hypothèse ne doivent point renfermer r, cette transformée donnera nécessairement les deux équations $\sigma = 0$ & $\rho = 0$, puis il faudra trouver pour A une valeur qui satisfasse en même temps à ces deux équations.

Cela fait, $A\,dq + A\mu\,dx$ sera une différentielle exacte que je représenterai par du, & $u = a$ sera une des intégrales premières complètes de la proposée. Nommons $A\,2$ un autre facteur qui satisfasse aux deux équations σ & ρ, sans être compris dans la formule $A\varphi:(u)$, & faisons $A\,2\,dq + A\,2\,\mu\,dx = dt$, $t = b$ sera une des deux autres intégrales premières complètes de la proposée. Pour trouver la troisième, nous prendrons un facteur $A\,3$ qui satisfasse aux mêmes équations de condition, sans être compris ni dans la formule $A\varphi:(u)$ ni dans celle-ci $A\,2f:(t)$; & en faisant $A\,3\,dq + A\,3\,\mu\,dx = ds$, nous aurons $s = c$ pour cette troisième intégrale première complète de la proposée. Mais Ψ étant une fonction quelconque de $\int du\,\varphi:(u)$, $\int dt f:(t)$ & $\int ds\,F:(s)$, cette quantité

$$\left(A\frac{d\Psi}{du}\varphi:(u) + A\,2\frac{d\Psi}{dt}\varphi:(t) + A\,3\frac{d\Psi}{ds}F:(s)\right)(dq + \mu\,dx)$$

sera aussi une différentielle exacte, puisqu'elle est égale à

$$\frac{d\Psi}{du}du\,\varphi:(u) + \frac{d\Psi}{dt}dt f:(t) + \frac{d\Psi}{ds}ds\,F:(s);$$

donc $A\frac{d\Psi}{du}\varphi:(u) + A\,2\frac{d\Psi}{dt}f:(t) + A\,3\frac{d\Psi}{ds}F:(s)$ est la formule générale qui renferme tous les facteurs propres à rendre $dq + \mu\,dx$ une différentielle exacte, & est par conséquent l'expression la plus générale qui puisse satisfaire aux équations σ & ρ.

Si l'équation étoit du quatrième ordre, on trouveroit de la même manière, ou par les autres méthodes que nous avons indiquées, les équations de condition par lesquelles le facteur est donné; & par un raisonnement semblable à celui que nous venons de faire, on parviendroit facilement à trouver la forme générale de ce facteur. Il en seroit de même des ordres supérieurs; la grande difficulté, c'est de pouvoir satisfaire aux équations de condition qui sont aux différences partielles; nous allons dans le chapitre suivant traiter ce genre d'équations avec beaucoup d'étendue.

CHAPITRE IV.

DE L'INTÉGRATION DES ÉQUATIONS AUX DIFFÉRENCES PARTIELLES.

(482). J'AI donné dans les (n°s. 301 & *suiv.*) les principes fondamentaux du Calcul dont il va être question; j'ai même intégré complétement (n°. 308) l'équation linéaire du premier ordre $M\frac{dz}{dy}+N\frac{dz}{dx}+Pz+Q=0$, où M, N, P, Q sont fonctions des deux variables y & x. Maintenant, soit entre les mêmes variables y, x & la fonction z de ces variables une équation non linéaire du même ordre $\frac{dz}{dx}=V$, où V renferment x, y & z. A cause de $dz=\frac{dz}{dx}dx+\frac{dz}{dy}dy$, on aura $dz-Vdx=\frac{dz}{dy}dy$; mais si pour un moment on regarde y comme constant, on aura la différentielle $dz-Vdx$ qu'on rendra exacte en la multipliant par un facteur μ qui pourra être fonction des trois quantités x, y & z; on fera $\mu dz-\mu Vdx=dS$, & il sera clair que $S=F:(y)$ est l'intégrale complète de $\frac{dz}{dx}=V$, quel que soit V. Soit la différentielle de S, en faisant varier x, y & z, égale à $\mu dz-\mu Vdx+Qdy$; on trouvera Q par la méthode du (n° 291), il doit être pris de la même manière que S; c'est-à-dire que si S est pris de manière qu'il s'évanouisse lorsque $x=a$ & $z=c$, Q devra s'évanouir dans la même hypothèse. Mais cette différentielle de S est aussi égale à $dyF':(y)$; donc $dz=Vdx+\frac{F':(y)-Q}{\mu}dy$, & par conséquent $\frac{dz}{dy}=\frac{F':(y)-Q}{\mu}$. Ces propositions seront éclaircies par les exemples suivans.

(483). On propose d'intégrer l'équation $\frac{dz}{dx}=\frac{y}{x+z}$. On cherchera d'abord le facteur propre à rendre intégrable la différentielle $dz-\frac{ydx}{x+z}$, où y est regardé comme constant. Mais cette différentielle n'est autre que $\frac{-y}{x+z}\left(dx-\frac{xdz}{y}-\frac{zdz}{y}\right)$, & il est clair que $dx-\frac{xdz}{y}-\frac{zdz}{y}$ a pour facteur $e^{-\frac{z}{y}}$, donc le facteur demandé est $-\frac{x+z}{y}e^{-\frac{z}{y}}$.

Ainsi $dS = -\frac{x+z}{y} e^{-\frac{z}{y}} dz + e^{-\frac{z}{y}} dx$; d'où l'on tire

$S = e^{-\frac{z}{y}}(y + x + z)$, & $e^{-\frac{z}{y}}(y + x + z) = F:(y)$ pour l'intégrale complète de $\frac{dz}{dx} = \frac{y}{x+z}$. La valeur totale de S est $e^{-\frac{z}{y}}(y+x+z)+C$, ou bien $e^{-\frac{z}{y}}(y + x + z) - e^{-\frac{c}{y}}(y + a + c)$, si elle doit être prise de manière qu'elle s'évanouisse lorsque $x = a$ & $z = c$; or

$Q = \frac{dS}{dy} = e^{-\frac{z}{y}}\left(1 + \frac{z}{y} + \frac{xz}{y^2} + \frac{z^2}{y^2}\right) - e^{-\frac{c}{y}}\left(1 + \frac{c}{y} + \frac{ac}{y^2} + \frac{c^2}{y^2}\right)$; donc Q s'évanouira aussi lorsqu'on fera $x = a$ & $z = c$.

Je prendrai pour second exemple l'équation $\frac{dz}{dx} = \frac{y^2 + z^2}{y^2 + x^2}$. Il est clair que le facteur de $dz - \frac{y^2 + z^2}{y^2 + x^2} dx$, où y est regardé comme constant, est $\frac{y}{y^2 + z^2}$; donc $dS = \frac{y\,dz}{y^2 + z^2} - \frac{y\,dx}{y^2 + x^2}$; & on a par conséquent pour l'intégrale complète demandée cette équation A tang. $\frac{yz - xy}{y^2 + xz} = F:(y)$.

Si la valeur de S doit s'évanouir lorsque $x = a$ & $z = c$, elle est

$$A \text{ tang. } \frac{yz - xy}{y^2 + xz} - A \text{ tang. } \frac{cy - ay}{y^2 + ac};$$

or $Q = \frac{dS}{dy} = -\frac{z}{y^2 + z^2} + \frac{x}{x^2 + y^2} + \frac{c}{y^2 + c^2} - \frac{a}{y^2 + a^2}$; donc cette quantité s'évanouira aussi lorsqu'on fera $x = a$ & $z = c$.

Si on eut proposé l'équation $\frac{dz}{dy} = V$, on auroit cherché le facteur de $dz - V\,dy$, en regardant x comme constant; de cette manière on seroit parvenu à une différentielle exacte, dont l'intégrale égalée à une fonction arbitraire de x, auroit été l'intégrale complète demandée.

(484). De l'équation $dz = \frac{dz}{dx} dx + \frac{dz}{dy} dy$, on tire

$$z = x \frac{dz}{dx} + y \frac{dz}{dy} - \int\left(x\,d\frac{dz}{dx} + y\,d\frac{dz}{dy}\right);$$

cette transformation peut être de quelqu'usage dans l'intégration des équations aux différences partielles, nous en allons donner plusieurs exemples.

Si

Si on propose celle-ci $\frac{dz}{dy} \cdot \frac{dz}{dx} = 1$; en faisant $\frac{dz}{dx} = p$, on en tirera $\frac{dz}{dy} = \frac{1}{p}$, & par la transformation précédente, $z = px + \frac{y}{p} - \int\left(x - \frac{y}{p^2}\right) dp$. Cette expression seroit absurde, si le co-efficient de dp sous le signe intégral n'étoit fonction de p seul ; en conséquence on fera $x - \frac{y}{p^2} = F' : (p)$, pour que $\int\left(x - \frac{y}{p^2}\right) dp = F : (p)$; & l'intégrale complète demandée sera donnée par les deux équations $x = \frac{y}{p^2} + F' : (p)$, $z = \frac{2y}{p} + pF'(p) - F : (p)$.

Pour avoir une des intégrales particulières, on fera $F : (p) = ap - \frac{b}{p}$, & on aura $F' : (p) = a + \frac{b}{p^2}$. Ces valeurs étant substituées dans les deux équations précédentes, elles deviendront $x = a \frac{b + y}{p^2}$, $z = \frac{2(b + y)}{p}$; d'où l'on tirera $p = \frac{z}{2(y + b)}$, $p^2 = \frac{x - a}{y + b}$; & par conséquent $z = 2\sqrt{[(x - a)(y + b)]}$, qui est l'intégrale particulière demandée. Celle-ci $z = 2\sqrt{(xy)}$, qu'on auroit trouvée en faisant $F : (p) = 0$, est évidemment renfermée dans la précédente.

(485). Cette autre équation $\left(\frac{dz}{dy}\right)^2 + \left(\frac{dz}{dx}\right)^2 = 1$ ne fera pas plus difficile à intégrer ; car on en tirera $\frac{dz}{dy} = \sqrt{(1 - p^2)}$, & par notre transformation, $z = px + y\sqrt{(1 - p^2)} - \int\left(x - \frac{py}{\sqrt{(1 - p)}}\right) dp$. En prenant $F' : (p)$ pour la fonction de p à laquelle le co-efficient de dp doit être égal, on aura l'intégrale complète donnée par les deux équations

$$x = \frac{py}{\sqrt{(1 - p^2)}} + F' : (p), \quad z = \frac{y}{\sqrt{(1 - p^2)}} + pF' : (p) - F : (p).$$

On en trouvera bien simplement une intégrale particulière en faisant $F : (p) = 0$; alors $x = \frac{py}{\sqrt{(1 - p^2)}}$, $z = \frac{y}{\sqrt{(1 - p^2)}}$; d'où l'on tirera $p = \frac{x}{z}$, & $z = \sqrt{(x^2 + y^2)}$.

(486). Soit $\frac{dz}{dx} = p$ & $\frac{dz}{dy} = q$; la formule général deviendra $z = px + qy - \int(x\,dp + y\,dq)$. Cela posé, une équation entre p, q & une des deux variables x ou y, x par exemple, étant proposée, on cherchera x en fonction de p, q ; & ayant intégré $x\,dp$ par rapport à p seulement, si l'intégrale est V, celle de la différentielle $x\,dp + y\,dq$ qui nécessairement sera exacte, ne pourra être que de la forme $V + F : (q)$. On aura donc

$x\,dp + y\,dq = dV + dq\,F':(q)$, d'où l'on tirera, en représentant par $x\,dp + S\,dq$ la différentielle de V prise en faisant varier p & q, $y = S + F':(q)$, & par conséquent $z = px + Sq + q\,F':(q) - F:(q) - V$; on voit que S est comme V une fonction donnée de p & q.

Si l'on proposoit $q = Px + \Pi$, où P & Π ne sont fonctions que de la seule variable p; on en tireroit $x = \frac{q - \Pi}{P}$, & par conséquent $V = q\int\frac{dp}{P} - \int\frac{\Pi\,dp}{P}$, $S = \int\frac{dp}{P}$. Donc l'intégrale demandée seroit donnée par les deux équations

$$y = \int\frac{dp}{P} + F':(q),\ z = \frac{p(q - \Pi)}{P} + \int\frac{\Pi\,dp}{P} + q\,F':(q) - F:(q).$$

On peut résoudre ce problême d'une autre manière; car de $dz = p\,dx + (Px + \Pi)\,dy$, on tire $z = px + \int(Px\,dy + \Pi\,dy - x\,dp)$; en faisant ensuite $Px + \Pi = u$, d'où l'on tire $x = \frac{u - \Pi}{P}$, on a $z = px + \int\frac{\Pi\,dp}{P} + \int u\left(dy - \frac{dp}{P}\right)$. Il est clair maintenant que u & $\int u\left(dy - \frac{dp}{P}\right)$ doivent être fonctions de $y - \int\frac{dp}{P}$; & que si l'on fait $\int u\left(dy - \frac{dp}{P}\right) = f:\left(y - \int\frac{dp}{P}\right)$, on doit avoir u ou $Px + \Pi = f':\left(y - \int\frac{dp}{P}\right)$.

Donc de cette manière l'intégrale complète sera donnée par les deux équations $x = -\frac{\Pi}{P} + \frac{1}{P}f':\left(y - \int\frac{dp}{P}\right)$ &

$$z = \int\frac{\Pi\,dp}{P} - \frac{p\Pi}{P} + \frac{p}{P}f':\left(y - \int\frac{dp}{P}\right) + f:\left(y - \int\frac{dp}{P}\right);$$

il ne sera pas inutile de comparer ces deux résultats en apparence si différens. On tire du premier $y - \int\frac{dp}{P} = F':(q)$, & réciproquement $q = f':\left(y - \int\frac{dp}{P}\right)$; donc $x = -\frac{\Pi}{P} + \frac{1}{P}f':\left(y - \int\frac{dp}{P}\right)$.

Puisque $F':(q) = y - \int\frac{dp}{P}$ & que $dq = d\left(y - \int\frac{dp}{P}\right)f'':\left(y - \int\frac{dp}{P}\right)$; on aura

$$dq\,F':(q) = \left(y - \int\frac{dp}{P}\right)d\left(y - \int\frac{dp}{P}\right)f'':\left(y - \int\frac{dp}{P}\right), \&$$

$$F:(q) = \left(y - \int\frac{dp}{P}\right)f':\left(y - \int\frac{dp}{P}\right) - f:\left(y - \int\frac{dp}{P}\right).$$

En mettant pour q, $F:(q)$ & $F':(q)$ leurs valeurs dans

$$z = \frac{p(q-\Pi)}{P} + \int \frac{\Pi dp}{P} + qF':(q) - F:(q),$$

on trouvera

$$z = \int \frac{\Pi dp}{P} - \frac{p\Pi}{P} + \frac{p}{P} f':\left(y - \int \frac{dp}{P}\right) + f:\left(y - \int \frac{dp}{P}\right).$$

(487). Si l'équation proposée étoit telle qu'on eût z égal à une fonction donnée de p & q; de l'équation $dz = pdx + qdy$, on tireroit $dy = \frac{dz}{q} - rdx$, en faisant pour abréger $\frac{p}{q} = r$; puis $y = \frac{z}{q} - rx + \int\left(\frac{zdq}{q^2} + xdr\right)$. Ayant intégré $\frac{zdq}{q^2}$, où z n'est fonction que de q & r, par rapport à q seulement, si l'intégrale est V, celle de $\frac{zdq}{q^2} + xdr$, qui nécessairement est une différentielle exacte, ne pourra être que de la forme $V + F:(r)$. On aura donc $\frac{zdq}{q^2} + xdr = dV + drF'(r)$; d'où l'on tirera, en représentant par $\frac{zdq}{q^2} + Sdr$ la différentielle de V prise en faisant varier q & r, $x = S + F':(r)$, & par conséquent $y = \frac{z}{q} + V - rS - rF':(r) + F:(r)$.

Soit $z = apq = aq^2 r$; il faudra d'abord intégrer $ardq$ en regardant q seul comme variable, & on aura $V = arq$, $S = aq$. Donc dans ce cas-ci

$$x = aq + F':(r),\ y = aq - rF':(r) + F:(r).$$

Mais on peut conclure de la première de ces équations

$$r = f':(x - aq),\ dr = (dx - adq) f'':(x - aq);$$

donc, à cause de $drF':(r) = (x - aq)(dx - adq).f'':(x - aq)$, d'où l'on tire $F:(r) = (x - aq)f':(x - aq) - f:(x - aq)$,

$$F:(r) - rF':(r) = -f:(x - aq);$$

on aura aussi $y = aqf':(x - aq) - f:(x - aq)$, $z = aq^2 f'(x - aq)$. On peut parvenir bien simplement à ce dernier résultat, car de $dy = \frac{dz}{q} - \frac{zdx}{aq^2}$, on tire $y = \frac{z}{q} - \int\left(-\frac{zdq}{q^2} + \frac{zdx}{aq^2}\right)$, & que $\frac{z}{q^2}$ ne peut être fonction que de $-q + \frac{x}{a}$. Il suit delà qu'on peut supposer $z = aq^2 f':(x - aq)$, ce qui donne $y = aqf':(x - aq) - f:(x - aq)$.

(488). L'équation $q = Vx + U$, où V & U sont fonctions de p & y, étant proposée; on fera usage de la formule $z = px + \int(qdy - xdp)$, qui devient alors $z = px + \int (Vxdy + Udy - xdp)$. On supposera $x(Vdy - dp) + Udy = d\sigma$; & μ étant le facteur de $Vdy - dp$, si $\mu Vdy - \mu dp = dS$, on aura $d\sigma = \frac{x}{\mu} dS + Udy$, (y ayant mis dans U pour p sa valeur en y & S), si l'intégrale de Udy, prise par rapport à y seul, est T; on aura $\sigma = T + F : (S)$, & par conséquent $\frac{x}{\mu} = \frac{dT}{dS} + F' : (S)$. Ainsi l'intégrale demandée sera donnée par les deux équations

$$x = \mu \frac{dT}{dS} + \mu F' : (S), z = T + \mu p \frac{dT}{dS} + F : (S) + \mu p F' : (S).$$

U & V étant des fonctions de q & x, si on eut proposé $p = Vy + U$, on auroit fait usage de la formule $z = qy + \int (pdx - ydq)$ qui seroit devenue $z = qy + \int (Vydx + Udx - ydq)$; & ayant fait

$$y(Vdx - dq) + Udx = d\sigma, \mu Vdx - \mu dq = dS,$$

on auroit trouvé $d\sigma = \frac{y}{\mu} dS + Udx$, & par conséquent $\sigma = T + F : (S)$; où T seroit l'intégrale de Udx, prise en ne faisant varier que x, après avoir mis dans U pour q sa valeur en x & S. L'intégrale complète auroit été donnée par les deux équations

$$y = \mu \frac{dT}{dS} + \mu F' (S), z = q\mu \frac{dT}{dS} + q\mu F' : (S) + T + F : (S).$$

On pourra proposer $y = Vx + U$, V & U étant des fonctions de p & q. Alors on fera usage de la formule $z = px + qy - \int (xdp + ydq)$ qui deviendra $z = px + q(Vx + U) - \int (xdp + Vxdq + Udq)$. Soit $x(dp + Vdq) + Udq = d\sigma$ & $\mu dp + \mu Vdq = dS$; on aura $d\sigma = \frac{x}{\mu} dS + Udq$ & $\sigma = T + F : (S)$, T étant l'intégrale de Udq prise en ne faisant varier que q après avoir mis dans U pour p sa valeur en S & q. Dans ce cas-ci l'intégrale complète sera donnée par les deux équations

$$x = \mu \frac{dT}{dS} + \mu F' : (S),$$

$$z = \mu (p + qV) \left(\frac{dT}{dS} + F' : (S) \right) - T + qU - F : (S).$$

(489). Je suppose qu'on ait $P = Q$, P & Q étant deux fonctions, l'une de p & x, l'autre de q & y. Pour résoudre cette équation, nous introduirons une nouvelle indéterminée u que nous supposerons égale à chacune des fonctions P & Q; nous aurons de cette manière deux équations desquelles nous pourrons tirer p en x & u, & q en y & u. Mais $dz = pdx + qdy$; si nous intégrons les différentielles pdx & qdy (dont la première ne renferme que x & u, & l'autre que y & u), en regardant u comme constant, que nous nommions les intégrales trouvées R & S, & que nous fassions ensuite $dR = pdx + Vdu$, $dS = qdy + Udu$; nous aurons $dz = dR + dS - (V + U)\, du$, expression

expression qui seroit absurde si $V + U$ n'étoit fonction de u seul. Le problême sera donc résolu par les deux équations

$$V + U = F' : (u) \ \& \ z = R + S - F : (u).$$

Nous prendrons pour exemple l'équation $a^4 pq = x^2 y^2$, qui devient $\frac{a^2 q}{y^2} = \frac{x^2}{a^2 p}$. Nous ferons $\frac{a^2 q}{y^2} = u$, $\frac{x^2}{a^2 p} = u$; d'où nous tirerons

$$p = \frac{x^2}{a^2 u}, \ q = \frac{u y^2}{a^2}, \ R = \frac{x^3}{3 a^2 u}, \ S = \frac{u y^3}{3 a^2},$$

$$V = \frac{dR}{du} = - \frac{x^3}{3 a^2 u^2}, \ U = \frac{dS}{du} = \frac{y^3}{3 a^2};$$

& nous aurons pour résoudre le problême les deux équations

$$y^3 - \frac{x^3}{u^2} = 3 a^2 F' : (u), \ z = \frac{1}{3 a^2} \left(u y^3 + \frac{x^3}{u^2} - 3 a^2 F : (u) \right).$$

(490). Nous avons démontré (n°. 302) que M & N étant fonctions des deux variables y, x, si on supposoit $\mu M dx - \mu N dy = dS$, l'intégrale complète de l'équation $M \frac{dz}{dy} + N \frac{dz}{dx} = 0$ seroit $z = F : (S)$. Mais $z = F : (S)$ seroit encore l'intégrale complète de cette équation, quand bien même M & N, outre les deux variables dont nous venons de parler, renfermeroient aussi la fonction z de ces variables; c'est-à-dire que pour intégrer l'équation dans ce cas-là, il suffiroit de chercher le facteur propre à rendre $M dx - N dy$ une différentielle exacte, en traitant z comme une quantité constante. En effet, à cause de $dz = \frac{dz}{dy} dy + \frac{dz}{dx} dx$ & de $\frac{dz}{dy} = - \frac{N}{M} \frac{dz}{dx}$, on a $dz = \frac{dz}{dx} \cdot \frac{M dx - N dy}{M}$. Soit μ le facteur de $M dx - N dy$ lorsque z est regardé comme constant, soit aussi $\mu M dx - \mu N dy = dS$, on aura $dz = \frac{dz}{dx} \frac{dS}{\mu M}$. Mais S renferme x, y & z, & la différentielle dS que nous venons de trouver n'a été prise qu'en faisant varier x & y; il manque donc à dS un terme $K dz$ pour qu'elle soit la différentielle de S prise en faisant varier x, y & z. On ajoutera de part & d'autre de l'équation précédente $\frac{dz}{dx} \frac{K dz}{\mu M}$, & on aura $dz + \frac{dz}{dx} \frac{K dz}{\mu M} = \frac{dz}{dx} \cdot \frac{dS + K dz}{\mu M}$, ou $dz + \frac{dz}{dx} \cdot \frac{K dz}{\mu M} = \frac{dz}{dx} \cdot \frac{dS}{\mu M}$, dS étant ici la différentielle complète de S. Il sera facile de tirer de-là $dz = \frac{dz}{dx} \frac{dS}{\mu M + K \frac{dz}{dx}}$, & que par conséquent z ne peut être fonction que de S. Je prendrai pour exemple $xz \frac{dz}{dy} + y^2 \frac{dz}{dx} = 0$.

Alors S égalera $\frac{x^2 z}{2} - \frac{y^3}{3}$, & $z = F:(3x^2 z - 2y^3)$ sera l'intégrale complète de la proposée.

(491). Jusqu'ici nous n'avons supposé que deux variables y & x; si la fonction z en devoit renfermer trois y, x, u; & qu'on proposât d'intégrer complètement l'équation $M\frac{dz}{dy} + N\frac{dz}{dx} + P\frac{dz}{du} = 0$; alors à cause de $dz = \frac{dz}{dy}dy + \frac{dz}{dx}dx + \frac{dz}{du}du$, on auroit, en éliminant successivement $\frac{dz}{dy}$, $\frac{dz}{dx}$ & $\frac{dz}{du}$ ces trois équations

$$dz = \frac{dz}{dx}\left(dx - \frac{N}{M}dy\right) + \frac{dz}{du}\left(du - \frac{P}{M}dy\right),$$
$$dz = \frac{dz}{dy}\left(dy - \frac{M}{N}dx\right) + \frac{dz}{du}\left(du - \frac{P}{N}dx\right),$$
$$dz = \frac{dz}{dy}\left(dy - \frac{M}{P}du\right) + \frac{dz}{dx}\left(dx - \frac{N}{P}du\right).$$

1°. Si les fractions $\frac{N}{M}$ & $\frac{P}{M}$ ne renferment, l'une que x & y, l'autre que u & y; on cherchera les facteurs de $dx - \frac{N}{M}dy$ & $du - \frac{P}{M}dy$. Soient μ & μ' ces facteurs, $\mu dx - \frac{\mu N}{M}dy = dS$, $\mu' du - \frac{\mu' P}{M}dy = dS'$; on aura $dz = \frac{dz}{dx}\frac{dS}{\mu} + \frac{dz}{du}\frac{dS'}{\mu'}$, & z sera nécessairement fonction des seules variables S & S'. Donc $z = F:(S, S')$ est dans ce premier cas l'intégrale complète de la proposée. Si, par exemple, on avoit à intégrer

$$VXY\frac{dz}{du} + QV\frac{dz}{dx} + RX\frac{dz}{du} = 0,$$

où les quantités V, X, Y sont chacune fonction d'une des variables u, x, y; & où celles-ci Q, R sont fonctions l'une de x, y, l'autre de u, y; il s'agiroit de rendre exacte $dx - \frac{Q\,dy}{XY}$ & $du - \frac{R\,dy}{VY}$ pour avoir μ, μ', S & S', & l'intégrale complète demandée seroit $z = f:(S, S')$. En effet, en supposant $dz = (A\,dS + B\,dS')\,F':(S, S')$, où A & B sont des fonctions de S & S' telles que $\frac{dA}{dS'} = \frac{dB}{dS}$, on aura

$\frac{dz}{dy} = \left(A\frac{dS}{dy} + B\frac{dS'}{dy}\right)F':(S, S')$, $\frac{dz}{dx} = A\frac{dS}{dx}F':(S, S')$, $\frac{dz}{du} = B\frac{dS'}{du}F':(S, S')$.

Mais $\frac{dS}{dx} = \mu$, $\frac{dS}{dy} = -\frac{\mu Q}{XY}$, $\frac{dS'}{dy} = -\frac{\mu' R}{VY}$, $\frac{dS'}{du} = \mu'$;

donc $\frac{dz}{dy} = -\left(\frac{\mu A Q}{XY} + \frac{\mu' B R}{VY}\right) F' : (S, S')$, $\frac{dz}{dx} = A\mu F'(S, S')$;

$\frac{dz}{du} = B\mu' F' : (S, S')$; valeurs qui étant ſubſtituées dans la propoſée, la rendront identique.

2°. Si les fractions $\frac{M}{N}$ & $\frac{P}{N}$ ne renferment, l'une que x & y, l'autre que u & x; on cherchera les facteurs de $dy - \frac{M}{N} dx$, $du - \frac{P}{N} dx$.

Si on nomme $\mu\,1$ & $\mu'\,1$ ces facteurs, & qu'enſuite on faſſe

$$\mu\,1\,dy - \frac{\mu\,1\,M}{N} dx = dS\,1, \quad \mu'\,1\,du - \frac{\mu' P}{N} dx = dS'\,1,$$

on aura pour l'intégrale complète demandée, $z = F : (S\,1, S'\,1)$.

Je prendrai pour exemple l'équation $QV\frac{dz}{dy} + VXY\frac{dz}{dx} + RY\frac{dz}{du} = 0$, où Q, V, X, Y ſignifient les mêmes choſes que dans l'exemple précédent, & où R eſt une fonction de u & x. Pour réſoudre ce problême; je chercherai les facteurs de $dy - \frac{Q\,dy}{XY}$, $du - \frac{R\,dx}{VX}$; & ayant trouvé de cette manière $S\,1$ & $S'\,1$, j'aurai pour l'intégrale complète de la propoſée $z = F : (S\,1, S'\,1)$; ce qu'on pourra facilement vérifier

3°. Si les fractions $\frac{M}{P}$ & $\frac{N}{P}$ ne renferment, l'une que y & u; l'autre que x & u, on cherchera les facteurs de $dy - \frac{M}{P} du$, $dx - \frac{N}{P} du$.

Ayant nommé $\mu\,2$ & $\mu'\,2$ ces facteurs, ſi l'on fait enſuite

$$\mu\,2\,dy - \frac{\mu\,2\,M}{P} du = dS\,2, \quad \mu'\,2\,dx - \frac{\mu'\,2\,N}{P} du = dS'\,2;$$

on aura pour l'intégrale complète demandée $z = F : (S\,2, S'\,2)$. Ainſi pour intégrer $QX\frac{dz}{dy} + RY\frac{dz}{dx} + VXY\frac{dz}{du} = 0$, où V, X, Y ſignifient toujours les mêmes choſes, & où les quantités Q & R ſont fonctions, l'une de y, u, l'autre de x, u; on cherchera les facteurs de $dy - \frac{Q\,du}{YV}$, $dx - \frac{R\,du}{XV}$, & lorſqu'on aura trouvé de cette manière $S\,2$ & $S'\,2$, on fera $z = F : (S\,2, S'\,2)$, & on aura l'intégrale complète demandée.

(492). Soient $\frac{dz}{du} = n$, $\frac{dz}{dx} = p$, $\frac{dz}{dy} = q$; on demande l'intégrale complète de $npq = 1$. On tire de cette équation $n = \frac{1}{pq}$; & , à cause de $dz = n\,du + p\,dx + q\,dy$, on a $dz = \frac{du}{pq} + p\,dx + q\,dy$, & par conséquent

$$z = \frac{u}{pq} + px + qy - \int\left(x\,dp + y\,dq - \frac{u\,dp}{p^2 q} - \frac{u\,dq}{pq^2}\right).$$

Cette transformation nous apprend que $\left(x - \frac{u}{p^2 q}\right)dp + \left(y - \frac{u}{pq^2}\right)dq$ doit être la différentielle exacte d'une fonction de p & q. Nommons S cette fonction; & nous aurons

$$z = px + qy + \frac{u}{pq} - S,\ x - \frac{u}{p^2 q} = \frac{dS}{dp},\ y - \frac{u}{pq^2} = \frac{dS}{dq}.$$

Il suit de tout cela que si nous prenons une fonction quelconque S de p & q, nous aurons pour résoudre le problême les trois équations

$$x = \frac{u}{p^2 q} + \frac{dS}{dp},\ y = \frac{u}{pq^2} + \frac{dS}{dq}\ \&\ z = \frac{3u}{pq} + p\frac{dS}{dp} + q\frac{dS}{dq} - S.$$

Si nous voulions une des intégrales particulières de cette équation $npq = 1$, nous ferions, par exemple, $S =$ constante, pour que $\frac{dS}{dp} = 0$, $\frac{dS}{dq} = 0$, & nous aurions d'abord les deux équations $p^2 q = \frac{u}{x}$, $pq^2 = \frac{u}{y}$, desquelles nous tirerions $p^3 q^3 = \frac{u^2}{xy}$, $pq = \sqrt[3]{\left(\frac{u^2}{xy}\right)}$; & par conséquent

$$p = \sqrt[3]{\left(\frac{uy}{x^2}\right)},\ q = \sqrt[3]{\left(\frac{ux}{y^2}\right)},\ z = 3\sqrt[3]{(uxy)} - C;$$

cette valeur de z satisfait évidemment à la proposée. Il n'est pas moins clair que si l'on prend $z = 3\sqrt[3]{[(u+a)(x+b)(y+c)]} - C$, qui est une valeur de z un peu plus générale que la précédente, on doit aussi satisfaire à la même équation.

Il y a d'autres intégrales particulières de la même équation $npq = 1$, auxquelles nous nous arrêterons à cause de leur simplicité ; ce sont celles qu'on trouve en prenant $S = 2c\sqrt{pq}$. En effet, à cause de $\frac{dS}{dp} = \frac{c\sqrt{q}}{\sqrt{p}}$, $\frac{dS}{dq} = \frac{c\sqrt{p}}{\sqrt{q}}$, on a alors les trois équations

$$x = \frac{u}{p^2 q} + \frac{c\sqrt{q}}{\sqrt{p}},\ y = \frac{u}{pq^2} + \frac{c\sqrt{p}}{\sqrt{q}},\ z = \frac{3u}{pq}.$$

Or en multipliant les deux premières l'une par l'autre, il vient

$$xy = \frac{u^2}{p^3 q^3} + \frac{2cu}{pq\sqrt{pq}} + c^2,\ \text{ou}\ p^3q^3 - \frac{2cu}{xy - c^2}\,pq\sqrt{pq} = \frac{u^2}{xy - c^2};$$

d'où

d'où l'on tire $pq\sqrt{pq} = -\frac{u}{c \pm \sqrt{xy}}$ & $pq = \sqrt[3]{\left(\frac{u^2}{(c \pm \sqrt{xy})^2}\right)}$.

Donc $z = 3\sqrt[3]{[u(c \pm \sqrt{xy})^2]}$; & comme on peut permuter les trois variables entr'elles, il est visible qu'on a aussi ces deux autres intégrales particulières

$$z = 3\sqrt[3]{[x(c1 \pm \sqrt{uy})^2]},\ z = 3\sqrt{[y(c2 \pm \sqrt{ux})^2]}.$$

C'est à-peu-près ainsi qu'Euler résout ces problêmes dans le troisième volume de son Calcul intégral; je ne suivrai pas plus loin la méthode de ce grand géomètre; celle dont je vais me servir est tirée d'un mémoire que j'ai lu à l'académie des sciences dans le courant de 1772.

(493). J'imagine entre y, x & une fonction de ces variables que je nomme z, l'équation $(B) + F:(\omega) = 0$ qui renferme une fonction arbitraire. Je différentie cette équation deux fois, l'une par rapport à y, l'autre par rapport à x; ce qui me donne

$$\frac{d(B)}{dy} + \frac{d\omega}{dy}F':(\omega) = 0,\ \frac{d(B)}{dx} + \frac{d\omega}{dx}F':(\omega) = 0;$$

avec ces deux équations j'élimine $F':(\omega)$, & il me vient $\frac{d(B)}{dy} - r\frac{d(B)}{dx} = 0$;

où j'ai fait pour abréger $\frac{d\omega}{dy} : \frac{d\omega}{dx} = r$. Or si nous supposons

$d(B) = \frac{d(B)}{dx}dx + \frac{d(B)}{dy}dy + \frac{d(B)}{dz}dz$, nous aurons

$$\frac{d(B)}{dy} = \frac{d(B)}{dy} + \frac{d(B)}{dz}\frac{dz}{dy},\ \frac{d(B)}{dx} = \frac{d(B)}{dx} + \frac{d(B)}{dz}\frac{dz}{dx};$$

& l'équation précédente deviendra

$$\frac{d(B)}{dz}\frac{dz}{dy} - r\frac{d(B)}{dz}\frac{dz}{dx} + \frac{d(B)}{dy} - r\frac{d(B)}{dx} = 0.$$

Nous allons faire usage de cette transformée pour intégrer complétement l'équation $M\frac{dz}{dy} + N\frac{dz}{dx} + V = 0$, dans laquelle M, N sont fonctions de x, y, & V fonction de x, y, z.

Il faudra multiplier cette équation par un facteur Ψ; puis il faudra la comparer à la transformée, ce qui donnera

$$\frac{d(B)}{dz} = M\Psi,\ -r\frac{d(B)}{dz} = N\Psi,\ \frac{d(B)}{dy} - r\frac{d(B)}{dx} = V\Psi.$$

On tirera des deux premières équations $Mr + N = 0$; la troisième deviendra

$\frac{d(B)}{dy} - r\frac{d(B)}{dx} = \frac{V}{M}\frac{d(B)}{dz}$; & le problême sera réduit à trouver pour ω & (B) des valeurs qui satisfassent aux deux équations

$$M\frac{d\omega}{dy} + N\frac{d\omega}{dx} = 0,\ M\frac{d(B)}{dy} + N\frac{d(B)}{dx} - V\frac{d(B)}{dz} = 0.$$

Pour satisfaire à la première, on prendra $\omega = S$, S étant l'intégrale de la différentielle $M dx - N dy$ multipliée par un facteur μ propre à la rendre exacte.

Mais $\mathrm{d}(B) = \frac{\mathrm{d}(B)}{dx} dx + \frac{\mathrm{d}(B)}{dy} dy + \frac{\mathrm{d}(B)}{dz} dz$; en mettant dans cette équation pour $\frac{\mathrm{d}(B)}{dy}$ sa valeur $-\frac{N}{M} \frac{\mathrm{d}(B)}{dx} + \frac{V}{M} \frac{\mathrm{d}(B)}{dz}$, on aura

$$\mathrm{d}(B) = \frac{\mathrm{d}(B)}{dx} \cdot \frac{M dx - N dy}{M} + \frac{\mathrm{d}(B)}{dz} \left(dz + \frac{V dy}{M}\right) = \frac{\mathrm{d}(B)}{dx} \frac{dS}{\mu M} + \frac{\mathrm{d}(B)}{dz} \left(dz + \frac{V dy}{M}\right).$$

On regardera S comme constant, ce qui réduira l'équation précédente à celle-ci $\mathrm{d}(B) = \frac{\mathrm{d}(B)}{dz}\left(dz + \frac{V dy}{M}\right)$; & il ne sera plus question, pour trouver (B), que de chercher le facteur de la différentielle $dz + \frac{V dy}{M}$ (dans laquelle on mettra auparavant pour x sa valeur en y & S tirée de $\int(\mu M dx - \mu N dy) = S$) en regardant S comme constant. Si la différentielle exacte qu'on trouvera de cette manière est dT, $T = F : (S)$ sera l'intégrale complète de $M \frac{dz}{dy} + N \frac{dz}{dx} + V = 0$, M, N étant des fonctions quelconques de x, y, & V une fonction quelconque de x, y, z.

On auroit pu mettre dans l'équation

$$\mathrm{d}(B) = \frac{\mathrm{d}(B)}{dx} dx + \frac{\mathrm{d}(B)}{dy} dy + \frac{\mathrm{d}(B)}{dz} dz,$$

pour $\frac{\mathrm{d}(B)}{dx}$ sa valeur $-\frac{M}{N} \frac{\mathrm{d}(B)}{dy} + \frac{V}{N} \frac{\mathrm{d}(B)}{dz}$,

ce qui auroit donné

$$\mathrm{d}(B) = -\frac{\mathrm{d}(B)}{dy} \cdot \frac{M dx - N dy}{N} + \frac{\mathrm{d}(B)}{dz} \left(dz + \frac{V dx}{N}\right) = -\frac{\mathrm{d}(B)}{dy} \frac{dS}{\mu N} + \frac{\mathrm{d}(B)}{dz} \left(dz + \frac{V dx}{N}\right);$$

& tout se réduit à transformer la différentielle $dz + \frac{V dx}{N}$ en mettant pour y sa valeur en x & S, & à chercher ensuite le facteur propre à la rendre exacte en regardant S comme constant. Si de cette manière on eût trouvé pour différentielle exacte $d\theta$, on auroit pris $\theta = F : (S)$ pour l'intégrale complète de la proposée. Il ne sera pas inutile d'éclaircir ce que nous venons de dire par quelques exemples.

(494). 1°. Si $V = Pz + Q$, P & Q étant des fonctions quelconques de x & y; il s'agira de rendre exacte la différentielle $dz + \frac{P}{M} z dy + \frac{Q}{M} dy$, ou celle-ci $dz + \frac{P}{N} z dx + \frac{Q}{N} dx$. Je suppose qu'ayant mis pour x sa valeur en y & S, la première devienne $dz + \frac{P'}{M'} z dy + \frac{Q'}{M'} dy$, qui a pour facteur $e^{\int \frac{P'}{M'} dy}$; ou qu'ayant mis pour y sa valeur en x & S, la seconde devienne $dz + \frac{(P)}{(N)} z dx + \frac{(Q)}{(N)} dx$, qui a pour facteur $e^{\int \frac{(P)}{(N)} dx}$. Alors on aura $T = z e^{\int \frac{P'}{M'} dy} + \int e^{\int \frac{P'}{M'} dy} \frac{Q'}{M'} dy$,

$$\theta = z e^{\int \frac{(P)}{(N)} dx} + \int e^{\int \frac{(P)}{(N)} dx} \frac{(Q)}{(N)} dx;$$

& pour intégrale complète

$$z = e^{-\int \frac{P'}{M'} dy} \left(F:(S) - \int e^{\int \frac{P'}{M'} dy} \frac{Q'}{M'} dy \right), \text{ ou}$$

$$z = e^{-\int \frac{(P)}{(N)} dx} \left(F:(S) - \int e^{\int \frac{(P)}{(N)} dx} \frac{(Q)}{(N)} \right) dx,$$

comme nous l'avons trouvé (n°. 308).

2°. Soit proposé d'intégrer les équations

$$Y \frac{dz}{dy} + X \frac{dz}{dx} = Z \ \& \ X \frac{dz}{dy} + Y \frac{dz}{dx} = Z,$$

où les quantités X, Y & Z sont chacune fonction d'une des variables x, y, z. Pour la première, il faudra rendre exactes les deux différentielles $Y dx - X dy$ & $dz - \frac{Z dy}{Y}$, dont l'une a pour facteur $\frac{1}{XY}$ & l'autre $\frac{1}{Z}$. On trouvera de cette manière $S = \int \frac{dx}{X} - \int \frac{dy}{Y}$, $T = \int \frac{dz}{Z} - \int \frac{dy}{Y}$; & pour l'intégrale complète demandée

$$\int \frac{dz}{Z} - \int \frac{dy}{Y} = F: \left(\int \frac{dx}{X} - \int \frac{dy}{Y} \right).$$

Mais pour intégrer $X \frac{dz}{dy} + Y \frac{dz}{dx} = Z$, il sera plus simple de chercher S & θ en rendant exactes les deux différentielles $X dx - Y dy$ & $dz - \frac{Z dx}{X}$; dont l'une a pour facteur l'unité & l'autre $\frac{1}{Z}$; on trouvera de cette manière pour l'intégrale complète demandée $\int \frac{dz}{Z} - \int \frac{dx}{X} = F:(\int X dx - \int Y dy)$.

3°. Si M & N étant des fonctions homogènes de x & y de même dimenfion e, & Z une fonction de z seul, on fait dans la proposée $V = Z$; il faudra prendre $y = ux$, pour avoir $M = x^e U$, $N = x^e U'$, où U & U' ne renferment de variables que u. On tirera de-là

$$M\,dx - N\,dy = x^e\,([U - uU']\,dx - U'x\,du),$$

qui a pour facteur $\frac{1}{x^{e+1}(U - uU')}$. Donc $dS = \frac{dx}{x} - \frac{U'\,dx}{U - uU'}$;

&, à cause de $dz + \frac{Z\,dy}{M} = dz + \frac{Z\,(u\,dx + x\,du)}{x^e U}$,

on aura $T = \int \frac{dz}{Z} + \int \frac{u\,dx + x\,du}{x^e U}$, où l'intégrale de $\frac{u\,dx + x\,du}{x^e U}$ sera prise par rapport à u après avoir mis pour x & dx leurs valeurs en u, S, du & dS. Soient, par exemple, $M = x^2$, $N = xy$; on aura

$$e = 2,\ U = 1,\ U' = u,\ \&\ dS = \frac{dx}{x} - \frac{u\,du}{1 - u^2},$$

d'où l'on tirera $e^S = x\sqrt{(1 - u^2)}$. On mettra pour x & dx leurs valeurs dans $\frac{u\,dx + x\,du}{x^2}$, & on aura la différentielle $e^{-S}\left(u\,dS\sqrt{(1-u^2)} + \frac{du}{\sqrt{(1-u^2)}}\right)$ dont l'intégrale, prise en ne faisant varier que u, fera $e^{-S} A$ fin. u. Ainsi dans ce cas particulier, on aura pour intégrale complète

$$\int \frac{dz}{Z} + \frac{1}{\sqrt{(x^2 - y^2)}}\ A\ \text{fin.}\ \frac{y}{x} = F : (x^2 - y^2).$$

Lorsque $U - uU' = 0$, on a $\frac{M}{N} = \frac{y}{x}$, ce qui donne $M = Py$, $N = Px$; P étant une fonction quelconque de x & y.

Alors $M\,dx - N\,dy = P(y\,dx - x\,dy)$, différentielle qui devient exacte étant divifée par Py^2, & on a $S = \frac{x}{y}$. Il ne reste plus qu'à intégrer $\frac{dz}{Z} + \frac{dy}{Py}$, après avoir mis dans P pour x sa valeur yS. Si, par exemple, la proposée étoit $xy\frac{dz}{dy} + x^2\frac{dz}{dx} + Z = 0$, on auroit $P = x$ & $\frac{dy}{Py} = \frac{dy}{Sy^2}$, dont l'intégrale, prise en ne faisant varier que y, feroit $\frac{-1}{Sy} = \frac{-1}{x}$.

On auroit donc pour l'intégrale complète demandée $\int \frac{dz}{Z} = \frac{1}{x} + F:\left(\frac{x}{y}\right)$.

4°. Je proposerai pour dernier exemple d'intégrer l'équation

$$y\frac{dz}{dy} + x\frac{dz}{dx} + \frac{\sqrt{(x^2 + y^2 z^2)}}{\sqrt{(x^2 + y^4)}} \cdot \frac{y^2}{z} = 0,$$

où $M = y$, $N = x$ & $\frac{V}{M} = \frac{\sqrt{(x^2 + y^2 z^2)}}{\sqrt{(x^2 + y^4)}}\ \frac{y}{z}$. Il est clair que $S = \frac{x}{y}$; il il ne s'agit donc plus que de chercher le facteur de $dz + \frac{\sqrt{(S^2+z^2)}}{\sqrt{(S^2+y)}} \frac{y\,dy}{z}$, en regardant S comme constant. Or ce facteur est $\frac{z}{\sqrt{(S^2+z^2)}}$; on aura donc

$$T = \int \frac{z\,dz}{\sqrt{(S^2+z^2)}} + \int \frac{y\,dy}{\sqrt{(S^2+y^2)}} = \sqrt{(S^2+z^2)} + \sqrt{(S^2+y^2)};$$

& $\sqrt{(x^2+y^2z^2)} + \sqrt{(x^2+y^4)} = yF:\left(\frac{x}{y}\right)$ sera l'intégrale complète demandée. De l'autre manière, on auroit eu à chercher le facteur de $dz + \frac{\sqrt{(x^2+y^2z^2)}}{\sqrt{(x^2+y^4)}} \cdot \frac{y^2\,dx}{xz}$, qui, en mettant pour y sa valeur $\frac{x}{S}$ seroit devenu $dz + \frac{\sqrt{(S^2+z^2)}}{\sqrt{(S^4+x^2)}} \cdot \frac{x\,dx}{Sz}$, & auroit donné

$$\theta = \sqrt{(S^2+z^2)} + \frac{\sqrt{(S^4+x^2)}}{S} = \frac{\sqrt{(x^2+y^2z^2)}}{y} + \frac{\sqrt{(x^2+y^4)}}{y};$$

c'est-à-dire que de cette autre manière on auroit trouvé un résultat absolument conforme au précédent.

(495). Si $(B) + F:(\omega) = 0$ est l'intégrale première complète d'une équation du second ordre, (B) renfermera nécessairement x, y, z & les différences partielles $\frac{dz}{dy}$, $\frac{dz}{dx}$ que nous nommerons α', $\mathcal{C}'$. Alors à cause de

$$d(B) = \frac{d(B)}{dx}dx + \frac{d(B)}{dy}dy + \frac{d(B)}{dz}dz + \frac{d(B)}{d\alpha'}d\alpha' + \frac{d(B)}{d\mathcal{C}'}d\mathcal{C}';$$

nous aurons

$$\frac{d(B)}{dy} = \frac{d(B)}{dy} + \frac{d(B)}{dz}\frac{dz}{dy} + \frac{d(B)}{d\alpha'}\frac{d^2z}{dy^2} + \frac{d(B)}{d\mathcal{C}'}\frac{d^2z}{dy\,dx},$$

$$\frac{d(B)}{dx} = \frac{d(B)}{dx} + \frac{d(B)}{dz}\frac{dz}{dx} + \frac{d(B)}{d\alpha'}\frac{d^2z}{dy\,dx} + \frac{d(B)}{d\mathcal{C}'}\frac{d^2z}{dx^2};$$

en mettant ces valeurs dans l'équation $\frac{d(B)}{dy} - r\frac{d(B)}{dx} = 0$, nous la changerons en celle-ci,

$$\frac{d(B)}{d\alpha'}\frac{d^2z}{dy^2} + \left(\frac{d(B)}{d\mathcal{C}'} - r\frac{d(B)}{d\alpha'}\right)\frac{d^2z}{dy\,dx} - r\frac{d(B)}{d\mathcal{C}'}\frac{d^2z}{dx^2} + \frac{d(B)}{dz}\frac{dz}{dy} - r\frac{d(B)}{dz}\frac{dz}{dx} + \frac{d(B)}{dy} - r\frac{d(B)}{dx} = 0.$$

Nous allons faire usage de cette transformée pour trouver tous les cas où les équations linéaires du second ordre peuvent avoir une intégrale de l'ordre immédiatement inférieur.

On peut repréſenter toutes les équations linéaires du ſecond ordre par celle-ci,

$$A\frac{d^2 z}{dy^2}+B\frac{d^2 z}{dy\,dx}+C\frac{d^2 z}{dx^2}+Vz=W,$$
$$+B'\frac{dz}{dy}\quad+C'\frac{dz}{dx}$$

dans laquelle A, B, C, B', C', V & W ſont des fonctions de y & x. Je multiplie cette équation par un facteur Ψ, & je la compare enſuite à la transformée précédente, ce qui me donne d'abord

$$\frac{\mathrm{d}(B)}{d\alpha'}=\Psi A,\ \frac{\mathrm{d}(B)}{d\text{ϐ}'}-r\frac{\mathrm{d}(B)}{d\alpha'}=\Psi B,\ -r\frac{\mathrm{d}(B)}{d\text{ϐ}'}=\Psi C;$$

d'où je tire $\frac{\mathrm{d}(B)}{d\alpha'}=\Psi A$, $\frac{\mathrm{d}(B)}{d\text{ϐ}'}=\Psi(Ar+B)$, & que r eſt donné par l'équation du ſecond degré $Ar^2+Br+C=0$. Ayant r, il ſera bien facile de trouver ω au moyen de l'équation $\frac{d\omega}{dy}-r\frac{d\omega}{dx}=0$, en ſuppoſant toutefois qu'on connoiſſe le facteur propre à rendre $r\,dy+dx$ une différentielle exacte; car ſi l'on nomme a ce facteur, & que l'on faſſe $ar\,dy+a\,dx=db$, on fait que $\omega=b$ ſatisfait à l'équation $\frac{d\omega}{dy}-r\frac{d\omega}{dx}=0$.

$\frac{\mathrm{d}(B)}{dy}-r\frac{\mathrm{d}(B)}{dx}$ eſt une fonction du premier ordre; je lui donne la forme ſuivante, $\alpha 1\frac{dz}{dy}+\text{ϐ}1\frac{dz}{dx}+\varphi 1 z+X1$, & je ſuppoſe

$$\frac{\mathrm{d}(B)}{dz}+\alpha 1=\Psi B',\ -r\frac{\mathrm{d}(B)}{dz}+\text{ϐ}1=\Psi C',\ \varphi 1=\Psi V,\ X1=-\Psi W.$$

Il ſuit de-là que $\frac{\mathrm{d}(B)}{dz}=\Psi B'-\alpha 1$, & qu'on a de plus les trois équations $\Psi(B'r+C')=\alpha 1 r+\text{ϐ}1$, $\Psi V=\varphi 1$, $X1+\Psi W=0$.

Je ferai pour abréger $Ar+B=B(1)$, $B'r+C'=C'(1)$, $\frac{dA}{dy}-r\frac{dA}{dx}=\dot{A}$, &c., $\frac{d\Psi}{dy}-r\frac{d\Psi}{dx}=\dot{\Psi}$, $\frac{d\dot{\Psi}}{dy}-r\frac{d\dot{\Psi}}{dx}=\ddot{\Psi}$: cela poſé, ſi le facteur Ψ ne doit être fonction que des ſeules variables y & x, $\Psi\left(A\frac{dz}{dy}+B(1)\frac{dz}{dx}\right)$ ſera la ſomme de tous les termes de (B) qui renfermeront des différences partielles du premier ordre, & on aura $\alpha 1=A\dot{\Psi}+\Psi\dot{A}$, $\text{ϐ}1=B(1)\dot{\Psi}+\Psi\dot{B}(1)$.

Donc $((B'-\dot{A}).\Psi-\dot{A}\Psi)z$, dans la même hypothèſe, ſera le terme de (B) qui renfermera z; & après avoir fait pour abréger $B'-\dot{A}=E'(2)$, on

aura $\varphi 1 = \Psi \dot{B}'(2) + (B'(2) - \dot{A})\dot{\Psi} - A\ddot{\Psi}$, ou
$\varphi 1 = \dot{B}'(2)\Psi + B'(3)\dot{\Psi} - A\ddot{\Psi}$, en faisant encore pour abréger
$B'(2) - \dot{A} = B'(3)$. Nous avons trouvé plus haut $\varphi 1 = \Psi V$; nous aurons donc l'équation

$$(1) \ldots\ldots (V - \dot{B}'(2))\Psi - B'(3)\dot{\Psi} + A\ddot{\Psi} = 0.$$

Celle-ci $\Psi C'(1) = \alpha 1 r + \beta 1$, après avoir mis pour $\alpha 1$ & $\beta 1$ leurs valeurs, & avoir fait pour abréger

$$C'(1) - \dot{A}r - \dot{B}(1) = C'(2),\quad Ar + B(1) = B(2),$$

devient $(2) \ldots\ldots C'(2)\Psi - B(2)\dot{\Psi} = 0$. Voilà donc deux équations 1 & 2, dont l'une servira à trouver le facteur Ψ, & l'autre sera l'équation de condition qui devra avoir lieu pour que la proposée ait une intégrale de l'ordre immédiatement inférieur.

Soit $\ddot{\Psi} = K$; à cause de $\ddot{\Psi} = \frac{d\dot{\Psi}}{dy} - r\frac{d\dot{\Psi}}{dx}$, on a $\dot{\Psi} = \int K' dy$, K' étant ce que devient K après avoir mis pour x sa valeur en y & b tirée de l'équation $\int(ardy + adx) = b$. De même, $\dot{\Psi}$ étant égale à $\frac{d\Psi}{dy} - r\frac{d\Psi}{dx}$, on a $\Psi = \int dy \int K' dy$. En mettant ces valeurs de Ψ, $\dot{\Psi}$, $\ddot{\Psi}$ dans les équations 1 & 2, elles deviennent

$$(V - \dot{B}(2))\int dy \int K' dy - B'(3)\int K' dy + AK' = 0,$$
$$C'2\int dy \int K' dy - B'(2)\int K' dy = 0.$$

Or si je fais $\frac{B'(3)}{V - \dot{B}'(2)} = a1$, $\frac{A}{V - \dot{B}'(2)} = b1$, $\frac{B'(2)}{C'(2)} = a2$, & que je nomme $a'1$, $b'1$, $a'2$, ce que deviennent $a1$, $b1$, $a2$, lorsqu'on a mis pour x sa valeur en y & b, j'aurai les équations

$$\int dy \int K' dy - a'1 \int K' dy + b'1 K' = 0,\quad \int dy \int K' dy - a'2 \int K' dy = 0,$$

qui étant différentiées par rapport à y, donneront

$$\left(1 - \frac{da'1}{dy}\right)\int K' dy - \left(a'1 - \frac{db'1}{dy}\right)K' + b'1\frac{dK'}{dy} = 0,$$
$$\left(1 - \frac{da'2}{dy}\right)\int K' dy - a'2 K' = 0.$$

En faisant encore $\frac{a'1 - \frac{db'1}{dy}}{1 - \frac{da'1}{dy}} = a''1$, $\frac{b'1}{1 - \frac{da'1}{dy}} = b''1$, $\frac{a'2}{1 - \frac{da'2}{dy}} = a''2$, celles-ci deviendront

$$\int K' dy - a'' 1\, K' + b'' 1\, \frac{dK'}{dy} = 0,\ \int K' dy - a'' 2\, K' = 0,$$

& donneront, en différentiant par rapport à y,

$$(a) \ldots\ldots \left(1 - \frac{d a'' 1}{dy}\right) K' - \left(a'' 1 - \frac{d b'' 1}{dy}\right) \frac{dK'}{dy} + b'' 1\, \frac{d^2 K'}{dy^2} = 0,$$

$$(b) \ldots\ldots \left(1 - \frac{d a'' 2}{dy}\right) K' - a'' 2\, \frac{dK'}{dy} = 0.$$

Donc K' sera donné par l'une de ces deux équations entre K', y & b, qu'on peut regarder comme étant aux différences ordinaires; car puisqu'il n'est question que de satisfaire aux équations de condition, on doit pouvoir y supposer b constant.

Il ne nous reste plus qu'à déterminer le terme de (B) qui n'est fonction que de x, y; nommons-le X; &, à cause de $\frac{dX}{dy} - r\frac{dX}{dx} = X1 = -\Psi W$, nous aurons $X = -\int \Psi W dy$, en faisant attention qu'avant d'intégrer par rapport à y, il faudra mettre dans ΨW pour x sa valeur en y & b tirée de l'équation $\int(a r dy + a dx) = b$. Ainsi l'intégrale première complète sera

$$\Psi\left(A\frac{dz}{dy} + B(1)\frac{dz}{dx}\right) + (B'(2)\Psi - A\dot{\Psi})z + F:(b) = \int \Psi W dy.$$

(496). Nous avons intégré (n°. 312) l'équation du second ordre $\frac{d^2 z}{dy^2} = c^2 \frac{d^2 z}{dx^2}$; si nous la prenons pour exemple, nous trouverons $A = 1$, $B = 0$, $C = -c^2$ & les autres co-efficiens nuls; nous aurons pour déterminer r, l'équation du second degré $r^2 - c^2 = 0$, qui donnera $r = \pm c$, & par conséquent $b = \pm cy + x$. De plus, à cause de $B(1) = \pm c$, $B(2) = \pm 2c$, & de $C''(1)$, $B'(2)$, $B'(3)$, $C'(2)$ qui sont nuls, les équations 1 & 2 se réduiront à celles-ci, $\dot{\Psi} = 0$, $\ddot{\Psi} = 0$, auxquelles nous satisferons en prenant $\Psi = 1$; nous trouverons ensuite ces deux intégrales premières complètes (car les deux valeurs de r ont également lieu)

$$\frac{dz}{dy} + c\frac{dz}{dx} + F':(x + cy) = 0, \text{ \&}$$

$$\frac{dz}{dy} - c\frac{dz}{dx} + f':(x - cy) = 0,$$

desquelles nous tirerons

$$2\frac{dz}{dy} + F':(x + cy) + f':(x - cy) = 0,$$

$$2c\frac{dz}{dx} + F':(x + cy) - f':(x - cy) = 0,$$

& par conséquent

$$2c\,dz = -(c\,dy + dx)F':(x + cy) - (c\,dy - dx)f':(x - cy);$$

qui

qui donne évidemment $2cz = -F:(x+cy) - f:(x-cy)$, ou, ce qui revient au même, puisque les fonctions désignées par F & f doivent être arbitraires, $z = F:(x+cy) + f:(x-cy)$.

Si je prends pour second exemple l'équation

$$\frac{d^2 z}{dy^2} - h^2 \frac{d^2 z}{dx^2} + \frac{h}{x}\frac{dz}{dy} + \frac{h}{x^2}\frac{dz}{dx} = 0;$$

j'aurai $A = 1$, $B = 0$, $C = -h^2$; $B' = \frac{h}{x}$, $C' = \frac{h}{x^2}$, $V = 0$, $W = 0$;

& pour déterminer r l'équation du second degré $r^2 - h^2 = 0$, qui donnera $r = h$ ou $r = -h$. En faisant usage de la première valeur de r, je trouverai $b = hy + x$; puis $B(1) = h$, $\dot{A} = 0$, $\dot{B}(1) = 0$, $C'(1) = \frac{2h^2}{x}$, $B'(2) = \frac{h}{x}$,

$$\dot{B}'(2) = -\frac{h^2}{x^2},\ B'(3) = \frac{h}{x},\ C'(2) = \frac{2h^2}{x},\ B(2) = 2h.$$

Les équations 1 & 2 deviendront $-\frac{h^2}{x^2}\Psi - \frac{h}{x}\dot{\Psi} + \ddot{\Psi} = 0$, $\frac{h}{x}\Psi - \dot{\Psi} = 0$.

Je ferai $\dot{\Psi} = K$; d'où $\Psi = \int K' dy$; en mettant dans la seconde équation pour x sa valeur $b - hy$, je la changerai en celle-ci, $h\int K'dy - (b-hy)K' = 0$, de laquelle je tirerai, en ne faisant varier que y, $2hK' - (b-hy)\frac{dK'}{dy} = 0$,

& $K' = \frac{1}{(b-hy)^2}$. Donc $\Psi = \frac{1}{h(b-hy)} = \frac{1}{hx}$; comme cette valeur de Ψ satisfait aussi à la première équation de condition, il s'ensuit que la proposée a pour intégrale première complète

$$\frac{dz}{dy} + h\frac{dz}{dx} + hxF:(hy+x) = 0.$$

Celle-ci étant intégrée donnera

$$z = -\int h\,dy\,(hy+S)\,F:(2hy+S) + f:(S);$$

S étant égal à $x - hy$; c'est pourquoi, si au lieu de la différentielle $h\,dy\,(hy+S)\,F:(2hy+S)$, j'écris $h\,dy\,(hy+S)\,\varphi'':(2hy+S)$, dont l'intégrale, prise en ne faisant varier que y, est

$$\frac{hy+S}{2}\varphi':(2hy+S) - \tfrac{1}{4}\varphi:(2hy+S);$$

j'aurai $z = -\frac{x}{2}\varphi':(x+hy) + \frac{1}{4}\varphi:(x+hy) + f:(x-hy)$

qui est la valeur complète de z dans l'équation

$$\frac{d^2 z}{dy^2} - h^2\frac{d^2 z}{dx^2} + \frac{h}{x}\frac{dz}{dy} + \frac{h}{x^2}\frac{dz}{dx} = 0.$$

Si j'eusse pris $r = -h$, j'aurai trouvé $b = x - hy$; puis $B(1) = h$;

$C'(1) = 0$, $\dot{A} = 0$, $\dot{B}(1) = 0$, $B'(2) = \frac{h}{x}$, $\dot{B}'(2) = \frac{-h^2}{x^2}$;
$B'(3) = \frac{h}{x}$, $C'(2) = 0$, $B(2) = -2h$.

Les équations 1 & 2 seroient devenues $\frac{h^2}{x^2}\Psi - \frac{h}{x}\dot{\Psi} + \ddot{\Psi} = 0$, $\dot{\Psi} = 0$; mais $\dot{\Psi} = 0$ donne $\Psi = b$ qui ne satisfait point à l'autre équation de condition; donc, &c.

Soit proposé pour troisième exemple, d'intégrer l'équation

$$\frac{d^2 z}{dy^2} - \frac{x^2}{y^2}\frac{d^2 z}{dx^2} + \frac{1}{x}\frac{dz}{dy} - \frac{1}{y}\frac{dz}{dx} + \frac{2z}{xy} = 0.$$

On fera $A = 1$, $B = 0$, $C = -\frac{x^2}{y^2}$, $B' = \frac{1}{x}$, $C' = \frac{-1}{y}$, $V = \frac{2}{xy}$, $W = 0$;
&, à cause de $r^2 - \frac{x^2}{y^2} = 0$, on aura ou $r = \frac{x}{y}$, ou $r = -\frac{x}{y}$.
En faisant usage de la valeur positive de r, on trouvera $b = xy$; puis
$\dot{A} = 0$, $B(1) = \frac{x}{y}$, $\dot{B}(1) = -\frac{2x}{y^2}$, $C'(1) = 0$, $B'(2) = \frac{1}{x}$,
$\dot{B}'(2) = \frac{1}{xy}$, $B'(3) = \frac{1}{x}$, $C'(2) = \frac{2x}{y^2}$, $B(2) = \frac{2x}{y}$;
& pour équations de condition $\frac{1}{xy}\Psi - \frac{1}{x}\dot{\Psi} + \ddot{\Psi} = 0$, $\frac{1}{y}\Psi - \dot{\Psi} = 0$.
Si l'on fait $\dot{\Psi} = K$, on aura $\Psi = \int K'\,dy$, & $\int K'\,dy - yK' = 0$, qui donne évidemment $K' = b$, & par conséquent $\Psi = by = xy^2$. Cette valeur de Ψ satisfait à l'autre équation de condition; donc

$$xy^2\frac{dz}{dy} + x^2y\frac{dz}{dx} + (y^2 - xy)z + F:(xy) = 0$$

est l'intégrale première complète de la proposée.

(497). Le quatrième exemple sera d'intégrer l'équation

$$y^2\frac{d^2 z}{dy^2} + 2xy\frac{d^2 z}{dx\,dy} + x^2\frac{d^2 z}{dx^2} = 0.$$

Alors on aura $A = y^2$, $B = 2xy$, $C = x^2$, $B' = 0$, $C' = 0$, $V = 0$, $W = 0$; & r sera donné par l'équation $y^2r^2 + 2xyr + x^2 = (yr + x)^2 = 0$, d'où l'on tirera $r = \frac{-x}{y}$, puis $b = \frac{x}{y}$. De plus $\dot{A} = 2y$, $B(1) = xy$, $\dot{B}(1) = 2x$, $C'(1) = 0$, $B'(2) = -2y$, $\dot{B}'(2) = -2$, $B'(3) = -4y$; &, à cause de $C'(2) = 0$, $B(2) = 0$, il n'y a qu'une seule équation de condition, savoir, $2\Psi + 4y\dot{\Psi} + y^2\ddot{\Psi} = 0$. On fera $\ddot{\Psi} = K$, pour avoir $\dot{\Psi} = \int K'\,dy$, $\Psi = \int dy \int K'\,dy$; ces valeurs étant substituées dans l'équation précédente, il en résultera celle-ci, $2\int dy\int K'\,dy + 4y\int K'\,dy + y^2K' = 0$, qui, lorsqu'on aura fait disparoître les signes d'intégration, deviendra

$$12K' + 8y\frac{dK'}{dy} + y^2\frac{d^2K'}{dy^2} = 0.$$

On ſait qu'on ſatisfera à l'équation précédente, en prenant $K' = y^{\lambda}$, & λ ſera donné par l'équation du ſecond degré $\lambda^2 + 7\lambda + 12 = 0$, d'où l'on tirera $\lambda = -4$ ou $\lambda = -3$. En ſe ſervant de la première valeur, on trouvera $\Psi = \frac{1}{6y^2}$; &, pour intégrale première complète

$$y\frac{dz}{dy} + x\frac{dz}{dx} + 6yF:\left(\frac{x}{y}\right) = 0.$$

L'autre valeur de λ donnera $\Psi = \frac{1}{2y}$ qui eſt auſſi un des facteurs de la propoſée; ſi l'on en fait uſage, on trouvera cette autre intégrale première

$$y\frac{dz}{dy} + x\frac{dz}{dx} - z + 2f:\left(\frac{x}{y}\right) = 0.$$

Avec les deux intégrales trouvées, on chaſſera $y\frac{dz}{dy} + x\frac{dz}{dx}$, & on aura

$$z = 2f:\left(\frac{x}{y}\right) - 6yF:\left(\frac{x}{y}\right), \text{ ou mieux } z = f:\left(\frac{x}{y}\right) + yF:\left(\frac{x}{y}\right),$$

qui eſt la valeur complète de z, telle qu'on l'auroit trouvée, ſi on eut intégré l'une ou l'autre des deux intégrales premières.

Je propoſerai pour dernier exemple d'intégrer l'équation

$$y^2\frac{d^2z}{dy^2} + 2xy\frac{d^2z}{dx\,dy} + x^2\frac{d^2z}{dx^2} + hy\frac{dz}{dy} + hx\frac{dz}{dx} + iz = W.$$

On fera $A = y^2$, $B = 2xy$, $C = x^2$, $B' = hy$, $C' = hx$, $V = i$;

&, à cauſe de $(yr + x)^2 = 0$, on aura $r = -\frac{x}{y}$, $b = \frac{x}{y}$; puis

$$\dot{A} = 2y,\ B(1) = xy,\ \dot{B}(1) = 2x,\ C'(1) = 0,\ B'(2) = (h-2)y,$$

$$\dot{B}'(2) = h - 2,\ B'(3) = (h-4)y,\ C'(2) = 0,\ B(2) = 0.$$

Il ne reſtera qu'une ſeule équation de condition qui ſera

$$(i - h + 2)\Psi - (h-4)y\dot{\Psi} + y^2\ddot{\Psi} = 0.$$

Je ferai $\ddot{\Psi} = K$, d'où $\dot{\Psi} = \int K'dy$, $\Psi = \int dy \int K'dy$;

& par ces ſubſtitutions je changerai l'équation précédente en celle-ci,

$$(i - h + 2)\int dy \int K'dy - (h-4)y\int K'dy + y^2K' = 0,$$

qui, lorſqu'on aura fait diſparoître les ſignes d'intégration, deviendra

$$(i - 3h + 12)K' - (h-8)y\frac{dK'}{dy} + y^2\frac{d^2K'}{dy^2} = 0,$$

à laquelle on doit ſatisfaire en prenant $K' = y^{\lambda}$, En effet, λ ſe trouve être déterminé par l'équation du ſecond degré $i - 3h + 12 - (h-7)\lambda + \lambda^2 = 0$, qui donne $\lambda = \frac{h-7}{2} \pm \sqrt{[(h-1)^2 - 4i]}$, ou $\lambda = \frac{h-7}{2} \pm \frac{i'}{2}$, en faisant pour abréger $\sqrt{[(h-1)^2-4i]}=i'$; donc

$$\dot{\Psi}=\frac{2}{h-5\pm i'}y^{\frac{h-5}{2}\pm\frac{i'}{2}},\ \Psi=\frac{4}{(h-5\pm i')(h-3\pm i')}y^{\frac{h-3}{2}\pm\frac{i'}{2}}.$$

On aura pour intégrale complète

$$y\frac{dz}{dy}+x\frac{dz}{dx}+\frac{h-1\mp i'}{2}z+\frac{(h-5\pm i')(h-3\pm i')}{4}$$
$$y^{\frac{-h+1}{2}\mp\frac{i'}{2}}F:\left(\frac{x}{y}\right)=y^{\frac{-h+1}{2}\mp\frac{i'}{2}}\int Wy^{\frac{h-3}{2}\pm\frac{i'}{2}}dy,$$

à laquelle je puis donner cette forme plus simple

$$y\frac{dz}{dy}+x\frac{dz}{dx}+\frac{h-1\mp i'}{2}z+y^{\frac{-h+1}{2}\mp\frac{i'}{2}}F:\left(\frac{x}{y}\right)=$$
$$y^{\frac{-h+1}{2}\mp\frac{i'}{2}}\int Wy^{\frac{h-3}{2}\pm\frac{i'}{2}}dy.$$

J'ai donc, à cause de l'ambiguité du signe, ces deux intégrales premières

$$y\frac{dz}{dy}+x\frac{dz}{dx}+\frac{h-1-i'}{2}z+y^{\frac{-h+1}{2}-\frac{i'}{2}}F:\left(\frac{x}{y}\right)=$$
$$y^{\frac{-h+1}{2}-\frac{i'}{2}}\int Wy^{\frac{h-3}{2}+\frac{i'}{2}}dy,$$

$$y\frac{dz}{dy}+x\frac{dz}{dx}+\frac{h-1+i'}{2}z+y^{\frac{-h+1}{2}+\frac{i'}{2}}f:\left(\frac{x}{y}\right)=$$
$$y^{\frac{-h+1}{2}+\frac{i'}{2}}\int Wy^{\frac{h-3}{2}-\frac{i'}{2}}dy,$$

qui, en éliminant $y\frac{dz}{dy}+x\frac{dz}{dx}$ me donnent

$$i'z+y^{\frac{-h+1}{2}}\left(y^{\frac{i'}{2}}f:\left(\frac{x}{y}\right)-y^{-\frac{i'}{2}}F:\left(\frac{x}{y}\right)\right)=$$
$$y^{\frac{-h+1}{2}}\left(y^{\frac{i'}{2}}\int Wy^{\frac{h-3}{2}-\frac{i'}{2}}dy-y^{-\frac{i'}{2}}\int Wy^{\frac{h-3}{2}+\frac{i'}{2}}dy\right).$$

Mais en intégrant l'équation

$$y\frac{dz}{dy}+x\frac{dz}{dx}+\frac{h-1\mp i'}{2}z+y^{\frac{-h+1}{2}\mp\frac{i'}{2}}F:\left(\frac{x}{y}\right)=$$
$$y^{\frac{-h+1}{2}\mp\frac{i'}{2}}\int Wy^{\frac{h-3}{2}\pm\frac{i'}{2}}dy,$$

on

on trouve $z = y^{\frac{-h+1}{2}} \left[y^{\pm\frac{i'}{2}} f:\left(\frac{x}{y}\right) \pm \frac{1}{i'} y^{\mp\frac{i'}{2}} F:\left(\frac{x}{y}\right) + y^{\pm\frac{i'}{2}} \int y^{\mp i'-1} dy \int W y^{\frac{h-3}{2} \pm \frac{i'}{2}} dy \right]$;

de plus, $\int y^{\mp i'-1} dy \int W y^{\frac{h-3}{2} \pm \frac{i'}{2}} dy = \frac{1}{\mp i'} \left(y^{\mp i'} \int W y^{\frac{h-3}{2} \pm \frac{i'}{2}} dy - \int W y^{\frac{h-3}{2} \mp \frac{i'}{2}} dy \right)$;

donc $i' z = y^{\frac{-h+1}{2}} \left[i' y^{\pm\frac{i'}{2}} f:\left(\frac{x}{y}\right) \pm y^{\mp\frac{i'}{2}} F:\left(\frac{x}{y}\right) \mp y^{\mp\frac{i'}{2}} \int W y^{\frac{h-3}{2} \pm \frac{i'}{2}} dy \pm y^{\pm\frac{i'}{2}} \int W y^{\frac{h-3}{2} \mp \frac{i'}{2}} dy \right]$.

A cause de l'ambiguité du signe, on tirera delà deux valeurs de z qui seront, comme on le verra aisément, identiquement la même chose, & coïncideront avec celle qu'on a trouvée un peu plus haut. S'il arrivoit que i' fût une quantité imaginaire, on se serviroit des substitutions dont nous avons parlé dans beaucoup d'endroits de cet ouvrage, & sur-tout dans les (n°s. 275 & *suiv.*). Il pourroit aussi arriver que i' fût $= 0$, alors l'intégrale première deviendroit

$$y\frac{dz}{dy} + x\frac{dz}{dx} + \frac{h-1}{2} z + y^{\frac{-h+1}{2}} F:\left(\frac{x}{y}\right) = y^{\frac{-h+1}{2}} \int W y^{\frac{h-3}{2}} dy,$$

& donneroit

$$z = y^{\frac{-h+1}{2}} \left(f:\left(\frac{x}{y}\right) - y F:\left(\frac{x}{y}\right) + y \int W y^{\frac{h-3}{2}} dy - \int W y^{\frac{h-1}{2}} dy \right).$$

(498). En général, soit $(B) + F:(\omega) = 0$ une équation aux différences partielles, de l'ordre $n - 1$, entre deux variables y & x, qui renferme une fonction arbitraire; pour trouver l'équation de l'ordre n dont elle est l'intégrale première complète, on mettra dans l'équation $\frac{d(B)}{dy} - r\frac{d(B)}{dx} = 0$, ou $r = \frac{d\omega}{dy} : \frac{d\omega}{dx}$, pour $\frac{d(B)}{dy}$ & $\frac{d(B)}{dx}$ leurs valeurs qu'on trouvera de la manière suivante. On nommera z la fonction de y, x que (B) renferme avec ses différences partielles; on fera

$$\frac{d^{n-1}z}{dy^{n-1}} = \alpha', \quad \frac{d^{n-1}z}{dy^{n-2}dx} = \beta' \ldots\ldots\ldots \frac{d^{n-1}z}{dx^{n-1}} = \sigma';$$

$$\frac{d^{n-2}z}{dy^{n-2}} = \alpha'', \quad \frac{d^{n-2}z}{dy^{n-3}dx} = \beta'' \ldots\ldots\ldots \frac{d^{n-2}z}{dx^{n-2}} = \sigma'', \text{ \&c.};$$

& on aura

$$\frac{d(B)}{dy} = \frac{d(B)}{d\alpha'}\,\frac{d^n z}{dy^n} + \frac{d(B)}{d\delta'}\,\frac{d^n z}{dy^{n-1}dx} + \ldots\ldots\ldots\ldots\ldots\ldots$$

$$+ \frac{d(B)}{d\sigma'}\,\frac{d^n z}{dy\,dx^{n-1}} + \&c. + \frac{d(B)}{dz}\,\frac{dz}{dy} + \frac{d(B)}{dy},$$

$$\frac{d(B)}{dx} = \frac{d(B)}{d\alpha'}\,\frac{d^n z}{dy^{n-1}dx} + \frac{d(B)}{d\delta'}\,\frac{d^n z}{dy^{n-2}dx^2} + \ldots\ldots\ldots\ldots$$

$$+ \frac{d(B)}{d\tau'}\,\frac{d^n z}{dx^n} + \&c. + \frac{d(B)}{dz}\,\frac{dz}{dx} + \frac{d(B)}{dx}.$$

Ces ſubſtitutions faites, il viendra l'équation.

$$(A)\ldots\ldots \frac{d(B)}{d\alpha'}\,\frac{d^n z}{dy^n} + \left(\frac{d(B)}{d\delta'} - r\,\frac{d(B)}{d\alpha'}\right)\frac{d^n z}{dy^{n-1}dx} + \ldots\ldots\ldots$$

$$+ \left(\frac{d(B)}{d\tau'} - r\,\frac{d(B)}{d\rho'}\right)\frac{d^n z}{dy\,dx^{n-1}} - r\,\frac{d(B)}{d\sigma'}\,\frac{d^n z}{dx^n} + \frac{d(B)}{d\alpha''}\,\frac{d^{n-1} z}{dy^{n-1}} +$$

$$\left(\frac{d(B)}{d\beta''} - r\,\frac{d(B)}{d\alpha''}\right)\frac{d^{n-1} z}{dy^{n-2}dx} + \ldots\ldots - r\,\frac{d(B)}{d\rho''}\,\frac{d^{n-1} z}{dx^{n-1}} + \ldots\ldots\ldots$$

$$+ \frac{d(B)}{dz}\,\frac{dz}{dy} - r\,\frac{d(B)}{dz}\,\frac{dz}{dx} + \frac{d(B)}{dy} - r\,\frac{d(B)}{dx} = 0,$$

qui a pour intégrale première complète $(B) + F:(\omega) = 0$. Je vais faire uſage de cette transformée pour trouver les cas où l'équation linéaire d'un ordre quelconque

$$A\,\frac{d^n z}{dy^n} + B\,\frac{d^n z}{dy^{n-1}dx} + C\,\frac{d^n z}{dy^{n-2}dx^2} + \ldots\ldots\ldots\ldots$$

$$+ S\,\frac{d^n z}{dy\,dx^{n-1}} + T\,\frac{d^n z}{dx^n}$$

$$+ B'\,\frac{d^{n-1} z}{dy^{n-1}} + C'\,\frac{d^{n-1} z}{dy^{n-2}dx} + \ldots\ldots\ldots\ldots$$

$$+ S'\,\frac{d^{n-1} z}{dy\,dx^{n-2}} + T'\,\frac{d^{n-1} z}{dx^{n-1}}$$

$$+ C''\,\frac{d^{n-2} z}{dy^{n-2}} + \ldots\ldots\ldots\ldots$$

$$+ S''\,\frac{d^{n-2} z}{dy\,dx^{n-3}} + T''\,\frac{d^{n-2} z}{dx^{n-2}}$$

$$\ldots\ldots\ldots\ldots\ldots\ldots\ldots\ldots\ldots\ldots\ldots\ldots\ldots\ldots\ldots$$

$$+ S^{(n-1)'}\,\frac{dz}{dy} + T^{(n-1)'}\,\frac{dz}{dx}$$

$$+ Vz = W,$$

dans laquelle les co-efficiens des différences partielles auſſi bien que V & W, ſont des fonctions quelconques de y & x, pour trouver, dis-je, le cas où cette équation a une intégrale de l'ordre immédiatement inférieur.

Si on multiplie la proposée par un facteur Ψ, & qu'après cela on la compare à l'équation A, on aura premièrement

$$\frac{d(B)}{d\alpha'} = \Psi A,\ \frac{d(B)}{d\beta'} - r\frac{d(B)}{d\alpha'} = \Psi B \ldots\ldots\ldots\ldots$$
$$\frac{d(B)}{d\sigma'} - r\frac{d(B)}{d\rho'} = \Psi S,\ - r\frac{d(B)}{d\sigma'} = \Psi T;$$

d'où l'on tirera

$$\frac{d(B)}{d\alpha'} = \Psi A,\ \frac{d(B)}{d\beta'} = \Psi(Ar + B) \ldots\ldots\ldots\ldots$$
$$\frac{d(B)}{d\sigma'} = \Psi(Ar^{n-1} + Br^{n-2} + \ldots\ldots\ldots\ldots + S);$$

& r sera donné par l'équation du degré n,

$$Ar^{n} + Br^{n-1} + Cr^{n-2} + \ldots\ldots\ldots + Sr + T = 0.$$

Pour trouver ω, on cherchera le facteur a propre à rendre $rdy + dx$ une différentielle exacte, & si l'on a $ardy + adx = db$, on trouvera $\omega = b$. Il se présente ici une remarque assez importante, c'est que la proposée étant linéaire ou non, pourvu que les co-efficiens des plus hautes différences partielles ne soient fonctions que de x & y, on aura toujours une fonction de ces variables seulement pour l'arbitraire qui entrera dans l'intégrale complète.

(499). Secondement $\frac{d(B)}{dy} - r\frac{d(B)}{dx}$ étant une fonction de l'ordre $n-1$, je lui donne la forme suivante

$$\alpha 1 \frac{d^{n-1}z}{dy^{n-1}} + \beta 1 \frac{d^{n-2}z}{dy^{n-2}dx} + \ldots\ldots\ldots\ldots + \sigma 1 \frac{d^{n-1}z}{dx^{n-1}} +$$
$$\alpha 2 \frac{d^{n-2}z}{dy^{n-2}} + \&c. + \varphi 1 z + X 1,$$

& je suppose

$$\frac{d(B)}{d\alpha''} + \alpha 1 = \Psi B',\ \frac{d(B)}{d\beta''} - r\frac{d(B)}{d\alpha''} + \beta 1 = \Psi C' \ldots\ldots\ldots$$
$$\frac{d(B)}{d\rho''} - r\frac{d(B)}{d\pi''} + \rho 1 = \Psi S',\ - r\frac{d(B)}{d\rho''} + \sigma 1 = \Psi T';$$
$$\frac{d(B)}{d\alpha'''} + \alpha 2 = \Psi C'' \ldots\ldots\ldots \frac{d(B)}{d\pi'''} - r\frac{d(B)}{do'''} + \pi 2 = \Psi S'';$$
$$- r\frac{d(B)}{d\pi'''} + \rho 2 = \Psi T'';$$

$$\ldots\ldots\ldots\ldots\ldots\ldots\ldots\ldots\ldots\ldots$$

$$\frac{d(B)}{dz} + \alpha\, n-1 = \Psi S^{(n-1)'},\ - r\frac{d(B)}{dz} + \beta\, n-1 = \Psi T^{(n-1)'};$$
$$\varphi 1 = \Psi V,\ X 1 = -\Psi W.$$

d'où je tire évidemment

$\frac{d(B)}{d\alpha''} = \Psi B' - \alpha 1$, $\frac{d(B)}{d\beta''} = \Psi(B'r + C') - \alpha 1 r - \beta 1, \ldots\ldots$

$\frac{d(B)}{d\rho''} = \Psi(B'r^{n-2} + C'r^{n-3} + \ldots\ldots + S') - \alpha 1 r^{n-2} -$
$\beta 1 r^{n-3} - \ldots\ldots - \rho 1;$

$\frac{d(B)}{d\alpha'''} = \Psi C'' - \alpha 2 \ldots\ldots \frac{d(B)}{d\pi'''} = \Psi(C''r^{n-3} + \ldots\ldots$
$+ S'') - \alpha 2 r^{n-3} - \ldots\ldots - \pi 2;$

$\ldots\ldots \frac{d(B)}{d\zeta} = \Psi S^{(n-1)'} - \alpha n - 1;$

& les n équations que voici,

$\Psi(B'r^{n-1} + C'r^{n-2} + \ldots\ldots + T') =$
$\alpha 1 r^{n-1} + \beta 1 r^{n-2} + \ldots\ldots + \sigma 1;$

$\Psi(C''r^{n-2} + \ldots\ldots + T'') =$
$\alpha 2 r^{n-2} + \beta 2 r^{n-3} + \ldots\ldots + \rho 2,$

$\ldots\ldots\ldots\ldots$

$\Psi(S^{(n-1)'}r + T^{(n-1)'}) = \alpha n - 1 r + \beta n - 1,$

$\Psi V = \varphi 1.$

Je fais pour abréger

$Ar + B = B(1),$
$Ar^2 + Br + C = C(1);$
&c.

$B'r + C' = C'(1),$
$B'r^2 + C'r + D' = D'(1);$
&c.

$C''r + D'' = D''(1);$
$C''r^2 + D''r + E'' = E''(1);$
&c. &c.;

$\frac{dA}{dy} - r\frac{dA}{dx} = \dot{A}$, &c., $\frac{d\Psi}{dy} - r\frac{d\Psi}{dx} = \dot{\Psi};$

$\frac{d\dot{\Psi}}{dy} - r\frac{d\dot{\Psi}}{dx} = \ddot{\Psi}$, &c.

(500). Cela posé, si le facteur Ψ ne doit être fonction que des seules variables y & x, on a

$\Psi(A\alpha' + B(1)\beta' + \ldots\ldots + S(1)\sigma'),$

pour

pour la somme de tous les termes de (B) qui renferment des différences partielles de l'ordre $n - 1$; donc

$$\alpha 1 = \dot{A}\Psi + A\dot{\Psi},\ \epsilon 1 = \dot{B}(1)\Psi + B(1)\dot{\Psi} \ldots \sigma 1 = \dot{S}(1)\Psi + S(1)\dot{\Psi};$$

& par conséquent

$$[(B' - \dot{A})\Psi - A\dot{\Psi}]\alpha'' + [(C'(1) - \dot{A}r - \dot{B}(1))\Psi - (Ar + B(1))\dot{\Psi}]\epsilon'' + \ldots\ldots\ldots + [(S'(1) - \dot{A}r^{n-2} - \dot{B}(1)r^{n-3} - \ldots\ldots\ldots - \dot{R}(1))\Psi - (Ar^{n-2} + B(1)r^{n-3} + \ldots\ldots\ldots + R(1))\dot{\Psi}]\rho''$$

est la somme de tous les termes de (B) qui renferment les différences partielles de l'ordre $n - 2$. En continuant toujours de même, on trouvera, après avoir fait pour abréger,

$Ar + B(1) = B(2)$,
$Ar^2 + B(1)r + C(1) = C(2)$;
&c.

$Ar + B(2) = B(3)$,
$Ar^2 + B(2)r + C(2) = C(3)$;
&c.

$Ar + B(3) = B(4)$
$Ar^2 + B(3)r + C(3) = C(4)$, &c.
&c.

$B' - \dot{A} = B'(2)$,
$C'(1) - \dot{A}r - \dot{B}(1) = C'(2)$
$D'(1) - \dot{A}r^2 - \dot{B}(1)r - \dot{C}(1) = D'(2)$
&c.

$C'' - \dot{B}'(2) = C''(2)$,
$D''(1) - \dot{B}'(2)r - \dot{C}'(2) = D''(2)$,
$E''(1) - \dot{B}'(2)r^2 - \dot{C}'(2)r - \dot{D}'(2) = E''(2)$;
&c.

$D''' - \dot{C}''(2) = D'''(2)$,
$E'''(1) - \dot{C}''(2)r - \dot{D}''(2) = E'''(2)$,
$F'''(1) - \dot{C}''(2)r^2 - \dot{D}''(2)r - \dot{E}''(2) = F'''(2)$, &c.
&c.

$B'(2) - \dot{A} = B'(3)$,

$(B'(2) - \dot{A})\,r + C'(2) - \dot{B}(2) = C'(3)$,

$(B'(2) - \dot{A})\,r^2 + (C'(2) - \dot{B}(2))\,r + D'(2) - \dot{C}(2) = D'(3)$,

&c.

$B'(3) - \dot{A} = B'(4)$,

$(B'(3) - \dot{A})\,r + C'(3) - \dot{B}(3) = C'(4)$,

$(B'(3) - \dot{A})\,r^2 + C'(3) - \dot{B}(3))\,r + D'(3) - \dot{C}(3) = D'(4)$, &c.

&c.

$C''(2) - \dot{B}'(3) = C''(3)$,

$(C''(2) - \dot{B}'(3))\,r + D''(2) - \dot{C}'(3) = D''(3)$,

$(C''(2) - \dot{B}'(3))\,r^2 + (D''(2) - \dot{C}'(3))\,r + E''(2) - \dot{D}'(3) = E''(3)$,

&c.

$C''(3) - \dot{B}'(4) = C''(4)$,

$(C''(3) - \dot{B}'(4))\,r + D''(3) - \dot{C}'(4) = D''(4)$,

$(C''(3) - \dot{B}'(4))\,r^2 + (D''(3) - \dot{C}'(4))\,r + E''(3) - \dot{D}'(4) = E''(4)$, &c.

&c.

$D'''(2) - \dot{C}''(3) = D'''(3)$,

$(D'''(2) - \dot{C}''(3))\,r + E'''(2) - \dot{D}''(3) = E'''(3)$,

$(D'''(2) - \dot{C}''(3))\,r^2 + (E'''(2) - \dot{D}''(3))\,r + F'''(2) - \dot{E}''(3) = F'''(3)$,

&c.

$D'''(3) - \dot{C}''(4) = D'''(4)$,

$(D'''(3) - \dot{C}''(4))\,r + E'''(3) - \dot{D}''(4) = E'''(4)$,

$(D'''(3) - \dot{C}''(4))\,r^2 + (E'''(3) - \dot{D}''(4))\,r + F'''(3) - \dot{E}''(4) = F'''(4)$, &c.

&c.

&c. ; on trouvera, dis-je, que la somme des termes de (B) qui renferment z & ses différences partielles, est égale à

$$(\Sigma)\ldots\ldots \Psi\left(A\,\frac{d^{n-1}z}{dy^{n-1}} + B(1)\,\frac{d^{n-1}z}{dy^{n-1}\,dx} + C(1)\,\frac{d^{n-1}z}{dy^{n-3}\,dx^2} + \ldots + S(1)\,\frac{d^{n-1}z}{dx^{n-1}}\right) + (B'(2)\Psi - A\dot{\Psi})\,\frac{d^{n-2}z}{dy^{n-2}} + (C'(2)\Psi - B(2)\dot{\Psi})\,\frac{d^{n-2}z}{dy^{n-3}\,dx} + \ldots + (S'(2)\Psi - R(2)\dot{\Psi})\,\frac{d^{n-2}z}{dx^{n-2}} +$$

$$(C''(2)\Psi - B'(3)\dot{\Psi} + A\ddot{\Psi})\frac{d^{n-3}z}{dy^{n-3}} + (D''(2)\Psi - C'(3)\dot{\Psi} + B(3)\ddot{\Psi})\frac{d^{n-3}z}{dy^{n-4}dx} + \ldots + (S''(2)\Psi - R'(3)\dot{\Psi} + Q(3)\ddot{\Psi})\frac{d^{n-3}z}{dx^{n-3}} +$$
$$(D'''(2)\Psi - C''(3)\dot{\Psi} + B'(4)\ddot{\Psi} - A\dddot{\Psi})\frac{d^{n-4}z}{dy^{n-4}} + (E'''(2)\Psi - D''(3)\dot{\Psi} + C'(4)\ddot{\Psi} - B(4)\dddot{\Psi})\frac{d^{n-4}z}{dy^{n-5}dx} + \ldots + (S'''(2)\Psi -$$
$$R''(3)\dot{\Psi} + Q'(4)\ddot{\Psi} - P(4)\dddot{\Psi})\frac{d^{n-4}z}{dx^{n-4}} + \ldots + (R^{(n-2)'}(2)\Psi - Q^{(n-3)'}(3)\dot{\Psi} + \ldots \pm B'(n-1)\overset{(\cdot)\,n-3}{\Psi} \mp A\overset{(\cdot)\,n-2}{\Psi})\frac{dz}{dy} +$$
$$(S^{(n-2)'}(2)\Psi - R^{(n-3)'}(3)\dot{\Psi} + \ldots \pm C'(n-1)\overset{(\cdot)\,n-3}{\Psi} \mp B(n-1)\overset{(\cdot)\,n-2}{\Psi})\frac{dz}{dx} + (S^{(n-1)'}(2)\Psi - R^{(n-2)'}(3)\dot{\Psi} + \ldots \mp B'(n)\overset{(\cdot)\,n-2}{\Psi} \pm A\overset{(\cdot)\,n-1}{\Psi})z.$$

Quant au terme de (B) qui n'eſt fonction que de x, y, nommons-le X; &, à cauſe de $\frac{dX}{dy} - r\frac{dX}{dx} = X\,1 = -\Psi W$, nous aurons $X = -\int \Psi W dy$, en faiſant attention qu'avant d'intégrer par rapport à y, il faudra mettre dans ΨW pour x ſa valeur en y & b tirée de l'équation $\int(a\,r\,dy + a\,dx) = b$.

(501). Nous avons trouvé plus haut $\alpha\,1$, $\beta\,1$, &c.; par un procédé ſemblable on parviendra à connoître $\alpha\,2$, $\beta\,2$ ...... $\varphi\,1$; & en ſubſtituant ces valeurs dans les n équations dont il étoit queſtion il n'y a qu'un moment, on aura

$$T'(2)\Psi - S(2)\dot{\Psi} = 0,$$
$$T''(2)\Psi - S'(3)\dot{\Psi} + R(3)\ddot{\Psi} = 0,$$
$$T'''(2)\Psi - S''(3)\dot{\Psi} + R'(4)\ddot{\Psi} - Q(4)\dddot{\Psi} = 0,$$
$$\ldots\ldots\ldots\ldots\ldots\ldots\ldots\ldots\ldots\ldots$$
$$T^{(n-1)'}(2)\Psi - S^{(n-2)'}(3)\dot{\Psi} + R^{(n-3)'}(4)\ddot{\Psi} - \ldots \pm C'(n)\overset{(\cdot)\,n-2}{\Psi} \mp B(n)\overset{(\cdot)\,n-1}{\Psi} = 0,$$
$$(V - \dot{S}^{(n-1)'}(2))\Psi - S^{(n-1)'}(3)\dot{\Psi} + R^{(n-2)'}(4)\ddot{\Psi} - \ldots \mp B'(n+1)\overset{(\cdot)\,n-1}{\Psi} \pm A\overset{(\cdot)\,n}{\Psi} = 0;$$

une de ces équations ſervira à déterminer le facteur Ψ, & les $n - 1$ reſtantes ſeront les équations de condition qui devront avoir lieu en même temps, pour que la proposée ait une intégrale de l'ordre immédiatement inférieur.

Si je fais $\overset{(.)\,n}{\Psi} = K$, j'aurai $\overset{(.)\,n-1}{\Psi} = \int K'\,dy$ (K' étant ce que devient K lorsqu'on met pour x sa valeur en y & b) $\overset{(.)\,n-2}{\Psi} = \int dy \int K'\,dy$, &c.; par-là je réduirai la dernière des équations précédentes, qui est celle de l'ordre le plus élevé, à une équation linéaire de cette forme,

$$\alpha K' + \beta \frac{dK'}{dy} + \dots\dots\dots\dots + \varphi \frac{d^n K'}{dy^n} = 0,$$

ou α, β, &c. seront fonctions de y & b, & que je traiterai comme étant aux différences ordinaires, puisque pour satisfaire à cette équation je puis regarder b comme constant. Je transformerai les autres équations de la même manière; & il sera clair que le problême de trouver l'intégrale première complète d'une équation linéaire aux différences partielles, pourra toujours se réduire à satisfaire à une équation linéaire aux différences ordinaires, qui ne fera jamais d'un ordre plus élevé que la proposée. Cela fait, cette intégrale première complète sera $\Sigma + F:(b) = \int \Psi W dy$.

Je ne détaillerai pas tous les cas où il est possible de trouver plusieurs de ces intégrales premières, comme par exemple lorsque l'équation du degré n qui renferme r a des racines inégales qui satisfont aux conditions. En voici encore un dont je ne parlerai que pour rappeller ce que nous avons démontré dans les n°s. 275 & *suivans*. Dans ce cas on n'a qu'une seule valeur de r, & toutes les équations de conditions sont nulles d'elles-mêmes, excepté la dernière qui est de l'ordre n. Alors si on parvenoit à intégrer complétement cette dernière équation, on auroit, en faisant successivement dans l'intégrale trouvée toutes les constantes arbitraires moins une égales à zéro, n valeurs de Ψ qui donneroient n intégrales premières complètes de la proposée. Nous allons faire usage des formules précédentes, pour intégrer quelques équations particulières qui ont déjà été résolues de différentes manières.

(502). Euler, dans le troisième volume de son Calcul intégral, ne s'occupe guère, au-delà du second ordre, que des équations qu'il appelle homogènes, & qu'on peut toutes représenter par

$$\frac{d^n z}{dy^n} + a \frac{d^n z}{dy^{n-1}dx} + b \frac{d^n z}{dy^{n-2}dx^2} + \dots\dots + i \frac{d^n z}{dx^n} = W,$$

dans laquelle $a, b \dots\dots i$ sont constans, & W une fonction quelconque de x, y. On trouvera premièrement que dans cet exemple r est une quantité constante donnée par l'équation $r^n + a r^{n-1} + b r^{n-2} + \dots\dots\dots + i = 0$, & que par conséquent $b = ry + x$. Secondement, que les n équations de condition se réduisent à celles-ci, $\dot{\Psi} = 0$, $\ddot{\Psi} = 0 \dots\dots \overset{(.)\,n}{\Psi} = 0$; or comme $\Psi = 1$, satisfait à toutes, on peut supposer le facteur égal à 1. Donc, quelles que soient les constantes $a, b, \dots\dots i$ & la fonction W, on aura pour l'intégrale

tégrale première complète de la proposée

$$\frac{d^{n-1}z}{dy^{n-1}} + (r+a)\frac{d^{n-1}z}{dy^{n-2}dx} + (r^2+ar+b)\frac{d^{n-1}z}{dy^{n-3}dx^2} + \ldots\ldots$$
$$+ (r^{n-1} + ar^{n-2} + br^{n-3} + \ldots\ldots\ldots + h)\frac{d^{n-1}z}{dx^{n-1}}$$
$$+ F:(ry+x) = \int W dy;$$

il ne faudra pas oublier qu'avant d'intégrer $W\,dy$ par rapport à y, on doit mettre dans W pour x sa valeur $b - ry$.

Il est clair que si toutes les racines de l'équation qui renferme r étoient inégales, on auroit n intégrales premières complètes, & par conséquent la valeur complète de z. Supposons, pour en donner un exemple que la proposée soit

$$\frac{d^3z}{dy^3} + a\frac{d^3z}{dy^2dx} + b\frac{d^3z}{dydx^2} + c\frac{d^3z}{dx^3} = 0;$$

nous aurons, en nommant $r1$, $r2$, $r3$ les racines de l'équation $r^3 + ar^2 + br + c = 0$, qui par l'hypothèse sont inégales, nous aurons, dis-je, ces trois intégrales premières

$$\frac{d^2z}{dy^2} + (r1+a)\frac{d^2z}{dydx} + (r^2 1 + ar1 + b)\frac{d^2z}{dx^2} + F:(r1y+x) = 0;$$
$$\frac{d^2z}{dy^2} + (r2+a)\frac{d^2z}{dydx} + (r^2 2 + ar2 + b)\frac{d^2z}{dx^2} + f:(r2y+x) = 0;$$
$$\frac{d^2z}{dy^2} + (r3+a)\frac{d^2z}{dydx} + r^2 3 + ar3 + b)\frac{d^2z}{dx^2} + \varphi:(r3y+x) = 0;$$

d'où nous tirerons, en éliminant $\frac{d^2z}{dy^2}$,

$$(r1-r2)\frac{d^2z}{dydx} + (r1-r2)(r1+r2+a)\frac{d^2z}{dx^2} + F:(r1y+x)$$
$$- f:(r2y+x) = 0,$$
$$(r1-r3)\frac{d^2z}{dydx} + (r1-r3)(r1+r3+a)\frac{d^2z}{dx^2} + F:(r1y+x)$$
$$- \varphi:(r3y+x) = 0;$$

& en éliminant $\frac{d^2z}{dydx}$,

$$(r2-r3)\frac{d^2z}{dx^2} + \frac{F:(r1y+x) - f:(r2y+x)}{r1-r2} - \frac{F:(r1y+x) - \phi:(r3y+x)}{r1-r3} = 0;$$

équation à laquelle nous pouvons donner cette forme plus simple,

$$\frac{d^2z}{dx^2} = \Gamma'':(r1y+x) + \Delta'':(r2y+x) + \Sigma'':(r3y+x).$$

Donc $z = \Gamma:(r1y+x) + \Delta:(r2y+x) + \Sigma:(r3y+x)$ est la valeur complète de z dans l'équation du troisième ordre proposée.

On trouvera toujours autant d'intégrales premières complètes que de racines inégales ; lorsque le nombre n'en sera pas suffisant pour avoir la valeur complète de z, on aura recours aux intégrations successives. Ainsi pour intégrer l'équation homogène de l'ordre n dans le cas où toutes les valeurs de r seroient égales ; je commencerai par remarquer que dans cette hypothèse l'équation qui renferme r peut être représentée par $(r+q)^n=0$, & que l'intégrale trouvée plus haut doit prendre la forme suivante

$$\frac{d^{n-1}z}{dy^{n-1}}+(n-1)\cdot q\,\frac{d^{n-1}z}{dy^{n-2}dx}+\frac{(n-1)\cdot(n-2)}{1\cdot 2}\,q^2\,\frac{d^{n-1}z}{dy^{n-3}dx^2}+$$
$$\&c.+F:(-qy+x)=\int W\,dy.$$

Pour passer à l'intégrale de l'ordre immédiatement inférieur ; soit une quantité r' donnée par l'équation

$$r'^{n-1}+(n-1)\cdot q\,r'^{n-2}+\frac{(n-1)\cdot(n-2)}{1\cdot 2}\,q^2\,r'^{n-3}+\&c.=0,$$

qui n'étant autre que $(r'+q)^{n-1}=0$, donne $r'=-q$. Ainsi la fonction arbitraire qu'il faudra ajouter dans cette seconde intégration sera $f:(-qy+x)$; nous trouverons de même $\varphi:(-qy+x)$, pour celle qu'il faudra ajouter dans la troisième intégration, & ainsi des autres. Quant aux intégrales successives, elles seront

$$\frac{d^{n-2}z}{dy^{n-2}}+(n-2)\cdot q\,\frac{d^{n-2}z}{dy^{n-3}dx}+\frac{(n-2)\cdot(n-3)}{1\cdot 2}\,q^2\,\frac{d^{n-2}z}{dy^{n-4}dx^2}+\&c.$$
$$+\int dy\,F:(-qy+x)+f:(-qy+x)=\int dy\int W\,dy,$$
$$\frac{d^{n-3}z}{dy^{n-3}}+(n-3)\cdot q\,\frac{d^{n-3}z}{dy^{n-4}dx}+\frac{(n-3)\cdot(n-4)}{1\cdot 2}\,q^2\,\frac{d^{n-3}z}{dy^{n-5}dx^2}+\&c.$$
$$+\int dy\int dy\,F:(-qy+x)+\int dy\,f:(-qy+x)+\varphi:(-qy+x)$$
$$=\int dy\int dy\int W\,dy.$$

Il est donc démontré que dans le cas que nous examinons la valeur complète de z est

$$z=\int\ldots\ldots\int dy\int W dy+y^{n-1}F(1):(-qy+x)+y^{n-2}$$
$$F(2):(-qy+x)+\ldots\ldots\ldots+F(n):(-qy+x);$$

par $F(1)$, $F(2)\ldots\ldots\ldots F(n)$, nous entendons n fonctions différentes de la même quantité $-qy+x$.

(503). Maintenant soit cette autre équation

$$A\,\frac{d^n z}{dy^n}+B'\,\frac{d^{n-1}z}{dy^{n-1}}+C''\,\frac{d^{n-2}z}{dy^{n-2}}+\ldots\ldots+Vz=W,$$

dans laquelle A, B', $C'\ldots\ldots V$ & W sont des fonctions quelconques de y & x. Il est clair qu'on a $r=0$ & $b=x$; que

$$B'(2)=B'-\frac{dA}{dy},$$
$$C''(2)=C''-\frac{dB'}{dy}+\frac{d^2A'}{dy^2},$$
$$D'''(2)=D'''-\frac{dC''}{dy}+\frac{d^2B'}{dy^2}-\frac{d^3A}{dy^3},\ \&c.;$$

$$B'(3) = B' - 2\frac{dA}{dy},$$

$$C''(3) = C'' - 2\frac{dB'}{dy} + 3\frac{d^2A}{dy^2},$$

$$D'''(3) = D''' - 2\frac{dC'}{dy} + 3\frac{d^2B'}{dy^2} - 4\frac{d^3A}{dy^3}, \text{ \&c.};$$

$$B'(4) = B' - 3\frac{dA}{dy},$$

$$C''(4) = C'' - 3\frac{dB'}{dy} + 6\frac{d^2A}{dy^2}.$$

$$D'''(4) = D''' - 3\frac{dC''}{dy} + 6\frac{d^2B'}{dy^2} - 10\frac{d^3A}{dy^3}, \text{ \&c., \&c.}$$

La proposée a donc pour intégrale première complète

$$A\Psi\frac{d^{n-1}z}{dy^{n-1}} + \left(\left(B' - \frac{dA}{dy}\right)\Psi - A\frac{d\Psi}{dy}\right)\frac{d^{n-2}z}{dy^{n-2}} + \left(\left(C'' - \frac{dB'}{dy} + \frac{d^2A}{dy^2}\right)\Psi - \left(B' - 2\frac{dA}{dy}\right)\frac{d\Psi}{dy} + A\frac{d^2\Psi}{dy^2}\right)\frac{d^{n-3}z}{dy^{n-3}} +$$
$$\left(\left(D''' - \frac{dC''}{dy} + \frac{d^2B'}{dy^2} - \frac{d^3A}{dy^3}\right)\Psi - \left(C'' - 2\frac{dB'}{dy} + 3\frac{d^2A}{dy^2}\right)\frac{d\Psi}{dy} + \left(B' - 3\frac{dA}{dy}\right)\frac{d^2\Psi}{dy^2} - A\frac{d^3\Psi}{dy^3}\right)\frac{d^{n-4}z}{dy^{n-4}} + \text{\&c.} +$$
$$F:(x) = \int \Psi W\,dy.$$

Ψ étant donné par l'équation

$$\left(V - \frac{dS^{(n-1)'}}{dy} + \frac{d^2R^{(n-2)'}}{dy^2} - \frac{d^3Q^{(n-3)'}}{dy^3} + \frac{d^4P^{(n-4)'}}{dy^4} - \text{\&c.}\right)$$
$$\Psi - \left(S^{(n-1)'} - 2\frac{dR^{(n-2)'}}{dy} + 3\frac{d^2Q^{(n-3)'}}{dy^2} - 4\frac{d^3P^{(n-4)'}}{dy^3} + \text{\&c.}\right)$$
$$\frac{d\Psi}{dy} + \left(R^{(n-2)'} - 3\frac{dQ^{(n-3)'}}{dy} + 6\frac{d^2P^{(n-4)'}}{dy^2} - \text{\&c.}\right)\frac{d^2\Psi}{dy^2} - \text{\&c.} = 0.$$

J'intégrerai cette équation en la multipliant par un facteur K qui sera renfermé dans l'équation

$$A\frac{d^nK}{dy^n} + B'\frac{d^{n-1}K}{dy^{n-1}} + C''\frac{d^{n-2}K}{dy^{n-2}} + \ldots\ldots + Vk = 0,$$

qui n'est autre que la proposée dans laquelle on auroit fait $W = 0$. Donc pour avoir une des intégrales premières complètes de la proposée, il suffira de trouver une valeur de z qui, en regardant x comme constant, satisfasse à cette équation dans le cas de $W = 0$. Si on avoit n valeurs de z; ou bien si dans le cas de $W = 0$, on parvenoit à intégrer complétement la proposée, en regardant toujours x comme constant, c'est-à-dire en traitant cette équation comme étant aux différences ordinaires; si, dis-je, on parvenoit à l'une de ces deux choses, on en tireroit aifément par de fimples éliminations la valeur complète de z. Voici encore un exemple qui achevera d'éclaircir la théorie précédente.

(504). On demande l'intégrale première complète de l'équation du troifième ordre,

$$\begin{aligned} y^3 \frac{d^3 z}{dy^3} &+ 3xy^2 \frac{d^3 z}{dy^2\,dx} + 3x^2 y \frac{d^3 z}{dy\,dx^2} + x^3 \frac{d^3 z}{dx^3} = W, \\ &+ h y^2 \frac{d^2 z}{dy^2} + 2hxy \frac{d^2 z}{dx\,dy} + hx^2 \frac{d^2 z}{dx^2} \\ &+ iy \frac{dz}{dy} + ix \frac{dz}{dx} \\ &+ kz \end{aligned}$$

A caufe de $A = y^3$, $B = 3xy^2$, $C = 3x^2 y$, $D = x^3$, r fera donné par l'équation $(yr + x)^3 = 0$, d'où l'on tirera $r = \frac{-x}{y}$, & par conféquent $b = \frac{x}{y}$. On fera enfuite

$B' = hy^2$, $C' = 2hxy$, $D' = hx^2$, $C'' = iy$, $D'' = ix$, $V = k$;

puis on aura

$B(1) = 2xy^2$, $C(1) = x^2 y$, $D(1) = 0$, $C'(1) = hxy$, $D'(1) = 0$;
$B(2) = xy^2$, $C(2) = 0$, $B(3) = 0$, $B'(2) = (h-3).y^2$,
$C'(2) = (h-3).xy$, $D'(2) = 0$, $C''(2) = (i-2.(h-3))y$,
$D''(2) = 0$, $B'(3) = (h-6)y^2$, $C'(3) = 0$, $D'''(2) = k-i+2(h-3)$,
$C''(3) = (i-2.(2h-9))y$, $B'(4) = (h-9)y^2$.

Ainfi l'intégrale première complète de la propofée fera

$$\Psi\left(y^3 \frac{d^2 z}{dy^2} + 2xy^2 \frac{d^2 z}{dy\,dx} + x^2 y \frac{d^2 z}{dx^2}\right) + ((h-3).y^2.\Psi - y^3\dot{\Psi})\frac{dz}{dy} + ((h-3).xy\Psi - xy^2\dot{\Psi})\frac{dz}{dx} + ((i-2.(h-3))y\Psi - (h-6)y^2\dot{\Psi} + y^3\ddot{\Psi})z + F:\left(\frac{x}{y}\right) = \int \Psi W dy;$$

Ψ étant donné par l'équation du troifième ordre,

$$(k-i+2(h-3))\Psi - (i-2.(2h-9))y\dot{\Psi} + (h-9)y^2\ddot{\Psi} - y^3\dddot{\Psi} = 0.$$

On trouvera que $\Psi = y^\mu$, μ étant une des racines de l'équation du troifième degré,

$$k - i + 2(h-3) - (i - 3h + 11)\mu + (h-6)\mu^2 - \mu^3 = 0;$$

&

& on aura pour intégrale première complète de la proposée

$$y^2 \frac{d^2 z}{dy^2} + 2xy \frac{d^2 z}{dx\,dy} + x^2 \frac{d^2 z}{dx^2} + (h - \mu - 3)\left(y \frac{dz}{dy} + x \frac{dz}{dx}\right) + (i - 2(h-3) - (h-5)\mu + \mu^2) z + y^{-\mu-1} F:\left(\frac{x}{y}\right) = y^{-\mu-1} \int W y^{\mu} dy,$$

équation qui est précisément de la forme de celle dont nous nous sommes occupés (n°. 497).

(505). J'ai regardé le facteur Ψ comme ne devant renfermer que x & y; & par conséquent j'ai supposé qu'une équation linéaire devoit nécessairement avoir pour intégrale de l'ordre immédiatement inférieur une équation linéaire; voici une démonstration bien simple de cette proposition.

On a $(B) = A \int \Psi\, d\alpha' + B(1) \int \Psi\, d\mathcal{C}' + \ldots\ldots + S(1) \int \Psi\, d\sigma' + \delta$, δ ne pouvant renfermer que des différences partielles de l'ordre $n-2$; donc

$$\frac{d(B)}{dy} - r\frac{d(B)}{dx} = \dot{A} \int \Psi\, d\alpha' + \dot{B}(1) \int \Psi\, d\mathcal{C}' + \ldots\ldots\ldots + \dot{S}(1) \int \Psi\, d\sigma' + \dot{\delta} + \text{une suite de termes } A\left(\frac{d\int \Psi\, d\alpha'}{dy} - r\frac{d\int \Psi\, d\alpha'}{dx}\right) + B(1)\left(\frac{d\int \Psi\, d\mathcal{C}'}{dy} - r\frac{d\int \Psi\, d\mathcal{C}'}{dx}\right) + \ldots\ldots + S(1)\left(\frac{d\int \Psi\, d\sigma'}{dy} - r\frac{d\int \Psi\, d\sigma'}{dx}\right)$$

que je désignerai par K. Or toutes les différences partielles de l'ordre n doivent se trouver dans K, & elles doivent s'y trouver sous une forme linéaire, ce qui évidemment ne pourroit pas être, si Ψ en renfermoit de l'ordre $n-1$; donc le facteur Ψ ne peut pas renfermer de différences partielles de l'ordre $n-1$. On démontreroit de la même manière qu'il ne peut pas renfermer de différences partielles de l'ordre $n-2$, ni celles de l'ordre $n-3$, &c.; & enfin qu'il doit être fonction de x, y seulement. Je passe aux équations entre trois variables; je veux dire celles où l'indéterminée z est fonction de trois variables u, x & y.

(506). J'imagine que $(B) + F:(\omega, \omega 1) = 0$ soit l'intégrale première complète d'une équation aux différences partielles de l'ordre n entre trois variables y, x & u, que je trouverai en différentiant successivement cette intégrale par rapport à chacune des trois variables. Ainsi en représentant par $(\Gamma d\omega + \Gamma\Delta\, d\omega 1) F':(\omega, \omega 1)$ la différentielle de $F:(\omega, \omega 1)$, j'aurai ces trois équations

$$\frac{d(B)}{dy} + \left(\Gamma \frac{d\omega}{dy} + \Gamma\Delta \frac{d\omega 1}{dy}\right) F':(\omega, \omega 1) = 0,$$

$$\frac{d(B)}{dx} + \left(\Gamma \frac{d\omega}{dx} + \Gamma\Delta \frac{d\omega 1}{dx}\right) F':(\omega, \omega 1) = 0,$$

$$\frac{d(B)}{du} + \left(\Gamma \frac{d\omega}{du} + \Gamma\Delta \frac{d\omega 1}{du}\right) F':(\omega, \omega 1)) = 0.$$

Je ferai $\frac{d\omega}{dy} : \frac{d\omega}{dx} = r$, & après avoir multiplié la seconde équation par r, & l'avoir ôtée de la première, il viendra

$$\frac{d(B)}{dy} - r\frac{d(B)}{dx} + \Gamma\Delta\left(\frac{d\omega 1}{dy} - r\frac{d\omega 1}{dx}\right)F' : (\omega, \omega 1) = 0,$$

Je ferai aussi $\frac{d\omega 1}{dy} : \frac{d\omega 1}{du} = s$, & après avoir multiplié la troisième équation par s, je l'ôterai de la précédente, d'où je tirerai

$$\frac{d(B)}{dy} - r\frac{d(B)}{dx} - s\frac{d(B)}{du} - \Gamma\left(\Delta r\frac{d\omega 1}{dx} + s\frac{d\omega}{du}\right)F' : (\omega, \omega 1) = 0.$$

Cette équation ne doit pas renfermer de fonction arbitraire, on a donc nécessairement $\Delta r\frac{d\omega 1}{dx} + s\frac{d\omega}{du} = 0$; & comme Δ ne doit prendre aucune valeur, il faut que $\frac{d\omega 1}{dx} = 0$, $\frac{d\omega}{du} = 0$.

J'aurois pu faire $\frac{d\omega 1}{dx} : \frac{d\omega 1}{du} = -s$, ce qui m'auroit donné

$$\frac{d(B)}{dy} - r\frac{d(B)}{dx} - rs\frac{d(B)}{du} + \Gamma\left(\Delta\frac{d\omega 1}{dy} - rs\frac{d\omega}{du}\right)F' : (\omega, \omega 1) = 0;$$

d'où j'aurois tiré que $\Delta\frac{d\omega 1}{dy} - rs\frac{d\omega}{du}$ doit être nul, sans que Δ prenne aucune valeur, & que par conséquent $\frac{d\omega 1}{dy} = 0$, $\frac{d\omega}{du} = 0$.

En général, soit $\frac{d(B)}{dy} - r\frac{d(B)}{dx} - t\frac{d(B)}{du} = 0$ l'équation qui a pour intégrale première complète $(B) + F : (\omega, \omega 1) = 0$. Si l'on fait

$$\frac{d^{n-1}z}{dy^{n-1}} = \alpha', \quad \frac{d^{n-1}z}{dy^{n-2}dx} = \mathsf{C}'_{,} \; \ldots\ldots\ldots \; \frac{d^{n-1}z}{dx^{n-1}} = \sigma';$$

$$\frac{d^{n-2}z}{dy^{n-2}} = \alpha'', \text{ \&c. \&c. :}$$

$$\frac{d^{n-1}z}{dx^{n-2}du} = \mathsf{C}'_{,} \; \ldots\ldots\ldots \; \frac{d^{n-1}z}{dx^{n-2}du} = \sigma'_{,}$$

$$\frac{d^{n-1}z}{dy^{n-3}du^2} = \sigma'_{,,}$$

&c.

à cause de $\frac{d(B)}{dy} = \frac{d(B)}{d\alpha'}\frac{d^n z}{dy^n} + \text{\&c.}$, $\frac{d(B)}{dx} = \frac{d(B)}{d\alpha'}\frac{d^n z}{dy^{n-1}dx} + \text{\&c.}$;

$\frac{d(B)}{du} = \frac{d(B)}{d\alpha'}\frac{d^n z}{dy^{n-1}du} + \text{\&c.}$;

l'équation précédente deviendra

$$(A) \ldots\ldots \frac{\mathrm{d}(B)}{d\alpha'}\frac{d^n z}{dy^n} + \left(\frac{\mathrm{d}(B)}{d\beta'} - r\frac{\mathrm{d}(B)}{d\alpha'}\right)\frac{d^n z}{dy^{n-1}dx}$$

$$+ \left(\frac{\mathrm{d}(B)}{d\gamma'} - r\frac{\mathrm{d}(B)}{d\beta'}\right)\frac{d^n z}{dy^{n-2}dx^2}$$

$$+ \ldots\ldots\ldots\ldots + \left(\frac{\mathrm{d}(B)}{d\beta'_{,}} - t\frac{\mathrm{d}(B)}{d\alpha'}\right)\frac{d^n z}{dy^{n-1}du} +$$

$$\left(\frac{\mathrm{d}(B)}{d\gamma'_{,}} - r\frac{\mathrm{d}(B)}{d\beta'_{,}} - t\frac{\mathrm{d}(B)}{d\beta'}\right)\frac{d^n z}{dy^{n-2}dx\,du}$$

$$\left(\frac{\mathrm{d}(B)}{d\gamma'_{,,}} - t\frac{\mathrm{d}(B)}{d\beta'_{,}}\right)\frac{d^n z}{dy^{n-2}du^2}$$

$$+ \left(\frac{\mathrm{d}(B)}{d\sigma'} - r\frac{\mathrm{d}(B)}{d\rho'}\right)\frac{d^n z}{dy\,dx^{n-1}} - r\frac{\mathrm{d}(B)}{d\sigma'}\frac{d^n z}{dx^n} + \frac{\mathrm{d}(B)}{d\alpha''}\frac{d^{n-1} z}{dy^{n-1}}$$

$$- \left(r\frac{\mathrm{d}(B)}{d\sigma'_{,}} + t\frac{\mathrm{d}(B)}{d\sigma'}\right)\frac{d^n z}{dx^{n-1}du}$$

$$\ldots\ldots - \left(r\frac{\mathrm{d}(B)}{d\sigma'_{,,}} + t\frac{\mathrm{d}(B)}{d\sigma'_{,}}\right)\frac{d^n z}{dx^{n-2}du^2}$$

&c.

$$+ \left(\frac{\mathrm{d}(B)}{d\beta''} - r\frac{\mathrm{d}(B)}{d\alpha''}\right)\frac{d^{n-1} z}{dy^{n-2}dx} + \ldots\ldots\ldots\ldots$$

$$- r\frac{\mathrm{d}(B)}{d\rho''}\frac{d^{n-1} z}{dx^{n-1}} + \ldots\ldots\ldots\ldots$$

$$+ \left(\frac{\mathrm{d}(B)}{d\beta''_{,}} - t\frac{\mathrm{d}(B)}{d\alpha''}\right)\frac{d^{n-2} z}{dy^{n-2}du} + \ldots\ldots\ldots\ldots$$

$$- \left(r\frac{\mathrm{d}(B)}{d\rho''_{,}} + t\frac{\mathrm{d}(B)}{d\rho''}\right)\frac{d^{n-1} z}{dx^{n-2}du}$$

&c.

$$+ \frac{\mathrm{d}(B)}{dz}\frac{dz}{dy} - r\frac{\mathrm{d}(B)}{dz}\frac{dz}{dx} - t\frac{\mathrm{d}(B)}{dz}\frac{dz}{du} + \frac{\mathrm{d}(B)}{dy}$$

$$- r\frac{\mathrm{d}(B)}{dx} - t\frac{\mathrm{d}(B)}{du} = 0.$$

(507). Pour donner un exemple de l'usage qu'on peut faire de cette transformée, nous allons chercher par son moyen le cas d'intégrabilité de l'équation de l'ordre n

$$A\frac{d^n z}{dy^n} + B\frac{d^n z}{dy^{n-1}dx} + C\frac{d^n z}{dy^{n-2}dx^2} + \ldots\ldots + T\frac{d^n z}{dx^n},$$

$$+ B_{,}\frac{d^n z}{dy^{n-1}du} + C_{,}\frac{d^n z}{dy^{n-2}dx\,du} + \ldots\ldots + T_{,}\frac{d^n z}{dx^{n-1}du}$$

$$+ C_{,,}\frac{d^n z}{dy^{n-2}du^2} + \ldots\ldots + T_{,,}\frac{d^n z}{dx^{n-2}du^2}$$

$$\ldots\ldots\ldots\ldots\ldots\ldots\ldots\ldots\ldots\ldots\ldots\ldots$$

$$+ B' \frac{d^{n-1} z}{dy^{n-1}} + C' \frac{d^{n-1} z}{dy^{n-2} dx} + \ldots\ldots + T' \frac{d^{n-1} z}{dx^{n-1}}$$

$$+ C'_{,} \frac{d^{n-1} z}{dy^{n-2} du} + \ldots\ldots + T'_{,} \frac{d^{n-1} z}{dx^{n-2} du}$$

. . . .

$$+ S^{(n-1)'} \frac{dz}{dy} + T^{(n-1)'} \frac{dz}{dx} + T_{,}^{(n-1)'} \frac{dz}{du} + Vz = W,$$

dans laquelle les co-efficiens des différences partielles aussi bien que V & W sont des fonctions quelconques de y, x, u.

Je multiplie cette équation par un facteur Ψ, qu'on démontreroit aisément ne devoir renfermer que les variables y, x, u; & la comparant à la transformée précédente, il me vient

$$\frac{\mathrm{d}(B)}{d\alpha'} = \Psi A, \quad \frac{\mathrm{d}(B)}{d6'} - r\frac{\mathrm{d}(B)}{d\alpha'} = \Psi B \ldots\ldots\ldots\ldots$$

$$\frac{\mathrm{d}(B)}{d\sigma'} - r\frac{\mathrm{d}(B)}{d\rho'} = \Psi S, \quad -r\frac{\mathrm{d}(B)}{d\sigma'} = \Psi T; \text{ donc}$$

$$\frac{\mathrm{d}(B)}{d\alpha'} = \Psi A, \quad \frac{\mathrm{d}(B)}{d6'} = \Psi(Ar + B) \ldots\ldots\ldots\ldots$$

$$\frac{\mathrm{d}(B)}{d\sigma'} = \Psi(Ar^{n-1} + Br^{n-2} + \ldots\ldots\ldots\ldots + S);$$

r étant donné par l'équation $Ar^{n} + Br^{n-1} + \ldots\ldots Sr + T = 0$.

J'aurai aussi

$$\frac{\mathrm{d}(B)}{d6'_{,}} - t\frac{\mathrm{d}(B)}{d\alpha'} = \Psi B_{,}, \quad \frac{\mathrm{d}(B)}{d\gamma'_{,}} - r\frac{\mathrm{d}(B)}{d6'_{,}} - t\frac{\mathrm{d}(B)}{d6'} = \Psi C_{,}$$

$$\ldots\ldots\ldots\ldots - r\frac{\mathrm{d}(B)}{d\sigma'_{,}} - t\frac{\mathrm{d}(B)}{d\sigma'} = \Psi T_{,};$$

$$\frac{\mathrm{d}(B)}{d\gamma'_{,,}} - t\frac{\mathrm{d}(B)}{d6'_{,}} = \Psi C_{,,}, \quad \frac{\mathrm{d}(B)}{d\delta'_{,,}} - r\frac{\mathrm{d}(B)}{d\gamma'_{,,}} - t\frac{\mathrm{d}(B)}{d\gamma'_{,}} = \Psi D_{,,}$$

$$\ldots\ldots\ldots\ldots - r\frac{\mathrm{d}(B)}{d\sigma'_{,,}} - t\frac{\mathrm{d}(B)}{d\sigma'_{,}} = \Psi T_{,,};$$

$$\frac{\mathrm{d}(B)}{d\delta'_{,,,}} - t\frac{\mathrm{d}(B)}{d\gamma'_{,,}} = \Psi D_{,,,}, \quad \frac{\mathrm{d}(B)}{d\varepsilon'_{,,,}} - r\frac{\mathrm{d}(B)}{d\delta'_{,,,}} - t\frac{\mathrm{d}(B)}{d\delta'_{,,}} = \Psi E_{,,,}$$

$$\ldots\ldots\ldots\ldots - r\frac{\mathrm{d}(B)}{d\sigma'_{,,,}} - t\frac{\mathrm{d}(B)}{d\sigma'_{,,}} = \Psi T_{,,,};$$

&c.; d'où je tire, en conservant une partie des abréviations du (n°. 499), & faisant de plus

$B_{,}r +$

$B_{\prime} r + C_{\prime} = C_{\prime}(1)$,
$B_{\prime} r^2 + C_{\prime} r + D_{\prime} = D_{\prime}(1)$,
&c.
$C_{\prime\prime} r + D_{\prime\prime} = D_{\prime\prime}(1)$,
$C_{\prime\prime} r^2 + D_{\prime\prime} r + E_{\prime\prime} = E_{\prime\prime}(1)$;
&c. &c.;
$B' r + C_{\prime}(1) = C_{\prime}(2)$,
$B' r^2 + C_{\prime}(1) r + D_{\prime}(1) = D_{\prime}(2)$;
&c.
$B' r + C_{\prime}(2) = C_{\prime}(3)$,
$B' r^2 + C_{\prime}(2) r + D_{\prime}(2) = D_{\prime}(3)$;
&c. &c.
$C_{\prime\prime} r + D_{\prime\prime}(1) = D_{\prime\prime}(2)$,
$C_{\prime\prime} r^2 + D_{\prime\prime}(1) r + E_{\prime\prime}(1) = E_{\prime\prime}(2)$;
&c.
$C_{\prime\prime} r + D_{\prime\prime}(2) = D_{\prime\prime}(3)$,
$C_{\prime\prime} r^2 + D_{\prime\prime}(2) r + E_{\prime\prime}(2) = E_{\prime\prime}(3)$;
&c. &c.

&c.; d'où je tire, dis-je,

$$\frac{d(B)}{d\beta'_{\prime}} = (B_{\prime} + A t).\Psi,$$

$$\frac{d(B)}{d\gamma'_{\prime}} = (C_{\prime}(1) + B(2)t).\Psi \;\ldots\ldots\ldots\ldots\ldots\ldots\ldots;$$

$$\frac{d(B)}{d\sigma'_{\prime}} = (S_{\prime}(1) + R(2)t).\Psi;$$

$$\frac{d(B)}{d\gamma''_{\prime}} = (C_{\prime\prime} + B_{\prime} t + A t^2).\Psi,$$

$$\frac{d(B)}{d\delta'_{\prime\prime}} = (D_{\prime\prime}(1) + C_{\prime}(2)t + B(3)t^2).\Psi \;\ldots\ldots\ldots\ldots\ldots\ldots;$$

$$\frac{d(B)}{d\sigma'_{\prime\prime}} = (S_{\prime\prime}(1) + R_{\prime}(2)t + Q(3)t^2).\Psi;$$

$$\frac{d(B)}{d\delta'_{\prime\prime\prime}} = (D_{\prime\prime\prime} + C_{\prime\prime} t + B_{\prime} t^2 + A t^3)\Psi,$$

$$\frac{d(B)}{d\varepsilon'_{\prime\prime\prime}} = (E_{\prime\prime\prime}(1) + D_{\prime\prime}(2)t + C_{\prime}(3)t^2 + B(4)t^3)\Psi;$$

. . . . ;

$$\frac{d(B)}{d\sigma'_{\prime\prime\prime}} = (S_{\prime\prime\prime}(1) + R_{\prime\prime}(2)t + Q_{\prime}(3)t^2 + P(4)t^3).\Psi;$$

&c., & les n équations que voici,

$T_{,}(1) + S(2)t = 0,$

$T_{,,}(1) + S_{,}(2)t + R(3)t^2 = 0,$

$T_{,,,}(1) + S_{,,}(2)t + R_{,}(3)t^2 + Q(4)t^3 = 0,$

&c. : t sera néceſſairement donné par une des ces équations, les autres seront autant d'équations de condition.

(508). $\frac{d(B)}{dy} - r\frac{d(B)}{dx} - t\frac{d(B)}{du}$ eſt une fonction de l'ordre $n - 1$, je lui donne la forme ſuivante

$$\alpha 1 \frac{d^{n-1}z}{dy^{n-1}} + \beta 1 \frac{d^{n-1}z}{dy^{n-2}dx} + \ldots\ldots\ldots +$$

$$+ \beta_{,} 1 \frac{d^{n-1}z}{dy^{n-2}du} +$$

$$\sigma 1 \frac{d^{n-1}z}{dx^{n-1}} + \alpha 2 \frac{d^{n-2}z}{dy^{n-2}} + \&c. + \varphi 1 z + X 1;$$

$$\sigma_{,} 1 \frac{d^{n-1}z}{dx^{n-2}du}$$

&c.

puis je ſuppoſe premiérement que

$$\frac{d(B)}{d\alpha''} + \alpha 1 = B'\Psi, \quad \frac{d(B)}{d\beta''} - r\frac{d(B)}{d\alpha''} + \beta 1 = C'\Psi \ldots\ldots\ldots$$

$$- r\frac{d(B)}{d\rho''} + \sigma 1 = T'\Psi;$$

$$\frac{d(B)}{d\beta''_{,}} - t\frac{d(B)}{d\alpha''} + \beta_{,} 1 = C'_{,}\Psi, \quad \frac{d(B)}{d\varkappa''_{,}} - r\frac{d(B)}{d\beta''_{,}} - t\frac{d(B)}{d\beta''} +$$

$$\varkappa_{,} 1 = D'_{,}\Psi, \ldots\ldots\ldots\ldots\ldots\ldots\ldots\ldots\ldots$$

$$\frac{d(B)}{d\rho''_{,}} - r\frac{d(B)}{d\pi''_{,}} - t\frac{d(B)}{d\pi''} + \rho_{,} 1 = S'_{,}\Psi,$$

$$- r\frac{d(B)}{d\rho''_{,}} - t\frac{d(B)}{d\rho''} + \sigma_{,} 1 = T_{,,}\Psi;$$

$$\frac{d(B)}{d\varkappa''_{,,}} - t\frac{d(B)}{d\beta''_{,}} + \varkappa_{,,} 1 = D'_{,,}\Psi, \quad \frac{d(B)}{d\delta''_{,,}} - r\frac{d(B)}{d\varkappa''_{,,}} - t\frac{d(B)}{d\varkappa''_{,}} +$$

$$\delta_{,,} 1 = E'_{,,}\Psi \ldots\ldots\ldots\ldots\ldots\ldots\ldots\ldots$$

$$\frac{d(B)}{d\rho''_{,,}} - r\frac{d(B)}{d\pi''_{,,}} - t\frac{d(B)}{d\pi''_{,}} + \rho_{,,} 1 = S'_{,,}\Psi, \quad - r\frac{d(B)}{d\rho''_{,,}} - t\frac{d(B)}{d\rho''_{,}} +$$

$$\sigma_{,,} 1 = T'_{,,}\Psi;$$

&c., & il y aura viſiblement un nombre n de ſemblables ſuites d'équations; ſecondement que

$$\frac{d(B)}{d\alpha'''} + \alpha 2 = C''\Psi, \quad \frac{d(B)}{d\beta'''} - r\frac{d(B)}{d\alpha'''} + \beta 2 = D''\Psi, \ldots\ldots\ldots$$

$$- r\frac{d(B)}{d\pi'''} + \rho 2 = T''\Psi;$$

$\frac{d(B)}{d\beta'''_{,}} - t\frac{d(B)}{d\alpha'''} + \beta_{,}2 = D_{,}''\Psi$, $\frac{d(B)}{d\gamma'''_{,}} - r\frac{d(B)}{d\beta'''_{,}} - t\frac{d(B)}{d\beta'''} + \gamma_{,}2 = E_{,}''\Psi$ . . . . ;

$\frac{d(B)}{d\pi'''_{,}} - r\frac{d(B)}{d\sigma'''_{,}} - t\frac{d(B)}{d\sigma'''} + \pi_{,}2 = S_{,}''\Psi$,

$-r\frac{d(B)}{d\pi'''_{,}} - t\frac{d(B)}{d\pi'''} + \rho_{,}2 = T_{,}''\Psi$,

& il y aura un nombre $n-1$ de semblables suites d'équations. Nous en trouverons ensuite $n-2$, puis $n-3$, &c., jusqu'à ce qu'étant arrivés aux différences partielles du premier ordre, nous ayons

$\frac{d(B)}{dz} + \alpha n - 1 = S^{(n-1)'}\Psi$, $-r\frac{d(B)}{dz} + \beta n - 1 = T^{(n-1)'}\Psi$;

$-t\frac{d(B)}{dz} + \beta_{,}n - 1 = T_{,}^{(n-1)'}\Psi$;

& enfin $\varphi 1 = V\Psi$, $X 1 = -W\Psi$.

Soient

$B_{,} + At = B_{,}(1)$,

$C_{,,} + B_{,}t + At^2 = C_{,,}(1)$,

$D_{,,,} + C_{,,}t + B_{,}t^2 + At^3 = D_{,,,}(1)$;

&c.

$C_{,}(1) + B(2)t = C_{,}(1))$;

$D_{,,}(1) + C_{,}(2)t + B(3)t^2 = D_{,,}(1))$;

$E_{,,,}(1) + D_{,,}(2)t + C_{,}(3)t^2 + B(4)t^3 = E_{,,,}(1))$;

&c.

$\frac{dA}{dy} - r\frac{dA}{dx} - t\frac{dA}{du} = \dot{A}$, &c.

$\frac{d\Psi}{dy} - r\frac{d\Psi}{dx} - t\frac{d\Psi}{du} = \dot{\Psi}$,

$\frac{d\dot{\Psi}}{dy} - r\frac{d\dot{\Psi}}{dx} - t\frac{d\dot{\Psi}}{du} = \ddot{\Psi}$, &c.

(509). Cela posé, le facteur Ψ ne devant être fonction que des seules variables y, x, u, on aura pour la somme des différences partielles de l'ordre $n-1$ qui doivent entrer dans l'intégrale

$$\Psi(A\alpha' + B(1)\beta' + C(1)\gamma' + \ldots\ldots\ldots + S(1)\sigma')$$
$$+ \Psi(B_{,}(1)\beta'_{,} + C_{,}(1)\gamma'_{,} + \ldots\ldots\ldots + S'_{,}(1)\sigma'_{,})$$
$$+ \Psi(C_{,,}(1)\gamma'_{,,} + \ldots\ldots\ldots + S_{,,}(1)\sigma'_{,,})$$

&c.

& par conséquent

$\alpha 1 = \dot{A}\Psi + A\dot{\Psi}$,

$\beta 1 = \dot{B}(1)\Psi + B(1)\dot{\Psi}$,

$\varkappa 1 = \dot{C}(1)\Psi + C(1)\dot{\Psi}$, &c.;

$\beta_{,} 1 = \dot{B}_{,}(1))\Psi + B_{,}(1))\dot{\Psi}$,

$\varkappa_{,} 1 = \dot{C}_{,}(1))\Psi + C_{,}(1))\dot{\Psi}$, &c.;

$\varkappa_{,,} 1 = \dot{C}_{,,}(1))\Psi + C_{,,}(1))\dot{\Psi}$, &c.

En continuant ainsi, on trouvera, après avoir fait pour abréger

$C'_{,} + B'(2)t = C'_{,}(1))$,
$D'_{,} + C'(2)t = D'_{,}(1))$, &c.;
$D'_{,,} + C'_{,}(2))t = D'_{,,}(1))$,
$E'_{,,} + D'_{,}(2))t = E'_{,,}(1))$, &c.;
&c.;
$D''_{,} + C''(2)t = D''_{,}(1))$,
$E''_{,} + D''(2)t = E''_{,}(1))$, &c.;
$E''_{,,} + D''_{,}(2))t = E''_{,,}(1))$,
$F''_{,,} + E''_{,}(2))t = F''_{,,}(1))$, &c.;
&c.; &c.;
$At + B_{,}(1)) = B_{,}(2))$,
$B(3)t + B_{,}(1))r + C_{,}(1)) = C_{,}(2))$;
$C(3)t + B_{,}(1))r^{2} + C_{,}(1))r + D_{,}(1)) = D_{,}(2))$;
&c.,
$At + B_{,}(2)) = B_{,}(3))$,
$B4t + B_{,}(2))r + C_{,}(2)) = C_{,}(3))$,
$C4t + B_{,}(2))r^{2} + C_{,}(2))r + D_{,}(2)) = D_{,}(3))$,
&c. &c.;
$B_{,}(2))t + C_{,,}(1)) = C_{,,}(2))$,
$(C_{,}(2)) + B_{,}(2))r)t + D_{,,}(1)) + C_{,,}(1))r = D_{,,}(2))$;
$(D_{,}(2)) + C_{,}(2))r + B_{,}(2))r^{2})t + E_{,,}(1)) + D_{,,}(1))r + C_{,,}(1))r^{2} = E_{,,}(2))$;
&c.,
$B'(3))t + C_{,,}(2)) = C_{,,}(3))$,
$(C_{,}(3)) + B_{,}(3))r)t + D_{,,}(2)) + C_{,,}(2))r = D_{,,}(3))$,
$(D_{,}(3)) + C_{,}(3))r + B_{,}(3))r^{2})t + E_{,,}(2)) + D_{,,}(2))r + C_{,,}(2))r^{2} = E_{,,}(3))$;
&c., &c.; &c.;

$C'_{,}(1))$

$C'_{,}(1)) - \dot{B}_{,}(1)) = C'_{,}(2)),$

$D'_{,}(1)) - \dot{C}_{,}(1)) + C'_{,}(2))r = D'_{,}(2));$

$E'_{,}(1)) - \dot{D}_{,}(1)) + D'_{,}(2))r = E'_{,}(2)),$

&c.

$D''_{,}(1)) - \dot{C}'_{,}(2)) = D''_{,}(2)),$

$E''_{,}(1)) - \dot{D}'_{,}(2)) + D''_{,}(2))r = E''_{,}(2));$

$F''_{,}(1)) - \dot{E}'_{,}(2)) + E''_{,}(2))r = F''_{,}(2)),$

&c., &c.;

$D'_{,,}(1)) - \dot{C}_{,,}(1)) = D'_{,,}(2),$

$E'_{,,}(1)) - \dot{D}_{,,}(1)) + D'_{,,}(2))r = E'_{,,}(2));$

$F'_{,,}(1)) - \dot{E}_{,,}(1)) + E'_{,,}(2))r = F'_{,,}(2)),$

&c.,

$E''_{,,}(1) - \dot{D}'_{,,}(2)) = E''_{,,}(2)),$

$F''_{,,}(1)) - \dot{E}'_{,,}(2)) + E''_{,,}(2))r = F''_{,,}(2));$

$G''_{,,}(1)) - \dot{F}'_{,,}(2)) + F''_{,,}(2))r = G''_{,,}(2)),$

&c., &c.; &c.;

$B'(3)t + C'_{,}(2)) - \dot{B}_{,}(2)) = C'_{,}(3)),$

$C'_{,}(3))r + C'(3)t + D'_{,}(2)) - \dot{C}_{,}(2)) = D'_{,}(3));$

$D'_{,}(3))r + D'(3)t + E'_{,}(2)) - \dot{D}_{,}(2)) = E'_{,}(3));$

&c.

$C''(3)t + D''_{,}(2)) - \dot{C}'_{,}(3)) = D''_{,}(3)),$

$D''_{,}(3))r + D''(3)t + E''_{,}(2)) - \dot{D}'_{,}(3)) = E''_{,}(3)),$

$E''_{,}(3))r + E''(3)t + F''_{,}(2)) - \dot{E}'_{,}(3)) = F''_{,}(3)),$

&c., &c.;

$C'_{,}(3))t + D'_{,,}(2)) + \dot{C}_{,,}(2)) = D'_{,,}(3)),$

$D'_{,,}(3))r + D'_{,}(3))t + E'_{,,}(2)) - \dot{D}_{,,}(2)) = E'_{,,}(3));$

$E'_{,,}(3))r + E'_{,}(3))t + F'_{,,}(2)) - \dot{E}_{,,}(2)) = F'_{,,}(3)),$

&c.

$D''_{,}(3))t + E''_{,,}(2)) - \dot{D}'_{,,}(3)) = E''_{,,}(3)),$

$E''_{,,}(3))r + E''_{,}(3))t + F''_{,,}(2)) - \dot{E}'_{,,}(3)) = F''_{,,}(3));$

$F''_{,,}(3))r + F''_{,}(3))t + G''_{,,}(2)) - \dot{F}'_{,,}(3)) = G''_{,,}(3)),$

&c., &c.; &c.;

$B'(4)t + C'_{,}(3)) - \dot{B}_{,}(3)) = C'_{,}(4))$,
$C'_{,}(4))r + C'(4)t + D'_{,}(3)) - \dot{C}_{,}(3)) = D'_{,}(4))$,
$D'_{,}(4))r + D'(4)t + E'_{,}(3)) - \dot{D}_{,}(3)) = E'_{,}(4))$,
&c., &c.;

$C'_{,}(4))t + D'_{,,}(3)) - \dot{C}_{,,}(3)) = D'_{,,}(4))$,
$D'_{,,}(4))r + D'_{,}(4))t + E'_{,,}(3)) - \dot{D}_{,,}(3)) = E'_{,,}(4))$,
$E'_{,,}(4))r + E'_{,}(4))t + F'_{,,}(3)) - \dot{E}_{,,}(3)) = F'_{,,}(4))$,
&c., &c.;

&c. : on trouvera, dis-je, pour la somme de tous les termes de l'intégrale qui renferment z & ses différences partielles,

$$\Psi\left(A\frac{d^{n-1}z}{dy^{n-1}} + B(1)\frac{d^{n-1}z}{dy^{n-2}dx} + \ldots\ldots + S(1)\frac{d^{n-1}z}{dx^{n-1}}\right)$$
$$+\Psi\left(B_{,}(1))\frac{d^{n-1}z}{dy^{n-2}du} + \ldots\ldots + S_{,}(1))\frac{d^{n-1}z}{dx^{n-2}du}\right)$$
&c.

$$+(B'(2)\Psi - A\dot{\Psi})\frac{d^{n-2}z}{dy^{n-2}} + (C'(2)\Psi - B(2)\dot{\Psi})\frac{d^{n-2}z}{dy^{n-3}dx}$$
$+ \ldots\ldots\ldots\ldots\ldots\ldots\ldots\ldots\ldots\ldots\ldots\ldots\ldots\ldots\ldots$
$$+(C'_{,}(2))\Psi - B_{,}(2))\dot{\Psi})\frac{d^{n-2}z}{dy^{n-3}du}$$
$+ \ldots\ldots\ldots\ldots\ldots\ldots\ldots\ldots\ldots\ldots\ldots\ldots\ldots\ldots\ldots$
$$+(S'(2)\Psi - R(2)\dot{\Psi})\frac{d^{n-2}z}{dx^{n-2}} + (S'_{,}(2))\Psi - R_{,}(2))\dot{\Psi})\frac{d^{n-2}z}{dx^{n-3}du}$$
&c.

$$+(C''(2)\Psi - B'(3)\dot{\Psi} + A\ddot{\Psi})\frac{d^{n-3}z}{dy^{n-3}}$$
$$+(D''(2)\Psi - C'(3)\dot{\Psi} + B(3)\ddot{\Psi})\frac{d^{n-3}z}{dy^{n-4}dx} +$$
$\ldots\ldots\ldots\ldots\ldots\ldots\ldots\ldots\ldots\ldots\ldots\ldots\ldots\ldots\ldots$
$$+(S''(2)\Psi - R'(3)\dot{\Psi} + Q(3)\ddot{\Psi})\frac{d^{n-3}z}{dx^{n-3}}$$
$$+(D''_{,}(2))\Psi - C'_{,}(3))\dot{\Psi} + B_{,}(3))\ddot{\Psi})\frac{d^{n-3}z}{dy^{n-4}du} +$$
$\ldots\ldots\ldots\ldots\ldots\ldots\ldots\ldots\ldots\ldots\ldots\ldots\ldots\ldots\ldots$
$$+(S''_{,}(2))\Psi - R'_{,}(3))\dot{\Psi} + Q_{,}(3))\ddot{\Psi})\frac{d^{n-3}z}{dx^{n-4}du}$$
&c.

$$+ \left(D'''(2)\Psi - C''(3)\dot{\Psi} + B'(4)\ddot{\Psi} - A\dddot{\Psi}\right)\frac{d^{n-4}z}{dy^{n-4}}$$

$$+ \left(E'''(2)\Psi - D''(3)\dot{\Psi} + C'(4)\ddot{\Psi} - B(4)\dddot{\Psi}\right)\frac{d^{n-4}z}{dy^{n-4}dx}$$

$$+ \ldots\ldots\ldots\ldots\ldots\ldots\ldots\ldots$$

$$+ \left(S'''(2)\Psi - R''(3)\dot{\Psi} + Q'(4)\ddot{\Psi} - P(4)\dddot{\Psi}\right)\frac{d^{n-4}z}{dx^{n-4}z}$$

$$+ \left(E_{\prime}'''(2))\Psi - D''_{\prime}(3))\dot{\Psi} + C'_{\prime}(4))\ddot{\Psi} - B_{\prime}(4))\dddot{\Psi}\right)\frac{d^{n-4}z}{dy^{n-4}du}$$

$$+ \ldots\ldots\ldots\ldots\ldots\ldots\ldots\ldots$$

$$+ \left(S_{\prime}'''(2))\Psi - R_{\prime}''(3))\dot{\Psi} + Q'_{\prime}(4))\ddot{\Psi} - P_{\prime}(4))\dddot{\Psi}\right)\frac{dx^{n-4}z}{dx^{n-5}du}$$

&c.

$$+ \text{\&c.} + \left(S^{(n-1)'}(2)\overset{(.)\,n-2}{\Psi} - R^{(n-2)'}(3)\overset{(.)\,n-1}{\Psi} + \ldots\ldots\ldots \pm B_{\prime}(n)\Psi \mp A\Psi\right)z.$$

On aura de plus ces n ſuites d'équations

$$T'(2)\Psi - S(2)\dot{\Psi} = 0,$$

$$T_{\prime}'(2))\Psi - S_{\prime}(2))\dot{\Psi} = 0,$$

$$T_{\prime\prime}'(2))\Psi - S_{\prime\prime}(2))\dot{\Psi} = 0;$$

&c.

$$T''(2)\Psi - S'(3)\dot{\Psi} + R(3)\ddot{\Psi} = 0;$$

$$T_{\prime}''(2))\Psi - S_{\prime}'(3))\dot{\Psi} + R_{\prime}(3))\ddot{\Psi} = 0;$$

$$T_{\prime\prime}''(2))\Psi - S_{\prime\prime}'(3))\dot{\Psi} + R_{\prime\prime}(3))\ddot{\Psi} = 0,$$

&c.

$$T'''(2)\Psi - S''(3)\dot{\Psi} + R'(4)\ddot{\Psi} - Q(4)\dddot{\Psi} = 0;$$

$$T_{\prime}'''(2))\Psi - S_{\prime}''(3))\dot{\Psi} + R_{\prime}'(4))\ddot{\Psi} - Q_{\prime}(4))\dddot{\Psi} = 0;$$

$$T_{\prime\prime}'''(2))\Psi - S_{\prime\prime}''(3))\dot{\Psi} + R_{\prime\prime}'(4))\ddot{\Psi} - Q_{\prime\prime}(4))\dddot{\Psi} = 0,$$

&c.

$$\ldots\ldots\ldots\ldots\ldots\ldots\ldots\ldots$$

$$\left(V - S^{(n-1)'}(2)\right)\Psi - S^{(n-1)'}(3)\dot{\Psi} + R^{(n-2)'}(4)\ddot{\Psi} - \ldots\ldots \pm B'(n+1)\overset{(.)\,n-1}{\Psi} \mp A\overset{(.)\,n}{\Psi} = 0.$$

La première de ces ſuites renferme n équations, la ſeconde en renferme $n-1$,

& ainsi de suite en progression arithmétique jusqu'à la dernière qui n'en comprend qu'une seule : c'est-à-dire qu'on aura $\frac{1+n}{2}n$ équations, & comme il n'en faut qu'une pour déterminer le facteur Ψ, il restera nécessairement $\frac{n^2+n}{2}-1$ équations de condition, qui avec les $n-1$ trouvées plus haut, feront $\frac{n^2+n}{2}+n-2$ ou $\frac{(n-1)(n+4)}{2}$ équations de condition, pour que la proposée ait une intégrale de l'ordre immédiatement inférieur.

(510). Nous ajouterons que r & t ne peuvent être fonctions chacun que de deux quelconques des trois variables y, x, u, & qu'ils ne peuvent être fonctions en même temps des deux mêmes variables ; si r étant fonction de y & x, t l'est de y & u, ou de x & u, on trouvera ω & $\omega\,1$ en rendant exactes les différentielles $r\,dy+dx$ & $t\,dy+du$, ou $r\,dy+dx$ & $t\,dx+du$. Il ne reste plus qu'à trouver le terme de l'intégrale qui n'est fonction que de y, x, u ; on le nommera X, &, à cause de $\frac{dX}{dy}-r\frac{dX}{dx}-t\frac{dX}{du}=X\,1=-\Psi W$, on aura $X=-\int\Psi W\,dy$, en n'oubliant pas qu'avant d'intégrer par rapport à y, on doit mettre dans ΨW pour x & u leurs valeurs en y, ω, $\omega\,1$. Nous avons oublié de faire remarquer que pour déterminer le facteur Ψ, on n'aura qu'à satisfaire à une équation aux différences ordinaires qui ne sera jamais d'un ordre plus élevé que la proposée.

(511). Enfin, si nous prenons pour exemple l'équation homogène

$$a\frac{d^n z}{dy^n}+b\frac{d^n z}{dy^{n-1}dx}+\&c.=W,$$
$$+b_{,}\frac{d^n z}{dy^{n-1}du}$$

nous trouverons, 1°. que r est une quantité constante donnée par l'équation $a r^n + b r^{n-1} + \&c. = 0$; 2°. que t est aussi une quantité constante, & qu'il y a entre les co-efficiens constans $n-1$ équations de condition ; 3°. que toutes les équations qui renferment le facteur se réduisent à celles-ci $\Psi=0$, $\ddot{\Psi}=0$, &c., & que par conséquent il sera toujours possible d'y satisfaire en prenant $\Psi=1$; &c. Proposons-nous, avec Euler, d'intégrer l'équation du second ordre

$$a\frac{d^2 z}{dy^2}+b\frac{d^2 z}{dx^2}+c\frac{d^2 z}{du^2}+2e\frac{d^2 z}{dx\,dy}+2f\frac{d^2 z}{dy\,du}+2g\frac{d^2 z}{dx\,du}=0;$$

nous trouverons que r est donnée par l'équation du second degré $ar^2+2er+b=0$; que de plus on a les deux équations

$$g+fr+(e+ar)t=0,\quad c+2ft+at^2=0,$$

dont

dont l'une servira à déterminer t, & l'autre sera l'équation de condition ; nous trouverons enfin que la proposée a pour intégrale première complète

$$a\frac{dz}{dy}+(2e+ar)\frac{dz}{dx}+(2f+at)\frac{dz}{du}+F:(ry+x,\ ty+u)=0;$$

ou

$$a\frac{dz}{dy}+(2e+ar)\frac{dz}{dx}+(2f+at)\frac{dz}{du}+f:(ry+x,\ -tx+ru)=0.$$

Pour vérifier ces résultats, on différentiera d'abord la première équation par rapport à chacune des trois variables y, x, u, & on aura, en se contentant d'écrire F pour $F:(ry+x,\ ty+u)$ les trois équations

$$a\frac{d^2z}{dy^2}+(2e+ar)\frac{d^2z}{dy\,dx}+(2f+at)\frac{d^2z}{dy\,du}+(\Gamma r+\Gamma\Delta t)F'=0;$$

$$a\frac{d^2z}{dy\,dx}+(2e+ar)\frac{d^2z}{dx^2}+(2f+at)\frac{d^2z}{dx\,du}+\Gamma F'=0,$$

$$a\frac{d^2z}{dy\,du}+(2e+ar)\frac{d^2z}{dx\,du}+(2f+at)\frac{d^2z}{du^2}+\Gamma\Delta F'=0;$$

on ôtera de la première la seconde après l'avoir multipliée par r, & il viendra

$$a\frac{d^2z}{dy^2}+2e\frac{d^2z}{dy\,dx}-(2er+ar^2)\frac{d^2z}{dx^2}+(2f+at)\frac{d^2z}{dy\,du}-$$
$$(2fr+art)\frac{d^2z}{dx\,du}+\Gamma\Delta tF'=0,$$

on ôtera de celle-ci la troisième après l'avoir multiplié par t, & on aura

$$a\frac{d^2z}{dy^2}+2e\frac{d^2z}{dy\,dx}-(2er+ar^2)\frac{d^2z}{dx^2}+2f\frac{d^2z}{dy\,du}-2(art+$$
$$fr+et)\frac{d^2z}{dx\,du}-(2ft+at^2)\frac{d^2z}{du^2}=0,$$

qui se réduit à la proposée lorsque

$$ar^2+2er+b=0,\ art+fr+et+g=0,\ at^2+2ft+c=0.$$

L'autre résultat se vérifiera de la même manière.

(512). Dans les mémoires de l'académie des sciences de 1783 & 1784, nous avons présenté la théorie précédente sous une forme beaucoup plus générale, en la renfermant dans le théorême que voici :

L'équation de l'ordre n,

$$A\frac{d^nz}{dy^n}+B\frac{d^nz}{dy^{n-1}dx}+C\frac{d^nz}{dy^{n-2}dx^2}+\ldots\ldots+H\frac{d^nz}{dx^n}=W;$$

dans laquelle A, B, C, ... H, W sont des fonctions quelconques de x, y z & des différences partielles de z jusqu'à celles de l'ordre $n-1$ inclusivement, étant proposée ; si on nomme p, q, r, s, &c. les différences partielles de l'ordre $n-1$, & qu'ayant formé l'équation

$$Am^n+Bm^{n-1}+Cm^{n-2}+\ldots\ldots\ldots\ldots+H=0,$$

l'on fasse pour abréger

$$Am + B = \alpha A,\ Am\alpha + C = \mathcal{C}A,\ Am\mathcal{C} + D = \gamma A, \text{ \&c.}$$

toutes les intégrales premières complètes de la proposée dépendront de pouvoir intégrer les équations prises deux à deux, qu'on formera, en mettant successivement pour m ses valeurs dans ces deux-ci

$$m\,dy + dx = 0,$$

$$Am\,(dp + \alpha\,dq + \mathcal{C}\,dr + \gamma\,ds + \text{\&c.}) + W\,dx = 0.$$

Supposons que l'une de ces intégrales complètes soit $k = F : \omega$, & que

$$dk = P\,dp + Q\,dq + R\,dr + S\,ds + \text{\&c.} + \mathrm{d}k,$$

$$d\omega = \pi\,dp + \rho\,dq + \sigma\,dr + \tau\,ds + \text{\&c.} + \mathrm{d}\omega;$$

comme par l'élimination de la fonction arbitraire, on trouve (n°. 493)

$\frac{dk}{dx}\,\frac{d\omega}{dy} - \frac{dk}{dy}\,\frac{d\omega}{dx} = 0$, on aura aussi

$$(Q\pi - P\rho)\left(\frac{dp}{dy}\,\frac{dq}{dx} - \frac{dq}{dy}\,\frac{dp}{dx}\right)$$

$$+ (R\pi - P\sigma)\left(\frac{dp}{dy}\,\frac{dr}{dx} - \frac{dr}{dy}\,\frac{dp}{dx}\right)$$

$$+ (S\pi - P\tau)\left(\frac{dp}{dy}\,\frac{ds}{dx} - \frac{ds}{dy}\,\frac{dp}{dx}\right)$$

$$+ (R\rho - Q\sigma)\left(\frac{dq}{dy}\,\frac{dr}{dx} - \frac{dr}{dy}\,\frac{dq}{dx}\right)$$

$$+ (S\rho - Q\tau)\left(\frac{dq}{dy}\,\frac{ds}{dx} - \frac{ds}{dy}\,\frac{dq}{dx}\right)$$

$$+ (S\sigma - R\tau)\left(\frac{dr}{dy}\,\frac{ds}{dx} - \frac{ds}{dy}\,\frac{dr}{dx}\right)$$

$$+ \text{\&c.} + \left(\pi\,\frac{\mathrm{d}k}{dx} - P\,\frac{\mathrm{d}\omega}{dx}\right)\frac{dp}{dy} - \left(\pi\,\frac{\mathrm{d}k}{dy} - P\,\frac{\mathrm{d}\omega}{dy}\right)\frac{dp}{dx} +$$

$$\left(\rho\,\frac{\mathrm{d}k}{dx} - Q\,\frac{\mathrm{d}\omega}{dx}\right)\frac{dq}{dy} - \left(\rho\,\frac{\mathrm{d}k}{dy} - Q\,\frac{\mathrm{d}\omega}{dy}\right)\frac{dq}{dx} +$$

$$\left(\sigma\,\frac{\mathrm{d}k}{dx} - R\,\frac{\mathrm{d}\omega}{dx}\right)\frac{dr}{dy} - \left(\sigma\,\frac{\mathrm{d}k}{dy} - R\,\frac{\mathrm{d}\omega}{dy}\right)\frac{dr}{dx} +$$

$$\left(\tau\,\frac{\mathrm{d}k}{dx} - S\,\frac{\mathrm{d}\omega}{dx}\right)\frac{ds}{dy} - \left(\tau\,\frac{\mathrm{d}k}{dx} - S\,\frac{\mathrm{d}\omega}{dy}\right)\frac{ds}{dx} + \text{\&c.} +$$

$$\frac{\mathrm{d}k}{dx}\,\frac{\mathrm{d}\omega}{dy} - \frac{\mathrm{d}k}{dy}\,\frac{\mathrm{d}\omega}{dx} = 0.$$

On fera dans cette équation

$$Q\pi - P\rho = 0,\ R\pi - P\sigma = 0,\ S\pi - P\tau = 0,$$

$$R\rho - Q\sigma = 0,\ S\rho - Q\tau = 0,\ S\sigma - R\tau = 0, \text{ \&c.}$$

& désignant par α, $\mathcal{C}$, γ, δ, &c. les rapports $\frac{\rho}{\pi}$, $\frac{\sigma}{\pi}$, $\frac{\tau}{\pi}$, &c.;

ou $\frac{Q}{P}$, $\frac{R}{P}$, $\frac{S}{P}$, &c., on changera les différentielles

$$P\,dp + Q\,dq + R\,dr + S\,ds + \&c.,$$
$$\pi\,dp + \rho\,dq + \sigma\,dr + \tau\,ds + \&c.,$$

en celles-ci

$$P\,(dp + \alpha\,dq + \beta\,dr + \gamma\,ds + \&c.),$$
$$\pi\,(dp + \alpha\,dq + \beta\,dr + \gamma\,ds + \&c.).$$

Cela posé, ayant multiplié la proposée par un facteur Ψ, on la comparera, terme à terme, à l'équation que nous venons de réduire, &, à cause de

$\frac{dp}{dx} = \frac{dq}{dy}$, $\frac{dq}{dx} = \frac{dr}{dy}$, $\frac{dr}{dx} = \frac{ds}{dy}$, &c., on aura

$$\pi\,\frac{dk}{dx} - P\,\frac{d\omega}{dx} = A\,\Psi,\ \pi\,\frac{dk}{dy} - P\,\frac{d\omega}{dy} = (A\alpha - B)\,\Psi;$$

puis, faisant $\frac{A\alpha - B}{A} = m$,

$$A\,m\,\alpha = A\,\beta - C,\ A\,m\,\beta = A\,\gamma - D,\ A\,m\,\gamma = A\,\delta - E, \&c.;$$

& m sera donné par l'équation

$$A\,m^n + B^{n-1} + C\,m^{n-2} + \ldots\ldots\ldots\ldots + H = 0.$$

On aura aussi $\frac{d\omega}{dx} \cdot \frac{dk}{dy} - \frac{d\omega}{dy}\,\frac{dk}{dx} = \Psi\,W.$

Au moyen de celle-ci & des deux premières, on trouvera

$$\frac{dk}{dy} - m\,\frac{dk}{dx} + \frac{PW}{A} = 0,\ \frac{d\omega}{dy} - m\,\frac{d\omega}{dx} + \frac{\pi W}{A} = 0;$$

donc $dk = \frac{dk}{dx}\,(dx + m\,dy) +$

$$P\left(dp + \alpha\,dq + \beta\,dr + \gamma\,ds + \&c. - \frac{W\,dy}{A}\right).$$

Le problême ne dépendra plus que de pouvoir intégrer, pour chaque valeur de m, ces deux équations

$$dx + m\,dy = 0,\ dp + \alpha\,dq + \beta\,dr + \gamma\,ds + \&c. - \frac{W\,dy}{A} = 0,$$

ou, ce qui revient au même, les deux que voici :

$$dx + m\,dy = 0,\ A\,m\,(dp + \alpha\,dq + \beta\,dr + \gamma\,ds + \&c.) + W\,dx = 0.$$

En effet en représentant ces intégrales par $U = a$, $U' = b$ & celle de $dk = 0$ par $k = c$, on pourra, entr'autres suppositions, faire $c = b$ & $b = F : a$; donc $U' = F : U$ peut être prise pour l'intégrale complète de la proposée qui répond à la valeur de m qu'on a choisie ; donc &c.

(513). Si l'équation est du premier ordre $A\,\frac{dz}{dy} + B\,\frac{dz}{dx} = W$; on aura $A\,m + B = 0$, puis $m\,dy + dx = 0$, $A\,m\,dz + W\,dx = 0$;

ou $B\,dy - A\,dx = 0$, $-B\,dz + W\,dx = 0$. Si $W = 0$, on aura $dz = 0$ & $z = a$; on cherchera le facteur propre à rendre $B\,dy - A\,dx$ une différentielle exacte en regardant z comme constant, & si cette différentielle exacte est dS, on aura $S = b$; & comme on peut supposer qu'une des constantes est fonction de l'autre, on pourra prendre $z = F : S$ pour l'intégrale complète de $A \frac{dz}{dy} + B \frac{dz}{dx} = 0$, où A & B renferment x, y, z (n°. 490). Si W étant fonction de x, y, z, on avoit A & B fonction de x, y seulement, on intégreroit $B\,dy - A\,dx = 0$ en la multipliant par un facteur. Soit $S = b$ cette intégrale; on en tireroit la valeur de y qu'on mettroit dans $-B\,dz + W\,dx = 0$, pour l'intégrer ensuite de la même manière. Si l'on trouvoit pour cette intégrale $T = a$; à cause qu'on peut supposer $a = F : b$, on auroit $T = F : S$ pour l'intégrale complète demandée (n°. 493).

(514). Les équations linéaires de l'ordre n peuvent toutes se représenter par

$$A \frac{d^n z}{dy^n} + B \frac{d^n z}{dy^{n-1}dx} + C \frac{d^n z}{dy^{n-2}dx^2} + \ldots + H \frac{d^n z}{dx^n} = W;$$
$$+ B' \frac{d^{n-1} z}{dy^{n-1}} + C' \frac{d^{n-1} z}{dy^{n-2}dx} + \ldots + H' \frac{d^{n-1} z}{dx^{n-1}}$$
$$+ C'' \frac{d^{n-2} z}{dy^{n-2}} + \ldots + H'' \frac{d^{n-2} z}{dx^{n-2}}$$
$$+ \ldots\ldots\ldots\ldots + Vz$$

dans laquelle les co-efficiens de z, de ses différences partielles & W sont des fonctions de x, y. Alors si nous nommons p, q, r, s, &c. les différences partielles de l'ordre $n-1$, p', q', r', &c. celles de l'ordre $n-2$, &c., nous aurons à résoudre les équations aux différences ordinaires

$$m\,dy + dx = 0,$$

$$A\,m(dp + \alpha\,dq + \beta\,dr + \gamma\,ds + \&c.) - (B'p + C'q + D'r + \&c. + C''p' + D''q' + \&c. + \&c. + Vz - W)\,dx = 0.$$

Désignons par m, m', m'', &c. les valeurs de m tirées de l'équation

$$A\,m^n + B\,m^{n-1} + C\,m^{n-2} + \ldots\ldots + H = 0;$$

par $dt\,1$, $ds\,1$, $dr\,1$, &c. les différentielles exactes qu'on trouvera en cherchant les facteurs propres à rendre intégrables

$$m\,dy + dx,\ m'\,dy + dx,\ m''\,dy + dx, \&c.$$

Cela posé, ayant multiplié les équations

$$\frac{dt\,1}{dy}\,dy + \frac{dt\,1}{dx}\,dx = 0,$$

$$A\,m(dp + \alpha\,dq + \beta\,dr + \gamma\,ds + \&c.) - (B'p + C'q + D'r + \&c. + C''p' + D''q' + \&c. + \&c. + Vz - W)\,dx = 0,$$

la

la première par Δ, & l'autre par Λ, nous les ajouterons ensemble ; & nous donnerons à la résultante la forme que voici :

$$d.\Lambda Am(p+\alpha q+\zeta r+\&c.)-pd.\Lambda Am-qd.\Lambda A\alpha m$$
$$-rd.\Lambda A\zeta m-\&c.-\Lambda(B'p+C'q+D'r+\&c.+$$
$$C''p'+D''q'+\&c.+\&c.+Vz-W)dx$$
$$+\Delta\left(\frac{dt1}{dy}dy+\frac{dt1}{dx}dx\right)=0.$$

Nous supposerons

$$-pd.\Lambda Am-qd.\Lambda A\alpha m-rd.\Lambda A\zeta m-\&c.$$
$$-\Lambda(B'p+C'q+D'r+\&c.+C''p'+D''q'+\&c.+\&c.$$
$$+Vz-W)dx+\Delta\left(\frac{dt1}{dy}dy+\frac{dt1}{dx}dx\right)$$

une différentielle exacte que nous nommerons dS ; & $W1$ étant l'intégrale de $\Lambda W dx$, prise par rapport à x, après avoir mis pour y sa valeur en x & $t1$, nous aurons

$$(1)\ldots\ldots\Lambda Am(p+\alpha q+\zeta r+\&c.)+S+W1=0:$$

nous aurons aussi

$$-p\frac{d.\Lambda Am}{dy}-q\frac{d.\Lambda A\alpha m}{dy}-r\frac{d.\Lambda A\zeta m}{dy}-\&c.$$
$$+\Delta\frac{dt1}{dy}=\frac{dS}{dy},$$

$$-p\frac{d.\Lambda Am}{dx}-q\frac{d.\Lambda A\alpha m}{dx}-r\frac{d.\Lambda A\zeta m}{dx}-\&c.-$$
$$\Lambda(B'p+C'q+D'r+\&c.+C''p'+D''q'+\&c.+\&c.$$
$$+Vz-W+\Delta\frac{dt1}{dx}=\frac{dS}{dx};$$

d'où nous tirerons, en éliminant Δ, & faisant pour abréger,

$$\frac{dS}{dy}-m\frac{dS}{dx}=\dot{S},\quad\frac{d.\Lambda Am}{dy}-m\frac{d.\Lambda Am}{dx}=(\Lambda \dot{A}m),\ \&c.$$

$$(2)\ldots\ldots-p[(\Lambda \dot{A}m)-m\Lambda B']$$
$$-q[(\Lambda \dot{A}\alpha m)-m\Lambda C']$$
$$-r[(\Lambda \dot{A}\zeta m)-m\Lambda D']$$
$$-\&c.+m\Lambda(C''p'+D''q'+\&c.$$
$$+\&c.+Vz)=\dot{S}.$$

(515). Si la proposée a une intégrale de l'ordre immédiatement inférieur ; j'entends par-là une équation linéaire de l'ordre $n-1$, qui renferme une fonction arbitraire de $t1$, on pourra supposer

$$S=Mp'+Nq'+\&c.+M'p''+N'q''+\&c.+\&c.+Uz+\varphi:t1,$$

d'où l'on tirera

$$\dot{S} = \dot{M} p' + M\,(p - mq) + \dot{N} q' + N\,(q - mr) + \&c. + \dot{M}' p'' + M'\,(p' - mq') + \dot{N}' q'' + N'\,(q' - mr') + \&c. + \&c. + \dot{U} z + U\,(p^{(n-1)'} - mq^{(n-1)'}).$$

Partant, si l'on fait pour abréger,

$$(\dot{\overline{\lambda A m}}) - m\lambda B' = \omega,\ (\dot{\overline{\lambda A \alpha m}}) - m\lambda C' = \pi,\ (\dot{\overline{\lambda A \beta m}}) - m\lambda D' = \tilde{\omega},\ \&c.,$$

l'équation (2) donnera

$$-\omega = M,\ -\pi = N - mM,\ -\tilde{\omega} = P - mN,\ \&c.$$

$$m\lambda C'' = \dot{M} + M',\ m\lambda D'' = \dot{N} + N' - mM',\ \&c.$$

$$\ldots\ldots\ldots\ldots\ldots\ldots\ldots\ldots\ m\lambda V = \dot{U}.$$

La première série contient $n-1$ équations, la seconde en contient $n-2$, & ainsi de suite; le nombre de toutes les équations est la somme d'une progression arithmétique dont le premier terme est 1 & le dernier $n-1$, c'est-à-dire que ce nombre est $n \cdot \frac{n-1}{2}$: & comme il n'y a que $\frac{(n-1)(n-2)}{2}$ inconnues à déterminer, il reste $n-1$ équations de condition, qui doivent avoir lieu pour que la proposée ait une intégrale de l'ordre immédiatement inférieur, voici cette intégrale

$$\lambda A m\,(p + \alpha q + \beta r + \&c.) + Mp' + Nq' + \&c. + M'p'' + N'q'' + \&c. + \&c. + Uz + \varphi : t\,1 + W\,1 = 0.$$

(516). Si la proposée étoit du second ordre, on auroit les trois équations

$$(\dot{\overline{\lambda A m}}) - m\lambda B' + U = 0,$$

$$(\dot{\overline{\lambda C}}) + m\lambda C' + mU = 0,$$

$$m\lambda V = \dot{U},$$

dont deux serviroient à trouver U & le facteur λ, & dont la troisième seroit l'équation de condition.

Si l'équation du second ordre n'étoit autre que $\frac{d^2 z}{dy^2} = X^2 \frac{d^2 z}{dx^2}$, qui est celle des cordes vibrantes lorsque X ne renferment que x & des constantes, les trois équations deviendroient

$$\dot{U}=0,\ \Lambda m\frac{dm}{dx}+2U=0,\ 2\dot{\Lambda}-3\Lambda\frac{dm}{dx}=0:$$

on tireroit des deux premières $\dot{\Lambda}\frac{d\cdot m^2}{dx}=\Lambda m\frac{d^2\cdot m^2}{dx^2}$;

on auroit par conséquent

$$\frac{3}{4}\frac{d\cdot m^2}{m^2}=\frac{d^2\cdot m^2}{dx}:\frac{d\cdot m^2}{dx},\ (m^2)^{-\frac{3}{4}}d.\,m^2=a\,dx\ \&\ 16\,m=(ax+b)^2,$$

a & b étant des constantes ; c'est la valeur de X pour que l'équation des cordes vibrantes ait une intégrale de l'ordre immédiatement inférieur.

Je puis prendre $U=1$, d'où $\Lambda=\frac{-(16)^2}{a(ax+b)^3}$; j'aurai aussi

$t\,1=\int\frac{dx}{m}+y=\frac{-16}{a(ax+b)}+y$, & pour intégrale première complète

$$\frac{dz}{dy}+\frac{(ax+b)^2}{16}\frac{dz}{dx}-\frac{a(ax+b)}{16}\left(z+\varphi:\left(\frac{16}{a(ax+b)}-y\right)\right)=0.$$

Cette différentielle du premier ordre a elle-même pour intégrale complète

$$z=(ax+b)\left[f:\left(\frac{16}{a(ax+b)}+y\right)+\varphi:\left(\frac{16}{a(ax+b)}-y\right)\right].$$

CHAPITRE V.

De l'intégration des équations aux différences partielles qui n'ont point d'intégrales successives.

(517). L'ÉQUATION des cordes vibrantes $\frac{d^2z}{dy^2}=X^2\frac{d^2z}{dx^2}$ n'a d'intégrales successives que lorsque X est une fonction de cette forme $(ax+b)^2$; cependant pour beaucoup d'autres valeurs de X, on pourra trouver la valeur générale de z. En effet, ayant fait pour abréger

$$f:\left(\int\frac{dx}{X}+y\right)+\varphi:\left(\int\frac{dx}{X}-y\right)=\Pi,$$

si je suppose $z=\mathcal{C}\,\Pi+\vartheta\,\Pi'$, où $\mathcal{C}$ & ϑ sont fonctions de x seul, j'aurai, par la substitution des valeurs de $\frac{d^2z}{dy^2}$, $\frac{d^2z}{dx^2}$ dans la proposée, l'équation identique

$$X^2 \frac{d^2 \varsigma}{dx^2} \cdot \Pi + 2X \frac{d\varsigma}{dx} \cdot \Pi' + 2X \frac{d\gamma}{dx} \cdot \Pi'' = 0,$$
$$- \varsigma \frac{dX}{dx} \qquad - \gamma \frac{dX}{dx}$$
$$+ X^2 \frac{d^2 \gamma}{dx^2}$$

qui doit être indépendante de Π, Π', Π''. J'en tirerai pour résoudre le problême les trois équations

$$\frac{d^2 \varsigma}{dx^2} = 0, \quad X^2 \frac{d^2 \gamma}{dx^2} - \varsigma \frac{dX}{dx} + 2X \frac{d\varsigma}{dx} = 0, \quad \frac{2\,d\gamma}{\gamma} = \frac{dX}{X}.$$

On pourra prendre $\varsigma = 1$; &, à cause de $\gamma^2 = cX$, on aura pour déterminer γ, l'équation $\frac{\gamma^3}{c} \frac{d^2 \gamma}{dx^2} - 2 \frac{d\gamma}{dx} = 0$. En faisant $\gamma = k(ax + b)^\lambda$, on la changera en celle-ci $\frac{a}{c} k^3 (\lambda - 1)(ax + b)^{3\lambda - 1} - 2 = 0$, qui devant être identique, donne $3\lambda - 1 = 0$ ou $\lambda = \frac{1}{3}$, & $k = -\sqrt[3]{\frac{3c}{a}}$. Donc $\gamma = -\left(\frac{3c}{a}\right)^{\frac{1}{3}} (ax + b)^{\frac{1}{3}}$ & $X = \frac{1}{c}\left(\frac{3c}{a}\right)^{\frac{2}{3}} (ax + b)^{\frac{2}{3}}$.
Si on prend $\varsigma = ax + b$; à cause de $\gamma^2 = cX$, on aura pour déterminer γ, l'équation

$$\frac{\gamma^3}{c} \frac{d^2 \gamma}{dx^2} - 2(ax + b) \frac{d\gamma}{dx} + 2a\gamma = 0.$$

Soit $\gamma = k(ax + b)^\lambda$, l'équation précédente deviendra

$$\frac{a}{c} k^3 \lambda (\lambda - 1)(ax + b)^{3\lambda - 2} - 2(\lambda - 1) = 0,$$

qu'on rendra identique en faisant $3\lambda - 2 = 0$ ou $\lambda = \frac{2}{3}$, $k = \sqrt[3]{\frac{3c}{a}}$. Donc $\varsigma = ax + b$, $\gamma = \left(\frac{3c}{a}\right)^{\frac{1}{3}} (ax + b)^{\frac{2}{3}}$, $X = \frac{1}{c}\left(\frac{3c}{a}\right)^{\frac{2}{3}} (ax + b)^{\frac{4}{3}}$.

(518). Nous chercherons la forme que la proposée doit avoir pour que son intégrale complète soit $z = \varsigma\Pi + \gamma\Pi' + \delta\Pi''$; nous aurons dans ce cas les quatre équations

$$\frac{d^2 \varsigma}{dx^2} = 0, \quad - X^2 \frac{d^2 \gamma}{dx^2} - 2x \frac{d\varsigma}{dx} + \varsigma \frac{dX}{dx} = 0,$$
$$- X^2 \frac{d^2 \delta}{dx^2} - 2X \frac{d\gamma}{dx} + \gamma \frac{dX}{dx} = 0, \quad \frac{2\,d\delta}{\delta} = \frac{dX}{X}.$$

Si nous prenons $\varsigma = 1$; à cause de $\delta^2 = cX$, le problême est réduit à satisfaire à ces deux équations

$$\frac{\delta^3}{c} \frac{d^2 \gamma}{dx^2} - 2 \frac{d\delta}{dx} = 0, \quad \frac{\delta}{c} \frac{d^2 \delta}{dx^2} + 2 \frac{d(\gamma : \delta)}{dx} = 0.$$

Pour

Pour cela nous ferons $\delta = k(ax+b)^{\lambda}$, d'où nous tirerons

$\delta \frac{d^2\delta}{dx^2} = k^2 a^2 \lambda(\lambda-1)(ax+b)^{2\lambda-2}$, & que par conséquent $\frac{u}{\delta}$ ne peut être que de la forme $k'(ax+b)^{2\lambda-1}$, ce qui donne $u = kk'(ax+b)^{3\lambda-1}$. Par ces substitutions, nos deux équations sont changées en celles-ci

$$\frac{a}{c}k^3k'(3\lambda-1)(3\lambda-2)(ax+b)^{5\lambda-2} - 2\lambda = 0,$$

$$\frac{a}{c}k^2\lambda(\lambda-1) + 2k'(2\lambda-1) = 0,$$

qui, lorsqu'on fait $5\lambda - 2 = 0$, ou $\lambda = \frac{2}{5}$, deviennent

$k^3k' + \frac{5c}{a} = 0$, $k^2 + \frac{5c}{3a}k' = 0$, & donnent $k = \sqrt[5]{\frac{25c^2}{3a^2}}$;

$k' = -\frac{3a}{5c}\left(\sqrt[5]{\frac{25c^2}{3a^2}}\right)^2$. Donc $u = -\frac{3a}{5c}\left(\frac{25c^2}{3a^2}\right)^{\frac{3}{5}}(ax+b)^{\frac{1}{5}}$;

$\delta = \left(\frac{25c^2}{3a^2}\right)^{\frac{1}{5}}(ax+b)^{\frac{2}{5}}$, $X = \frac{1}{c}\left(\frac{25c^2}{3a^2}\right)^{\frac{2}{5}}(ax+b)^{\frac{4}{5}}$.

La valeur la plus générale qu'on puisse donner à ζ est $\zeta = ax+b$; alors, à cause de $\delta^2 = cX$, on aura les deux équations

$$\frac{\delta^3}{c}\frac{d^2u}{dx^2} + 2a\delta - 2(ax+b)\frac{d\delta}{dx} = 0, \quad \frac{\delta}{c}\frac{d^2\delta}{dx^2} + 2\frac{d(u:\delta)}{dx} = 0.$$

Si on fait $\delta = k(ax+b)^{\lambda}$, il faudra que $\frac{u}{\delta}$ soit de la forme $k'(ax+b)^{2\lambda-1}$, ce qui donnera $u = kk'(ax+b)^{3\lambda-1}$.
Par ces substitutions nos deux équations seront changées en celles-ci

$$\frac{a}{c}k^3k'(3\lambda-1)(3\lambda-2)(ax+b)^{5\lambda-3} - 2(\lambda-1) = 0;$$

$$\frac{a}{c}k^2\lambda(\lambda-1) + 2k'(2\lambda-1 = 0,$$

qui, en faisant $5\lambda - 3 = 0$ ou $\lambda = \frac{3}{5}$ deviendront $k'k^3 - \frac{5c}{a} = 0$;

$k^2 - \frac{5c}{3a}k' = 0$, & donneront $k = \sqrt[5]{\frac{25c^2}{3a^2}}$, $k' = \frac{3a}{5c}\left(\sqrt[5]{\frac{25c^2}{3a^2}}\right)^2$.

Donc $u = \frac{3a}{5c}\left(\frac{25c^2}{3a^2}\right)^{\frac{3}{5}}(ax+b)^{\frac{4}{5}}$, $\delta = \left(\frac{25c^2}{3a^2}\right)^{\frac{1}{5}}(ax+b)^{\frac{3}{5}}$,

$X = \frac{1}{c}\left(\frac{25c^2}{3a^2}\right)^{\frac{2}{5}}(ax+b)^{\frac{6}{5}}$. &c.

(519). Les recherches sur la propagation du son ont conduit à l'équation suivante

$$\frac{1}{2a^2}\frac{d^2z}{dy^2} = \frac{d^2z}{dx^2} + \frac{2}{x}\frac{dz}{dx} - \frac{2z}{x^2},$$

qui n'a pas d'intégrales successives, mais qu'on intégrera facilement en supposant $z = \beta f : \omega + \nu f' : \omega$, β, ν étant des fonctions de x seul. Car on en tire l'équation identique

$$\begin{array}{llll}
\frac{d^2 \beta}{dx^2} f:\omega & + 2\frac{d\beta}{dx}\frac{d\omega}{dx} f':\omega & + \beta\left(\frac{d\omega}{dx}\right)^2 f'':\omega & + \nu\left(\frac{d\omega}{dx}\right)^2 f''':\omega = 0, \\
+ \frac{2}{x}\frac{d\beta}{dx} & + \beta \frac{d^2\omega}{dx^2} & + 2\frac{d\nu}{dx}\frac{d\omega}{dx} & - \frac{\nu}{2a^2}\left(\frac{d\omega}{dy}\right)^2 \\
- \frac{2\beta}{x^2} & + \frac{d^2\nu}{dx^2} & + \nu\frac{d^2\omega}{dx^2} & \\
 & - \frac{\beta}{2a^2}\frac{d^2\omega}{dy^2} & - \frac{\beta}{2a^2}\left(\frac{d\omega}{dy}\right)^2 & \\
 & + \frac{2\beta}{x}\frac{d\omega}{dx} & - \frac{\nu}{2a^2}\frac{d^2\omega}{dy^2} & \\
 & + \frac{2}{x}\frac{d\nu}{dx} & + \frac{d\nu}{x}\frac{d\omega}{dx} & \\
 & - \frac{2\nu}{x^2} & &
\end{array}$$

dans laquelle on égalera à zéro les co-efficiens de $f:\omega$, $f':\omega$, $f'':\omega$, $f''':\omega$. On aura d'abord pour déterminer ω l'équation $\frac{d\omega}{dy} = \pm a\sqrt{2}\,\frac{d\omega}{dx}$;

on pourra donc prendre $\omega = x \pm ay\sqrt{2}$; & si l'on fait $\Pi = f:(x + ay\sqrt{2}) + \varphi:(x - ay\sqrt{2})$, l'intégrale complète sera $z = \beta\Pi + \nu\Pi'$, β, ν étant donnés par

$$\frac{d^2\beta}{dx^2} + \frac{2}{x}\frac{d\beta}{dx} - \frac{2\beta}{x^2} = 0, \quad \frac{d^2\nu}{dx^2} + \frac{2}{x}\frac{d\nu}{dx} - \frac{2\nu}{x^2} + 2\frac{d\beta}{dx} + \frac{2\beta}{x} = 0,$$

$$\frac{d\nu}{dx} + \frac{\nu}{x} = 0.$$

On tire de la troisième $\nu = \frac{c}{x}$; en mettant ces valeurs dans la seconde, elle devient $\frac{d\beta}{dx} + \frac{\beta}{x} = \frac{c}{x^3}$, & donne $\beta = -\frac{c}{x^2} + \frac{b}{x}$.

Cette valeur de β ne peut satisfaire à la première équation qu'en faisant la constante arbitraire $b = 0$; de plus on peut prendre $c = 1$; donc la proposée a pour intégrale complète

$$z = -\frac{1}{x^2}\left[f:(x + ay\sqrt{2}) + \varphi:(x - ay\sqrt{2})\right] + \frac{1}{x}\left[f':(x + ay\sqrt{2}) + \varphi':(x - ay\sqrt{2})\right].$$

(520). Pour l'équation linéaire du second ordre, on tire des équations (1)

& (2) (n°. 514), en faisant pour abréger

$$\lambda (\pi A m + \omega C) = \sigma,$$

$$\sigma p = \lambda C (\lambda V m z - \dot{S}) - \pi (S + W 1),$$

$$\sigma q = \lambda A m (\lambda V m z - \dot{S}) + \omega (S + W 1).$$

Or dt & ds étant les différentielles exactes qu'on trouvera en cherchant les facteurs propres à rendre intégrables

$$m dy + dx,\ m' dy + dx,$$

si l'on fait

$$S = A 1 f : s + B 1 f' : s + C 1 f'' : s + \ldots\ldots\ldots\ldots$$
$$+ K 1 f^{n'} : s + L 1,$$
$$Z = M 1 f : s + N 1 f' : s + P 1 f'' : s + \ldots\ldots\ldots\ldots$$
$$+ T 1 f^{n'} : s + V 1,$$

la quantité $\lambda V m z - \dot{S}$ deviendra

$$[\lambda M 1 m V - \dot{A} 1] f : s +$$
$$[\lambda N 1 m V - \dot{B} 1 - A 1 \dot{s}] f' : s + \ldots\ldots\ldots\ldots +$$
$$[\lambda T 1 m V - \dot{K} 1 - I 1 \dot{s}] f^{n'} : s + K 1 \dot{s} f^{(n+1)'} : s +$$
$$\lambda V 1 m V - \dot{L} 1.$$

On en tirera facilement les valeurs de p & q ; mais on a aussi

$$p = \frac{d M 1}{dy} f : s + \left(\frac{d N 1}{dy} + N 1 \frac{ds}{dy}\right) f' : s + \ldots\ldots\ldots +$$
$$\left(\frac{d T 1}{dy} + S 1 \frac{ds}{dy}\right) f^{n'} : s + T 1 \frac{ds}{dy} f.^{(n+1)'} : s + \frac{d V 1}{dy},$$

$$q = \frac{d M 1}{dx} f : s + \left(\frac{d N 1}{dx} + M 1 \frac{ds}{dx}\right) f' : s + \ldots\ldots\ldots +$$
$$\left(\frac{d T 1}{dx} + S 1 \frac{ds}{dx}\right) f^{n'} : s + T 1 \frac{ds}{dx} f^{(n+1)'} : s + \frac{d V 1}{dx};$$

il ne s'agira donc que de déterminer les co-efficiens $A 1$, $M 1$, $B 1$, $N 1$, &c. au moyen des équations suivantes qui sont du premier ordre :

$$\lambda C [\lambda M 1 m V - \dot{A} 1] - \pi A 1 = \sigma \frac{d M 1}{dy},$$

$$\lambda A m [\lambda M 1 m V - \dot{A} 1] + \omega A 1 = \sigma \frac{d M 1}{dx},$$

$$\lambda C [\lambda N 1 m V - \dot{B} 1 - A 1 \dot{s}] - \pi B 1 = \sigma \left[\frac{d N 1}{dy} + M 1 \frac{ds}{dy}\right],$$

$$\lambda A m [\lambda N 1 m V - \dot{B} 1 - A 1 \dot{s}] + \omega B 1 = \sigma \left[\frac{d N 1}{dx} + M 1 \frac{ds}{dx}\right],$$

$$\ldots\ldots\ldots\ldots\ldots\ldots\ldots\ldots\ldots\ldots\ldots\ldots$$

$$\lambda C[\lambda T1 m V - \dot{K}1 - I1\dot{s}] - \pi K1 = \sigma\left[\frac{dT1}{dy} + S1\frac{ds}{dy}\right],$$

$$\lambda Am[\lambda T1 m V - \dot{K}1 - I1\dot{s}] + \omega K1 = \sigma\left[\frac{dT1}{dx} + S1\frac{ds}{dx}\right],$$

$$\lambda C[\lambda V1 m V - \dot{L}1] - \pi[W1 + L1] = \sigma\frac{dV1}{dy},$$

$$\lambda Am[\lambda V1 m V - \dot{L}1] + \omega[W1 + L1] = \sigma\frac{dV1}{dx}.$$

On aura de plus les deux équations

$$\lambda C K1\dot{s} = -\sigma T1\frac{ds}{dy}, \lambda Am K1\dot{s} = -\sigma T1\frac{ds}{dx};$$

qui, à cause de $Amm' = C$, toujours vraie par la propriété des équations du second degré, se réduisent à une seule qui renferme les conditions qui doivent avoir lieu pour que l'intégrale soit telle que nous l'avons supposée. Nous n'avons trouvé qu'une partie des équations propres à déterminer la valeur de z; nous trouverons les autres, en changeant dans les premières m en m', & s en t. De cette manière, nous parviendrons à déterminer les deux séries qui doivent entrer dans la valeur complète de z; la première a été représentée par $M1 f : s + N1 f' : s +$ &c., nous représenterons la seconde par $M2\varphi : t + N2\varphi' : t +$ &c.

(521). Si l'équation du second ordre est celle des cordes vibrantes $\frac{d^2 z}{dy^2} = X^2\frac{d^2 z}{dx^2}$, on fera

$$\lambda m = 1, m = -X, m' = X, y - \int\frac{dx}{X} = t, y + \int\frac{dx}{X} = s;$$

partant $\dot{s} = 2$. Alors en supposant que les co-efficiens sont tous fonctions de x seul, on aura à résoudre les équations

$$d\frac{A1}{X} = 0, dA1 = \frac{dX}{dx}dM1, d\frac{B1}{X} = \frac{M1 dX - 2A1 dx}{X^2},$$

$$dB1 + \frac{2A1 dx}{X} = \frac{dX}{dx}\left(dN1 + \frac{M1 dx}{X}\right), \ldots\ldots\ldots;$$

$$d\frac{K1}{X} = \frac{S1 dX - 2I1 dx}{X^2}, dK1 + \frac{2I1 dx}{X} = \frac{dX}{dx}\left(dT1 + \frac{S1 dx}{X}\right),$$

$$2K1 dx = T1 dx.$$

On tire des deux premières $A1 = aX$, $M1 = ax + b$, a & b étant des constantes, ou bien $A1 = 0$ & $M1 = 1$; nous examinerons séparément ces deux cas, en supposant $X = (ax + b)^d$.

(522). Dans le premier cas, on peut supposer

$N1 = e1(ax + b)^{-d+2}$, $P1 = e2(ax + b)^{-2d+3}$, &c.,
$B1 = g1(ax + b)$, $C1 = g2(ax + b)^{-d+2}$, &c.,

e1,

$e1$, $g1$, &c. étant des constantes. Par ces substitutions, nos équations deviennent

$$g1(1-d)+2=d,$$
$$g1+2=ae1d(2-d)+d,$$
$$2ag2(1-d)+2g1=ae1d,$$
$$ag2(2-d)+2g1=a^2e2(3-2d)d+ae1d,$$
$$3ag3(1-d)+2g2=ae2d,$$
$$ag3(3-2d)+2g2=a^2e3(4-3d)d+ae2d,$$
$$\ldots\ldots\ldots\ldots\ldots\ldots\ldots 2gn=aend.$$

On en tire par l'élimination

$$g1=-\frac{2-d}{1-d},\quad e1=-\frac{1}{a(1-d)},$$
$$g2=\frac{4-3d}{2a(1-d)^2},\quad e2=\frac{4-3d}{2a^2(1-d)^2(3-2d)},$$
$$g3=-\frac{(4-3d)(6-5d)}{2\cdot 3a^2(1-d)^3(3-2d)},$$
$$e3=-\frac{6-5d}{2\cdot 3a^3(1-d)^3(3-2d)},\ \text{\&c.}$$

& que d doit être une quantité de cette forme $\frac{2n}{2n-1}$, n étant un nombre entier positif.

(523). Lorsque $A=0$ & $M=1$, on a $B=-1$, & on peut supposer

$$N=e1(ax+b)^{-d-1},\quad P=e2(ax+b)^{-2(d-1)},\ \text{\&c.}$$
$$C=g2(ax+b)^{-d+1},\ \text{\&c.},$$

ce qui change nos équations en celles-ci :

$$ae1(1-d)+1=0,$$
$$ag2(1-2d)-2=ae1d,$$
$$ag2(1-d)-2=2a^2e2(1-d)d+ae1d,$$
$$ag3(2-3d)+2g2=ae2d,$$
$$2ag3(1-d)+2g2=3a^2e3(1-d)d+ae2d,$$
$$ag4(3-4d)+2g3=ae3d,$$
$$3ag4(1-d)+2g3=4a^2e4(1-d)d+ae3d,$$
$$\ldots\ldots\ldots\ldots\ldots\ldots\ldots 2gn=aend.$$

Il est facile d'en tirer

$$e1=-\frac{1}{a(1-d)},\quad g2=\frac{2-3d}{a(1-d)(1-2d)};$$
$$e2=\frac{2-3d}{2a^2(1-d)^2(1-2d)},\quad g3=-\frac{4-5d}{2a^2(1-d)^2(1-2d)};$$
$$e3=-\frac{4-5d}{2\cdot 3a^3(1-d)^3(1-2d)},\ \text{\&c.},$$

& que d doit être une quantité telle que $\frac{2n}{2n+1}$, où n est un nombre entier positif.

(524). On voit aussi que dans les deux cas $M2 = M1$, $N2 = M1$, &c.; il suit donc de ce qui précède que si X est une quantité de cette forme $(ax+b)^{\frac{2n}{2n\pm 1}}$, où n est un nombre entier positif, l'équation des cordes vibrantes a pour intégrale complète

$$z = M1\,(f:s + \varphi:t) + N1\,(f':s + \varphi':t) + \ldots\ldots\ldots + T1\,(f:^{n'}s + \varphi^{n'}:t);$$

c'est-à-dire que cette équation est intégrable absolument dans les mêmes cas que celle du comte Ricatti (n°. 403). Dans cet exemple, la proposée ne renfermant pas W, nous avons pu prendre $L1 = 0$, $V1 = 0$, ce que nous ferons aussi dans celui qui va suivre.

(525). Dalembert, dans un mémoire sur le Calcul intégral qui se trouve dans le quatrième volume des ses Opuscules, se propose une équation de cette forme

$$b\,\frac{d^2 z}{dy^2} + \frac{d^2 z}{dx^2} + X\,\frac{dz}{dx} + X1\,z = 0,$$

où X & $X1$ sont des fonctions de X & b une constante quelconque. Dans cet exemple

$$A = b,\ B = 0,\ C = 0,\ B' = 0,\ C' = X,\ V = X1,$$

$$bm^2 + 1 = 0,\ s = m'y + x,\ \dot{s} = m' - m = -2m.$$

On en tire, en prenant $\lambda = 1$ & en supposant que $A1$, $M1$, $B1$, $N1$, &c. ne renferment que x,

$$\omega = 0,\ \pi = -mX,\ \epsilon = X,\ \dot{A}1 = -m\,\frac{dA1}{dx},\ \dot{B}1 = -m\frac{dB1}{dx},\ \&c.$$

On aura donc pour résoudre le problême ces équations

$$X1\,M1 + \frac{dA1}{dx} + X\,A1 = 0,$$

$$X1\,M1 + \frac{dA1}{dx} + X\,\frac{dM1}{dx} = 0,$$

$$X1\,N1 + \frac{dB1}{dx} + X\,B1 = -XM1 - 2A1,$$

$$X1\,N1 + \frac{dB1}{dx} + X\,\frac{dN1}{dx} = -XM1 - 2A1,$$

$$X1\,P1 + \frac{dC1}{dx} + X\,C1 = -XN1 - 2B1,$$

$$X1\,P1 + \frac{dC1}{dx} + X\,\frac{dP1}{dx} = -XN1 - 2B1;$$

$\ldots\ldots$ & pour équation de condition $2K1 + XT1 = 0$.

On en tire, en éliminant $A1$, $B1$, &c. cette série d'équation du second ordre

$$\frac{d^2 M1}{dx^2} + X\frac{dM1}{dx} + X1\,M1 = 0,$$

$$\frac{d^2 N1}{dx^2} + X\frac{dN1}{dx} + X1\,N1 + 2\frac{dM1}{dx} + XM1 = 0,$$

$$\frac{d^2 P1}{dx^2} + X\frac{dP1}{dx} + X1\,P1 + 2\frac{dN1}{dx} + XN1 = 0,$$

. . . .

& pour équation de condition $2\frac{dT1}{dx} + XT1 = 0$.

(526). Si $b = \frac{-1}{a^2}$, $X = \frac{h}{x}$, $X1 = \frac{i}{x^2}$, on a $m = \pm a$, & les équations précédentes deviennent

$$\frac{d^2 M1}{dx^2} + \frac{h}{x}\frac{dM1}{dx} + \frac{i}{x^2}M1 = 0,$$

$$\frac{d^2 N1}{dx^2} + \frac{h}{x}\frac{dN1}{dx} + \frac{i}{x^2}N1 + 2\frac{dM1}{dx} + \frac{h}{x}M1 = 0,$$

&c. On satisfait à la première en prenant $M1 = x^\lambda$, & λ sera donné par l'équation $\lambda.\overline{\lambda - 1} + h\lambda + i = 0$; à la seconde en prenant $N1 = e1\,x^{\lambda+1}$, & on en tirera $e1 = -\frac{2\lambda + h}{\overline{\lambda}\cdot\overline{\lambda+1} + h\cdot\overline{\lambda+1} + i}$; à la troisième en prenant $P1 = e2\,x^{\lambda+2}$, & on en tirera

$$e2 = -e1\,\frac{2(\lambda+1)+h}{\overline{\lambda+1}\cdot\overline{\lambda+2} + h\cdot\overline{\lambda+2} + i}\ \ldots\ldots\ldots\ldots$$

à celle qui renferme $T1$, en prenant $T1 = en\,x^{\lambda+n}$, & on en tirera

$$en = -e(n-1)\,\frac{2(\lambda+n-1)+h}{(\lambda+n)(\lambda+n-1)+h(\lambda+n)+i}.$$

On aura pour équation de condition

$$2(\lambda+n)+h = 0, \text{ ou } \left(\frac{h}{2}+n\right)\left(\frac{h}{2}-n-1\right) = i.$$

Si on vouloit intégrer de cette manière l'equation du n°. 519, on feroit $h = 2$, $i = -2$, & on auroit $n^2 + n = 2$ dont la racine positive est $n = 1$. Quelque soit h & i, toutes les fois qu'il résultera de l'équation de condition que n est un nombre entier positif, la proposée sera intégrable absolument.

(527). Puisque dt & ds sont ce qu'on trouve en rendant exactes les différentielles $m\,dy + dx$, $m'\,dy + dx$, on pourra avoir y & x en s & t, & regarder les co-efficiens $A1$, $B1$, &c., $M1$, $N1$, &c. comme fonctions de s & t. Cela posé, soit représentée par Σ la suite $A1f:s + B1f':s +$ &c.,

par Z cette autre suite $M\,1\,f : s + N\,1\,f' : s +$ &c.; s'il arrivoit que la valeur de z dût renfermer des termes où la fonction arbitraire fût embarrassée du signe intégral, si, par exemple, on avoit $z = \rho \int \tau\, d s f : s + Z$, on représenteroit par $\varkappa \int \epsilon\, d s f : s$ celui qui devroit entrer dans S & on auroit $S = \varkappa \int \epsilon\, d s f : s + \Sigma$. Alors, à cause de

$$\frac{dz}{ds} = \frac{d\rho}{ds} \int \tau\, d s f : s + \rho \tau f : s + \frac{dZ}{ds},\ \frac{dz}{dt} = \frac{d\rho}{dt} \int \tau\, d s f : s + \rho \int \frac{d\tau}{dt}\, d s f : s + \frac{dZ}{dt};$$

$$\frac{dS}{ds} = \frac{d\varkappa}{ds} \int \epsilon\, d s f : s + \varkappa \epsilon f : s + \frac{d\Sigma}{ds},\ \frac{dS}{dt} = \frac{d\varkappa}{dt} \int \epsilon\, d s f : s + \varkappa \int \frac{d\epsilon}{dt}\, d s f : s + \frac{d\Sigma}{dt};$$

$\dot{S} = \frac{dS}{ds}\dot{s}$, & de $\frac{dt}{dy} - m \frac{dt}{dx} = 0$, on tireroit des équations du n°. 520.

$$\sigma p = \Lambda^2 V C m \rho \int \tau\, d s f : s + \Lambda^2 V C m Z - \left(\Lambda C \dot{s} \frac{d\varkappa}{ds} + \pi \varkappa\right) \int \epsilon\, d s f : s -$$
$$\Lambda C \dot{s} \left(\varkappa \epsilon f : s + \frac{d\Sigma}{ds}\right) - \pi (\Sigma + W\,1),$$

$$\sigma q = \Lambda^2 V A m^2 \rho \int \tau\, d s f : s + \Lambda^2 V A m^2 Z - \left(\Lambda A m \dot{s} \frac{d\varkappa}{ds} - \omega \varkappa\right) \int \epsilon\, d s f : s -$$
$$\Lambda A m \dot{s} \left(\varkappa \epsilon f : s + \frac{d\Sigma}{ds}\right) + \omega (\Sigma + W\,1).$$

Mais on a aussi

$$p = \frac{d\rho}{dy} \int \tau\, d s f : s + \rho \frac{dt}{dy} \int \frac{d\tau}{dt}\, d s f : s + \rho \tau \frac{ds}{dy} f : s + \frac{dZ}{dy},$$

$$q = \frac{d\rho}{dx} \int \tau\, d s f : s + \rho \frac{dt}{dx} \int \frac{d\tau}{dt}\, d s f : s + \rho \tau \frac{ds}{dx} f : s + \frac{dZ}{dx};$$

il sera donc facile de former les deux équations

$$\rho\,1 \int \tau\, d s f : s - \sigma \rho \frac{dt}{dy} \int \frac{d\tau}{dt}\, d s f : s - \varkappa\,1 \int \epsilon\, d s f : s = T\,2;$$

$$\rho\,2 \int \tau\, d s f : s - \sigma \rho \frac{dt}{dx} \int \frac{d\tau}{dt}\, d s f : s + \varkappa\,2 \int \epsilon\, d s f : s = U\,2;$$

dans lesquelles on a fait pour abréger

$$\Lambda^2 V C m \rho - \sigma \frac{d\rho}{dy} = \rho\,1,\ \pi \varkappa + \Lambda C \frac{d\varkappa}{ds} \dot{s} = \varkappa\,1.$$

$$\Lambda^2 V A m^2 \rho - \sigma \frac{d\rho}{dx} = \rho\,2,\ \omega \varkappa - \Lambda A m \frac{d\varkappa}{ds} \dot{s} = \varkappa\,2,$$

$$-\Lambda^2 V C m Z + \sigma \frac{dZ}{dy} + \sigma \rho \tau \frac{ds}{dy} f : s + \Lambda C \dot{s} \left(\varkappa \epsilon f : s + \frac{d\Sigma}{ds}\right) + \pi (\Sigma + W\,1) = T\,2;$$

$$-\Lambda^2 V A m^2 Z + \sigma \frac{dZ}{dx} + \sigma \rho \tau \frac{ds}{dx} f : s + \Lambda A m \dot{s} \left(\varkappa \epsilon f : s + \frac{d\Sigma}{ds}\right) - \omega (\Sigma + W\,1) = U\,2;$$

(528).

(528). On en tirera, en éliminant $\int \tau\, ds f:s$, & faisant pour abréger

$$\frac{\varkappa 2 \rho 1 + \varkappa 1 \rho 2}{\sigma\rho\left(\varkappa 2 \frac{dt}{dy} + \varkappa 1 \frac{dt}{dx}\right)} = \Gamma, \quad \frac{\varkappa 2 T 2 + \varkappa 1 U 2}{\sigma\rho\left(\varkappa 2 \frac{dt}{dy} + \varkappa 1 \frac{dt}{dx}\right)} = V 2,$$

$$\Gamma \int \tau\, ds f:s - \int \frac{d\tau}{dt}\, ds f:s = V 2.$$

Au moyen de celle-ci, on aura $\int \tau\, ds f:s$ en quantités débarrassées du signe intégral, à moins que $\frac{d\Gamma}{ds}$ ne soit nul; donc Γ ne doit pas renfermer s. On le fera passer sous le signe intégral, & l'équation précédente deviendra $\int \left(\Gamma \tau - \frac{d\tau}{dt}\right) ds f:s = V 2$: or $e^{-\int \Gamma dt} \left(\Gamma \tau - \frac{d\tau}{dt}\right)$ est la différentielle de $-\tau e^{-\int \Gamma dt}$, prise par rapport à t & divisée par dt; ayant donc multiplié les deux membres de la dernière équation par $dt\, e^{-\int \Gamma dt}$, on l'intégrera & on aura $e^{-\int \Gamma dt} \int \tau\, ds f:s = \int e^{-\int \Gamma dt} V 2\, dt$.
Celle-ci donnera $\int \tau\, ds f:s$ en quantités délivrées du signe intégral, toutes les fois que $\varkappa 2 \frac{dt}{dy} + \varkappa 1 \frac{dt}{dx}$ ne sera pas nul; & lorsqu'il sera nul, on aura une équation de cette forme

$$(\varkappa 2 \rho 1 + \varkappa 1 \rho 2) \int \tau\, ds f:s = M 3 f:s + \&c.$$

qui donnera $\int \tau\, ds f:s$ en quantités délivrées du signe intégral, à moins que $\varkappa 2 \rho 1 + \varkappa 1 \rho 2$ ne soit nul aussi: ainsi pour que $\int \tau\, ds f:s$ ne puisse pas être donné en quantités délivrées du signe intégral, il faut que ces deux équations

$$\varkappa 2 \frac{dt}{dy} + \varkappa 1 \frac{dt}{dx} = 0, \quad \varkappa 2 \rho 1 + \varkappa 1 \rho 2 = 0,$$

aient lieu en même temps. On en tire, à cause de $\frac{dt}{dy} = m \frac{dt}{dx}$;

$$\rho 1 - m \rho 2 = 0, \text{ ou } \Lambda^2 V m \rho (C - A m^2) - \sigma \left(\frac{d\rho}{dy} - m \frac{d\rho}{dx}\right) = 0.$$

Mais $\frac{d\rho}{dy} - m \frac{d\rho}{dx} = \frac{d\rho}{ds}\left(\frac{ds}{dy} - m \frac{ds}{dx}\right) = \frac{d\rho}{ds}\dot{s}$;

donc $\frac{1}{\rho} \frac{d\rho}{ds} = \frac{C - A m^2}{\sigma \dot{s}} \Lambda^2 V m$. Si on représente celle-ci par $\frac{1}{\rho} \frac{d\rho}{ds} = u$, on en tirera $\rho = e^{\int u ds} \varphi : t$; d'où il suit que quand l'intégrale doit contenir le terme $\rho \int \tau\, ds f:s$, la partie de la valeur de z à laquelle il appartient, renferme une fonction arbitraire de t, outre celle de s, & que par conséquent elle peut être prise par l'intégrale complète.

(529). Nous prendrons pour second exemple, les équations linéaires du troisième ordre par rapport auxquelles les équations (1) & (2) deviennent

$$\wedge A m (p + \alpha q + \zeta r) + S + W 1 = 0,$$

$$- \omega p - \pi q - \tilde{\omega} r + \wedge m (C'' p' + D'' q' + V z) = \dot{S}.$$

Ayant fait, pour abréger,

$$\frac{d N 1}{d y} + M 1 \frac{d s}{d y} = N 2, \quad \frac{d P 1}{d y} + N 1 \frac{d s}{d y} = P 2, \text{ \&c.,}$$

$$\frac{d N 1}{d x} + M 1 \frac{d s}{d x} = N 3, \quad \frac{d P 1}{d x} + N 1 \frac{d s}{d x} = P 3, \text{ \&c.,}$$

$$\frac{d N 2}{d y} + \frac{d M 1}{d y} \frac{d s}{d y} = N 4, \quad \frac{d P 2}{d y} + N 2 \frac{d s}{d y} = P 4, \text{ \&c.,}$$

$$\frac{d N 2}{d x} + \frac{d M 1}{d y} \frac{d s}{d x} = N 5, \quad \frac{d P 2}{d x} + N 2 \frac{d s}{d x} = P 5, \text{ \&c.,}$$

$$\frac{d N 3}{d x} + \frac{d M 1}{d x} \frac{d s}{d x} = N 6, \quad \frac{d P 3}{d x} + N 3 \frac{d s}{d x} = P 6, \text{ \&c.;}$$

de $z = M 1 f : s + N 1 f' : s + P 1 f'' : s + \ldots\ldots + T 1 f^{n'} : s + V 1$;
on tire

$$p' = \frac{d M 1}{d y} f : s + N 2 f' : s + \ldots\ldots + T 2 f^{n'} : s + T 1 \frac{d s}{d y} f^{(n+1)'} : s + \frac{d V 1}{d y},$$

$$q' = \frac{d M 1}{d x} f : s + N 3 f' : s + \ldots\ldots + T 3 f^{n'} : s + T 1 \frac{d s}{d x} f^{(n+1)'} : s + \frac{d V 1}{d x},$$

$$p = \frac{d^2 M 1}{d y^2} f : s + N 4 f' : s + \ldots\ldots + T 4 f^{n'} : s + \left(T 2 \frac{d s}{d y} + \frac{d \cdot T 1 \frac{d s}{d y}}{d y} \right) f^{(n+1)'} : s + T 1 \left(\frac{d s}{d y} \right)^2 f^{(n+2)'} : s + \frac{d^2 V 1}{d y^2},$$

$$q = \frac{d^2 M 1}{d y d x} f : s + N 5 f' : s + \ldots\ldots + T 5 f^{n'} : s + \left(T 2 \frac{d s}{d x} + \frac{d \cdot T 1 \frac{d s}{d y}}{d x} \right) f^{(n+1)'} : s + T 1 \frac{d s}{d y} \frac{d s}{d x} f^{(n+2)'} : s + \frac{d^2 V 1}{d y d x},$$

$$r = \frac{d^2 M 1}{d x^2} f : s + N 6 f' : s + \ldots\ldots + T 6 f : {}^{n'} : s + \left(T 3 \frac{d s}{d x} + \frac{d \cdot T 1 \frac{d s}{d x}}{d x} \right) f : {}^{(n+1)'} s + T 1 \left(\frac{d s}{d x} \right)^2 f^{(n+2)'} : s + \frac{d^2 T 1}{d x^2}.$$

(530). Nous ferons

$$S = A1f:s + B1f':s + C1f'':s + \ldots\ldots + K1f^{n'}:s + L1f^{(n+1)'}:s + G1;$$

c'est-à-dire que nous lui donnerons un terme de plus qu'à z; nous lui en donnerions deux, si l'équation étoit du quatrième ordre : partant

$$\dot{S} = \dot{A}1f:s + (\dot{B}1 + A1\dot{s})f':s + \ldots\ldots\ldots\ldots\ldots\ldots$$

$$+ (\dot{K}1 + I1\dot{s})f^{n'}:s + (\dot{L}1 + k1\dot{s})f^{(n+1)'}:s$$

$$+ L1\dot{s}f^{(n+2)'}:s + \dot{G}1.$$

On aura donc pour déterminer $A1, M1, B1, N1 \ldots\ldots K1, T1, G1, V1$ les équations du second ordre

$$\Lambda Am\left(\frac{d^2M1}{dy^2} + \alpha\frac{d^2M1}{dydx} + \mathsf{C}\frac{d^2M1}{dx^2}\right) + A1 = 0,$$

$$\omega\frac{d^2M1}{dy^2} + \pi\frac{d^2M1}{dydx} + \tilde{\omega}\frac{d^2M1}{dx^2}$$

$$- \Lambda m\left(C''\frac{dM1}{dy} + D''\frac{dM1}{dx} + VM1\right) + \dot{A}1 = 0,$$

$$\Lambda Am(N4 + \alpha N5 + \mathsf{C}N6) + B1 = 0,$$

$$\omega N4 + \pi N5 + \tilde{\omega}N6$$

$$- \Lambda m(C''N2 + D''N3 + VN1) + \dot{B}1 + A1\dot{s} = 0,$$

. . . .

$$\Lambda Am(T4 + \alpha T5 + \mathsf{C}T6) + K1 = 0,$$

$$\omega T4 + \pi T5 + \tilde{\omega}T6$$

$$- \Lambda m(C''T2 + D''T3 + VT1) + \dot{K}1 + I1\dot{s} = 0,$$

$$\Lambda Am\left(\frac{d^2V1}{dy^2} + \alpha\frac{d^2V1}{dydx} + \mathsf{C}\frac{d^2V1}{dx^2}\right) + G1 + W1 = 0,$$

$$\omega\frac{d^2V1}{dy^2} + \pi\frac{d^2V1}{dydx} + \tilde{\omega}\frac{d^2V1}{dx^2}$$

$$- \Lambda m\left(C''\frac{dV1}{dy} + D''\frac{dV1}{dx} + VV1\right) + \dot{G}1 = 0.$$

On aura de plus ces quatre équations

$$\Lambda Am\left[T2\frac{ds}{dy} + \frac{d\cdot T1\frac{ds}{dy}}{dy} + \alpha\left(T2\frac{ds}{dx} + \frac{d\cdot T1\frac{ds}{dy}}{dx}\right)\right.$$

$$\left. + \mathsf{C}\left(T3\frac{ds}{dx} + \frac{d\cdot T1\frac{ds}{dx}}{dx}\right)\right] + L1 = 0,$$

$$\omega \left(T2 \frac{ds}{dy} + \frac{d \cdot T1 \frac{ds}{dy}}{dy} \right) + \pi \left(T2 \frac{ds}{dx} + \frac{d \cdot T1 \frac{ds}{dy}}{dx} \right)$$

$$+ \tilde{\omega} \left(T3 \frac{ds}{dx} + \frac{d \cdot T1 \frac{ds}{dx}}{dx} \right) - \Lambda m \left(C'' \frac{ds}{dy} + D'' \frac{ds}{dx} \right) T1$$

$$+ L1 + K1 s = 0,$$

$$\left(\frac{ds}{dy} \right)^2 + \alpha \frac{ds}{dy} \frac{ds}{dx} + \mathfrak{c} \left(\frac{ds}{dx} \right)^2 = 0;$$

$$\omega \left(\frac{ds}{dy} \right)^2 + \pi \frac{ds}{dy} \frac{ds}{dx} + \tilde{\omega} \left(\frac{ds}{dx} \right)^2 + L1 s = 0;$$

dont la troisième, qui n'est autre que

$$A\,(m\,m')^2 - C\,m\,m' - D\,(m + m') = 0;$$

est toujours vraie par la nature de l'équation du troisième degré, dont m & m' sont deux racines; il n'y a donc effectivement que deux équations de condition, pour que les suppositions que nous avons faites puissent avoir lieu.

(531). Nous prendrons pour exemple l'équation

$$\frac{d^3 z}{dx^3} + a \frac{d^3 z}{dx^2 dy} + b \frac{d^3 z}{dx\,dy^2} + c \frac{d^3 z}{dy^3}$$

$$+ \frac{1}{u} \left(a' \frac{d^2 z}{dx^2} + b' \frac{d^2 z}{dx\,dy} + c' \frac{d^2 z}{dy^2} \right) + \frac{1}{u^2} \left(e \frac{dz}{dx} + f \frac{dz}{dy} \right)$$

$$+ \frac{g z}{u^3} = 0,$$

où a, b, c, a', b', c', e, f, g sont des constantes, & $u = hx + iy$, h, i étant aussi constans. On aura m, m', m'' constans,

$$t = my + x,\quad s = m'y + x,\quad r = m''y + x,\quad s = m' - m.$$

Alors ayant fait $\Lambda = -1$, on supposera

$$M1 = e1\,u^{-n},\ N1 = e2\,u^{-n+1} \ldots\ldots\ldots T1 = e\,(n+1),$$
$$A1 = g1\,u^{-n-2},\ B = g2\,u^{-n-1} \ldots\ldots K1 = g\,(n+1)\,u^{-2};$$
$$L1 = g\,(n+2)\,u^{-1};$$

& par ces substitutions les équations qu'il s'agit de résoudre deviendront

$$n\,.\,(n+1)\,(c\,m\,i^2 + (c\,m^2 + b\,m)\,i\,h - h^2)\,e1 = g1,$$

$$[n\,.\,(n+1)\,(c'\,i^2 + b'\,i\,h + a'\,h^2) - n\,(f\,i + e\,h) + g]\,e1 =$$
$$\frac{n+2}{m}\,(i - m\,h)\,g1,$$

$$[c\,m\,i^2 + (c\,m^2 + b\,m)\,h\,i - h^2]\,(n-1)\,n\,e2 - [2\,c\,m\,m'\,i + (c\,m^2 + b\,m)$$
$$(i + h\,m') - 2\,h]\,n\,e1 = g2,$$

[n (n − 1)

$$[n(n-1)(c'i^2+b'hi+a'h^2)-(n-1)(fi+eh)+g]e2-$$
$$[n((2ic'+hb')m'+b'i+2a'h)-fm'-e]e1=$$
$$\frac{i-hm}{m}(n+1)g2+\frac{m-m'}{m}g1;$$

$$[emi^2+(cm^2+bm)ih-h^2](n-2)(n-1)e3-[2cmm'i+$$
$$(cm^2+bm)(i+hm')-2h](n-1)e2+(cmm'^2+(cm^2+bm)m'$$
$$-1)e1=g3,$$

$$[(n-1)(n-2)(c'i^2+bhi+a'h^2)-(n-2)(fi+eh)+g]e3-$$
$$[(n-1)((2ic'+hb')m'+b'i+2a'h)-fm'-e]e2+$$
$$(c'm'^2+b'm'+a')e1=\frac{i-hm}{m}g3+\frac{m-m'}{m}g2,$$

. . . .

$$(cmm'^2+(cm^2+bm)m'-1)en=g(n+2),$$
$$(c'm'^2+b'm'+a')en+(fm'+e)e(n+1)=$$
$$\frac{i-hm}{m}g(n+2)+\frac{m-m'}{m}g(n+1);$$

$$\frac{m-m'}{m}g(n+2)=c'm'^2+b'm'+a'.$$

Les deux premières ne pourront donner que le rapport de $e1$ à $g1$, & une équation du troisième degré relativement à n. Une des conditions d'intégrabilité sera donc que a, b, c, a', b' c', e, f, g soient tels qu'une des racines réelles de l'équation du troisième degré donne pour n un nombre entier positif. Nous remarquerons encore que la proposée ne renfermant pas de dernier terme W, nous avons pu faire $G1$ & $V1$ nuls. Nous trouverions aussi facilement les deux autres séries qui doivent entrer dans la valeur complète de z; une des conditions seroit que l'équation du troisième degré dont venons de parler fût possible en nombre entier positif pour chacune des trois racines m, m', m'' de l'équation $cm^3+bm^2+am+1=0$.

(532). Nous représenterons par Z l'une des séries $M1f:s+N1f':s+$ &c.; alors si z doit renfermer des termes dans lesquelles la fonction arbitraire $f:s$ soit embarrassée du signe intégral, si, par exemple, on a $z=\rho\int\tau ds f:s+Z$; puisqu'on peut toujours regarder ρ, τ & toute autre fonctions de x, y comme ne renfermant que t & s, nous aurons

$$dz=d\rho\int\tau dsf:s+\rho\tau dsf:s+\rho dt\int\frac{d\tau}{dt}dsf:s+dZ.$$

Soit $dz=d\rho\int\tau dsf:s+\rho dt\int\frac{d\tau}{dt}dsf:s+dZ'$, on en tirera

$$p'=\frac{d\rho}{dy}\int\tau dsf:s+\rho\frac{dt}{dy}\int\frac{d\tau}{dt}dsf:s+\frac{dZ'}{dy};$$
$$q'=\frac{d\rho}{dx}\int\tau dsf:s+\rho\frac{dt}{dx}\int\frac{d\tau}{dt}dsf:s+\frac{dZ'}{dx};$$

$$p = \frac{d^2\rho}{dy^2} \int \tau\, ds f : s + \left(2 \frac{d\rho}{dy} \frac{dt}{dy} + \rho \frac{d^2 t}{dy^2}\right) \int \frac{d\tau}{dt}\, ds f : s + \rho \left(\frac{dt}{dy}\right)^2 \int \frac{d^2\tau}{dt^2}\, ds f : s + \&c.,$$

$$q = \frac{d^2\rho}{dy\,dx} \int \tau\, ds f : s + \left(\frac{d\rho}{dy} \frac{dt}{dx} + \frac{d\rho}{dx} \frac{dt}{dy} + \rho \frac{d^2 t}{dy\,dx}\right) \int \frac{d\tau}{dt}\, ds f : s + \rho \frac{dt}{dy} \frac{dt}{dx} \int \frac{d^2\tau}{dt^2}\, ds f : s + \&c.,$$

$$r = \frac{d^2\rho}{dx^2} \int \tau\, ds f : s + \left(2 \frac{d\rho}{dx} \frac{dt}{dx} + \rho \frac{d^2 t}{dx^2}\right) \int \frac{d\tau}{dt}\, ds f : s + \rho \left(\frac{dt}{dx}\right)^2 \int \frac{d^2\tau}{dt^2}\, ds f : s + \&c.;$$

& faisant pour abréger

$$\frac{d^2\rho}{dy^2} + \alpha \frac{d^2\rho}{dy\,dx} + 6 \frac{d^2\rho}{dx^2} = \rho\,1,$$

$$2 \frac{d\rho}{dy} \frac{dt}{dy} + \rho \frac{d^2 t}{dy^2} + \alpha \left(\frac{d\rho}{dy} \frac{dt}{dx} + \frac{d\rho}{dx} \frac{dt}{dy} + \rho \frac{d^2 t}{dx\,dy}\right) + 6 \left(2 \frac{d\rho}{dx} \frac{dt}{dx} + \rho \frac{d^2 t}{dx^2}\right) = \sigma\,1,$$

$$\left(\frac{dt}{dy}\right)^2 + \alpha \frac{dt}{dy} \frac{dt}{dx} + 6 \left(\frac{dt}{dx}\right)^2 = \tau\,1,$$

$$\omega \frac{d^2\rho}{dy^2} + \pi \frac{d^2\rho}{dy\,dx} + \tilde{\omega} \frac{d^2\rho}{dx^2} - \Lambda m \left(C'' \frac{d\rho}{dy} + D'' \frac{d\rho}{dx} + V\rho\right) = \rho\,2,$$

$$\omega \left(2 \frac{d\rho}{dy} \frac{dt}{dy} + \rho \frac{d^2 t}{dy^2}\right) + \pi \left(\frac{d\rho}{dy} \frac{dt}{dx} + \frac{d\rho}{dx} \frac{dt}{dy} + \rho \frac{d^2 t}{dx\,dy}\right) + \tilde{\omega} \left(2 \frac{d\rho}{dx} \frac{dt}{dx} + \rho \frac{d^2 t}{dx^2}\right) - \Lambda m \left(C'' \frac{dt}{dy} + D'' \frac{dt}{dx}\right) \rho = \sigma\,2,$$

$$\omega \left(\frac{dt}{dy}\right)^2 + \pi \frac{dt}{dy} \frac{dt}{dx} + \tilde{\omega} \left(\frac{dt}{dx}\right)^2 = \tau\,2,$$

les deux équations

$$\Lambda A m \left(\rho\,1 \int \tau\, ds f : s + \sigma\,1 \int \frac{d\tau}{dt}\, ds f : s + \rho\,\tau\,1 \int \frac{d^2\tau}{dt^2}\, ds f : s\right) + u \int \epsilon\, ds f : s + \&c. = 0,$$

$$\rho\,2 \int \tau\, ds f : s + \sigma\,2 \int \frac{d\tau}{dt}\, ds f : s + \rho\,\tau\,2 \int \frac{d^2\tau}{dt^2}\, as f : s + \frac{du}{ds}\, s \int \epsilon\, ds f : s + \&c. = 0,$$

dans lesquelles nous avons désigné par $u \int \epsilon\, ds f : s$ le terme de S correspondant à celui de z, où la fonction arbitraire est embarrassée du signe intégral. On en tirera, en éliminant $\int \epsilon\, ds f : s$, & faisant pour abréger $A A m \frac{s}{u} \frac{du}{ds} = b$,

$$(b\rho 1 - \rho 2) \int \tau ds f : s + (b\sigma 1 - \sigma 2) \int \frac{d\tau}{dt} ds f : s +$$
$$(b\tau 1 - \tau 2)\rho \int \frac{d^2\tau}{dt^2} ds f : s + \&c. = 0,$$

(533). Si $b\tau 1 - \tau 2$ n'est pas nul, en faisant pour abréger $\frac{b\rho 1 - \rho 2}{\rho(b\tau 1 - \tau 2)} = U1$, $\frac{b\sigma 1 - \sigma 2}{\rho(b\tau 1 - \tau 2)} = U2$, on aura

$$U1 \int \tau ds f : s + U2 \int \frac{d\tau}{dt} ds f : s + \int \frac{d^2\tau}{dt^2} ds f : s + \&c. = 0;$$

& différentiant par rapport à s,

$$\frac{dU1}{ds} \int \tau ds f : s + \frac{dU2}{ds} \int \frac{d\tau}{dt} ds f : s + \&c. = 0.$$

Si $\frac{dU2}{ds}$ n'est pas nul, on tirera de celle-ci $\int \tau ds f : s$ en quantités délivrées du signe intégral, à moins que $\frac{dU1}{ds} : \frac{dU2}{ds}$, que nous ferons $= c$ pour abréger, ne renferme point s. Car en mettant c sous le signe & intégrant par rapport à t, on aura $\int \tau ds f : s$ en quantités délivrées du signe intégral. Mais l'hypothèse exige que la valeur de ζ contienne un terme dans lequel la fonction arbitraire soit embarrassée du signe intégral; il est donc nécessaire que $\frac{dU2}{ds}$ soit nul. On démontrera de la même manière que $\frac{dU1}{ds}$ doit être nul; donc $U1$ & $U2$ ne doivent pas renfermer s, & on pourra les faire passer sous le signe intégral, d'où résultera cette équation

$$\int \left(\frac{d^2\tau}{dt^2} + U2 \frac{d\tau}{dt} + U1\tau \right) ds f : s + \&c. = 0.$$

Or (n°. 276) θ étant donné par $\frac{d^2\theta}{dt^2} - \frac{d \cdot U2\theta}{dt} + U1\theta = 0$;

on a pour l'intégrale de $\left(\frac{d^2\tau}{dt^2} + U2 \frac{d\tau}{dt} + U1\tau \right) \theta dt$,

la quantité suivante $\theta \frac{d\tau}{dt} + \left(U2\theta - \frac{d\theta}{dt} \right) \tau$;

donc l'équation dont il s'agit deviendra

$$\int \left[\theta \frac{d\tau}{dt} + \left(U2\theta - \frac{d\theta}{dt} \right) \tau \right] ds f : s + \&c. = 0,$$

qui, étant intégrée une seconde fois par rapport à t, donnera $\int \tau ds f : s$ en quantités délivrées du signe intégral; donc $b\tau 1 - \tau 2$ doit être nul : & comme on démontrera de la même manière que $b\sigma 1 - \sigma 2$, $b\rho 1 - \rho 2$ doivent être nuls aussi, on aura trois équations que nous pourrons écrire comme il suit :

$$b\tau 1 - \tau 2 = 0,\ b\rho 1 - \rho 2 = 0,\ b(\sigma 1 + t\rho 1) - \sigma 2 - t\rho 2 = 0.$$

(534). Nous les changerons en celles-ci

$$(b - \omega)m^2 + (b\alpha - \pi)m + b\beta - \tilde{\omega} = 0,$$

$$(b - \omega)\frac{d^2\rho}{dy^2} + (b\alpha - \pi)\frac{d^2\rho}{dy\,dx} + (b\beta - \tilde{\omega})\frac{d^2\rho}{dx^2} +$$
$$\Lambda m\left(C''\frac{d\rho}{dy} + D''\frac{d\rho}{dx} + V\rho\right) = 0,$$

$$(b - \omega)\frac{d^2 \cdot \rho t}{dy^2} + (b\alpha - \pi)\frac{d^2 \cdot \rho t}{dy\,dx} + (b\beta - \tilde{\omega})\frac{d^2 \cdot \rho t}{dx^2} +$$
$$\Lambda m\left(C''\frac{d \cdot \rho t}{dy} + D''\frac{d \cdot \rho t}{dx} + V\rho t\right) = 0.$$

Elles sont telles, que si on représente par u une valeur de ρ qui satisfasse à toutes ; $\rho = u\varphi : t$ satisfera aussi aux mêmes conditions ; d'où il résulte (comme pour le second ordre n°. 528) que si une des trois séries doit contenir un terme dans lequel la fonction arbitraire ne soit pas délivrée du signe intégral, cette série renfermera effectivement deux fonctions arbitraires. On pourroit supposer plusieurs termes où les fonctions arbitraires ne fussent pas délivrées du signe intégral, que même de ces termes sont affectés du double signe $\int\int$ par rapport à deux fonctions arbitraires, &c. ; mais nous ne croyons pas nécessaire de pousser plus loin cette discussion.

(535). L'indéterminée z est fonction de x, y, & on demande de leur substituer deux autres variables t & u. On regardera x, y chacune comme fonction de t & u, & on aura

$$\frac{dz}{dy} = \frac{dz}{dt}\frac{dt}{dy} + \frac{dz}{du}\frac{du}{dy},\quad \frac{dz}{dx} = \frac{dz}{dt}\frac{dt}{dx} + \frac{dz}{du}\frac{du}{dx},$$

$$\frac{d^2z}{dy^2} = \frac{d^2z}{dt^2}\left(\frac{dt}{dy}\right)^2 + 2\frac{d^2z}{dt\,du}\frac{du}{dy}\frac{dt}{dy} + \frac{d^2z}{du^2}\left(\frac{du}{dy}\right)^2$$
$$+ \frac{dz}{dt}\frac{d^2t}{dy^2} + \frac{dz}{du}\frac{d^2u}{dy^2},$$

$$\frac{d^2z}{dy\,dx} = \frac{d^2z}{dt^2}\frac{dt}{dx}\frac{dt}{dy} + \frac{d^2z}{dt\,du}\left(\frac{du}{dx}\frac{dt}{dy} + \frac{dt}{dx}\frac{du}{dy}\right) + \frac{d^2z}{du^2}\frac{du}{dx}\frac{du}{dy}$$
$$+ \frac{dz}{dt}\frac{d^2t}{dx\,dy} + \frac{dz}{du}\frac{d^2u}{dx\,dy},$$

$$\frac{d^2z}{dx^2} = \frac{d^2z}{dt^2}\left(\frac{dt}{dx}\right)^2 + 2\frac{d^2z}{dt\,du}\frac{dt}{dx}\frac{du}{dx} + \frac{d^2z}{du^2}\left(\frac{du}{dx}\right)^2$$
$$+ \frac{dz}{dt}\frac{d^2t}{dx^2} + \frac{dz}{du}\frac{d^2u}{dx^2}.$$

S'il

S'il étoit question des équations linéaires du second ordre

$$A\frac{d^2z}{dy^2}+B\frac{d^2z}{dy\,dx}+C\frac{d^2z}{dx^2}=W,$$
$$+B'\frac{dz}{dy}+C'\frac{dz}{dx}$$
$$+Vz$$

& que $f:t$, $\varphi:u$ fussent les deux fonctions arbitraires de son intégrale complète, on auroit

$$A\left(\frac{dt}{dy}\right)^2+B\frac{dt}{dy}\frac{dt}{dx}+C\left(\frac{dt}{dx}\right)^2=0,$$
$$A\left(\frac{du}{dy}\right)^2+B\frac{du}{dy}\frac{du}{dx}+C\left(\frac{du}{dx}\right)^2=0,$$

par lesquelles t & u seroient donnés ; on feroit pour abréger

$$2\frac{du}{dy}\frac{dt}{dy}+\frac{du}{dx}\frac{dt}{dy}+\frac{du}{dy}\frac{dt}{dx}+2\frac{du}{dx}\frac{dt}{dx}=M,$$
$$A\frac{d^2t}{dy^2}+B\frac{d^2t}{dy\,dx}+C\frac{d^2t}{dx^2}+B'\frac{dt}{dy}+C'\frac{dt}{dx}=N;$$
$$A\frac{d^2u}{dy^2}+B\frac{d^2u}{dy\,dx}+C\frac{d^2u}{dx^2}+B'\frac{du}{dy}+C'\frac{du}{dx}=P,$$

& par les substitutions précédentes l'équation du second ordre seroit réduite à cette forme plus simple

$$M\frac{d^2z}{dt\,du}+N\frac{dz}{dt}+P\frac{dz}{du}+Vz=W.$$

On trouveroit facilement des substitutions analogues pour transformer les équations du troisième ordre & celles des ordres supérieurs.

(536). Nous terminerons ce chapitre par la recherche des solutions particulières des équations aux différences partielles ; & pour y parvenir nous ferons usage des principes que nous avons développés dans les n°s. 436 *& suiv.*

Soit l'équation $V=0$ entre x, y, z & deux constantes arbitraires a & b; on en tirera $\frac{dV}{dy}=0$, $\frac{dV}{dx}=0$, puis en éliminant ces deux constantes arbitraires au moyen des deux équations précédentes & de $V=0$, on aura une équation entre x, y, z, $\frac{dz}{dx}$, $\frac{dz}{dy}$ qu'on représentera par $Z=0$. Ayant, par exemple, l'équation $z=a+bx+mby$, on en tirera $\frac{dz}{dx}=b$, $\frac{dz}{dy}=mb$, & l'équation aux différences partielles $\frac{dz}{dy}=m\frac{dz}{dx}$, à laquelle on satisfera en prenant $z=a+b(x+my)$, a & b étant deux constantes arbitraires.

Quand a & b n'auroient point été constans, le résultat de l'élimination auroit toujours été le même, si on eut eu $\frac{dz}{da}da + \frac{dz}{db}db = 0$. Donc en prenant pour a & b des fonctions variables telles que $\frac{dz}{da}da + \frac{dz}{db}db = 0$, & substituant ces valeurs dans $V = 0$, on aura une équation qui satisfera encore à $Z = 0$.

(537). La manière la plus simple d'avoir $\frac{dz}{da}da + \frac{dz}{db}db = 0$, c'est de faire $\frac{dz}{da} = 0$ & $\frac{dz}{db} = 0$; on tirera de ces équations les valeurs correspondantes de a & b, qui étant substituées dans $V = 0$, donneront autant de solutions particulières de la proposée. Si, par exemple, la proposée est

$$z = y\frac{dz}{dy} + x\frac{dz}{dx} + h\sqrt{\left[1 + \left(\frac{dz}{dx}\right)^2 + \left(\frac{dz}{dy}\right)^2\right]};$$

à cause de $z = ax + by + h\sqrt{(1 + a^2 + b^2)}$ qui satisfait à cette équation; on a

$$\frac{dz}{da} = x + \frac{ha}{\sqrt{(1 + a^2 + b^2)}} = 0, \quad \frac{dz}{db} = y + \frac{hb}{\sqrt{(1 + a^2 + b^2)}} = 0;$$

d'où l'on tire

$$b = \frac{-y}{\sqrt{(h^2 - x^2 - y^2)}}, \quad a = \frac{-x}{\sqrt{(h^2 - x^2 - y^2)}};$$

& pour solution particulière $z = \sqrt{(h^2 - x^2 - y^2)}$.

En rapprochant tout cela de ce qui est démontré n°s. 436 & *suivans*, sur les équations différentielles, on verra que l'équation aux différences partielles $Z = 0$ étant proposée, si après l'avoir différentiée & fait disparoître les fractions, on a $Md\frac{dz}{dx} + Nd\frac{dz}{dy} + Pdx + Qdy = 0$, M, N, P, Q étant des fonctions connues & entières de $x, y, z, \frac{dz}{dx}, \frac{dz}{dy}$, dont on fera chacune $= 0$; on verra, dis-je, que toutes ces équations étant combinées avec $Z = 0$, donneront par l'élimination de $\frac{dz}{dy}, \frac{dz}{dx}$ trois équations entre x, y, z qui devront avoir lieu en même temps; & par conséquent, que si ces équations ont un facteur commun, il sera la solution particulière demandée, sinon la proposée n'en admettra pas.

(538). Si l'équation $Z = 0$ étoit telle qu'on eût par la différentiation $Ad\frac{dz}{dx} + bd\frac{dz}{dy} = 0$, on n'auroit alors que les deux équations $A = 0$;

$B = 0$, qui ſerviroient à éliminer $\frac{dz}{dy}$, $\frac{dz}{dx}$ dans $Z = 0$, & l'équation réſultante ſeroit toujours la ſolution particulière demandée.

L'équation $z = y\frac{dz}{dy} + x\frac{dz}{dx} + h\sqrt{\left[1 + \left(\frac{dz}{dy}\right)^2 + \left(\frac{dz}{dx}\right)^2\right]}$, qui devient par la différentiation

$$0 = y\,d\frac{dz}{dy} + x\,d\frac{dz}{dx} + h\,\frac{\frac{dz}{dy}\,d\frac{dz}{dy} + \frac{dz}{dx}\,d\frac{dz}{dx}}{\sqrt{\left[1 + \left(\frac{dz}{dy}\right)^2 + \left(\frac{dz}{dx}\right)^2\right]}},$$

eſt dans ce cas-là. On en tire les deux équations

$$y\sqrt{\left[1 + \left(\frac{dz}{dy}\right)^2 + \left(\frac{dz}{dx}\right)^2\right]} + h\frac{dz}{dy} = 0,$$

$$x\sqrt{\left[1 + \left(\frac{dz}{dy}\right)^2 + \left(\frac{dz}{dx}\right)^2\right]} + h\frac{dz}{dx} = 0,$$

qui donnent d'abord $x\frac{dz}{dy} = y\frac{dz}{dx}$; puis $\frac{dz}{dy} = \frac{\mp y}{\sqrt{(h^2 - x^2 - y^2)}}$; $\frac{dz}{dx} = \frac{\mp x}{\sqrt{(h^2 - x^2 - y^2)}}$, & $\sqrt{\left[1 + \left(\frac{dz}{dy}\right)^2 + \left(\frac{dz}{dx}\right)^2\right]} = \frac{\pm h}{\sqrt{(h^2 - x^2 - y^2)}}$. Donc ſi l'on fait ces ſubſtitutions dans la propoſée, on aura pour la ſolution particulière demandée $z = \pm\sqrt{(h^2 - x^2 - y^2)}$.

(539). Pour ſatisfaire à l'équation $\frac{dz}{da}da + \frac{dz}{db}db = 0$, nous avons fait $\frac{dz}{da} = 0$, $\frac{dz}{db} = 0$; cette ſuppoſition eſt trop limitée. En effet, ſi on ſuppoſe $b = \varphi : (a)$, l'équation $\frac{dz}{da}da + \frac{dz}{db}db = 0$ deviendra $\frac{dz}{da} + \frac{dz}{db}\varphi' : (a) = 0$; au moyen de laquelle ſi on élimine a dans l'équation $V = 0$, l'équation réſultante de cette élimination ſatisfera également à l'équation $Z = 0$. Cette équation réſultante renfermera une fonction arbitraire, & ſera par conſéquent l'intégrale complète de $Z = 0$. Ainſi étant donnée l'équation $V = 0$, qui ſatisfait à $Z = 0$, & qui renferme deux conſtantes arbitraires, on en conclura l'intégrale complète de $Z = 0$; il ſuffira pour cela de regarder une des conſtantes comme fonction de l'autre, & d'éliminer cette autre au moyen de $V = 0$ & de $\frac{dz}{da} + \frac{dz}{db}\varphi' : (a) = 0$.

Pour en donner un exemple bien ſimple, ſoit propoſé d'intégrer complètement l'équation aux différences partielles $\frac{dz}{dy} = m\frac{dz}{dx}$, à laquelle ſatisfait $z = a + b(x + my)$ qui renferme deux conſtantes arbitraires a & b;

On tire de cette dernière équation

$$\frac{dz}{da} = 1, \frac{dz}{db} = x + my \ \& \ da + (x + my) db = 0;$$

qui donne, lorsqu'on suppose $a = \varphi : (b)$, $\varphi' : (b) + x + my = 0$. Donc b & a sont des fonctions de $x + my$; & par conséquent $a + b(x + my)$ est une fonction de la même quantité que je puis représenter par $F : (x + my)$. D'où il suit que $z = F : (x + my)$ est l'intégrale complète demandée, ce qui s'accorde bien avec ce que nous savions déjà.

(540). Si $V = 0$ est une équation entre x, y, z & les cinq constantes a, b, c, g, h, on en pourra déduire une équation aux différences partielles du second ordre.

Étant donné, par exemple, $z = a + bx + cy + hx^2 + gxy + mhy^2$; on en tirera

$$\frac{dz}{dy} = c + gx + 2mhy, \frac{dz}{dx} = b + 2hx + gy, \frac{d^2z}{dy^2} = 2mh;$$
$$\frac{d^2z}{dxdy} = g, \frac{d^2z}{dx^2} = 2h,$$

& l'équation du second ordre $\frac{d^2z}{dy^2} = m\frac{d^2z}{dx^2}$.

Nommons $Z' = 0$ l'équation du second ordre qu'on tirera de $V = 0$ en opérant comme nous venons de faire. Mais cette même équation $V = 0$ serviroit à trouver

$$\frac{dz}{da}da + \frac{dz}{db}db + \frac{dz}{dc}dc + \frac{dz}{dh}dh + \frac{dz}{dg}dg,$$
$$\frac{d^2z}{dxda}da + \frac{d^2z}{dxdb}db + \frac{d^2z}{dxdc}dc + \frac{d^2z}{dxdh}dh + \frac{d^2z}{dxdg}dg,$$
$$\frac{d^2z}{dyda}da + \frac{d^2z}{dydb}db + \frac{d^2z}{dydc}dc + \frac{d^2z}{dydh}dh + \frac{d^2z}{dydg}dg,$$

qu'on fera chacun égal à zéro. Avec ces trois équations on éliminera deux des différentielles; puis dans l'équation résultante, on égalera à zéro les co-efficiens des différentielles qui resteront. De cette manière, on aura trois équations qui, avec $V = 0$, $\frac{dV}{dy} = 0$, $\frac{dV}{dx} = 0$, serviront à éliminer les cinq constantes arbitraires, & il résultera une équation entre x, y, z qui sera la solution particulière de $Z' = 0$.

(541). Soit à présent $Z = 0$ une équation entre x, y, z, $\frac{dz}{dy}$, $\frac{dz}{dx}$ & les deux constantes arbitraires a & b; on en pourra déduire une équation du second ordre $Z' = 0$.

En effet, si la proposée est $\frac{dz}{dy} - m\frac{dz}{dx} = a + bx + nby$, on en tirera

$$\frac{d^2z}{dy^2} - m\frac{d^2z}{dydx} = nb, \frac{d^2z}{dydx} - m\frac{d^2z}{dx^2} = b;$$

& par conséquent l'équation du second ordre

$$\frac{d^2 z}{dy^2} - (m+n)\frac{d^2 z}{dy\,dx} + mn\frac{d^2 z}{dx^2} = 0.$$

Je remarquerai que l'équation du second ordre

$\frac{d^2 z}{dy^2} - a\frac{d^2 z}{dy\,dx} + b\frac{d^2 z}{dx^2} = 0$ étant proposée, si on nomme m & n les racines de l'équation $r^2 - Ar + B = 0$, on aura $\frac{dz}{dy} - m\frac{dz}{dx} = a + bx + nby$, &, en permutant les deux lettres m & n, $\frac{dz}{dy} - n\frac{dz}{dx} = h + gx + mgy$. Au moyen de ces deux équations du premier ordre, on trouvera une valeur de z qui renfermera cinq constantes arbitraires & qui satisfera à la proposée.

Cela posé, pour tirer de $Z = 0$ la solution particulière de $Z' = 0$, on formera les deux équations $\frac{dZ}{da} = 0$, $\frac{dZ}{db} = 0$, au moyen desquelles & de $Z = 0$, on éliminera a & b, & la résultante sera la solution particulière demandée.

(542). S'il s'agit de trouver la solution particulière de $Z' = 0$, sans connoître $Z = 0$; de $Z' = 0$, on tirera par la différentiation,

$$Md\frac{d^2 z}{dy^2} + Nd\frac{d^2 z}{dy\,dx} + Pd\frac{d^2 z}{dx^2} + Qdy + Rdx = 0,$$

& on fera $M = 0$, $N = 0$, $P = 0$, $Q = 0$, $R = 0$. Ces cinq équations seront combinées avec $Z' = 0$, en sorte que $\frac{d^2 z}{dy^2}$, $\frac{d^2 z}{dx\,dy}$, $\frac{d^2 z}{dx^2}$, disparoissent; & il résultera trois équations entre y, x, $\frac{dz}{dy}$, $\frac{dz}{dx}$ qui devront avoir lieu en même temps, ou qui devront avoir un facteur commun pour que la proposée soit susceptible d'une solution particulière; ce facteur commun sera lui-même la solution particulière demandée.

Il pourroit arriver qu'on eût $dZ' = Ad\frac{d^2 z}{dy^2} + Bd\frac{d^2 z}{dy\,dx} + Cd\frac{d^2 z}{dx^2}$; alors les trois équations $A = 0$, $B = 0$, $C = 0$, serviroient à éliminer $\frac{d^2 z}{dy^2}$, $\frac{d^2 z}{dy\,dx}$, $\frac{d^2 z}{dx^2}$ dans $Z' = 0$; & la résultante seroit la solution particulière demandée.

Enfin ayant $Z = 0$, on trouvera facilement l'intégrale complète aux premières différences de $Z' = 0$. Car ayant fait $\frac{dZ}{da}da + \frac{dZ}{db}db = 0$, si l'on suppose $b = \varphi:(a)$, on aura $\frac{dZ}{da} + \frac{dZ}{db}\varphi':(a) = 0$, laquelle servira à éliminer a

dans $Z = 0$, qui alors renfermera une fonction arbitraire, & sera par conséquent l'intégrale complète demandée.

Je prendrai pour exemple $\frac{d^2 z}{d y^2} - A \frac{d^2 z}{d y d x} + B \frac{d^2 z}{d x^2} = 0$, à laquelle satisfait $\frac{d z}{d y} - m \frac{d z}{d x} = a + b (x + n y)$. On tirera de celle-ci $\frac{d Z}{d a} = 1$, $\frac{d Z}{d b} = x + n y$, & par conséquent $\varphi' : (a) = \frac{-1}{x + n y}$. Donc a, b & $a + b (x + n y)$ sont des fonctions de $x + n y$; & on a pour l'intégrale complète demandée $\frac{d z}{d y} - m \frac{d z}{d x} = f : (x + n y)$. Si on fût parti de $\frac{d z}{d y} - n \frac{d z}{d x} = h + g (x + m y)$, on auroit trouvé
$\frac{d z}{d y} - n \frac{d z}{d x} = F : (x + m y)$. Ainsi la proposée a deux intégrales premières complètes qui serviront à trouver la valeur de complète de z, &c.

CHAPITRE VI.

DES ÉQUATIONS DIFFÉRENTIELLES DU SECOND ORDRE ET DES ORDRES SUPÉRIEURS, CONSIDÉRÉES COMME ÉQUATIONS AUX DIFFÉRENCES PARTIELLES.

(543). TOUTES les équations différentielles du second ordre peuvent être représentées par $\frac{1}{d x} d z + \mu = 0$, μ étant une fonction quelconque de x, y & $\frac{d v}{d x} = z$. Soit $d z = \frac{d z}{d x} d x + \frac{d z}{d y} d y$; on changera de cette manière l'équation différentielle en une équation aux différences partielles
$$\frac{d z}{d x} + z \frac{d z}{d y} + \mu = 0.$$
On doit voir que toute solution de l'équation aux différences partielles qui renfermera une constante arbitraire, sera une des intégrales premières complètes de l'équation différentielle : une de ces solutions qui renfermeroit deux constantes arbitraires, donneroit, en faisant chacune de ces constantes successivement nulle, les deux intégrales premières complètes de l'équation différentielle; on en tireroit

encore l'intégrale complète de l'équation aux différences partielles, par la méthode que nous avons exposée (n°. 539). Mais de quelque manière qu'on parvienne à intégrer complètement l'équation aux différences partielles, on aura z par une équation qui renfermera une fonction arbitraire; il sera facile d'en tirer deux équations particulières, qui seront les intégrales premières complètes de l'équation différentielle. Le cas le plus simple est celui où $\mu = 0$, & où l'équation aux différences partielles a pour intégrale complète $y - xz + f:z = 0$; on en tire $y - xz = a$, $z = b$, qui sont les deux intégrales premières complètes de l'équation différentielle $\frac{d^2 y}{dx^2} = 0$; &, en éliminant z, $y - bx = a$, qui, à cause des deux constantes arbitraires a & b, en est l'intégrale finie complète.

(544). Mais je remarquerai que si l'on donne à la proposée la forme

$$\frac{dz}{dx} + z\frac{dz}{dy} + \alpha z^2 + \beta z + \upsilon = 0,$$

α, β, υ étant des fonctions inconnues de x, y, z telles que $\alpha z^2 + \beta z + \upsilon = \mu$, je remarquerai, dis-je, qu'on satisfera à cette équation aux différences partielles, en prenant

$$z = e^{\int(\sigma dx - \alpha dy + \Sigma dz)} \left[a - \int e^{-\int(\sigma dx - \alpha dy + \Sigma dz)} (\upsilon dx + (\beta + \sigma)\, dy + \Sigma z\, dz) \right],$$

où e est le nombre qui a pour logarithme l'unité, a une constante arbitraire & σ, Σ d'autres fonctions inconnues de x, y, z. Pour que cette expression signifie quelque chose, il faut que les différentes quantités sous le signe $\int$ soient des différentielles exactes; c'est-à-dire qu'il faut que l'on ait les quatre équations suivantes, dans lesquelles on a mis pour β sa valeur $\frac{\mu - \alpha z^2 - \upsilon}{z}$:

$$(a)\ldots\left\{\begin{array}{l} \frac{d\sigma}{dy} + \frac{d\alpha}{dx} = 0,\ \frac{d\Sigma}{dy} + \frac{d\alpha}{dz} = 0,\ \frac{d\upsilon}{dz} - z\frac{d\Sigma}{dx} + \\ \Sigma(\sigma z - \upsilon) = 0,\ \frac{d\sigma}{dx} - \sigma^2 - \frac{\sigma}{z}(\mu - \upsilon - \alpha z^2) \\ = \frac{d\upsilon}{dy} + \alpha\upsilon - \frac{1}{z}\,\frac{d(\mu - \upsilon - \alpha z^2)}{dx}. \end{array}\right.$$

(545). Si l'on fait $e^{-\int(\sigma dx - \alpha dy + \Sigma dz)} = A$, d'où l'on tire $\sigma = -\frac{1}{A}\frac{dA}{dx}$, $\alpha = \frac{1}{A}\frac{dA}{dy}$, $\Sigma = -\frac{1}{A}\frac{dA}{dz}$, & par conséquent $\frac{d\sigma}{dy} + \frac{d\alpha}{dx} = 0$, $\frac{d\Sigma}{dy} + \frac{d\alpha}{dz} = 0$; que l'on mette ensuite ces valeurs dans les deux dernières des équations (a) elles deviendront

$$(b)\ldots\left\{\begin{array}{l} \frac{d^2 A}{a x^2} + z\frac{d^2 A}{dx\,dy} + \frac{1}{z}\frac{d\cdot A\upsilon}{dx} + \frac{d\cdot A\upsilon}{dy} - \frac{1}{z}\frac{d\cdot A\mu}{dx} = 0, \\ z\frac{d^2 A}{dx\,dz} + \frac{d\cdot A\upsilon}{dz} = 0. \end{array}\right.$$

On tirera de la seconde de celles-ci $A\nu = \int \frac{dA}{dx} dz - z\frac{dA}{dx} + k$; k étant une fonction de x, y; & cette valeur de $A\nu$ étant substituée dans la première, on aura

$$\frac{d(k - A\mu)}{dx} + z\frac{dk}{dy} + \int \frac{d^2 A}{dx^2} dz + z\int \frac{d^2 A}{dx\,dy} dz = 0.$$

Cette dernière équation étant différentiée deux fois pour faire disparoître les deux signes d'intégration, donne

$$(d) \ldots \ldots \frac{d^2 A}{dx\,dz} + z\frac{d^2 A}{dy\,dz} - \frac{d^2 \cdot A\mu}{dz^2} + 2\frac{dA}{dy} = 0.$$

Donc $z^2 \frac{dA}{dy} - z\frac{d \cdot A\mu}{dz} + A\mu = \int \frac{dA}{dx} dz - z\frac{dA}{dx} = A\nu$; si l'on fait $k = 0$; & cette autre valeur de $A\nu$ étant substituée dans la première des équations (b), elle deviendra

$$(e) \ldots \frac{d^2 A}{dx^2} + 2z\frac{d^2 A}{dx\,dy} + z^2\frac{d^2 A}{dy^2} - \frac{d^2 \cdot A\mu}{dx\,dz} - z\frac{d^2 \cdot A\mu}{dy\,dz} + \frac{d \cdot A\mu}{dy} = 0;$$

Les équations (d) & (e) sont celles que nous avons trouvées (nº. 463); en supposant que A fût le facteur propre à rendre $dz + \mu\,dx$ une différentielle exacte.

(546). La proposée étant

$$\frac{dz}{dx} + z\frac{dz}{dy} + \alpha z^2 + \beta z + \nu = 0;$$

où α, β, ν sont des fonctions de x, y seulement; si nous prenons pour y satisfaire

$$z = e^{\int(\sigma dx - \alpha dy)}\left[a - \int e^{-\int(\sigma dx - \alpha dy)}(\nu dx + (\beta + \sigma)dy)\right],$$

nous aurons pour équations de condition

$$\frac{d\sigma}{dy} + \frac{d\alpha}{dx} = 0, \quad \frac{d(\beta + \sigma)}{dx} - \sigma(\beta + \sigma) = \frac{d\nu}{dy} + \alpha\nu.$$

Ces deux équations donnent

$$\frac{d^2\alpha}{dx^2} = \frac{d^2\beta}{dx\,dy} - \frac{d^2\nu}{dy^2} - \frac{d \cdot \alpha\nu}{dy} - (\beta + \sigma)\frac{d\sigma}{dy} - \sigma\frac{d(\beta + \sigma)}{dy};$$

où l'on mettra pour $\frac{d\sigma}{dy}$ sa valeur $-\frac{d\alpha}{dx}$, & on en tirera

$$\sigma = \frac{\frac{d^2\alpha}{dx^2} - \frac{d^2\beta}{dx\,dy} + \frac{d^2\nu}{dy^2} + \frac{d \cdot \alpha\nu}{dy} - \beta\frac{d\alpha}{dx}}{2\frac{d\alpha}{dx} - \frac{d\beta}{dy}}.$$

Donc σ étant tel que nous venons de le définir, la valeur de z qui renferme une constante arbitraire, satisfera à l'équation aux différences partielles, toutes les fois

fois que les équations de condition auront lieu en même temps, & sera alors l'intégrale première complète de l'équation différentielle correspondante. Il en faut excepter le cas où $2\frac{d\alpha}{dx}-\frac{d\zeta}{dy}$ seroit nul, & que nous allons examiner (n°s. 471 *& suiv.*)

(547). Si je fais $\frac{\zeta}{2}+\epsilon=\rho$, je changerai les équations de condition du n°. précédent en celles-ci $2\frac{d\rho}{dy}=\frac{d\zeta}{dy}-2\frac{d\alpha}{dx}$,

$$(D)\ldots\ldots \frac{d\rho}{dx}-\rho^2=\frac{d\gamma}{dy}+\alpha\gamma-\frac{1}{2}\frac{d\zeta}{dx}-\frac{\zeta^2}{4}.$$

Or ayant tiré de la première la valeur complète de ρ, qui renfermera une fonction arbitraire de x, & l'ayant substituée dans la seconde, on verra aisément que comme celle qui en résultera doit servir à déterminer cette fonction arbitraire, elle ne pourra être vraie à moins que $\frac{d\zeta}{dy}-2\frac{d\alpha}{dx}$ ne soit nul, & qu'on n'ait en même temps $\frac{d\gamma}{dy}+\alpha\gamma-\frac{1}{2}\frac{d\zeta}{dx}-\frac{\zeta^2}{4}$ fonction de la seule variable x. Ainsi dans le cas dont il s'agit, ayant pris pour ρ une fonction de x, qui satisfasse à l'équation (D), on aura pour solution de l'équation aux différences partielles,

$$z=e^{\int[(\rho-\frac{\zeta}{2})dx-\alpha dy]}\left[a-\int e^{-\int[(\rho-\frac{\zeta}{2})dx-\alpha dy]}\left(\gamma dx+\left(\rho+\frac{\zeta}{2}\right)dy\right)\right];$$

& cette solution pourra renfermer deux constantes arbitraires, car il suffira d'en ajouter une en intégrant l'équation (D).

(548). Soient B & K deux fonctions de x, y, z, & supposons

$$dB=\frac{dB}{dx}dx+\frac{dB}{dy}dy+\frac{dB}{dz}dz,$$

$$dK=\frac{dK}{dx}dx+\frac{dK}{dy}dy+\frac{dK}{dz}dz:$$

cela posé, si $B+F:K=0$, est l'intégrale complète d'une équation aux différences partielles du premier ordre; en différentiant cette intégrale deux fois, l'une par rapport à y, l'autre par rapport à x, & en éliminant la fonction arbitraire, on trouvera que l'équation aux différences partielles, à laquelle elle appartient, est

$$\frac{dB}{dy}\frac{dK}{dx}-\frac{dB}{dx}\frac{dK}{dy}+\frac{dB}{dz}\left(\frac{dK}{dx}\frac{dz}{dy}-\frac{dK}{dy}\frac{dz}{dx}\right)$$
$$-\frac{dK}{dz}\left(\frac{dB}{dx}\frac{dz}{dy}-\frac{dB}{dy}\frac{dz}{dx}\right)=0.$$

Mais, ayant multiplié l'équation $\frac{dz}{dx}+z\frac{dz}{dy}+\mu=0$, par un facteur Ψ, si on la compare à la précédente, on aura les trois équations

$$\frac{dK}{dz}\frac{dB}{dy} - \frac{dK}{dy}\frac{dB}{dz} = \Psi, \quad \frac{dK}{dx}\frac{dB}{dz} - \frac{dK}{dz}\frac{dB}{dx} = \Psi z;$$

$$\frac{dK}{dx}\frac{dB}{dy} - \frac{dK}{dy}\frac{dB}{dx} = \Psi \mu:$$

&, en éliminant Ψ, celles que voici,

$$\frac{dK}{dz}\left(\frac{dB}{dx} + z\frac{dB}{dy}\right) - \frac{dB}{dz}\left(\frac{dK}{dx} + z\frac{dK}{dy}\right) = 0;$$

$$\frac{dK}{dy}\left(\frac{dB}{dx} - \mu\frac{dB}{dz}\right) - \frac{dB}{dy}\left(\frac{dK}{dx} - \mu\frac{dK}{dz}\right) = 0.$$

(549). Nous supposerons

$$B = mz + m1 + \frac{m2}{z} + \frac{m3}{z^2} + \frac{m4}{z^3} + \&c.;$$

$$K = Mz + M1 + \frac{M2}{z} + \frac{M3}{z^2} + \frac{M4}{z^3} + \&c.,$$

où m, M, $m1$, $M1$, &c. sont des fonctions inconnues de x, y. Ces substitutions étant faites dans la première des équations que nous venons de trouver, il faudra qu'elle ait lieu indépendamment de z; c'est pourquoi si l'on fait pour abréger

$$m\frac{dM}{dx} - M\frac{dm}{dx} = n, \quad m\frac{dM1}{dx} - M\frac{dm1}{dx} = n1;$$

$$m\frac{dM2}{dx} - M\frac{dm2}{dx} - m2\frac{dM}{dx} + M2\frac{dm}{dx} = n2;$$

$$m\frac{dM3}{dx} - M\frac{dm3}{dx} - m2\frac{dM1}{dx} + M2\frac{dm1}{dx} - 2m3\frac{dM}{dx} + 2M3\frac{dm}{dx} = n3;$$

$$m\frac{dM4}{dx} - M\frac{dm4}{dx} - m2\frac{dM2}{dx} + M2\frac{dm2}{dx} - 2m3\frac{dM1}{dx} + 2M3\frac{dm1}{dx}$$
$$- 3m4\frac{dM}{dx} + 3M4\frac{dm}{dx} = n4;$$

&c.

on en tirera

$$M\frac{dm}{dy} - m\frac{dM}{dy} = 0, \quad M\frac{dm1}{dy} - m\frac{dM1}{dy} = n;$$

$$M\frac{dm2}{dy} - m\frac{dM2}{dy} - M2\frac{dm}{dy} + m2\frac{dM}{dy} = n1;$$

$$M\frac{dm3}{dy} - m\frac{dM3}{dy} - M2\frac{dm1}{dy} + m2\frac{dM1}{dy} + 2m3\frac{dM}{dy} - 2M3\frac{dm}{dy} = n2;$$

$$M\frac{dm4}{dy}-m\frac{dM4}{dy}-M2\frac{dm2}{dy}+m2\frac{dM2}{dy}+2m3\frac{dM1}{dy}-2M3\frac{dm1}{dy}$$
$$+3m4\frac{dM}{dy}-3M4\frac{dm}{dy}=n3;$$

$$M\frac{dm5}{dy}-m\frac{dM5}{dy}-M2\frac{dm3}{dy}+m2\frac{dM3}{dy}+2m3\frac{dM2}{dy}-2M3\frac{dm2}{dy}$$
$$+3m4\frac{dM1}{dy}-3M4\frac{dm1}{dy}+4m5\frac{dM}{dy}-4M5\frac{dm}{dy}=n4;$$

&c. ;

ces équations entre m, M, $m1$, $M1$, &c. sont absolument indépendantes de μ.

(550). Je passe à l'autre équation

$$\frac{dB}{dx}\frac{dK}{dy}-\frac{dB}{dy}\frac{dK}{dx}=\mu\left(\frac{dB}{dz}\frac{dK}{dy}-\frac{dB}{dy}\frac{dK}{dz}\right),$$

dans laquelle $\frac{dB}{dy}\frac{dK}{dz}-\frac{dB}{dz}\frac{dK}{dy}=n+\frac{n1}{z}+\frac{n2}{z^2}+$ &c.

De plus, si nous convenons de nous servir de $\dot{m}\dot{M}$ pour représenter $\frac{dm}{dy}\frac{dM}{dx}-\frac{dm}{dx}\frac{dM}{dy}$ & ainsi des autres quantités de même forme, nous trouverons $\frac{dB}{dy}\frac{dK}{dx}-\frac{dB}{dx}\frac{dK}{dy}=\dot{m}\dot{M}z^2+(\dot{m}1\dot{M}+\dot{m}\dot{M}1)z+\dot{m}2\dot{M}+\dot{m}1\dot{M}1+\dot{m}\dot{M}2+(\dot{m}3\dot{M}+\dot{m}2\dot{M}1+\dot{m}1\dot{M}2+\dot{m}\dot{M}3)z^{-1}+(\dot{m}4\dot{M}+\dot{m}3\dot{M}1+\dot{m}2\dot{M}2+\dot{m}1\dot{M}3+\dot{m}\dot{M}4)z^{-2}+$ &c.

Il sera donc nécessaire de donner à μ cette forme

$$\alpha z^2+\zeta z+\varkappa+\frac{\delta}{z}+\frac{\iota}{z^2}+\text{ \&c.};$$

& alors nous aurons cette autre suite d'équations

$\dot{m}\dot{M}=\alpha n,$

$\dot{m}1\dot{M}+\dot{m}\dot{M}1=\alpha n1+\zeta n,$

$\dot{m}2\dot{M}+\dot{m}1\dot{M}1+\dot{m}\dot{M}2=\alpha n2+\zeta n1+\varkappa n,$

$\dot{m}3\dot{M}+\dot{m}2\dot{M}1+\dot{m}1\dot{M}2+\dot{m}\dot{M}3=\alpha n3+\zeta n2+\varkappa n1+\delta n,$

$\dot{m}4\dot{M}+\dot{m}3\dot{M}1+\dot{m}2\dot{M}2+\dot{m}1\dot{M}3+\dot{m}\dot{M}4=\alpha n4+\zeta n3+\varkappa n2+\delta n1+\iota n,$ &c.

Or e étant le nombre dont le logarithme est l'unité, si l'on prend $x1$, $X1$, $x2$, $X2$, &c. pour représenter des fonctions de la seule variable x & $x'1$, $X'1$, $x'2$, $X'2$, &c. pour représenter les co-efficiens de dx dans les différentielles de ces fonctions, &c. on tirera de ces équations & de celles du n°. précédent ;

$$m = Mx_1\,,\quad M = e^{\int \alpha dy} X_1\,;$$

$$m_1 = x_1 M_2 + (N_1) \ldots\ldots\ldots x_2 - x'_1 \int M dy,$$

$$M_1 = X_2 + \int \left(\gamma M - \frac{dM}{dx} \right) dy\,;$$

$$m_2 = x_1 \dot{M}_2 + (N_2) \ldots\ldots\ldots \frac{1}{M} \left(x_3 + \int n_1 dy \right),$$

$$M_2 = e^{-\int \alpha dy} \Big[X_3 + \int e^{\int \alpha dy} \Big[\beta M + \frac{1}{M' x'_1} \Big(\dot{m}_1 \dot{M}_1 + \frac{dM}{dx} \Big(\alpha n_2 + \frac{dN_2}{dy} \Big) - \gamma n_1 \Big) \Big] dy \Big]\,;$$

$$m_3 = x_1 M_3 + (N_3) \ldots \frac{1}{M^2} \left[x_4 + \int \left(n_2 + M_2 \frac{dM_1}{dy} - m_2 \frac{dM_1}{dy} \right) M dy \right],$$

$$M_3 = e^{-2\int \alpha dy} \Big[X_4 + \int e^{2\int \alpha dy} \Big[\delta M + \frac{1}{M x'_1} \Big(\dot{m}_2 \dot{M}_1 + \dot{m}_1 \dot{M}_2 + \frac{dM}{dx} \Big(2\alpha N_3 + \frac{dN_3}{dy} \Big) + \alpha N_2 \frac{dM_1}{dx} - \alpha M_2 \Big(M_1 x'_1 + \frac{dN_1}{dx} \Big) - \gamma n_2 - \beta n_1 \Big) \Big] dy \Big]\,;$$

$$m_4 = x_1 M_4 + (N_4) \ldots\ldots \frac{1}{M^3} \Big[x_5 + \int \Big(n_3 + M_2 \frac{dm_2}{dy} - m_2 \frac{dM_2}{dy} + 2M_3 \frac{dm_1}{dy} - 2m_3 \frac{dM_1}{dy} \Big) M^2 dy \Big],$$

$$M_4 = e^{-3\int \alpha dy} \Big[X_5 + \int e^{3\int \alpha dy} \Big[\epsilon M + \frac{1}{M x'_1} \Big(\dot{m}_3 \dot{M}_1 + \dot{m}_2 \dot{M}_2 + \dot{m}_1 \dot{M}_3 + \frac{dM}{dx} \Big(3\alpha n_4 + \frac{dN_4}{dy} \Big) + 2\alpha N_3 \frac{dM_1}{dx} - 2\alpha M_3 \Big(M_1 x'_1 + \frac{dN_1}{dx} \Big) + \alpha N_2 \frac{dM_2}{dx} - \alpha M_2 \Big(x'_1 M_2 + \frac{dN_2}{dx} \Big) - \gamma n_3 - \beta n_2 - \delta n_1 \Big) \Big] dy \Big]\,;$$

&c.

Il n'est pas nécessaire de pousser plus loin ces séries pour découvrir l'ordre qu'elles doivent suivre. Ainsi l'équation différentielle du second ordre proposée aura pour intégrales de l'ordre immédiatement inférieur

$$M z + M_1 + \frac{M_2}{z} + \frac{M_3}{z^2} + \frac{M_4}{z^3} + \&c. = a\,,$$

$$a x_1 + N_1 + \frac{N_2}{z} + \frac{N_3}{z^2} + \frac{N_4}{z^3} + \&c. = b\,,$$

a & b étant les constantes arbitraires.

(551).

(551). Les arbitraires $x1$, $X1$, &c. serviront à remplir les conditions relatives à chacun des problêmes qu'on pourra proposer. Si, par exemple, on demandoit les cas où l'équation

$$\frac{1}{dx} dz + \alpha z^2 + \beta z + \varepsilon = 0,$$

a pour intégrales premières complètes

$$Mz + M1 = a, \; mz + m1 = b,$$

& pour intégrale finie complète $a x 1 + N1 = b$, les formules précédentes donneroient pour conditions

$$\frac{dN1}{dx} + x'1 M1 = 0, \; \frac{dM1}{dx} = \varepsilon M, \text{ ou}$$

$$x'2 + x'1 X2 + \int \left[(\beta - 2\int \frac{d\alpha}{dx} dy) x'1 - \frac{2x'1 X'1}{X1} - x''1 \right] M dy = 0,$$

$$X'2 + \int \left[\frac{d\beta}{dx} - \int \frac{d^2\alpha}{dx^2} dy + \int \frac{d\alpha}{dx} dy (\beta - \int \frac{d\alpha}{dx} dy) + \frac{X'1}{X1} (\beta - 2\int \frac{d\alpha}{dx} dy) - \frac{X''1}{X1} \right] M dy = \varepsilon M.$$

Ces conditions feroient par conséquent que

$$\beta - 2\int \frac{d\alpha}{dx} dy \;\&\; \frac{d\beta}{dx} - \int \frac{d^2\alpha}{dx^2} dy + \int \frac{d\alpha}{dx} dy (\beta - \int \frac{d\alpha}{dx} dy) - \frac{d\varepsilon}{dy} - \alpha\varepsilon$$

fussent fonctions de la seule variable x. Nommons ρ & r ces deux fonctions, nous aurons

$$x'2 + x'1 X2 = 0, \; \rho = \frac{2X'1}{X1} + \frac{x''1}{x'1},$$

$$r + \rho \frac{X'1}{X1} - \frac{X''1}{X1} = 0, \; X'2 = \varepsilon M - \int \left(\frac{d\varepsilon}{dy} - \alpha\varepsilon \right) M dy;$$

& comme $\varepsilon M - \int \left(\frac{d\varepsilon}{dy} - \alpha\varepsilon \right) M dy$ est évidemment fonction de x seul, ces quatre équations serviront à déterminer $x1$, $x2$, $X1$, $X2$; tout est réduit à trouver $X1$, au moyen d'une équation linéaire du second ordre.

(552). Toutes les équations différentielles du troisième ordre peuvent être représentées par $\frac{1}{dx} dZ + \mu = 0$, μ étant une fonction quelconque de x, y, $\frac{dy}{dx} = z$, $\frac{1}{dx} dz = Z$: à cette équation différentielle, répond une équation aux différences partielles du second ordre

$$\frac{d^2 z}{dx^2} + 2z \frac{d^2 z}{dx\,dy} + z^2 \frac{d^2 z}{dy^2} + \frac{dz}{dy} Z + \mu = 0.$$

Je suppose que celle-ci ait pour intégrale complète de l'ordre immédiatement inférieur $B + F : K = 0$, on aura d'abord la transformée

$$\frac{dB}{dy}\frac{dK}{dx}-\frac{dB}{dx}\frac{dK}{dy}+\left(\frac{dB}{dy}\frac{dK}{dz}-\frac{dK}{dy}\frac{dB}{dz}\right)\frac{dz}{dx}+\left(\frac{dB}{dz}\frac{dK}{dx}-\frac{dB}{dx}\frac{dK}{dz}\right)\frac{dz}{dy}+\left[\frac{dB}{dy}\frac{dK}{dZ}-\frac{dB}{dZ}\frac{dK}{dy}+\frac{dz}{dy}\left(\frac{dB}{dz}\frac{dK}{dZ}-\frac{dB}{dZ}\frac{dK}{dz}\right)\right]\left(\frac{d^2z}{dx^2}+z\frac{d^2z}{dxdy}+\frac{dz}{dx}\frac{dz}{dy}\right)+\left[\frac{dB}{dZ}\frac{dK}{dx}-\frac{dB}{dx}\frac{dK}{dZ}+\frac{dz}{dx}\left(\frac{dB}{dZ}\frac{dK}{dz}-\frac{dB}{dz}\frac{dK}{dZ}\right)\right]\left(\frac{d^2z}{dxdy}+z\frac{d^2z}{dy^2}+\left(\frac{dz}{dy}\right)^2\right)=0,$$

à laquelle on comparera la proposée, après l'avoir multipliée par un facteur Ψ, & on en tirera

$$\Psi=\frac{dB}{dy}\frac{dK}{dZ}-\frac{dK}{dy}\frac{dB}{dZ}+\frac{dz}{dy}\left(\frac{dB}{dz}\frac{dK}{dZ}-\frac{dB}{dZ}\frac{dK}{dz}\right),$$

$$\Psi z=\frac{dB}{dZ}\frac{dK}{dx}-\frac{dB}{dx}\frac{dK}{dZ}+\frac{dz}{dx}\left(\frac{dB}{dZ}\frac{dK}{dz}-\frac{dB}{dz}\frac{dK}{dZ}\right),$$

$$\Psi\mu=\frac{dB}{dy}\frac{dK}{dx}-\frac{dB}{dx}\frac{dK}{dy}+\frac{dz}{dx}\left(\frac{dB}{dy}\frac{dK}{dz}-\frac{dB}{dz}\frac{dK}{dy}\right)+\frac{dz}{dy}\left(\frac{dB}{dz}\frac{dK}{dx}-\frac{dK}{dz}\frac{dB}{dx}\right).$$

Nous désignerons par $\mathrm{d}B$, $\mathrm{d}K$ des différentielles prises en ne faisant varier que x, y, & nous aurons, en éliminant Ψ, ces deux équations

$$\frac{dK}{dZ}\left(\frac{1}{dx}\mathrm{d}B+Z\frac{dB}{dz}\right)-\frac{dB}{dZ}\left(\frac{1}{dx}\mathrm{d}K+Z\frac{dK}{dz}\right)=0,$$

$$\frac{dB}{dy}\frac{dK}{dx}-\frac{dB}{dx}\frac{dK}{dy}-\frac{dz}{dx}\left(\frac{dB}{dz}\frac{dK}{dy}-\frac{dB}{dy}\frac{dK}{dz}\right)+\frac{dz}{dy}\left(\frac{dB}{dz}\frac{dK}{dx}-\frac{dB}{dx}\frac{dK}{dz}\right)=\mu\left[\frac{dB}{dy}\frac{dK}{dZ}-\frac{dB}{dZ}\frac{dK}{dy}+\frac{dz}{dy}\left(\frac{dB}{dz}\frac{dK}{dZ}-\frac{dB}{dZ}\frac{dK}{dz}\right)\right].$$

(553). Nous supposerons

$$B=mZ+m1+\frac{m2}{Z}+\frac{m3}{Z^2}+\frac{m4}{Z^3}+\&c.,$$

$$K=MZ+M1+\frac{M2}{Z}+\frac{M3}{Z^2}+\frac{M4}{Z^3}+\&c.,$$

& faisant pour abréger

$$m\,\mathrm{d}M-M\,\mathrm{d}m=n\,dx,\quad m\,\mathrm{d}M1-M\,\mathrm{d}m1=n1\,dx;$$

$$m\,\mathrm{d}M2-M\,\mathrm{d}m2-m2\,\mathrm{d}M+M2\,\mathrm{d}m=n2\,dx,$$

$$m\,\mathrm{d}M3-M\,\mathrm{d}m3-m2\,\mathrm{d}M1+M2\,\mathrm{d}m1-2m3\,\mathrm{d}M+2M3\,\mathrm{d}m=n3\,dx;$$

$$m\,\mathrm{d}M4-M\,\mathrm{d}m4-m2\,\mathrm{d}M2+M2\,\mathrm{d}m2-2m3\,\mathrm{d}M1+2M3\,\mathrm{d}m1-3m4\,\mathrm{d}M+3M4\,\mathrm{d}m=n4\,dx;$$

&c, nous aurons une suite d'équations, desquelles nous tirerons, en désignant par p, q, r, s, t, &c. des fonctions arbitraires de x, y seuls,

$$m = pM,\ m1 = pM1 + (N1) \ldots q - \frac{1}{dx} \mathrm{d}p\int M dz,$$

$$m2 = pM2 + (N2) \ldots \frac{1}{M}(r + \int n1\, dz),$$

$$m3 = pM3 + (N3) \ldots \frac{1}{M^2}\left[s + \int\left(n2 + M2\frac{dm1}{dz} - m2\frac{dM1}{dz}\right)M dz\right];$$

$$m4 = pM4 + (N4) \ldots \frac{1}{M^3}\left[t + \int\left(n3 + M2\frac{dm2}{dz} - m2\frac{dM2}{dz} + 2M3\frac{dm1}{dz} - 2m3\frac{dM1}{dz}\right)M^2 dz\right]$$

&c.

(554). Soit encore fait pour abréger

$\frac{dm}{dy}\frac{dM}{dx} - \frac{dm}{dx}\frac{dM}{dy} = \dot{m}\dot{M}$, $\frac{dm}{dz}\frac{dM}{dy} - \frac{dm}{dy}\frac{dM}{dz} = (mM)$,

$\frac{dm}{dz}\frac{dM}{dx} - \frac{dm}{dx}\frac{dM}{dz} = [mM]$, & ainsi des autres quantités semblables ; nous aurons

$$\frac{dB}{dy}\frac{dK}{dx} - \frac{dB}{dx}\frac{dK}{dy} = \dot{m}\dot{M}Z^2 + (\dot{m}1\dot{M} + \dot{m}\dot{M}1)Z + \dot{m}2\dot{M} + \dot{m}1\dot{M}1 + \dot{m}\dot{M}2 + (\dot{m}3\dot{M} + \dot{m}2\dot{M}1 + \dot{m}1\dot{M}2 + \dot{m}\dot{M}3)Z^{-1} + (\dot{m}4\dot{M} + \dot{m}3\dot{M}1 + \dot{m}2\dot{M}2 + \dot{m}1\dot{M}3 + \dot{m}\dot{M}4)Z^{-2} + \&c.,$$

$$\frac{dB}{dz}\frac{dK}{dy} - \frac{dB}{dy}\frac{dK}{dz} = (mM)Z^2 + [(m1M) + (mM1)]Z + (m2M) + (m1M1) + (mM2) + [(m3M) + (m2M1) + (m1M2) + (mM3)]Z^{-1} + [(m4M) + (m3M1) + (m2M2) + (m1M3) + (mM4)]Z^{-2} + \&c.,$$

$$\frac{dB}{dz}\frac{dK}{dx} - \frac{dB}{dx}\frac{dK}{dz} = [mM]Z^2 + ([m1M] + [mM1])Z + [m2M] + [m1M1] + [mM2] + ([m3M] + [m2M1] + [m1M2] + [mM3])Z^{-1} + ([m4M] + [m3M1] + [m2M2] + [m1M3] + [mM4])Z^{-2} + \&c.$$

Ainsi le premier membre de la seconde équation du (n°. 553) deviendra

$$\dot{m}\dot{M}Z^2 + (\dot{m}1\dot{M} + \dot{m}\dot{M}1)Z + \&c. - \frac{dz}{dx}[(mM)Z^2 + [(m1M) + (mM1)]Z + \&c.] + \frac{dz}{dy}([mM]Z^2 + ([m1M] + [mM1])Z + \&c.),$$

ou, mettant pour $\frac{dz}{dx}$ sa valeur $Z + z\frac{dz}{dy}$, ce membre deviendra

$$\dot m \dot M Z^2 + (\dot m_1 \dot M + \dot m \dot M_1) Z + \&c. - (mM) Z^3 - [(m_1 M) + (m M_1)] Z^2 - \&c. + \frac{dz}{dy} \{ ([mM] + z(mM)) Z^2 + ([m_1 M] + z(m_1 M) + [m M_1] + z(m M_1)) Z + \&c. \}.$$

Pour abréger nous représenterons dans la suite par $[mM]$ la somme

$$[mM] + z(mM) = \frac{1}{dx} \mathrm{d} M \frac{dm}{dz} - \frac{1}{dx} \mathrm{d} m \frac{dM}{dz},$$

par $[m_1 M]$ ceci $\frac{1}{dx} \mathrm{d} M \frac{dm_1}{dz} - \frac{1}{dx} \mathrm{d} m_1 \frac{dM}{dz}$,

& ainsi des autres quantités semblables; de cette manière le premier membre dont il s'agit prendra la forme suivante

$$\dot m \dot M Z^2 + (\dot m_1 \dot M + \dot m \dot M_1) Z + \&c. - (mM) Z^3 - [(m_1 M) + (m M_1)] Z^2 - \&c. + \frac{dz}{dy} [[mM] Z^2 + ([m_1 M] + [m M_1]) Z + \&c.].$$

(555). Pour former le second membre de la même équation, nous remarquerons que

$$\frac{dK}{dZ}\frac{dB}{dz} - \frac{dB}{dZ}\frac{dK}{dz} = n + n_1 Z^{-1} + n_2 Z^{-2} + n_3 Z^{-3} + \&c.,$$

$$\frac{dK}{dZ}\frac{dB}{dy} - \frac{dB}{dZ}\frac{dK}{dy} = \left(M\frac{dm}{dy} - m\frac{dM}{dy}\right) Z + M\frac{dm_1}{dy} - m\frac{dM_1}{dy} + \left(M\frac{dm_2}{dy} - m\frac{dM_2}{dy} - M_2\frac{dm}{dy} + m_2\frac{dM}{dy}\right) Z^{-1} + \left(M\frac{dm_3}{dy} - m\frac{dM_3}{dy} - M_2\frac{dm_1}{dy} + m_2\frac{dM_1}{dy} - 2M_3\frac{dm}{dy} + 2M_3\frac{dm}{dy}\right) Z^{-2} + \&c.;$$

& que si nous représentons cette dernière quantité par

$$iZ + h + h_1 Z^{-1} + h_2 Z^{-2} + \&c.,$$

nous aurons pour le multiplicateur de μ

$$iZ + h + h_1 Z^{-1} + h_2 Z^{-2} + \&c. + \frac{dz}{dy}(n + n_1 Z^{-1} + n_2 Z^{-2} + \&c.)$$

Il suit delà, qu'en développant μ, si nous pouvons lui donner cette forme,

$$\alpha Z^2 + \beta Z + \gamma + \delta Z^{-1} + \varepsilon Z^{-2} + \&c.,$$

ce second membre sera

αi

$$\begin{array}{llll} \alpha i Z^3 + \alpha h . Z^2 & + \alpha h 1 . Z & + \&c. + & \\ \quad + \beta i & + \beta h & & \\ & + \gamma i & & \end{array}$$

$$\begin{array}{llll} \frac{dz}{dy} [\alpha n Z^2 & + \alpha n 1 . Z & + \alpha n 2 & + \&c.]. \\ & + \beta n & + \beta n 1 & \\ & & + \gamma n & \end{array}$$

Par la comparaison des termes homologues des deux membres que nous venons de trouver, nous aurons premiérement

$[m M] = \alpha n$, $[m 1 M] + [m M 1] = \alpha n 1 + \beta n$,
$[m 2 M] + [m 1 M 1] + [m M 2] = \alpha n 2 + \beta n 1 + \gamma n$,
&c., desquelles nous tirerons, comme dans le (nº. 550),

$$M = e^{\int \alpha dz} P, \; M 1 = Q + \int (\beta M - \frac{1}{dx} \mathrm{d} M) dz,$$

$$M 2 = e^{-\int \alpha dz} [R + \int e^{\int \alpha dz} [\gamma M + (1 : \frac{1}{dx} M \mathrm{d} p) ([m 1 M 1] + \frac{1}{dx} \mathrm{d} M (\alpha N 2 + \frac{d N 2}{dz}) - \beta n 1)] dz],$$

$$M 3 = e^{-2\int \alpha dz} [S + \int e^{2\int \alpha dz} [\delta M + (1 : \frac{1}{dx} M \mathrm{d} p) ([m 2 M 1] + [m 1 M 2] + \frac{1}{dx} \mathrm{d} M (2 \alpha N 3 + \frac{d N 3}{dz}) + \frac{1}{dx} \alpha N 2 \mathrm{d} M 1 - \frac{1}{dx} \alpha M 2 (M 1 \mathrm{d} p + \mathrm{d} N 1) - \beta n 2 - \gamma n 1)] dz],$$

$$M 4 = e^{-3\int \alpha dz} [T + \int e^{3\int \alpha dz} [\varepsilon M + (1 : \frac{1}{dx} M \mathrm{d} p) ([m 3 M 1] + [m 2 M 2] + [m 1 M 3] + \frac{1}{dx} \mathrm{d} M (3 \alpha N 4 + \frac{d N 4}{dz}) + \frac{1}{dx} 2 \alpha N 3 \mathrm{d} M 1 - \frac{1}{dx} 2 \alpha M 3 (M 1 \mathrm{d} p + \mathrm{d} N 1) + \frac{1}{dx} \alpha N 2 \mathrm{d} M 2 - \frac{1}{dx} \alpha M 2 (M 2 \mathrm{d} p + \mathrm{d} N 2) - \beta n 3 - \gamma n 2 - \delta n 1)] dz],$$

&c., P, Q, R, &c. étant des fonctions arbitraires de x, y ajoutées en intégrant.

Secondement nous trouverons pour équations de condition

$$(m M) = - i \alpha,$$

$$(m 1 M) + (m M 1) = \dot{m} \dot{M} - h \alpha - i \beta,$$

$$(m 2 M) + (m 1 M 1) + (m M 2) = \dot{m} 1 \dot{M} + \dot{m} \dot{M} 1 - h 1 \alpha - h \beta - i \gamma;$$

$$(m 3 M) + (m 2 M 1) + (m 1 M 2) + (m M 3) = \dot{m} 2 \dot{M} + \dot{m} 1 \dot{M} 1 + \dot{m} \dot{M} 2 - h 2 \alpha - h 1 \beta - h \gamma - i \delta,$$

&c.

(556). Les arbitraires P, Q, R, &c. serviront à remplir le conditions du problême. Si, par exemple, on demandoit les cas où l'équation du troisième ordre

$$\frac{1}{dx} dZ + \alpha Z^2 + \zeta Z + \varepsilon = 0,$$

a pour intégrales de l'ordre immédiatement inférieur

$$MZ + M1 = a, \; mZ + m1 = b.$$

On trouveroit pour conditions

$$dM1 = \varepsilon M dx, \; dm1 = \varepsilon Mp\,dx.$$

Mais avant d'aller plus loin, nous ferons remarquer que Π étant une fonction de x, y, z, on peut transformer $\frac{1}{dx} d\int\Pi dz$ en $\int\frac{1}{dx} d\Pi dz + \int dz \int \frac{d\Pi}{dy} dz$.

En effet, à cause de $\frac{d\int\Pi dz}{dx} = \int\frac{d\Pi}{dx} dz$, $\frac{d\int\Pi dz}{dy} = \int\frac{d\Pi}{dy} dz$, on a

$\frac{1}{dx} d\int\Pi dz = \int\frac{d\Pi}{dx} dz + z\int\frac{d\Pi}{dy} dz$; on a aussi

$$\int\frac{1}{dx} d\Pi dz = \int\left(\frac{d\Pi}{dx} + z\frac{d\Pi}{dy}\right) dz.$$

Soit $\frac{1}{dx} d\int\Pi dz = \int\frac{1}{dx} d\Pi dz + K$, on aura en différentiant par rapport à z, & effaçant les termes qui se détruisent, $dK = dz\int\frac{d\Pi}{dy} dz$, d'où

$K = \int dz\int\frac{d\Pi}{dy} dz$ & $\frac{1}{dx} d\int\Pi dz = \int\frac{1}{dx} d\Pi dz + \int dz\int\frac{d\Pi}{dy} dz$.

(557). Cela posé, nous nous occuperons d'abord de la première équation $dm1 = \varepsilon M dx$, qui devient

$$dQ + \int\left(d\cdot\zeta M - \frac{1}{dx} ddM\right) dz + \iint\left(\frac{d\cdot\zeta M}{dy} - \frac{1}{dx}\frac{ddM}{dy}\right) dx\,dz\,dz = \varepsilon M dx;$$

& de laquelle on tire, en différentiant par rapport à z,

$$\frac{dQ}{dy} = e^{\int\alpha dz}\Big[\Big(\frac{d\varepsilon}{dz} + \alpha\varepsilon - \frac{1}{dx} d\zeta + \frac{1}{dx^2} dd\int\alpha dz -$$

$$\frac{1}{dx} d\int\alpha dz\left(\zeta - \frac{1}{dx} d\int\alpha dz\right)\Big)P - \left(\zeta - \frac{2}{dx} d\int\alpha dz\right)\frac{1}{dx} dP$$

$$+ \frac{1}{dx^2} d^2P\Big] - \int e^{\int\alpha dz}\Big[\Big(\frac{d\zeta}{dy} - \frac{1}{dx}\frac{dd\int\alpha dz}{dy} +$$

$$\frac{d\int\alpha dz}{dy}\left(\zeta - \frac{1}{dx} d\int\alpha dz\right)\Big)P + \left(\zeta - \frac{2}{dx} d\int\alpha dz + \int\frac{d\alpha}{dx} dz\right)\frac{dP}{dy}$$

$$- \frac{dP}{dx}\int\frac{d\alpha}{dy} dz\Big] dz + \frac{1}{dx}\frac{ddP}{dy}\int e^{\int\alpha dz} dz - \frac{d^2P}{dy^2}\iint e^{\int\alpha dz} dz\,dz.$$

Soit fait pour abréger

$$\frac{du}{dz} + \alpha u - \frac{1}{dx} d\zeta + \frac{1}{dx^2} dd\int \alpha\, dz - \frac{1}{dx} d\int \alpha\, dz \left(\zeta - \frac{1}{dx} d\int \alpha\, dz\right) = H,$$

$$\zeta - \frac{2}{dx} d\int \alpha\, dz = I,$$

$$\frac{d\zeta}{dy} - \frac{1}{dx} \frac{dd\int \alpha\, dz}{dy} + \frac{d\int \alpha\, dz}{dy} \left(\zeta - \frac{1}{dx} d\int \alpha\, dz\right) = h;$$

en différentiant une seconde fois par rapport à z, on aura

$$\left(\frac{dH}{dz} + \alpha H - h\right) P - \left(\frac{dI}{dz} + \alpha I - \int \frac{d\alpha}{dy} dz\right) \frac{dP}{dx} -$$

$$\left(2I + \int \frac{d\alpha}{dx} dz + z\left(\frac{dI}{dz} + \alpha I\right)\right) \frac{dP}{dy} + \frac{1}{dx^2} \alpha\, ddP + \frac{3}{dx} \frac{ddP}{dy} = 0.$$

(558). Prenons pour exemple le cas où

$$\alpha = 0,\ \zeta = \delta z + \epsilon,\ u = \pi z^3 + \rho z^2 + \sigma z + \tau,$$

tous ces co-efficiens étant des fonctions de x, y. Alors l'équation précédente devient

$$3z\left(2\pi P - \frac{d\cdot\delta P}{dy} + \frac{d^2 P}{dy^2}\right) + 2\rho P - \frac{d\cdot\delta P}{dx} - 2\frac{d\cdot\epsilon P}{dy} + 3\frac{d^2 P}{dx\, dy} = 0;$$

laquelle en donnera deux, dont l'une $\frac{d^2 P}{dy^2} - \frac{d\cdot\delta P}{dy} + 2\pi P = 0$, aura pour intégrale complète $P = x1\, k1 + x2\, k2$, $x1$, $x2$ étant des fonctions arbitraires de x, si par $k1$, $k2$ on entend deux valeurs de P qui satisfassent à cette équation en regardant x comme constant. On mettra dans l'autre $x1\, k1$ pour P, & on en tirera

$$\frac{x'1}{x1} = (\Psi 1) \ldots\ldots \frac{3\frac{d^2 k1}{dx\, dy} - 2\frac{d\cdot\epsilon k1}{dy} - \frac{d\cdot\delta k1}{dx} + 2\rho k1}{\delta k1 - 3\frac{dk1}{dy}}.$$

On aura de plus $\frac{dQ}{dy} = \sigma P - \frac{d\cdot\epsilon P}{dx} + \frac{d^2 P}{dx^2}$, $\frac{dQ}{dx} = \tau P$;

dont la première donnera $Q = X1 + \int\left(\sigma P - \frac{d\cdot\epsilon P}{dx} + \frac{d^2 P}{dx^2}\right) dy$;

& comme cette valeur étant substituée dans la seconde, il en résulte que

$$X'1 = \tau P - \int\left(\frac{d\cdot\sigma P}{dx} - \frac{d^2\cdot\epsilon P}{dx^2} + \frac{d^3 P}{dx^3}\right) dy,$$

il est donc nécessaire que ce second membre différentié, en ne faisant varier que y, soit égal à zéro, ou que l'on ait

$$\frac{d\cdot\tau P}{dy} - \frac{d\cdot\sigma P}{dx} + \frac{d^2\cdot\epsilon P}{dx^2} - \frac{d^3 P}{dx^3} = 0.$$

On mettra dans cette équation $x 1 k 1$ pour P, & on aura

$$x 1 \left(\frac{d^3 k 1}{d x^3} - \frac{d^2 \cdot \epsilon k 1}{d x^2} + \frac{d \cdot \sigma k 1}{d x} - \frac{d \cdot \tau k 1}{d y} \right) + x' 1 \left(3 \frac{d^2 k 1}{d x^2} - 2 \frac{d \cdot \epsilon k 1}{d x} + \sigma k 1 \right) + x'' 1 \left(3 \frac{d k 1}{d x} - \epsilon k 1 \right) + x''' 1 k 1 = 0.$$

Il faudra donc que $\psi 1$ & que les co-efficiens de $x 1$, $x' 1$, $x'' 1$, divisés par $k 1$, dans l'équation précédente, soient chacune fonction de x seul.

(559). L'équation $d m 1 = \gamma M p d x$, ou

$$d \cdot p M 1 + d q - d \left(\frac{1}{d x} d p \int M d z \right) = \gamma M p d x,$$

à cause de $p M 1 = Q p + \int (\zeta M p - \frac{1}{d x} d \cdot M p) d z + \int \left(\frac{1}{d x} M d p \right) d z$; peut être divisée de manière que

$$d \cdot Q p + d \int (\zeta M p - \frac{1}{d x} d \cdot M p) d z = \gamma M p d x,$$

$$d q + d \int \left(\frac{1}{d x} M d p \right) d z - d \left(\frac{1}{d x} d p \int M d z \right) = 0.$$

Or on tire de la seconde $q + \int \left(\frac{1}{d x} M d p \right) d z - \frac{1}{d x} d p \int M d z = 0$; ou $q = \frac{d p}{d y} \int d z \int M d z$, à laquelle on ne peut satisfaire qu'en prenant $q = 0$ & p fonction de x seul. Quant à la première, elle n'est autre que celle-ci $d M 1 = \gamma M d x$, en y mettant $P p$ pour P; on en tirera donc des conséquences analogues pour le cas particulier dont nous nous sommes occupés dans l'article précédent. On prendra $P p = x 2 k 2$, & il en résultera une valeur de $\frac{x' 2}{x 2}$ qui sera celle de $\frac{x' 1}{x 1}$ en y mettant $k 2$ pour $k 1$. On trouvera de même une autre valeur de Q; & les équations de condition devront avoir lieu pour $k 2$ comme pour $k 1$. Ainsi ayant deux valeurs de P tirées de l'équation $\frac{d^2 P}{d y^2} - \frac{d \cdot \delta P}{d y} + 2 \pi P = 0$, qui satisfassent aux équations de condition, on aura deux des intégrales premières de la proposée. Il faut excepter le cas où pour une de ces valeurs on auroit $\delta P - 3 \frac{d P}{d y} = 0$, & que nous allons examiner.

(560). Dans ce cas on fera $\delta - \frac{3}{P} \frac{d P}{d y} = \rho 1$ & $\rho 1$ sera donné par l'équation $\frac{\delta - \rho 1}{3} (2 \delta + \rho 1) + \frac{d (2 \delta + \rho 1)}{d y} = 2 \cdot 3 \pi$, on en tirera une valeur de $\rho 1$, ou deux valeurs, si les substitutions de $k 1$ & $k 2$ pour P rendent nul en même temps $\delta P - 3 \frac{d P}{d y}$. Alors en représen-

tant

tant par $H1$, $H2$ les deux valeurs de $e^{\int \frac{\delta - \rho 1}{3} dy}$ correſpondantes aux deux valeurs de $\rho 1$, on auroit $P = x1\,H1 + x2\,H2$, & le reſte du calcul comme ci-deſſus. Je paſſe aux équations différentielles du quatrième ordre, auxquelles, ſi l'on fait $\frac{1}{dx} dy = z$, $\frac{1}{dx} dz = Z$, $\frac{1}{dx} dZ = Z'$, répond l'équation aux différences partielles du troiſième ordre

$$\frac{d^3 z}{dx^3} + 3z \frac{d^3 z}{dx^2 dy} + 3z^2 \frac{d^3 z}{dx\,dy^2} + z^3 \frac{d^3 z}{dy^3} +$$
$$3Z \left(\frac{d^2 z}{dx\,dy} + z \frac{d^2 z}{dy^2} \right) + Z' \frac{dz}{dy} + \mu = 0,$$

où μ eſt fonction de x, y, z, Z, Z'

(561). Si on repréſente par $B + F : K = 0$, l'intégrale première complète de cette équation, B & K ſeront donnés par

$$\frac{dK}{dZ'} \left(\frac{dB}{dx} + z \frac{dB}{dy} + Z \frac{dB}{dz} + Z' \frac{dB}{dZ} \right) -$$
$$\frac{dB}{dZ'} \left(\frac{dK}{dx} + z \frac{dK}{dy} + Z \frac{dK}{dz} + Z' \frac{dK}{dZ} \right) = 0,$$

$$\left(\frac{dB}{dx} - \mu \frac{dB}{dZ'} \right) \left(\frac{dK}{dy} + \frac{dK}{dz} \frac{dz}{dy} + \frac{dK}{dZ} \frac{dZ}{dy} \right) -$$
$$\left(\frac{dK}{dx} - \mu \frac{dK}{dZ'} \right) \left(\frac{dB}{dy} + \frac{dB}{dz} \frac{dz}{dy} + \frac{dB}{dZ} \frac{dZ}{dy} \right) +$$
$$\frac{dz}{dx} \left(\frac{dK}{dy} \frac{dB}{dz} - \frac{dB}{dy} \frac{dK}{dz} \right) + \frac{dZ}{dx} \left(\frac{dK}{dy} \frac{dB}{dZ} - \frac{dB}{dy} \frac{dK}{dZ} \right)$$
$$+ \left(\frac{dB}{dZ} \frac{dK}{dz} - \frac{dK}{dZ} \frac{dB}{dz} \right) \left(\frac{dz}{dy} \frac{dZ}{dx} - \frac{dz}{dx} \frac{dZ}{dy} \right) = 0.$$

Mais nous nous contenterons d'examiner le cas particulier où $B = mZ' + n$, $K = MZ' + N$, m, n, M, N étant des fonctions de x, y, z, Z. Alors on tirera de la première équation

$$M \frac{dm}{dz} - m \frac{dM}{dZ} = 0,\ M \frac{dn}{dZ} - m \frac{dN}{dZ} + Z \left(M \frac{dm}{dz} - m \frac{dM}{dz} \right) +$$
$$z \left(M \frac{dm}{dy} - m \frac{dM}{dy} \right) + M \frac{dm}{dx} - m \frac{dM}{dx} = 0;$$
$$M \frac{dn}{dx} - m \frac{dN}{dx} + z \left(M \frac{dn}{dy} - m \frac{dN}{dy} \right) + Z \left(M \frac{dn}{dz} - m \frac{dN}{dz} \right) = 0;$$

& par conſéquent $m = MP$, P étant une fonction arbitraire de x, y, z,

$$\frac{dn}{dZ} - \frac{dN}{dZ} P + M \left(\frac{dP}{dx} + z \frac{dP}{dy} + Z \frac{dP}{dz} \right) = 0,$$
$$\frac{dn}{dx} - \frac{dN}{dx} P + z \left(\frac{dn}{dy} - \frac{dN}{dy} P \right) + Z \left(\frac{dn}{dz} - \frac{dN}{dz} P \right) = 0.$$

On transformera l'autre équation en celle-ci

$$\mu M\left[\frac{dZ}{dy}\left(\frac{dP}{dx}+\frac{dP}{dz}\frac{dz}{dx}\right)-\frac{dZ}{dx}\left(\frac{dP}{dy}+\frac{dP}{dz}\frac{dz}{dy}\right)\right]-\mu n1=$$
$$Z'^2\frac{dM}{dZ}\left[\frac{dZ}{dy}\left(\frac{dP}{dx}+\frac{dP}{dz}\frac{dz}{dx}\right)-\frac{dZ}{dx}\left(\frac{dP}{dy}+\frac{dP}{dz}\frac{dz}{dy}\right)\right]+$$
$$Z'\frac{dZ}{dx}\left[\dot{M}\dot{P}-\frac{n1}{M}\frac{dM}{dZ}-\frac{dN}{dZ}\left(\frac{dP}{dy}+\frac{dP}{dz}\frac{dz}{dy}\right)-\frac{1}{dx}\mathrm{d}P\left(\frac{dM}{dy}+\right.\right.$$
$$\left.\left.\frac{dM}{dz}\frac{dz}{dy}\right)\right]+Z'\frac{dZ}{dy}\left[z\dot{M}\dot{P}+\frac{n2}{M}\frac{dM}{dZ}+\frac{dN}{dZ}\left(\frac{dP}{dx}+\frac{dP}{dz}\frac{dz}{dx}\right)+\right.$$
$$\left.\frac{1}{dx}\mathrm{d}P\left(\frac{dM}{dx}+\frac{dM}{dz}\frac{dz}{dx}\right)\right]+\frac{dZ}{dx}\left[\frac{n2}{M}\frac{dM}{dy}-\frac{n1}{M}\frac{dM}{dx}+\dot{N}\dot{P}\right.$$
$$\left.+\frac{n3}{M}\frac{dM}{dz}-\frac{n1}{M}\frac{dN}{dZ}-\frac{1}{dx}\mathrm{d}P\left(\frac{dN}{dy}+\frac{dN}{dz}\frac{dz}{dy}\right)\right]+\frac{dZ}{dy}\left[\frac{n2}{M}\frac{dM}{dy}z-\right.$$
$$\frac{n1}{M}\frac{dM}{dx}z+z\dot{N}\dot{P}+\frac{n3}{M}\frac{dM}{dz}z+\frac{n2}{M}\frac{dN}{dZ}+\frac{1}{dx}\mathrm{d}P\left(\frac{dN}{dx}+\right.$$
$$\left.\left.\frac{dN}{dz}\frac{dz}{dx}\right)\right]+\frac{\dot{N}\dot{n}}{M},$$

où la caractéristique d désigne une différentielle prise par rapport aux trois variables x, y, z, & où l'on a fait pour abréger

$$\frac{dn}{dy}\quad\frac{dn}{dz}\frac{dz}{dy}-P\left(\frac{dN}{dy}+\frac{dN}{dz}\frac{dz}{dy}\right)=n1,$$
$$\frac{dn}{dx}+\frac{dn}{dz}\frac{dz}{dx}-P\left(\frac{dN}{dx}+\frac{dN}{dz}\frac{dz}{dx}\right)=n2,$$
$$\frac{dn}{dx}\frac{dz}{dy}-\frac{dn}{dy}\frac{dz}{dx}-P\left(\frac{dN}{dx}\frac{dz}{dy}-\frac{dN}{dy}\frac{dz}{dx}\right)=n3;$$
$$\frac{dM}{dy}\frac{dP}{dx}-\frac{dM}{dx}\frac{dP}{dy}+\frac{dz}{dx}\left(\frac{dM}{dy}\frac{dP}{dz}-\frac{dM}{dz}\frac{dP}{dy}\right)$$
$$+\frac{dz}{dy}\left(\frac{dM}{dz}\frac{dP}{dx}-\frac{dM}{dx}\frac{dP}{dz}\right)=\dot{M}\dot{P},$$

& ainsi des autres quantités semblables.

On prendra $\mu=\alpha Z'^2+\beta Z'+\gamma$, α, β, γ étant fonctions de x, y, z, Z; & ayant substitué cette valeur dans le premier membre de l'équation précédente, on la comparera terme à terme au second, ce qui donnera

$$\frac{dM}{dZ}=\alpha M \text{ \& } M=p\,e^{\int\alpha dZ},$$
$$\frac{dN}{dZ}=\beta M-\frac{1}{dx}\mathrm{d}M \text{ \& }$$
$$N=q+\int e^{\int\alpha dZ}\left[\left(\beta-\frac{1}{dx}\mathrm{d}\int\alpha dZ\right)p-\frac{1}{dx}\mathrm{d}p\right]dZ;$$
$$\frac{1}{dx}\mathrm{d}N=\gamma p\,e^{\int\alpha dZ},$$

p, q étant des fonctions arbitraires de x, y, z. On aura aussi

$$n = Q + \int e^{\int \alpha dZ}\left[\left(\beta - \frac{1}{dx} d\int \alpha dZ\right) pP - \frac{1}{dx} d.pP\right] dZ,$$

$$\frac{1}{dx} dn = \gamma p P e^{\int \alpha dZ}.$$

En faisant les substitutions convenables dans l'équation $\frac{1}{dx} dN = \gamma p e^{\int \alpha dZ}$, on en tirera

$$\frac{1}{dx} dq = \gamma p e^{\int \alpha dZ} - p\int e^{\int \alpha dZ}\left[\frac{1}{dx} d\beta - \frac{1}{dx^2} dd\int \alpha dZ + \frac{1}{dx} d\int \alpha dZ \left(\beta - \frac{1}{dx} d\int \alpha dZ\right)\right] dZ - \iint e^{\int \alpha dZ}\left\{\left[\frac{d\beta}{dz} - \frac{d\left(\frac{1}{dx} d\int \alpha dZ\right)}{dz} + \frac{d\int \alpha dZ}{dz}\left(\beta - \frac{1}{dx} d\int \alpha dZ\right)\right] p + \frac{dp}{dz}\left(\int \frac{d\alpha}{dx} dZ + z\int \frac{d\alpha}{dy} dZ\right) - \int \frac{d\alpha}{dz} dZ \left(\frac{dp}{dx} + z\frac{dp}{dy}\right)\right\} dZ dZ$$
$$- \frac{1}{dx} dp\int e^{\int \alpha dZ}\left(\beta - \frac{2}{dx} d\int \alpha dZ\right) dZ + \frac{1}{dx^2} ddp\int e^{\int \alpha dZ} dZ$$
$$- \frac{1}{dx} d\frac{dp}{dz}\iint e^{\int \alpha dZ} dZ dZ;$$

& différentiant, en ne faisant varier que Z, après avoir fait pour abréger

$$\frac{d\beta}{dz} - \frac{d\left(\frac{1}{dx} d\int \alpha dZ\right)}{dz} + \frac{d\int \alpha dZ}{dz}\left(\beta - \frac{1}{dx} d\int \alpha dZ\right) = h,$$

$$\frac{dq}{dz} = e^{\int \alpha dZ}\left[p\left(\frac{d\gamma}{dz} + \alpha\gamma - \frac{1}{dx} d\beta + \frac{1}{dx^2} dd\int \alpha dZ - \frac{1}{dx} d\int \alpha dZ \left(\beta - \frac{1}{dx} d\int \alpha dZ\right)\right) - \frac{1}{dx} dp\left(\beta - \frac{2}{dx} d\int \alpha dZ\right) + \frac{1}{dx^2} ddp\right]$$
$$- \int e^{\int \alpha dZ}\left[hp + \frac{dp}{dz}\left(\beta - \frac{2}{dx} d\int \alpha dZ + \int \frac{d\alpha}{dx} dZ + z\int \frac{d\alpha}{dy} dZ\right) - \left(\frac{dp}{dx} + z\frac{dp}{dy}\right)\int \frac{d\alpha}{dz} dZ\right] dZ + \frac{1}{dx} d\frac{dp}{dz}\int e^{\int \alpha dZ} dZ$$
$$- \frac{d^2 p}{dz^2}\iint e^{\int \alpha dZ} dZ dZ.$$

On fera encore pour abréger

$$\frac{d\gamma}{dz} + \alpha\gamma - \frac{1}{dx} d\beta + \frac{1}{dx^2} dd\int \alpha dZ - \frac{1}{dx} d\int \alpha dZ \left(\beta - \frac{1}{dx} d\int \alpha dZ\right) = H,$$

$$\beta - \frac{2}{dx} d\int \alpha dZ = I,$$

& une seconde différentiation donnera

$$\left(\frac{dH}{dZ} + \alpha H - h\right) p - \left(\frac{dI}{dZ} + \alpha I - \int \frac{d\alpha}{dz} dZ\right)\left(\frac{dp}{dx} + z \frac{dp}{dy}\right)$$
$$- \left(2I + Z\left(\frac{dI}{dz} + \alpha I\right) + \int \frac{d\alpha}{dx} dZ + z \int \frac{d\alpha}{dy} dZ\right) \frac{dp}{dz}$$
$$+ \frac{\alpha}{dx^2} \mathrm{d}\mathrm{d} p + \frac{3}{dx} \mathrm{d} \frac{dp}{dz} = 0.$$

(562). Si l'on suppose

$$\alpha = 0, \; \mathcal{C} = \delta Z + \iota, \; \varepsilon = \pi Z^3 + \rho Z^2 + \sigma Z + \tau;$$

l'équation précédente donnera

$$\frac{d^2 p}{dz^2} - \frac{d \cdot \delta p}{dz} + 2\pi p = 0,$$

$$3\left(\frac{d^2 p}{dx\, dz} + z \frac{d^2 p}{dy\, dz}\right) - 2 \frac{d \cdot \iota p}{dz} - \frac{d \cdot \delta p}{dx} - z \frac{d \cdot \delta p}{dy} + 2\rho p = 0.$$

Soit $k1$ & $k2$ deux valeurs de p qui satisfassent à la première de celles-ci, en regardant x, y comme constans, elle aura pour intégrale complète $p = k1\,\pi 1 + k2\,\pi 2$, où $\pi 1$ & $\pi 2$ sont fonctions de x, y seulement. On mettra dans l'autre $k1\,\pi 1$ pour p, & de cette manière on en tirera

$$\frac{1}{\pi 1}\left(\frac{d\pi 1}{dx} + z \frac{d\pi 1}{dy}\right) = (\Psi 1) \ldots\ldots\ldots\ldots\ldots\ldots$$
$$\frac{3\left(\frac{d^2 k1}{dx\, dz} + z \frac{d^2 k1}{dy\, dz}\right) - 2 \frac{d \cdot \iota k1}{dz} - \frac{d \cdot \delta k1}{dx} - z \frac{d \cdot \delta k1}{dy} + 2\rho k1}{\delta k1 - 3 \frac{dk1}{dz}}.$$

On trouvera ensuite

$$\frac{dq}{dz} = \sigma p - \frac{d \cdot \iota p}{dx} - z \frac{d \cdot \iota p}{dy} + \frac{d^2 p}{dx^2} + 2z \frac{d^2 p}{dx\, dy} + z^2 \frac{d^2 p}{dy^2},$$

$$\frac{dq}{dx} + z \frac{dq}{dy} = \tau p.$$

Ayant tiré de la première

$$q = \pi 3 + \int\left(h' \pi 1 - \frac{i'}{dx} \mathrm{d}\pi 1 + \frac{K1}{dx^2} \mathrm{d}\mathrm{d}\pi 1\right) dz,$$

où $h' = \sigma k1 - \frac{1}{dx} \mathrm{d} \cdot \iota k1 + \frac{1}{dx^2} \mathrm{d}\mathrm{d} k1$, $i' = \iota k1 - \frac{2}{dx} \mathrm{d} k1$,

& où d désigne une différentielle prise par rapport aux deux variables x & y, on mettra cette valeur dans la seconde, & on aura

$$\frac{1}{dx} \mathrm{d}\pi 3 = \tau k1\,\pi 1 - \int\left[\frac{1}{dx} \mathrm{d}h' \cdot \pi 1 + \frac{I'}{dx} \mathrm{d}\pi 1 - \frac{K'}{dx^2} \mathrm{d}\mathrm{d}\pi 1 + \frac{k1}{dx^3} \mathrm{d}\mathrm{d}\mathrm{d}\pi 1\right] dz - \iint\left[\frac{dh'}{dy} \pi 1 + h' \frac{d\pi 1}{dy} - \frac{1}{dx} \frac{di'}{dy} \mathrm{d}\pi 1 - i' \frac{d\left(\frac{1}{dx} \mathrm{d}\pi 1\right)}{dy} + \frac{1}{dx^2} \frac{dk1}{dy} \mathrm{d}\mathrm{d}\pi 1 + k1 \frac{d\left(\frac{1}{dx^2} \mathrm{d}\mathrm{d}\pi 1\right)}{dy}\right] dz\, dz,$$

où

où $I' = \sigma k_1 - \frac{2}{dx} d.\iota k_1 + \frac{3}{dx^2} dd.\rho k_1$, $K' = \rho k_1 - \frac{3}{dx} dk_1$.

Celle-ci étant différentiée deux fois par rapport à z, donnera d'abord

$$\frac{d\pi_3}{dy} = \left(\frac{d.\tau k_1}{dz} - \frac{1}{dx} dh'\right)\pi_1 - \frac{I'}{dx} d\pi_1 + \frac{K'}{dx^2} dd\pi_1 -$$

$$\frac{K_1}{dx^3} ddd\pi_1 - \int\left[\frac{dh'}{dy}\pi_1 + h'\frac{d\pi_1}{dy} - \frac{1}{dx}\frac{di'}{dy} d\pi_1 - i'\frac{d\left(\frac{1}{dx} d\pi_1\right)}{dy}\right.$$

$$\left. + \frac{1}{dx^2}\frac{dk_1}{dy} dd\pi_1 + k_1 \frac{d\left(\frac{1}{dx^2} dd\pi_1\right)}{dy}\right] dz,$$

puis l'équation

$$\left(\frac{dH'}{dz} + \frac{dh'}{dy}\right)\pi_1 - \left(\frac{dI'}{dz} - \frac{di'}{dy}\right)\frac{1}{dx} d\pi_1 - (I' + h')\frac{d\pi_1}{dy}$$

$$+ \left(\frac{dk'}{dz} - \frac{dk_1}{dy}\right)\frac{1}{dx^2} dd\pi_1 + (2k' + i')\frac{d\left(\frac{1}{dx} d\pi_1\right)}{dy} -$$

$$\frac{1}{dx^3}\frac{dk_1}{dz} ddd\pi_1 - 4k_1 \frac{d\left(\frac{1}{dx^2} dd\pi_1\right)}{dy} = 0;$$

où $H' = \frac{d.\tau k_1}{dz} - \frac{1}{dx} dh'$.

(563). Lorsqu'on aura δ & π nuls, ρ fonction des seules variables x, y & $\iota = az + b$, $\sigma = ez^2 + fz + g$, $\tau = pz^4 + qz^3 + rz^2 + sz + t$, tous ces co-efficiens de z étant fonctions de x, y, si l'on prend $k_1 = 1$, comme alors le dénominateur Ψ_1 sera nul, il faudra que $\rho = a$, & il ne s'agira plus que de déterminer $\frac{1}{dx} d\pi_1$ d'une autre manière. On fera usage pour cela de la dernière équation qui donnera

$$\frac{d^3\pi_1}{dy^3} - \frac{d^2.a\pi_1}{dy^2} + \frac{d.e\pi_1}{dy} - 3p\pi_1 = 0,$$

$$8\frac{d^3\pi_1}{dx\,dy^2} - 3\frac{d^2.b\pi_1}{dy^2} - 5\frac{d^2.a\pi_1}{dx\,dy} + 3\frac{d.f\pi_1}{dy} + 2\frac{d.e\pi_1}{dx} - 6q\pi_1 = 0;$$

$$4\frac{d^3\pi_1}{dx^2\,dy} - 3\frac{d^2.b\pi_1}{dx\,dy} - \frac{d^2.a\pi_1}{dx^2} + \frac{d.f\pi_1}{dx} + 2\frac{d.g\pi_1}{dy} - 2r\pi_1 = 0.$$

Si nous désignons par H_1, H_2, H_3, trois valeurs de π_1 qui satisfassent à la première, en regardant x comme constant, elle aura pour intégrale complète $\pi_1 = x_1 H_1 + x_2 H_2 + x_3 H_3$,
x_1, x_2, x_3 étant des fonctions de x; on mettra $x_1 H_1$ pour π_1 dans les deux autres, qui deviendront par-là

$$\left(8\frac{d^2 H 1}{dx\,dy^2} - 3\frac{d^2 \cdot bH 1}{dy^2} - 5\frac{d^2 \cdot aH 1}{dx\,dy} + 3\frac{d \cdot fH 1}{dy} + 2\frac{d \cdot eH 1}{dx} - 6qH 1\right) x 1$$
$$+ \left(8\frac{d^2 H 1}{dy^2} - 5\frac{d \cdot aH 1}{dy} + 2cH 1\right) x' 1 = 0$$
$$\left(4\frac{d^3 H 1}{dx^2\,dy} - 3\frac{d^2 \cdot bH 1}{dx\,dy} - \frac{d^2 \cdot aH 1}{dx^2} + \frac{d \cdot fH 1}{dx} + 2\frac{d \cdot gH 1}{dy} - 2rH 1\right) x 1$$
$$+ \left(4\frac{d^2 H 1}{dx\,dy} - 3\frac{d \cdot bH 1}{dy} + 2\frac{d \cdot aH 1}{dx} + fH 1\right) x' 1 + \left(4\frac{dH 1}{dy} - aH 1\right) x'' 1 = 0.$$

On trouvera ensuite

$$\frac{d\pi 2}{dy} = s\pi 1 - \frac{d \cdot g\pi 1}{dx} + \frac{d^2 \cdot b\pi 1}{dx^2} - \frac{d^3 \pi 1}{dx^3}, \quad \frac{d\pi 2}{dx} = t\pi 1;$$

d'où il sera facile de tirer

$$\pi 2 = X + \int \left(s\pi 1 - \frac{d \cdot g\pi 1}{dx} + \frac{d^2 \cdot b\pi 1}{dx^2} - \frac{d^3 \pi 1}{dx^3}\right) dy,$$
$$X' = t\pi 1 - \int \left(\frac{d \cdot s\pi 1}{dx} - \frac{d^2 \cdot g\pi 1}{dx^2} + \frac{d^3 \cdot b\pi 1}{dx^3} - \frac{d^4 \pi 1}{dx^4}\right) dy:$$

& comme le second membre de celle-ci ne doit pas renfermer y, on aura

$$\left(\frac{d \cdot tH 1}{dy} - \frac{d \cdot sH 1}{dx} + \frac{d^2 \cdot gH 1}{dx^2} - \frac{d^3 \cdot bH 1}{dx^3} + \frac{d^4 H 1}{dx^4}\right) x 1 -$$
$$\left(sH 1 - 2\frac{d \cdot gH 1}{dx} + 3\frac{d^2 \cdot bH 1}{dx^2} - 4\frac{d^3 H 1}{dx^3}\right) x' 1 + \left(gH 1 - 3\frac{d \cdot bH 1}{dx} +\right.$$
$$\left. 6\frac{d^2 H 1}{dx^2}\right) x'' 1 - \left(bH 1 - 4\frac{dH 1}{dx}\right) x''' 1 + H 1\, x^{iv} 1 = 0.$$

Si nous représentons les trois équations que nous venons de trouver par

$x' 1 + a 1\, x 1 = 0$, $x'' 1 + b 1\, x' 1 + c 1\, x 1 = 0$,
$x^{iv} 1 + d 1\, x''' 1 + e 1\, x'' 1 + f 1\, x' 1 + g 1\, x 1 = 0$,

il sera nécessaire que les co-efficiens $a 1$, $b 1$, $c 1$, &c. soient fonctions de x seul; alors une des équations donnera $x 1$ & cette valeur devra satisfaire aux deux autres. On trouveroit des conditions fort différentes, si au lieu de prendre $k 1 = 1$, on le prenoit $= z$.

(564). Ayant proposé l'équation aux différences partielles d'un ordre quelconque

$$\frac{1}{dx}\, dZ' + \alpha Z'^2 + 6 Z' + \varkappa = 0,$$

où α, 6, $\varkappa$ sont fonctions de $x, y, z \ldots\ldots Z$; si on lui suppose pour intégrale première complète $mZ' + n + F:(MZ' + N) = 0$, on aura

$$M = e^{\int a\,dZ} p, \quad N = q + \int e^{\int a\,dZ} \left[(C - \frac{1}{dx} d\int a\,dZ) p - \frac{1}{dx} d\,p \right] dZ,$$

$$m = e^{\int a\,dZ} pP, \quad n = qQ + \int e^{\int a\,dZ} \left[(C - \frac{1}{dx} d\int a\,dZ) pP - \frac{1}{dx} d.pP \right] dZ;$$

dans ces valeurs de M, N, m, n, les lettres p, P, q, Q défignent des fonctions arbitraires de $x, y, z \ldots\ldots 'Z$ & d des différentielles prifes par rapport à ces feules variables.

Si on vouloit intégrer par approximation l'équation différentielle d'un ordre quelconque, ou celle-ci $\frac{1}{dx} dZ' + \mu = 0$, dans laquelle μ eft fonction de $x, y, z \ldots\ldots Z, Z'$, on fuppoferoit

$$B = mZ' + m1 + \frac{m2}{Z'} + \frac{m3}{Z'^2} + \&c.,$$

$$K = MZ' + M1 + \frac{M2}{Z'} + \frac{M3}{Z'^2} + \&c.;$$

& il ne feroit plus queftion que de déterminer ces co-efficiens, puis de tirer des deux intégrales les valeurs Z' par des féries convergentes, ce qu'on feroit par les méthodes connues du retour des fuites que nous développerons avec quelqu'étendue dans le chapitre VIII.

CHAPITRE VII.

DE L'INTÉGRATION DES ÉQUATIONS AUX DIFFÉRENCES FINIES.

(565). CONDORCET, dans le volume de l'académie de 1770, a donné les équations de condition qui doivent avoir lieu, pour qu'une fonction C aux différences finies, d'un ordre quelconque, & comprenant un nombre quelconque de variables, foit la différence exacte d'une fonction de l'ordre immédiatement inférieur. Il eft auffi démontré dans le même mémoire, que ces équations feroient celles qui auroient lieu entre les variables, fi C n'étant point une différence exacte, ΣC devoit être un *maximum* ou un *minimum*. Voici une manière bien fimple de parvenir aux mêmes réfultats.

Puifque par l'hypothèfe C eft la différence exacte d'une fonction de l'ordre immédiatement inférieur; nous aurons, en nommant B cette fonction qui fera de l'ordre $n - 1$ fi, comme nous le fuppofons, C eft de l'ordre n; nous aurons, dis-je, $dC = d\Delta B =$ (nº. 117) ΔdB.

Mais $dB = \frac{dB}{dx} dx + \frac{dB}{d\Delta x} d\Delta x + \frac{dB}{d\Delta^2 x} d\Delta^2 x +$ &c. $+ \frac{dB}{dy} dy +$ &c. &c.;

ainſi pour trouver ΔdB, il n'eſt queſtion que de chercher la différence finie de chacun des termes du ſecond membre de l'équation précédente. Or ſi on veut ſe rappeller que la différence finie du produit pq des deux quantités p & q, eſt égale à $q\Delta p + p\Delta q + \Delta p \,.\, \Delta q$; on verra aiſément que

$$\Delta \,.\, \frac{dB}{dx} dx = \Delta \frac{dB}{dx} \,.\, dx + \frac{dB}{dx} d\Delta x + \Delta \frac{dB}{dx} \,.\, d\Delta x,$$

$$\Delta \,.\, \frac{dB}{d\Delta x} d\Delta x = \Delta \frac{dB}{d\Delta x} \,.\, d\Delta x + \frac{dB}{d\Delta x} d\Delta^2 x + \Delta \frac{dB}{d\Delta x} \,.\, d\Delta^2 x, \text{ \&c.}$$

On aura donc cette ſuite d'équations

$$\frac{d\varsigma}{dx} = \Delta \frac{dB}{dx},$$

$$\frac{d\varsigma}{d\Delta x} = \frac{dB}{dx} + \Delta \frac{dB}{dx} + \Delta \frac{dB}{d\Delta x},$$

$$\frac{d\varsigma}{d\Delta^2 x} = \frac{dB}{d\Delta x} + \Delta \frac{dB}{d\Delta x} + \Delta \frac{dB}{d\Delta^2 x};$$

$$\frac{d\varsigma}{d\Delta^3 x} = \frac{dB}{d\Delta^2 x} + \Delta \frac{dB}{d\Delta^2 x} + \Delta \frac{dB}{d\Delta^3 x},$$

. . . .

$$\frac{d\varsigma}{d\Delta^n x} = \frac{dB}{d\Delta^{n-1} x} + \Delta \frac{dB}{d\Delta^{n-1} x}, \text{ \&c.}$$

Ces équations donnent évidemment

$$\frac{d\varsigma}{dx} = \Delta \frac{dB}{dx},$$

$$\Delta \frac{d\varsigma}{d\Delta x} = \frac{d\varsigma}{dx} + \Delta \frac{d\varsigma}{dx} + \Delta^2 \frac{dB}{d\Delta x},$$

$$\Delta^2 \frac{d\varsigma}{d\Delta^2 x} = -\frac{d\varsigma}{dx} - 2\Delta \frac{d\varsigma}{dx} - \Delta^2 \frac{d\varsigma}{dx} + \Delta^3 \frac{dB}{d\Delta^2 x}$$
$$+ \Delta \frac{d\varsigma}{d\Delta x} + \Delta^2 \frac{d\varsigma}{d\Delta x}$$

$$\Delta^3 \frac{d\varsigma}{d\Delta^3 x} = \frac{d\varsigma}{dx} + 3\Delta \frac{d\varsigma}{dx} + 3\Delta^2 \frac{d\varsigma}{dx} + \Delta^3 \frac{d\varsigma}{dx} + \Delta^4 \frac{dB}{d\Delta^3 x};$$
$$- \Delta \frac{d\varsigma}{d\Delta x} - 2\Delta^2 \frac{d\varsigma}{d\Delta x} - \Delta^3 \frac{d\varsigma}{d\Delta x}$$
$$+ \Delta^2 \frac{d\varsigma}{d\Delta^2 x} + \Delta^3 \frac{d\varsigma}{d\Delta^2 x}$$

. . . .

$\pm \Delta^n$

$$\pm \Delta^n \frac{d\zeta}{d\Delta^n x} = \frac{d\zeta}{dx} + n\Delta \frac{d\zeta}{dx} + n.\frac{n-1}{2}\Delta^2 \frac{d\zeta}{dx}$$

$$- \Delta \frac{d\zeta}{d\Delta x} - (n-1)\Delta^2 \frac{d\zeta}{d\Delta x}$$

$$+ \Delta^2 \frac{d\zeta}{d\Delta^2 x}$$

$$+ n.\frac{n-1}{2}.\frac{n-2}{3}\Delta^3 \frac{d\zeta}{dx} + \ldots\ldots + \Delta^n \frac{d\zeta}{dx};$$

$$- (n-1)\frac{n-2}{2}\Delta^3 \frac{d\zeta}{d\Delta x} - \ldots\ldots - \Delta^n \frac{d\zeta}{d\Delta x}$$

$$+ (n-2)\Delta^3 \frac{d\zeta}{d\Delta^2 x} + \ldots\ldots + \Delta^n \frac{d\zeta}{d\Delta^2 x}$$

$$- \Delta^3 \frac{d\zeta}{d\Delta^3 x} - \ldots\ldots - \Delta^n \frac{d\zeta}{d\Delta^3 x}$$

&c.

La dernière équation est une des équations de condition demandées; on trouvera les autres de la même manière, & il y en aura autant que de variables.

(566). Maintenant, ζ étant toujours une fonction de l'ordre n, on demande les équations qui ont lieu entre les variables, lorsque $\Sigma\zeta$ doit être un *maximum* ou un *minimum*. La nature du problême donne (nos. 117 & *suiv.*) $\delta\Sigma\zeta = \Sigma\delta\zeta = 0$.

Mais $\delta\zeta = \frac{d\zeta}{dx}\delta x + \frac{d\zeta}{d\Delta x}\Delta\delta x + \frac{d\zeta}{d\Delta^2 x}\Delta^2\delta x +$ &c. &c.,

car $\delta\Delta x = \Delta\delta x$, $\delta\Delta^2 x = \Delta^2\delta x$, &c., comme nous l'avons démontré dans le no. 117. De plus, par un théorême du no. 118

$$\Sigma \frac{d\zeta}{d\Delta x}\Delta\delta x = \frac{d\zeta}{d\Delta x}\delta x - \Sigma\left(\Delta\frac{d\zeta}{d\Delta x}.\delta x'\right),$$

$$\Sigma \frac{d\zeta}{d\Delta^2 x}\Delta^2\delta x = \frac{d\zeta}{d\Delta^2 x}\Delta\delta x - \Delta\frac{d\zeta}{d\Delta^2 x}.\delta x' + \Sigma\left(\Delta^2\frac{d\zeta}{d\Delta^2 x}.\delta x''\right),$$

&c. &c. On a donc, en n'ayant égard qu'aux termes qui se trouvent sous le signe Σ, l'équation

$$\Sigma\left(\frac{d\zeta}{dx}\delta x - \Delta\frac{d\zeta}{d\Delta x}.\delta x' + \Delta^2\frac{d\zeta}{d\Delta^2 x}.\delta x'' - \ldots \pm \Delta^n\frac{d\zeta}{d\Delta^n x}\delta x^{n\prime}\text{ \&c.}\right) = 0;$$

qui n'est autre que

$$\Sigma\left\{\left(\left[\frac{d\zeta}{dx}\right]^{n\prime} - \left[\Delta\frac{d\zeta}{d\Delta x}\right]^{(n-1)\prime} + \left[\Delta^2\frac{d\zeta}{d\Delta^2 x}\right]^{(n-2)\prime} - \ldots\ldots \pm \Delta^n\frac{d\zeta}{d\Delta^n x}\right)\delta x^{n\prime}\text{ \&c.}\right\} = 0.$$

Or si les variations $\delta x^{n\prime}$, $\delta y^{n\prime}$, &c. doivent être indépendantes les unes des autres, on trouvera, en égalant à zéro, chacun de leurs co-efficiens, les équations de *maximum* & de *minimum*, qui seront en même nombre que les variables.

Il suit du théorême démontré n°. 111 que

$$\left[\frac{d\zeta}{dx}\right]^{n'} = \frac{d\zeta}{dx} + n\Delta\frac{d\zeta}{dx} + n.\frac{n-1}{2}\Delta^2\frac{d\zeta}{dx} + \ldots + \Delta^n\frac{d\zeta}{dx};$$

$$\left[\Delta\frac{d\zeta}{d\Delta x}\right]^{(n-1)'} = \Delta\frac{d\zeta}{d\Delta x} + (n-1)\Delta^2\frac{d\zeta}{d\Delta x} + \ldots + \Delta^n\frac{d\zeta}{d\Delta x},$$

$$\left[\Delta^2\frac{d\zeta}{d\Delta^2 x}\right]^{(n-2)'} = \Delta^2\frac{d\zeta}{d\Delta^2 x} + \ldots + \Delta^n\frac{d\zeta}{d\Delta^2 x};$$

&c. Donc, en faisant les substitutions convenables on aura

$$\begin{array}{l} \frac{d\zeta}{dx} + n\Delta\frac{d\zeta}{dx} + n.\frac{n-1}{2}\Delta^2\frac{d\zeta}{dx} + \ldots\ldots + \Delta^n\frac{d\zeta}{dx} \\ \quad - \Delta\frac{d\zeta}{d\Delta x} - (n-1)\Delta^2\frac{d\zeta}{d\Delta x} - \ldots\ldots - \Delta^n\frac{d\zeta}{d\Delta x} \\ \quad\quad + \Delta^2\frac{d\zeta}{d\Delta^2 x} + \ldots\ldots + \Delta^n\frac{d\zeta}{d\Delta^2 x} \\ \ldots\ldots\ldots\ldots\ldots\ldots\ldots\ldots\ldots\ldots \\ \quad\quad\quad \pm\Delta^n\frac{d\zeta}{d\Delta^n x} = 0, \end{array}$$

qui est une des équations de *maximum* ou de *minimum*. On voit aussi que cette équation est une de celles que nous venons de démontrer devoir être identiques, pour que ζ soit la différence exacte d'une fonction de l'ordre immédiatement inférieur.

(567). Toutes les questions de *maximis* & *minimis* relatives à la précédente, pourront toujours se réduire à trouver la variation d'une fonction π qui n'est donnée que par une équation aux différences finies $\Pi = 0$ de l'ordre n. Soit $\delta\Pi = A\delta\pi + B\Delta\delta\pi + C\Delta^2\delta\pi +$ &c. $+ M\delta x + N\Delta\delta x + P\Delta^2\delta x +$ &c. &c. $= 0$.

Je multiplie cette équation par un facteur Ψ, & je trouve

$\Sigma(A\Psi\delta\pi + B\Psi\Delta\delta\pi + C\Psi\Delta^2\delta\pi +$ &c. $+ M\Psi\delta x + N\Psi\Delta\delta x + P\Psi\Delta^2\delta x +$ &c. &c.$) =$ constante,

que je transformerai facilement en celle-ci :

$\Sigma([A\Psi]^{n'} - [\Delta . B\Psi]^{(n-1)'} + [\Delta^2 . C\Psi)^{(n-2)'} -$ &c.$)\delta\pi^{n'}$
$+ B\Psi\delta\pi - \Delta . C\Psi . \delta\pi' +$ &c.
$+ C\Psi\Delta\delta\pi -$ &c.
&c. $=$ constante — (Δ') . . . .

$\Sigma\{[M\Psi]^{n'} - [\Delta . N\Psi]^{(n-1)'} + [\Delta^2 . P\Psi]^{(n-2)'} -$ &c.$)\delta x^{n'}$ &c.$\}$
$+ N\Psi\delta x - \Delta . P\Psi . \delta x' +$ &c.
$+ P\Psi\Delta\delta x -$ &c.
&c. &c.

Je ferai $[A\Psi]''' - [\Delta . B\Psi]^{(n-1)'} + [\Delta^2 . C\Psi]^{(n-2)'} -$ &c. $= 0$, ou

$$\left.\begin{array}{l} A\Psi + n\Delta . A\Psi + n . \frac{n-1}{2} \Delta^2 . A\Psi + \&c. \\ - \Delta . B\Psi - (n-1) \Delta^2 . B\Psi - \&c. \\ + \Delta^2 . C\Psi + \&c. \\ \&c. \end{array}\right\} = 0;$$

& le problême sera réduit à trouver la valeur complète de Ψ dans cette équation de l'ordre n qui est linéaire par rapport à cette quantité. (Voyez le n°. 351.)

(568). On a vu (n°. 319) la manière d'intégrer complètement les équations linéaires du premier ordre aux différences finies. Maintenant, soit proposée l'équation linéaire du second ordre $Ay + B\Delta y + C\Delta^2 y = X$, où A, B, C, X sont fonctions de x seul, & où Δx est pris pour l'unité. L'ayant multiplié par un facteur σ, je l'intègre, ce qui me donne

$\Sigma(A\sigma y + B\sigma\Delta y + C\sigma\Delta^2 y) = \Sigma\sigma X +$ constante. Mais

$\Sigma B\sigma\Delta y = B\sigma y - \Sigma[\Delta . B\sigma . y']$,

$\Sigma C\sigma\Delta^2 y = C\sigma\Delta y - \Delta . C\sigma . y' + \Sigma[\Delta^2 . C\sigma . y'']$;

donc l'équation précédente devient

$\Sigma(A\sigma y - \Delta . B\sigma . y' + \Delta^2 . C\sigma . y'') + B\sigma y - \Delta . C\sigma . y' + C\sigma\Delta y =$
$\Sigma\sigma X +$ constante.

On voit aussi que

$\Sigma A\sigma y = \Sigma A''\sigma'' y'' - A'\sigma' y' - A\sigma y$,

$\Sigma\Delta . B\sigma . y' = \Sigma\Delta . B'\sigma' . y'' - \Delta . B\sigma . y'$;

& que par ces substitutions l'équation dont il s'agit est changée en celle-ci :

$\Sigma(A''\sigma'' - \Delta . B'\sigma' + \Delta^2 . C\sigma)\, y'' + (K)$ . . . .
$(B - A)\sigma y - (A'\sigma' - \Delta . (B - C)\sigma)\, y' + C\sigma\Delta y - \Sigma\sigma X = a$,

a étant la constante arbitraire ajoutée en intégrant. Je ferai

$$A''\sigma'' - \Delta . B'\sigma' + \Delta^2 . C\sigma = 0,$$

& cette équation servira à déterminer le facteur σ; alors $K = a$ sera l'intégrale première complète de la proposée. De plus, si l'on veut faire attention que

$A''\sigma'' = A''\sigma + 2A''\Delta\sigma + A''\Delta^2\sigma$,

$\Delta . B'\sigma' = \Delta B' . \sigma' + B''\Delta\sigma' = \Delta B' . \sigma + (\Delta B' + B'')\Delta\sigma + B''\Delta^2\sigma$,

$\Delta^2 . C\sigma = \Delta^2 C . \sigma + 2\Delta C' . \Delta\sigma + C''\Delta^2\sigma$;

on verra que l'équation qui renferme σ n'est autre que

$$(A) \ldots\ldots\ldots \begin{array}{l} A'' \\ - \Delta B' \\ + \Delta^2 C \end{array} . \sigma + \begin{array}{l} 2A'' \\ - \Delta B' \\ - B'' \\ + 2\Delta C' \end{array} . \Delta\sigma + \begin{array}{l} A'' \\ - B'' \\ + C'' \end{array} . \Delta^2\sigma = 0.$$

Je repréſenterai celle-ci par $A\,1\,\sigma + B\,1\,\Delta\sigma + C\,1\,\Delta^2\sigma = 0$; & l'ayant multiplié par un facteur Ψ'', je l'intégrerai comme j'ai fait la propoſée, ce qui me donnera

$$(K\,2)\ldots\ldots\ldots(B\,1 - A\,1)\,\Psi''\sigma - (A'\,1\,\Psi''' - \Delta.(B\,1 - C\,1)\,\Psi'')\,\sigma' + C\,1\,\Psi''\,\Delta\sigma = b,$$

b étant la conſtante arbitraire ajoutée en intégrant. Puis j'aurai, pour déterminer Ψ'', l'équation

$$\begin{array}{llll} & A''\,1\,.\,\Psi'' + 2 & A''\,1\,.\,\Delta\Psi'' + & A''\,1\,.\,\Delta^2\Psi'' = 0, \\ - \Delta B'\,1 & - & \Delta B'\,1 & - B''\,1 \\ + \Delta^2 C\,1 & - & B''\,1 & + C''\,1 \\ & + 2 & \Delta C'\,1 & \end{array}$$

qu'on verra aiſément, en mettant pour $A''\,1$, $B'\,1$, $B''\,1$, $C\,1$, $C'\,1$, $C''\,1$ leurs valeurs, être la même que $A''\Psi'' + B''\Delta\Psi'' + C''\Delta^2\Psi'' = 0$, qui donnera $(B)\ldots\ldots A\Psi + B\Delta\Psi + C\Delta^2\Psi = 0$.

Lorſqu'on connoîtra le facteur Ψ, on intégrera complètement l'équation $K\,2 = b$, ce qui eſt toujours poſſible, puiſqu'elle n'eſt que du premier ordre. Or, comme la valeur de σ, qu'on trouvera de cette manière, renfermera deux conſtantes arbitraires; on aura, en faiſant ſucceſſivement une de ces conſtantes égale à zéro, & l'autre égale à 1, deux valeurs particulières de σ, qui étant ſubſtituées ſucceſſivement dans l'équation $K = a$, donneront les deux intégrales premières complètes de la propoſée, au moyen deſquelles on pourra chaſſer Δy, & avoir la valeur complète de y. Mais l'équation B n'eſt autre que la propoſée dans laquelle on auroit fait $X = 0$; donc tout eſt réduit, comme lorſqu'il n'étoit queſtion que de différentielles (n°. 276), à trouver une ſeule valeur de y qui ſatisfaſſe à la propoſée dans le cas de $X = 0$.

(569). Soient A, B, C des quantités conſtantes. On ſatisfera à l'équation B en prenant $\Psi = \zeta^x$, d'où l'on tirera

$$\Delta\Psi = \zeta^x(\zeta - 1),\quad \Delta^2\Psi = \zeta^x(\zeta - 1)^2;$$

& ζ ſera donnée par l'équation du ſecond degré

$$A - B + C + (B - 2C)\,\zeta + C\zeta^2 = 0.$$

Alors, à cauſe de $\Psi'' = \zeta^{x+2}$, $\Delta\Psi'' = \zeta^{x+2}(\zeta - 1)$, $\Psi''' = \zeta^{x+3}$, l'équation $K\,2 = b$ deviendra

$$[C\,1 - A\,1 - (A\,1 - B\,1 + C\,1)\,\zeta]\,\sigma - [(A\,1 - B\,1 + C\,1)\,\zeta + B\,1 - 2\,C\,1]\,\Delta\sigma = \frac{b}{\zeta^{x+2}},\ \text{ou}$$

$$[C - B - C\zeta]\,\sigma - [C\zeta + B - 2\,C]\,\Delta\sigma = \frac{b}{\zeta^{x+2}}.$$

Ainſi, en nommant $\zeta\,1$ & $\zeta\,2$ les deux valeurs de ζ, & on aura les deux équations

$[C - B$

$$[C-B-C\epsilon 1]\sigma-[C\epsilon 1+B-2C]\Delta\sigma=\frac{b1}{\epsilon^{x+2}1};$$

$$[C-B-C\epsilon 2]\sigma-[C\epsilon 2+B-2C]\Delta\sigma=\frac{b2}{\epsilon^{x+2}2};$$

qui donneront par l'élimination de $\Delta\sigma$, cette valeur complète de σ;

$$\sigma=\frac{b1[C\epsilon 2+B-2C]}{C^2(\epsilon 1-\epsilon 2)\epsilon^{x+2}1}-\frac{b2[C\epsilon 1+B-2C]}{C\cdot(\epsilon 1-\epsilon 2)\epsilon^{x+2}2},$$

qui devient, à cause de $B-2C=-C(\epsilon 1+\epsilon 2)$,

$$\sigma=-\frac{b1}{C(\epsilon 1-\epsilon 2)\epsilon^{x+1}1}+\frac{b2}{C(\epsilon 1-\epsilon 2)\epsilon^{x+1}2}.$$

On en tirera deux valeurs particulières de σ, savoir

$\frac{1}{C(\epsilon 1-\epsilon 2)\epsilon^{x+1}1}$ & $\frac{1}{C(\epsilon 1-\epsilon 2)^{x+1}2}$; en substituant ces valeurs successivement dans l'équation $K=a$, on aura ces deux intégrales premières complètes de la proposée

$$([C-A]\epsilon 1-A+B-C)y-(A-B+C+[B-2C]\epsilon 1)\Delta y$$
$$=\epsilon^{x+2}1\left[C1+\Sigma\frac{X}{\epsilon^{x+1}1}\right],$$
$$([C-A]\epsilon 2-A+B-C)y-(A-B+C+[B-2C]\epsilon 2)\Delta y$$
$$=\epsilon^{x+2}2\left[C2+\Sigma\frac{X}{\epsilon^{x+1}2}\right].$$

Avec ces deux intégrales premières complètes, on trouvera la valeur complète de y, qu'on changera en mettant pour $A-B+C$ & $B-2C$ leurs valeurs $C\epsilon 1\epsilon 2$ & $-C(\epsilon 1+\epsilon 2)$, en la suivante,

$$y=\frac{1}{C(\epsilon 1-\epsilon 2)}\left(\epsilon^x 1\left[C1+\Sigma\frac{X}{\epsilon^{x+1}1}\right]-\epsilon^x 2\left[C2+\Sigma\frac{X}{\epsilon^{x+1}2}\right]\right).$$

Ce résultat est bien conforme à celui que nous avons trouvé d'une autre manière (n°. 320); j'y ai dit que le cas où les deux valeurs de ϵ seroient égales, se résoudroit par la méthode de Dalembert, que j'ai expliquée (n°. 289); voici cette solution.

(570). On supposera que les deux valeurs de ϵ ne diffèrent que d'une quantité infiniment petite ρ; dans cette hypothèse, on aura

$$y=\frac{-1}{C\rho}\left(\epsilon^x\left[C1+\Sigma\frac{X}{\epsilon^{x+1}}\right]-(\epsilon+\rho)^x\left[C2+\Sigma\frac{X}{(\epsilon+\rho)^{x+1}}\right]\right);$$

d'où il sera facile de tirer, en développant les fonctions $(\epsilon+\rho)^x$ & $\frac{X}{(\epsilon+\rho)^{x+1}}$;

$$y=\frac{x\epsilon^{x-1}}{C}\left[a1+\Sigma\frac{X}{\epsilon^{x+1}}\right]-\frac{\epsilon^x}{C}\left[a2+\Sigma\frac{X(x+1)}{\epsilon^{x+2}}\right];$$

c'eſt l'intégrale complète de la propoſée lorſque les deux valeurs de β ſont égales. On parviendra au même réſultat, en intégrant complétement l'équation

$$[C - B - C\beta]\,\sigma - [C\beta + B - 2C]\,\Delta\sigma = \frac{b}{\beta^{x+2}},$$

qui n'eſt que du premier ordre. En effet, à cauſe de $B - 2C = -2C\beta$, cette équation deviendra $(\beta - 1)\,\sigma + \beta\,\Delta\sigma = \frac{b}{C\beta^{x+2}}$.

En la comparant à celle du (n°. 319), on aura

$$\sigma = \frac{1}{\beta^{x+1}}\left[a + \frac{b}{C\beta}\,\Sigma\, 1\right] = \frac{1}{\beta^{x+1}}\left[a + \frac{b\,(x+1)}{C\beta}\right];$$

d'où l'on tirera ces deux valeurs particulières de σ, $\frac{1}{\beta^{x+1}}$ & $\frac{x+1}{\beta^{x+2}}$, qui étant ſubſtituées ſucceſſivement dans l'équation $K = a$, donneront pour intégrales premières complètes de la propoſée, ces deux équations,

$$[(C - A)\beta - A + B - C]\,y - [A - B + C + (B - 2C)\,\beta]\,\Delta y = \beta^{x+2}\left[a\,1 + \Sigma\,\frac{X}{\beta^{x+1}}\right],$$

$$[(C - A)(x+1)\,\beta - (A - B + C)(x+2)]\,y - [(A - B + C)(x+2) + (B - 2C)(x+1)\,\beta]\,\Delta y = \beta^{x+3}\left[a\,2 + \Sigma\,\frac{X\,(x+1)}{\beta^{x+2}}\right].$$

On les changera, en mettant pour $B - 2C$, $A - B + C$ & $C - A$ leurs valeurs $-2C\beta$, $C\beta^2$ & $-C\beta\,(\beta - 2)$; on les changera, dis-je, en celles-ci,

$$-(\beta - 1)\,y + \Delta y = \frac{\beta^x}{C}\left[a\,1 + \Sigma\,\frac{X}{\beta^{x+1}}\right].$$

$$-[(\beta - 1)\,x + \beta]\,y + x\,\Delta y = \frac{\beta^{x+1}}{C}\left[a\,2 + \Sigma\,\frac{X\,(x+1)}{\beta^{x+2}}\right];$$

deſquelles on tirera, par l'élimination de Δy, la même valeur complète de y que ci-deſſus.

(571). Maintenant ſoit l'équation aux différences finies de l'ordre n

$$Ay + B\,\Delta y + C\,\Delta^2 y + D\,\Delta^3 y + \&c. = X,$$

où A, B, C, D . . . . . . X ſont fonctions de la ſeule variable x & de conſtantes, & où Δx eſt pris pour l'unité. L'ayant multipliée par un facteur σ, je l'intègre, ce qui me donne

$$\Sigma\,(A\sigma y + B\sigma\,\Delta y + C\sigma\,\Delta^2 y + D\sigma\,\Delta^3 y + \&c.) = \Sigma\,\sigma X + \text{conſtante}.$$

Mais $\Sigma\, B\sigma\,\Delta y = B\sigma y - \Sigma\,[\Delta\,.\,B\sigma\,.\,y']$,

$\Sigma\, C\sigma\,\Delta^2 y = C\sigma\,\Delta y - \Delta\,C\sigma\,.\,y' + \Sigma\,[\Delta^2\,.\,C\sigma\,.\,y'']$,

$\Sigma\, D\sigma\,\Delta^3 y = D\sigma\,\Delta^2 y - \Delta\,.\,D\sigma\,.\,\Delta y' + \Delta^2\,.\,D\sigma\,.\,y'' - \Sigma\,[\Delta^3\,.\,D\sigma\,.\,y''']$,

&c.; donc l'équation précédente deviendra

$\Sigma[A\sigma y - \Delta . B\sigma . y' + \Delta^2 . C\sigma . y'' - \Delta^3 . D\sigma . y''' + \&c.]$
$+ B\sigma y - \Delta . C\sigma . y' + \Delta^2 . D\sigma . y'' - \&c.$
$+ C\sigma \Delta y - \Delta . D\sigma . \Delta y' + \&c.$
$+ D\sigma \Delta^2 y - \&c.$
$\&c. = \Sigma\sigma X +$ constante.

Il n'est pas moins clair que

$$\Sigma A\sigma y = \Sigma[A\sigma]^{n'} y^{n'} - [A\sigma]^{(n-1)'} y^{(n-1)'} - \ldots\ldots - A\sigma y,$$
$$\Sigma \Delta . B\sigma . y' = \Sigma[\Delta . B\sigma]^{(n-1)'} y^{n'} - [\Delta . B\sigma]^{(n-2)'} y^{(n-1)'} - \ldots\ldots - \Delta . B\sigma . y',$$
$$\Sigma \Delta^2 . C\sigma . y'' = \Sigma[\Delta^2 . C\sigma]^{(n-2)'} y^{n'} - [\Delta . C\sigma]^{(n-3)'} y^{(n-1)'} - \ldots\ldots - \Delta^2 . C\sigma . y'',$$
$$\Sigma \Delta^3 . D\sigma . y''' = \Sigma[\Delta^3 . D\sigma]^{(n-3)'} y^{n'} - [\Delta^3 . D\sigma]^{(n-4)'} y^{(n-1)'} - \ldots - \Delta^3 . D\sigma . y''',$$

&c. Par la substitution de ces valeurs l'équation dont il s'agit sera changée en en celle-ci,

$$\Sigma([A\sigma]^{n'} - \Delta[B\sigma]^{(n-1)'} + \Delta^2[C\sigma]^{(n-2)'} - \Delta^3[D\sigma]^{(n-3)'}$$
$$+ \&c.) y^{n'} + (K) \ldots\ldots\ldots\ldots\ldots\ldots\ldots\ldots\ldots\ldots$$
$$+ (B - A)\sigma y - (\Delta[C\sigma - B\sigma] + A'\sigma') y' + (\Delta^2[D\sigma - C\sigma] +$$
$$\Delta . B'\sigma' - A''\sigma'') y'' - \&c.$$
$$+ C\sigma\Delta y - \Delta . D\sigma . \Delta y' + \&c.$$
$$+ D\sigma\Delta^2 y - \&c.$$
$$\&c. - \Sigma\sigma X = a,$$

a étant la constante arbitraire ajoutée en intégrant. Je ferai

$$[A\sigma]^{n'} - \Delta[B\sigma]^{(n-1)'} + \Delta^2[C\sigma]^{(n-2)'} - \Delta^3[D\sigma]^{(n-3)'} + \&c. = 0;$$

& cette équation servira à déterminer le facteur σ; alors $K = a$ sera l'intégrale première complète de la proposée. Mais

$$A^{n'}\sigma^{n'} = A^{n'}[\sigma + n\Delta\sigma + n . \frac{n-1}{2} \Delta^2\sigma + \&c.],$$

$$\Delta[B\sigma]^{(n-1)'} = \Delta B^{(n-1)'} . \sigma^{(n-1)'} + B^{n'} \Delta\sigma^{(n-1)'} =$$
$$\Delta B^{(n-1)'}[\sigma + (n-1)\Delta\sigma + (n-1)\frac{n-2}{2} \Delta^2\sigma + \&c.]$$
$$+ B^{n'} [\qquad \Delta\sigma + (n-1) \qquad \Delta^2\sigma + \&c.]$$

$$\Delta^2[C\sigma]^{(n-2)'} = \Delta^2 C^{(n-2)'} . \sigma^{(n-2)'} + 2\Delta C^{(n-1)'} . \Delta\sigma^{(n-2)'} +$$
$$C^{n'}\Delta^2\sigma^{(n-2)'} =$$
$$\Delta^2 C^{(n-2)'}[\sigma + (n-2)\Delta\sigma + (n-2)\frac{n-3}{2} \Delta^2\sigma + \&c.]$$
$$+ 2\Delta C^{(n-1)'}[\qquad \Delta\sigma + (n-2) \qquad \Delta^2\sigma + \&c.]$$
$$+ \qquad C^{n'} [\qquad \qquad \Delta^2\sigma + \&c.]$$

$$\Delta^3[D\sigma]^{(n-3)'} = \Delta^3 D^{(n-3)'} . \sigma^{(n-3)'} + 3\Delta^2 D^{(n-2)'} .$$
$$\Delta\sigma^{(n-3)'} + 3\Delta D^{(n-1)'} . \Delta^2\sigma^{(n-3)'} + D^{n'}\Delta^3\sigma^{(n-3)'} =$$

$$\begin{array}{llll}
\Delta^3 D(n-3)' & [\sigma + (n-3)\Delta\sigma + (n-3)\frac{n-4}{2}\Delta^2\sigma + \&c.] \\
+ 3\,\Delta^2 D(n-2)' & [\qquad \Delta\sigma + (n-3)\qquad \Delta^2\sigma + \&c.] \\
+ 3\,\Delta D(n-1)' & [\qquad\qquad \Delta^2\sigma + \&c.] \\
+ \quad D^{n\prime} & [\qquad\qquad \Delta^3\sigma]
\end{array}$$

&c. ; donc on pourra transformer l'équation qui renferme σ en celle-ci,

$$(A) \ldots\ldots A\,1\,\sigma + B\,1\,\Delta\sigma + C\,1\,\Delta^2\sigma + D\,1\,\Delta^3\sigma + \&c. = 0.$$

dans laquelle

$$A\,1 = A^{n\prime} - \Delta B(n-1)' + \Delta^2 C(n-2)' - \Delta^3 D(n-3)' + \&c.,$$

$$B\,1 = n A^{n\prime} - (n-1)\Delta B(n-1)' - B^{n\prime} + (n-2)\Delta^2 C(n-2)' + 2\Delta C(n-1)' - (n-3)\Delta^3 D(n-3)' - 3\Delta^2 D(n-2)' + \&c.$$

$$C\,1 = n\frac{n-1}{2}A^{n\prime} - (n-1)\frac{n-2}{2}\Delta B(n-1)' - (n-1)B^{n\prime} + (n-2)\frac{n-3}{2}\Delta^2 C(n-2)' + 2(n-2)\Delta C(n-1)' + C^{n\prime} - (n-3)\frac{n-4}{2}\Delta^3 D(n-3)' - 3(n-3)\Delta^2 D(n-2)' - 3\Delta D(n-1)' + \&c.,$$

$$D\,1 = n.\frac{n-1}{2}.\frac{n-2}{3}A^{n\prime} - (n-1)\frac{m-2}{2}.\frac{n-3}{3}\Delta B(n-1)' - (n-1)\frac{n-2}{2}B^{n\prime} + (n-2)\frac{n-3}{2}.\frac{n-4}{3}\Delta^2 C(n-2)' + 2(n-2)\frac{n-3}{2}\Delta C(n-1)' + (n-2)C^{n\prime} - (n-3)\frac{n-4}{2}.\frac{n-5}{3}\Delta^3 D(n-3)' - 3(n-3)\frac{n-4}{2}\Delta^2 D(n-2)' - 3(n-3)\Delta D(n-1)' - D^{n\prime} + \&c.,\ \&c.$$

(572). Je multiplierai cette équation A par un facteur $\Psi^{n\prime}$, & l'ayant intégrée comme j'ai fait la proposée, j'aurai

$$\begin{array}{l}
(K\,2) \ldots\ldots (B\,1 - A\,1)\Psi^{n\prime}\sigma - (\Delta.[C\,1 - B\,1]\Psi^{n\prime} + A'\,1\,\Psi(n+1)')\\
\sigma' + (\Delta^2.[D\,1 - C\,1]\Psi^{n\prime} + \Delta B'\,1\,\Psi(n+1)' - A''\,1\,\Psi(n+2)')\,\sigma'' - \&c.\\
+ C\,1\,\Psi^{n\prime}\Delta\sigma - \Delta.D\,1\,\Psi^{n\prime}.\Delta\sigma' + \&c.\\
+ D\,1\,\Psi^{n\prime}\Delta^2\sigma - \&c.\\
+ \&c. = b,\\
\&c.
\end{array}$$

b étant la constante arbitraire ajoutée en intégrant. J'aurai aussi pour déterminer $\Psi^{n\prime}$ une équation qui, toute réduction faite, deviendra

$$A^{n\prime}\Psi^{n\prime} + B^{n\prime}\Delta\Psi^{n\prime} + C^{n\prime}\Delta^2\Psi^{n\prime} + D^{n\prime}\Delta^3\Psi^{n\prime} + \&c. = 0,$$

&c.

& donnera par conséquent

$$(B) \ldots\ldots\ldots A\Psi + B\Delta\Psi + C\Delta^2\Psi + D\Delta^3\Psi + \&c. = 0.$$

Si l'on pouvoit trouver $n - 1$ valeurs de Ψ qui satisfissent à l'équation précédente, on auroit, au moyen de l'équation $K\,2 = b$, $n - 1$ équations qui renfermeroient σ & ses différences successives jusqu'à celles de l'ordre $n - 1$ inclusivement. Ainsi par l'élimination on arriveroit à une équation du premier ordre, de laquelle il seroit facile de tirer la valeur complète de σ. En faisant dans cette valeur successivement toutes les constantes arbitraires, moins une, égales à zéro, on parviendroit à avoir n valeurs particulières de σ. Ces valeurs étant substituées successivement dans l'équation $K = a$, donneroient les n intégrales premières complètes de la proposée, avec lesquelles on élimineroit $\Delta y, \Delta^2 y \ldots\ldots \Delta^{n-1} y$, & on auroit la valeur complète de y. Mais l'équation B n'est autre que la proposée dans laquelle on auroit fait $X = 0$; d'où il suit qu'on trouveroit la valeur complète de y dans l'équation linéaire d'un ordre quelconque

$$Ay + B\Delta y + C\Delta^2 y + D\Delta^3 y + \&c. = X,$$

si on avoit $n - 1$ valeurs de y qui satisfissent à cette équation dans le cas de $X = 0$. Ainsi le théorême de Lagrange, démontré n°. 281, s'étend aux différences finies; comme Condorcet & Laplace l'ont remarqué dans les mémoires cités page 314; & nous sommes arrivés au même résultat, quoique nous ayons suivi chacun des méthodes fort différentes.

Si A, B, C, D, &c. sont des quantités constantes, on satisfera à l'équa. B, en prenant $\Psi = \zeta^x$, & ζ sera donné par l'équation du degré n

$$A + B(\zeta - 1) + C(\zeta - 1)^2 + D(\zeta - 1)^3 + \&c. = 0.$$

Lorsque cette équation aura toutes ses racines inégales, le problême pourra se résoudre par de simples éliminations; & dans le cas où elles auroient des racines égales, on feroit de plus usage de la méthode de Dalembert que nous avons suffisamment expliquée.

(573). Maintenant étant donné entre les variables z, y & x les deux équations linéaires du premier ordre

$$Ay + Bz + C\Delta y + D\Delta z = X,$$
$$A1\,y + B1\,z + C1\,\Delta y + D1\,\Delta z = X1;$$

on propose de trouver les valeurs complètes de y & z, chacune en fonctions de x & de constantes. Après les avoir multipliées, la première par un facteur σ; la seconde par un facteur $\sigma 1$, j'intègre, comme j'ai fait dans l'article précédent, & il me vient

$$\Sigma[(A\sigma + A1\,\sigma 1)y - \Delta(C\sigma + C1\,\sigma 1).y'] +$$
$$\Sigma[(B\sigma + B1\,\sigma 1)z - \Delta(D\sigma + D1\,\sigma 1)z']$$
$$+ (C\sigma + C1\,\sigma 1)y + (D\sigma + D1\,\sigma 1)z =$$
$$\Sigma[X\sigma + X1\,\sigma 1] + \text{constante.}$$

Mais il est clair que

$$\Sigma[A\sigma + A\,1\,\sigma\,1]y = \Sigma(A'\sigma' + A'\,1\,\sigma'\,1)y' - (A\sigma + A\,1\,\sigma\,1)y;$$
$$\Sigma(B\sigma + B\,1\,\sigma\,1)z = \Sigma(B'\sigma' + B'\,1\,\sigma'\,1)z' - (B\sigma + B\,1\,\sigma\,1)z;$$

ainsi l'équation précédente pourra être changée en celle-ci,

$$\Sigma[A'\sigma' + A'\,1\,\sigma'\,1 - \Delta(C\sigma + C\,1\,\sigma\,1)]y' +$$
$$\Sigma[B'\sigma' + B'\,1\,\sigma'\,1 - \Delta(D\sigma + D\,1\,\sigma\,1)]z'$$
$$+ (K) \ldots\ldots\ldots [(C - A)\sigma + (C\,1 - A\,1)\sigma\,1]y +$$
$$[(D - B)\sigma + (D\,1 - B\,1)\sigma\,1]z - \Sigma(X\sigma + X\,1\,\sigma\,1) = a,$$

a étant la constante arbitraire ajoutée en intégrant. Je ferai dans cette équation les co-efficiens de y' & z' sous le signe Σ chacun égal à zéro, & j'aurai pour déterminer σ & $\sigma\,1$ les deux équations

$$(A' - \Delta C)\sigma + (A' - C')\Delta\sigma + (A'\,1 - \Delta C\,1)\sigma\,1 + (A'\,1 - C'\,1)\Delta\sigma\,1 = 0;$$
$$(B' - \Delta D)\sigma + (B' - D')\Delta\sigma + (B'\,1 - \Delta D\,1)\sigma\,1 + (B'\,1 - D'\,1)\Delta\sigma\,1 = 0.$$

Je multiplie ces équations, l'une par un facteur Ψ', l'autre par un facteur $\Psi'\,1$, & en opérant comme je viens de faire sur les proposées, je trouve

$$(K\,2) \ldots\ldots [C\Psi' + D\Psi'\,1]\sigma + [C\,1\,\Psi' + D\,1\,\Psi'\,1]\sigma\,1 = b,$$

& pour déterminer Ψ' & $\Psi'\,1$ les deux équations

$$A'\Psi' + B'\Psi'\,1 + C'\Delta\Psi' + D'\Delta\Psi'\,1 = 0,$$
$$A'\,1\,\Psi' + B'\,1\,\Psi'\,1 + C'\,1\,\Delta\Psi' + D'\,1\,\Delta\Psi'\,1 = 0,$$

desquelles on tire

$$A\Psi + B\Psi\,1 + C\Delta\Psi + D\Delta\Psi\,1 = 0,$$
$$A\,1\,\Psi + B\,1\,\Psi\,1 + C\,1\,\Delta\Psi + D\,1\,\Delta\Psi\,1 = 0.$$

Celles-ci ne sont autres que les deux proposées dans lesquelles on auroit fait $X = 0$ & $X\,1 = 0$; tout est donc réduit à trouver dans ce cas une valeur particulière de chacune des quantités y & z. En effet, on dégageroit alors dans l'équation $K\,2 = b$, celui qu'on voudroit des deux facteurs σ & $\sigma\,1$, $\sigma\,1$ par exemple, & ayant substitué pour $\sigma\,1$ & $\Delta\sigma\,1$ leurs valeurs dans l'une des deux équations du premier ordre qui renferment ces facteurs, elle ne contiendroit plus que σ, $\Delta\sigma$ & x; on l'intégreroit complètement, & on auroit la valeur de σ avec deux constantes arbitraires, d'où l'on tireroit deux valeurs particulières de ce facteur, & par conséquent aussi deux valeurs particulières de l'autre facteur $\sigma\,1$; on auroit donc, au moyen de l'équation $K = a$, deux équations entre y & z, qui pouvant renfermer chacune une constante arbitraire différente, donneroient les valeurs complètes de ces quantités.

(574). Soient entre les mêmes variables z, y & x les deux équations linéaires du second ordre

$$Ay + Bz + C\Delta y + D\Delta z + E\Delta^2 y + F\Delta^2 z = X,$$
$$A\,1\,y + B\,1\,z + C\,1\,\Delta y + D\,1\,\Delta z + E\,1\,\Delta^2 y + F\,1\,\Delta^2 z = X\,1;$$

on demande de trouver les valeurs complètes de y & z chacune en fonctions de x & de constantes. Pour cela, il faut les multiplier, l'une par le facteur σ, l'autre par $\sigma 1$; puis les ajouter ensemble, & ensuite intégrer comme nous venons de faire, ce qui donnera

$$\Sigma[(A\sigma + A1\sigma 1)y + (B\sigma + B1\sigma 1)z + (C\sigma + C1\sigma 1)\Delta y + (D\sigma + D1\sigma 1)\Delta z + (E\sigma + E1\sigma 1)\Delta^2 y + (F\sigma + F1\sigma 1)\Delta^2 z] = \Sigma(X\sigma + X1\sigma 1) + \text{constante}.$$

Mais on a

$$\Sigma(A\sigma + A1\sigma 1)y = \Sigma(A''\sigma'' + A''1\sigma''1)y'' - (A'\sigma' + A'1\sigma'1)y' - (A\sigma + A1\sigma 1)y,$$

$$\Sigma(B\sigma + B1\sigma 1)z = \Sigma(B''\sigma'' + B''1\sigma''1)z'' - (B'\sigma' + B'1\sigma'1)z' - (B\sigma + B1\sigma 1)z,$$

$$\Sigma(C\sigma + C1\sigma 1)\Delta y = (C\sigma + C1\sigma 1)y + \Delta(C\sigma + C1\sigma 1).y' - \Sigma\Delta(C'\sigma' + C'1\sigma'1)y'',$$

$$\Sigma(D\sigma + D1\sigma 1)\Delta z = (D\sigma + D1\sigma 1)z + \Delta(D\sigma + D1\sigma 1).z' - \Sigma\Delta(D'\sigma' + D'1\sigma'1)z'',$$

$$\Sigma(E\sigma + E1\sigma 1)\Delta^2 y = (E\sigma + E1\sigma 1)\Delta y - \Delta(E\sigma + E1\sigma 1).y' + \Sigma\Delta^2(E\sigma + E1\sigma 1)y'',$$

$$\Sigma(F\sigma + F1\sigma 1)\Delta^2 z = (F\sigma + F1\sigma 1)\Delta z - \Delta(F\sigma + F1\sigma 1).z' + \Sigma\Delta^2(F\sigma + F1\sigma 1)z'';$$

en faisant ces substitutions, on changera l'équation précédente en celle-ci,

$$\Sigma[A''\sigma'' + A''1\sigma''1 - \Delta(C'\sigma' + C'1\sigma'1) + \Delta^2(E\sigma + E1\sigma 1)]y'' + \Sigma[B''\sigma'' + B''1\sigma''1 - \Delta(D'\sigma' + D'1\sigma'1) + \Delta^2(F\sigma + F1\sigma 1)]z''$$
$$+ (K) \ldots\ldots [(C - A)\sigma + (C1 - A1)\sigma 1]y + [(D - B)\sigma + (D1 - B1)\sigma 1]z + (E\sigma + E1\sigma 1)\Delta y + (F\sigma + F1\sigma 1)\Delta z + [\Delta.(C - E)\sigma - A'\sigma' + \Delta.(C1 - E1)\sigma 1 - A'1\sigma'1]y' + [\Delta.(D - F)\sigma - B'\sigma' + \Delta.(D1 - F1)\sigma 1 - B'1\sigma'1]z' - \Sigma(X\sigma + X1\sigma 1) = a,$$

a étant la constante arbitraire ajoutée en intégrant. On fera dans cette équation les co-efficiens de y'' & z'' chacun égal à zéro, & on aura pour déterminer σ & $\sigma 1$ les deux équations

$$\left.\begin{array}{l}(A'' - \Delta C' + \Delta^2 E)\sigma + (2A'' - \Delta C' - C'' + 2\Delta E')\Delta\sigma + (A'' - C'' + E'']\Delta^2\sigma \\ (A''1 - \Delta C'1 + \Delta^2 E1)\sigma 1 + (2A''1 - \Delta C'1 - C'' + 2\Delta E'1)\Delta\sigma 1 + (A''1 - C''1 + E''1)\Delta^2\sigma 1\end{array}\right\} = 0;$$

$$\left.\begin{array}{l}(B'' - \Delta D' + \Delta^2 F)\sigma + (2B'' - \Delta D' - D'' + 2\Delta F')\Delta\sigma + \\ \quad (B'' - D'' + F'')\Delta^2\sigma \\ (B''1 - \Delta D'1 + \Delta^2 F1)\sigma 1 + (2B''1 - \Delta D'1 - D''1 + \\ \quad 2\Delta F'1)\Delta\sigma 1 + (B''1 - D''1 + F''1)\Delta^2\sigma 1\end{array}\right\} = 0.$$

On opérera ſur celle-ci comme ſur les propoſées, après les avoir multipliées, la première par Ψ'', la ſeconde par $\Psi''1$; & on trouvera premièrement cette équation

$$\begin{array}{l}(K2)\ldots\ldots\ldots[(A'' - C'' + 2\Delta E' - \Delta^2 E)\Psi'' + (B'' - D'' + \\ \quad 2\Delta F' - \Delta^2 F)\Psi''1)\sigma + \\ {[(A''1 - C''1 + 2\Delta E'1 - \Delta^2 E1)\Psi'' + (B1'' - D''1 + 2\Delta F'1 -} \\ \quad \Delta^2 F1)\Psi''1]\sigma 1 + \\ {[(A'' - C'' + E'')\Psi'' + (B'' - D'' + F'')\Psi''1]\Delta\sigma +} \\ {[(A''1 - C''1 + E''1)\Psi'' + (B''1 - D''1 + F''1)\Psi''1]\Delta\sigma 1 +} \\ {[\Delta\cdot(A'' - \Delta C' + 2\Delta E' - E'')\Psi'' - (A''' - \Delta C'' + \Delta^2 E')\Psi''' +} \\ {\Delta\cdot(B'' - \Delta D' + 2\Delta F' - F'')\Psi''1 - (B''' - \Delta D'' + \Delta^2 F')\Psi'''1]\sigma' +} \\ {[\Delta\cdot(A''1 - \Delta C'1 + 2\Delta E'1 - E''1)\Psi'' - (A'''1 - \Delta C''1 +} \\ \quad \Delta^2 E'1)\Psi''' + \\ {\Delta\cdot(B''1 - \Delta D'1 + 2\Delta F'1 - F''1)\Psi''1 - (B'''1 - \Delta D''1 +} \\ \quad \Delta^2 F'1)\Psi'''1]\sigma'1\end{array}$$

$= b$, b étant la conſtante arbitraire ajoutée en intégrant; puis ces deux autres;

$$A''\Psi'' + B\Psi''1 + C''\Delta\Psi'' + D''\Delta\Psi''1 + E''\Delta^2\Psi'' + F''\Delta^2\Psi''1 = 0,$$

$$\begin{array}{l}A''1\Psi'' + B''1\Psi''1 + C''1\Delta\Psi'' + D''1\Delta\Psi''1 + E''1\Delta^2\Psi'' + \\ \quad F''1\Delta^2\Psi''1 = 0.\end{array}$$

Mais on tire de celles-ci,

$$A\Psi + B\Psi 1 + C\Delta\Psi + D\Delta\Psi 1 + E\Delta^2\Psi + F\Delta^2\Psi 1 = 0,$$

$$A1\Psi + B1\Psi 1 + C1\Delta\Psi + D1\Delta\Psi 1 + E1\Delta^2\Psi + F1\Delta^2\Psi 1 = 0;$$

qui ne ſont autres que les deux propoſées dans leſquelles on auroit fait $X = 0$ & $X1 = 0$; donc tout eſt réduit à trouver dans ce cas deux valeurs particulières de chacune des quantités y & z. Les deux problêmes que nous venons de réſoudre, ſuffiſent pour faire voir comment il faudra s'y prendre dans des cas plus compliqués; on trouvera conſtamment que les théorêmes pour les équations différentielles, que nous avons démontrés (nos. 275 & *ſuiv.*), ont également lieu lorſque les équations ſont aux différences finies.

(575). Nous allons nous occuper dans les articles ſuivans des équations aux différences finies & partielles. Si nous nous ſervons de $Z^{y,x}$ pour déſigner une fonction de y & x; & de $Z^{y,x+1}$, $Z^{y,x+2}$, &c., pour marquer ce que devient cette fonction dans différens inſtans conſécutifs, en ſuppoſant qu'à chacun de ces inſtans

instans x augmente d'une unité ; de $Z^{y+1,x}$, $Z^{y+2,x}$, &c., pour marquer ce que devient la même fonction dans différens instans consécutifs, en supposant qu'à chacun de ces instans y augmente d'une unité : il nous sera facile de voir que $Z^{y,x+1} - Z^{y,x}$ est la différence de $Z^{y,x}$ prise en regardant x seul comme variable, que $Z^{y+1,x} - Z^{y,x}$ est la différence de la même fonction prise en regardant y seul comme variable, &c.; & par conséquent que $Z^{y,x+1} - Z^{y,x}$, $Z^{y+1,x} - Z^{y,x}$, &c., sont des différences finies & partielles de $Z^{y,x}$.

De même que toute équation aux différences finies ordinaires pourra être représentée par une équation entre x, y, y', y'', &c.; toute équation aux différences finies & partielles, dans laquelle l'indéterminée ne sera fonction que de deux variables, ayant chacune l'unité pour différence, pourra être représentée par une équation entre x, y, $Z^{y,x}$, $Z^{y,x+1}$, $Z^{y,x+2}$, &c.,

$Z^{y+1,x}$, $Z^{y+2,x}$, &c., $Z^{y+1,x+1}$, $Z^{y+2,x+1}$, &c.,

$Z^{y+1,x+1}$, $Z^{y+1,x+2}$, &c., &c.

On trouvera tous les termes y, y', y'', &c., de la suite dont $y^{x'}$ est le terme général, en mettant dans ce terme général pour x successivement 1, 2, 3, &c.; on trouvera de même toutes les suites dont $Z^{y,x}$ est le terme général, en mettant d'abord dans ce terme général pour y successivement 1, 2, 3, &c., ce qui donnera $Z^{1,x}$, $Z^{2,x}$, &c.; & mettant ensuite dans chacune de ces fonctions pour x successivement 1, 2, 3, &c. On construira de cette manière la table que voici qui renferme toutes les suites dont $Z^{y,x}$ est le terme général.

$$A \begin{cases} Z^{1,1}, Z^{1,2}, Z^{1,3}, \ldots\ldots\ldots\ldots Z^{1,x} \\ Z^{2,1}, Z^{2,2}, Z^{2,3}, \ldots\ldots\ldots\ldots Z^{2,x} \\ Z^{3,1}, Z^{3,2}, Z^{3,3}, \ldots\ldots\ldots\ldots Z^{3,x} \\ \ldots\ldots\ldots\ldots\ldots\ldots\ldots\ldots\ldots\ldots \\ Z^{y,1}, Z^{y,2}, Z^{y,3}, \ldots\ldots\ldots\ldots Z^{y,x} \end{cases}$$

Une série y, y', y'', &c. est récurrente si un terme quelconque est égal à un certain nombre de termes précédens multipliés chacun par une fonction de x; lorsqu'un terme quelconque des suites A sera égal à un certain nombre de termes précédens multipliés chacun par une fonction de x & y, on les nommera *récurro-récurrentes*. Ce nom leur a été donné par Laplace, comme on peut le voir dans les mémoires cités n°. 318.

(576). Pour donner un exemple de suites récurro-récurrentes, soit

$$Z^{y,x} = 2^{y-1} \cdot \frac{(y-1)(y-2)\ldots\ldots\ldots(y-x+1)}{1\cdot 2\cdot 3\ldots\ldots\ldots\ldots\ldots(x-1)};$$

en supposant x successivement égal à 1, 2, 3, &c., on aura cette suite de fonctions

$$2^{y-1},\ 2^{y-1}.\frac{y-1}{1},\ 2^{y-1}.\frac{y-1}{1}.\frac{y-2}{2},\ 2^{y-1}.\frac{y-1}{1}.\frac{y-2}{2}.\frac{y-3}{3},\ \&c.;$$

en faisant ensuite dans chacune y successivement égal à 1, 2, 3, &c., on formera la table suivante

	1,	2,	3,	4,	5,	6,	7 . . . . . y	
1	1,	2,	4,	8,	16,	32,	64,	&c.
2	0,	2,	8,	24,	64,	160,	384,	&c.
3	0,	0,	4,	24,	96,	320,	960,	&c.
4	0,	0,	0,	8,	64,	320,	1280,	&c.
5	0,	0,	0,	0,	16,	160,	960,	&c.
6	0,	0,	0,	0,	0,	32,	384,	&c.
7	0,	0,	0,	0,	0,	0,	64,	&c.
.								
.								
x								

Ces suites sont récurro-récurrentes, car un terme quelconque est égal au double du terme qui précède dans la direction des x, plus au double du terme qui précède celui-ci dans la direction des y. Par exemple,

$$960 = 2 . 160 + 2 . 320,\ 320 = 2 . 64 + 2 . 96,\ \&c.$$

L'équation aux différences finies & partielles, dont la fonction indéterminée est le terme général de ces suites, sera donc $Z^{y,x} = 2\,Z^{y-1,x} + 2\,Z^{y-1,x-1}$; on aura en même temps cette équation aux différences finies ordinaires $Z^{1,y} = 2\,Z^{y-1,1}$. L'équation aux différences finies & partielles ne commence à avoir lieu que lorsque y & x sont chacun plus grand que 1; ainsi dans cette équation, $Z^{1,x}$ ou $Z^{y,1}$ est arbitraire; je dis l'une ou l'autre, car $Z^{y,1}$, par exemple, étant déterminé, au moyen de la proposée on pourra connoître $Z^{y,2}$, $Z^{y,3}$, &c. On a sans doute remarqué que dans cet exemple, l'arbitraire est déterminé par une équation aux différences finies ordinaires, ce qui arrive le plus souvent dans les applications du calcul dont il s'agit.

(577). Maintenant l'équation aux différences finies & partielles du premier ordre $Z^{y,x} = A^x Z^{y,x-1} + B^x Z^{y-1,x} + C^x$ dans laquelle A^x, B^x, C^x, désignent différentes fonctions de x seul & de constantes, étant proposée ; on demande d'en trouver l'intégrale complète.

Cette équation ne commence à avoir lieu que lorsque y & x sont l'un & l'autre plus grands que 1 ; ainsi l'une de ces deux fonctions $Z^{1,x}$ ou $Z^{y,1}$ sera arbitraire. Je suppose $Z^{y,1} = \varphi : (y)$, & la proposée donnera

$$(1) \ldots\ldots Z^{y,2} = A^2 \varphi : (y) + B^2 Z^{y-1,2} + C^2,$$

$$(2) \ldots\ldots Z^{y,3} = A^3 Z^{y,2} + B^3 Z^{y-1,3} + C^3;$$

A^2, B^2, C^2 & A^3, B^3, C^3 désignant ce que deviennent les fonctions A^x, B^x, C^x, lorsqu'on fait x successivement égal à 2 & 3. Mais l'équation 2 donne

$$Z^{y-1,3} = A^3 Z^{y-1,2} + B^3 Z^{y-2,3} + C^3,$$

de laquelle on tirera la valeur de $Z^{y-1,2}$ & l'ayant substituée dans l'équation 1, on aura

$$Z^{y,2} = A^2 \varphi : (y) + C^2 + \frac{B^2}{A^3}(Z^{y-1,3} - B^3 Z^{y-2,3} - C^3).$$

En mettant cette valeur de $Z^{y,2}$ dans l'équation 2, on la changera en celle-ci,

$$(a\,1) \ldots Z^{y,3} - (B^2 + B^3) Z^{y-1,3} + B^2 B^3 Z^{y-2,3} = (K\,1) \ldots = A^3 (A^2 \varphi : (y) + C^2) + C^3 (1 - B^2).$$

La proposée donne aussi

$$(3) \ldots Z^{y,4} = A^4 Z^{y,3} + B^4 Z^{y-1,4} + C^4;$$

& par conséquent

$$Z^{y-1,4} = A^4 Z^{y-1,3} + B^4 Z^{y-2,4} + C^4,$$

$$Z^{y-2,4} = A^4 Z^{y-2,3} + B^4 Z^{y-3,4} + C^4.$$

Donc si l'on met dans l'équation a 1 pour $Z^{y-1,3}$, $Z^{y-2,3}$ leurs valeurs tirées des deux précédentes, on aura une valeur de $Z^{y,3}$ qui étant substituée dans l'équation 3 la changera en la suivante,

$$(a\,2) \ldots\ldots Z^{y,4} - (B^2 + B^3 + B^4) Z^{y-1,4} + [B^4 (B^2 + B^3) + B^2 B^3] Z^{y-2,4} - B^2 B^3 B^4 Z^{y-3,4} = (K\,2) \ldots\ldots\ldots\ldots = A^4 K\,1 + C^4 (1 - B^2 - B^3 + B^2 B^3).$$

(578). Je continuerai de faire usage de la proposée pour en tirer

$$(4) \ldots\ldots Z^{y,5} = A^5 Z^{y,4} + B^5 Z^{y-1,5} + C^5;$$

puis $Z^{y-1,5} = A^5 Z^{y-1,4} + B^5 Z^{y-2,5} + C^5$,

$$Z^{y-2,5} = A^5 Z^{y-2,4} + B^5 Z^{y-3,5} + C^5,$$

$$Z^{y-3,5} = A^5 Z^{y-3,4} + B^5 Z^{y-4,5} + C^5.$$

Ces trois dernières équations me donneront les valeurs de $Z^{y-1,4}$, $Z^{y-2,4}$, $Z^{y-3,4}$; je mettrai ces valeurs dans l'équation $a\,2$, & la valeur de $Z^{y,4}$, que j'aurai de cette manière, étant substituée dans l'équation 4, la changera en celle-ci,

$$(a\,3) \ldots\ldots Z^{y,5} - (B^2 + B^3 + B^4 + B^5) Z^{y-1,5} + [B^5 (B^2 + B^3 + B^4) + B^4 (B^2 + B^3) + B^2 B^3] Z^{y-2,5} - [B^5 (B^4 [B^2 + B^3] + B^2 B^3) + B^2 B^3 B^4] Z^{y-3,5} + B^2 B^3 B^4 B^5 Z^{y-4,5} = (K\,3) \ldots\ldots A^5 K\,2 + C^5 [1 - B^2 - B^3 - B^4 + B^2 B^3 + B^4 (B^2 + B^3) - B^2 B^3 B^4].$$

Enfin on doit voir, sans qu'il soit nécessaire de pousser plus loin ces opérations, que le problême pourra toujours se réduire à l'intégration d'une équation de cette forme

$$(A) \ldots\ldots Z^{y,x} - M^x Z^{y-1,x} + N^x Z^{y-2,x} - P^x Z^{y-3,x} + \&c. = V^{y,x},$$

dans laquelle les fonctions M^x, N^x, P^x, &c., $V^{y,x}$, seront faciles à déterminer par analogie. Si on les veut d'une autre manière, on remarquera qu'elles sont telles qu'on a cette suite d'équations du premier ordre aux différences ordinaires,

$$M^x = M^{x-1} + B^x,$$

$$N^x = N^{x-1} + B^x M^{x-1},$$

$$P^x = P^{x-1} + B^x N^{x-1},$$

&c.,

$$V^{y,x} = A^x V^{y,x-1} + C^x (1 - M^{x-1} + N^{x-1} - P^{x-1} + \&c.)$$

On traitera l'équation A comme étant aux différences ordinaires, & on aura la valeur de $Z^{y,x}$ avec des arbitraires qui pourront renfermer x. Mais il ne doit y avoir dans l'intégrale demandée de fonction arbitraire que $\varphi : (y)$; il faudra donc déterminer les autres, ce qu'on fera aisément en substituant dans la proposée la valeur trouvée de $Z^{y,x}$, & en comparant les termes homologues par rapport à x.

(579.) Si l'on proposoit l'équation

$$Z^{y,x} = A^x\,1\, Z^{y,x-1} + A^x\,2\, Z^{y-1,x-1} + A^x\,3\, Z^{y-2,x-1} + \&c. + B^x\,1\, Z^{y-1,x} + B^x\,2\, Z^{y-2,x} + B^x\,3\, Z^{y-3,x} + \&c. + C^x;$$

comme cette équation est du premier ordre par rapport à x, on l'intégreroit par les mêmes procédés que la précédente; c'est-à-dire qu'en faisant $Z^{y,1} = \varphi : (y)$, on parviendroit à une équation de cette forme,

$$Z^{y,x} + M^x Z^{y-1,x} + N^x Z^{y-2,x} + P^x Z^{y-3,x} + \&c. = V^{y,x},$$

où

où les fonctions M^x, N^x, P^x ...... $V^{y,x}$ seroient données par les équations suivantes,

$$M^x = M^{x-1} - B^x 1,$$
$$N^x = N^{x-1} - B^x 1 M^{x-1} - B^x 2,$$
$$P^x = P^{x-1} - B^x 1 N^{x-1} - B^x 2 M^{x-1} - B^x 3,$$
&c.
$$V^{y,x} = V^{y,x-1}[A^x 1 + A^x 2 + A^x 3 + \&c.]$$
$$+ C^x [1 + M^{x-1} + N^{x-1} + P^{x-1} + \&c.].$$

(580). Je prendrai pour exemple l'équation aux suites récurro-récurrentes dont nous avons parlé plus haut, & que l'on sait être $Z^{y,x} = 2 Z^{y-1,x} + 2 Z^{y-1,x-1}$; on a dans ce cas

$$M^x = M^{x-1} - 2,$$
$$N^x = N^{x-1} - 2 M^{x-1},$$
$$P^x = P^{x-1} - 2 N^{x-1},$$
&c.; $V^{y,x} = 2 V^{y,x-1}$.

Mais (n°. 319) on tire de la première de ces équations

$$M^{x-1} = c - 2\Sigma 1 = c - 2\cdot(x-1) = -2\cdot(x-1);$$

puisque M^{x-1} doit être nul dans l'hypothèse de $x=1$; donc $M^x = -2x$. Alors la seconde équation devient $N^x = N^{x-1} + 4\cdot(x-1)$, & donne

$$N^{x-1} = c + 4\Sigma(x-1) = c + 4\left(\frac{x^2-x}{2} - x + 1\right) =$$
$$4\left(\frac{x^2-x}{2} - x + 1\right),$$

car $x=1$ doit rendre $N^{x-1} = 0$; donc $N^x = 2^2 . x . \frac{x-1}{2}$.

La troisième équation devient $P^x = P^{x-1} - 2^3 . \frac{x^2-3x+2}{2}$, & donne

$$P^{x-1} = c - 2^2\Sigma(x^2 - 3x + 2) = c - 2^2\left(\frac{x^3}{3} - \frac{x^2}{2} + \frac{x}{6} - \right.$$
$$\left. 3\frac{x^2-x}{2} + 2\cdot(x-1)\right) = -2^2 \frac{x^2\cdot(x-1)}{6} + \frac{x\cdot(x-1)^2}{6}$$
$$- 3x\frac{x-1}{2} + 2.(x-1));$$

donc $P^x = -2^3 x . \frac{x-1}{2} . \frac{x-2}{3}$, &c.

Quant à l'équation $V^{y,x} = 2 V^{y,x-1}$, on en tire $V^{y,x-1} = c\, 2^{x-1}$; mais cette fonction, comme les précédentes, doit être nulle lorsque $x=1$; donc $V^{y,x}$ est nécessairement nul dans cet exemple. Cela posé, l'équation qu'il s'agira d'intégrer pour résoudre le problême, sera

$$Z^{y,x}-2x\,Z^{y-1,x}+2^2.x.\frac{x-1}{2}Z^{y-2,x}-2^3.x.\frac{x-1}{2}.\frac{x-2}{3}Z^{y-3,x}+\&c.=0;$$

voici un moyen simple d'y parvenir.

(581). On verra aisément qu'on peut satisfaire à cette équation en prenant $Z^{y,x}=\lambda^{y-1}$, où λ est telle que

$$1-\frac{2x}{\lambda}+\frac{2^2}{\lambda^2}x.\frac{x-1}{2}-\frac{2^3}{\lambda^3}x.\frac{x-1}{2}.\frac{x-2}{3}+\&c.=0;$$

celle-ci devient $\left(1-\frac{2}{\lambda}\right)^x=0$, & ne donne par conséquent qu'une valeur de λ, savoir $\lambda=2$. Cela posé, on fera $Z^{y,x}=\Pi^{y,x}\,2^{y-1}$, & en substituant toujours dans la même équation, on la changera en celle-ci,

$$\Pi^{y,x}-x\,\Pi^{y-1,x}+x.\frac{x-1}{2}\Pi^{y-2,x}-x.\frac{x-1}{2}.\frac{x-2}{3}\Pi^{y-3,x}+\&c.=0,$$

qui n'est autre que $\Delta^x\,\Pi^{y,x}=0$, & donne

$$\Pi^{y,x}=c1\frac{(y-1)(y-2)\ldots\ldots(y-x+1)}{1.2.3\ldots\ldots(x-1)}+c2\frac{(y-1)(y-2)\ldots\ldots(y-x+2)}{1.2.3\ldots\ldots(x-2)}+c3\frac{(y-1)(y-2)\ldots\ldots(y-x+3)}{1.2.3\ldots\ldots(x-3)}+\&c.;$$

il reste à déterminer $c1$, $c2$, $c3$. Pour cela, je mets dans l'équation $Z^{y,x}=2Z^{y-1,x}+2Z^{y-1,x-1}$, pour $Z^{y,x}$ sa valeur; &, à cause de

$$\frac{(y-1)(y-2)\ldots(y-x+1)}{1.2.3\ldots(x-1)}=\frac{(y-2)(y-3)\ldots(y-x)}{1.2.3\ldots(x-1)}+\frac{(y-2)(y-3)\ldots(y-x+1)}{1.2.3\ldots(x-2)},$$

$$\frac{(y-1)(y-2)\ldots(y-x+2)}{1.2.3\ldots(x-2)}=\frac{(y-2)(y-3)\ldots(y-x+1)}{1.2.3\ldots(x-2)}+\frac{(y-2)(y-3)\ldots(y-x+2)}{1.2.3\ldots(x-3)},$$

&c., il me vient

$$c1 \frac{(y-2)(y-3)\ldots\ldots\ldots(y-x)}{1.2.3\ldots\ldots\ldots(x-1)} + (c1+c2) \frac{(y-2)(y-3)\ldots\ldots\ldots(y-x+1)}{1.2.3\ldots\ldots\ldots(x-2)} +$$
$$(c2+c3)\frac{(y-2)(y-3)\ldots\ldots\ldots(y-x+2)}{1.2.3\ldots\ldots\ldots(x-3)}$$
$$+ \&c. = c1 \frac{(y-2)(y-3)\ldots\ldots\ldots(y-x)}{1.2.3\ldots\ldots\ldots(x-1)} +$$
$$(c2+'c1)\frac{(y-2)(y-3)\ldots\ldots\ldots(y-x+1)}{1.2.3\ldots\ldots\ldots(x-2)} +$$
$$(c3+'c2)\frac{(y-2)(y-3)\ldots\ldots(y-x+2)}{1.2.3\ldots\ldots\ldots(x-3)} + \&c.$$

Cette équation ne peut être identique à moins que

$$c1 = 'c1,\; c2 = 'c2,\; c3 = 'c3,\; \&c.;$$

d'où il suit que $c1$, $c2$, $c3$, &c. doivent être des quantités constantes. Ainsi lorsque x fera $= 1$, on aura $\Pi^{y,x} = c1$, $c1$ étant une quantité constante, & $Z^{y,1} = c1\,2^{y-1}$; mais par la nature de nos suites récurro-récurrentes, $Z^{1,1} = 1$, donc $c1 = 1$. Lorsque x fera $= 2$, on aura $\Pi^{y,x} = \frac{y-1}{1} + c2$ & $Z^{y,2} = 2^{y-1}(y-1+c2)$; mais par la formation de nos suites, $Z^{1,2} = 0$, donc $c2 = 0$. On trouvera de la même manière $c3$ & les autres co-efficiens nuls; & par conséquent que ces suites ont pour terme général

$$2^{y-1}\frac{(y-1)(y-2)\ldots\ldots(y-x+1)}{1.2.3\ldots\ldots(x-1)}.$$

(582). Soit proposé l'équation du second ordre

$$Z^{y,x} = A^x 1\, Z^{y,x-1} + A^x 2\, Z^{y,x-2} + B^x 1\, Z^{y-1,x} + B^x 2\, Z^{y-1,x-1} + C^x Z^{y-2,x} + D^x.$$

Cette équation ne commence à avoir lieu que lorsque y & x sont l'un & l'autre plus grands que 2; ainsi $Z^{y,1}$ & $Z^{y,2}$ resteront nécessairement arbitraires. Je ferai comme dans le problême précédent $Z^{y,1} = \varphi:(y)$, $Z^{y,2} = f:(y)$; & la proposée donnera

$$(1)\ldots\ldots Z^{y,3} = A^3 1\, f:(y) + A^3 2\, \varphi:(y) + B^3 1\, Z^{y-1,3} + B^3 2\, f:(y-1) + C^3 Z^{y-2,3} + D^3,$$

$$(2)\ldots\ldots Z^{y,4} = A^4 1\, Z^{y,3} + A^4 2\, f:(y) + B^4 1\, Z^{y-1,4} + B^4 2\, Z^{y-1,3} + C^4 Z^{y-2,4} + D^4,$$

On tirera de l'équation 2,

$$Z^{y-1,4} = A^4 1\, Z^{y-1,3} + A^4 2 f:(y-1) + B^4 1\, Z^{y-2,4} + B^4 2\, Z^{y-2,3} + C^4 Z^{y-3,4} + D^4,$$

& par conséquent

$$Z^{y-2,3} = \frac{1}{B^4 2}\left(Z^{y-1,4} - A^4 1\, Z^{y-1,3} - A^4 2 f:(y-1) - B^4 1\, Z^{y-2,4} - C^4 Z^{y-3,4} - D^4 \right).$$

En substituant cette valeur dans l'équation 1, il viendra

$$Z^{y,3} = A^3 1 f:(y) + A^3 2\, \varphi:(y) + \left(B^3 1 - \frac{C^3 A^4 1}{B^4 2} \right) Z^{y-1,3} + B^3 2 f:(y-1) + D^3 + \frac{C^3}{B^4 2}\left(Z^{y-1,4} - A^4 2 f:(y-1) - B^4 1\, Z^{y-2,4} - C^4 Z^{y-3,4} - D^4 \right).$$

Celle-ci donnera

$$Z^{y-1,3} = A^3 1 f:(y-1) + A^3 2\, \varphi:(y-1) + \frac{B^3 1\, B^4 2 - C^3 A^4 1}{(B^4 2)^2} \left(Z^{y-1,4} - A^4 1\, Z^{y-1,3} - A^4 2 f:(y-1) - B^4 1\, Z^{y-2,4} - C^4 Z^{y-3,4} - D^4 \right) + B^3 2 f:(y-2) + D^3 + \frac{C^3}{B^4 2}\, Z^{y-2,4} - A^4 2 f:(y-2) - B^4 1\, Z^{y-3,4} - C^4 Z^{y-4,4} - D^4).$$

Ainsi on pourra chasser $Z^{y,3}$, $Z^{y-1,3}$ de l'équation 2; par une suite de procédés semblables, on réduira le problême à l'intégration d'une équation de cette forme

$$Z^{y,x} + M^x Z^{y-1,x} + N^x Z^{y-2,x} + P^x Z^{y-3,x} + \&c. = V^{y,x},$$

ce qu'on fera par la méthode du n°. 571 *& suiv.*

(583). Il nous reste à faire voir, par différentes applications, l'usage dont peut être dans l'analyse, le Calcul intégral aux différences finies; & d'abord nous résoudrons un problême où il est question de déterminer l'expression générale de quantités assujetties à une certaine loi qui sert à les former.

Soit x le sinus d'un angle z & y son cosinus; on pourra former, au moyen de l'équation

$$(\alpha) \ldots\ldots \text{sin. } n z = 2y \text{ sin. } (n-1) z - \text{sin. } (n-2) z;$$

la table suivante,

$$\text{sin. } z = x,$$
$$\text{sin. } 2z = x\,(2y),$$
$$\text{sin. } 3z = x\,(4y^2 - 1),$$
$$\text{sin. } 4z = x\,(8y^3 - 4y),$$
$$\text{sin. } 5z = x\,(16y^4 - 12y^2 + 1),$$

&c.

&c. En continuant plus loin cette table, on parviendroit, par voie d'induction, à déterminer l'expression générale de fin. nz; mais il est question de trouver cette expression directement. On verra aisément qu'on peut supposer

$$\text{fin. } nz = x\,[Ay^{n-1} + By^{n-3} + Cy^{n-5} + Dy^{n-7} + \&c.];$$

& par conséquent

$$\text{fin. } (n-1)z = x\,['Ay^{n-2} + 'By^{n-4} + 'Cy^{n-6} + 'Dy^{n-8} + \&c.];$$

$$\text{fin. } (n-2)z = x\,[''Ay^{n-3} + ''By^{n-5} + ''Cy^{n-7} + ''Dy^{n-9} + \&c.].$$

En mettant ces valeurs de fin. $(n-1)z$, fin. $(n-2)z$ dans l'équation α, on en tirera

$$\text{fin. } nz = 2x\,['Ay^{n-1} + 'By^{n-3} + 'Cy^{n-5} + 'Dy^{n-7} + \&c.]$$
$$- x\,[''Ay^{n-3} + ''By^{n-5} + ''Cy^{n-7} + \&c.];$$

expression qui étant comparée à la première, donnera cette suite d'équations

$$2\,'A = A,$$
$$2\,'B - ''A = B,$$
$$2\,'C - ''B = C,$$
$$2\,'D - ''C = D,$$
&c.,

qui ne sont autres que

$$2A - A' = 0,$$
$$2B - B' = 'A,$$
$$2C - C' = 'B,$$
$$2D - D' = 'C,$$
&c.

Si on avoit $2K - K' = X$, & que l'on comparât cette équation à celle du nº. 319, on trouveroit, en désignant par x le nombre de termes qui précèdent K, pour la valeur complète de K, $K = 2^x\left[c + \Sigma\,\frac{X}{2^{x+1}}\right]$; nous allons faire usage de cette formule pour intégrer les équations de la suite précédente.

Pour la première, $x = n - 1$ & $X = 0$; donc $A = c\,2^{n-1}$: on déterminera la constante arbitraire c, en remarquant qu'on doit avoir $A = 1$ lorsque $n = 1$, ce qui donnera $c = 1$ & $A = 2^{n-1}$. Pour la seconde, $x = n - 2$ & $X = 'A = 2^{n-2}$; donc $B = 2^{n-2}[c - \frac{1}{2}\Sigma 1] = 2^{n-2}\left(c - \frac{n-2}{2}\right)$: on déterminera la constante arbitraire, en remarquant que la supposition de $n = 2$ doit donner $B = 0$, & on aura $B = -2^{n-3}(n-2)$. Pour la troisième, $x = n - 3$ & $X = 'B = -2^{n-4}(n-3)$; donc $C = 2^{n-3}[c + \frac{1}{4}\Sigma(n-3)]$;

or $\Sigma(n-3) = \Sigma n - 3\Sigma 1 = \frac{n^2-n}{2} - 3(n-3) = \frac{(n-3)(n-4)}{2} + 3$;

donc $C = 2^{n-3}\left(c + \frac{3}{4} + \frac{(n-3)(n-4)}{8}\right)$:

on déterminera la constante arbitraire, en remarquant que la supposition de $n = 3$ doit donner $C = 0$, & on aura $C = 2^{n-3} \cdot \frac{(n-3)(n-4)}{2}$.

Puisque C ne commence à avoir lieu que lorsque $n = 5$, j'aurois pu prendre $n - 4$ pour le nombre des termes qui précèdent C, & j'aurois trouvé $C = 2^{n-4}\left(c + 3 + \frac{(n-3)(n-4)}{4}\right)$; j'aurois déterminé la constante arbitraire, en remarquant que $n = 3$ ou $n = 4$ doit donner $C = 0$, & j'aurois trouvé la même valeur de C que ci-dessus. Lorsque $n = 4$, D n'a point encore lieu; donc, à cause de $X = 'C = 2^{n-6} \cdot \frac{(n-4)(n-5)}{2}$, on a

$D = 2^{n-4}\left[c - \Sigma\,\frac{(n-4)(n-5)}{16}\right]$.

Mais $\Sigma(n-4)(n-5) = \Sigma(n^2 - 9n + 20) = \frac{n^3}{3} - \frac{n^2}{2} + \frac{n}{6}$
$- 9\,\frac{n^2-n}{2} + 20(n-4) = \frac{(n-4)(n-5)(n-6)}{3} - 40$;

donc $D = 2^{n-4}\left(c + \frac{5}{2} - \frac{(n-4)(n-5)(n-6)}{3 \cdot 16}\right)$.

On déterminera la constante arbitraire, en remarquant que la supposition de $n = 4$ doit donner $D = 0$, & on aura $D = -2^{n-7}\,\frac{(n-4)(n-5)(n-6)}{2 \cdot 3}$, &c.

(584). Le problême qui suit est d'un autre genre; mais je crois qu'on en verra avec plaisir la solution par les méthodes précédentes. Un homme a constitué une somme a en rente, avec cette condition qu'on lui paiera chaque année le $\frac{1}{m}$ de cette somme, en lui retenant la fraction $\frac{1}{n}$ de cet intérêt; en sorte qu'à la fin de la première année, par exemple, il ne doive percevoir que $\frac{a}{m} - \frac{a}{mn}$. Cependant on lui a payé toutes les années $\frac{a}{m}$, & par conséquent plus qu'il ne lui est dû; si le surplus est employé à amortir le capital, on demande ce que deviendra ce capital après un nombre x d'années.

Soit alors y ce capital; à la fin de cette année, il ne sera dû à l'homme en question que $\frac{y}{m} - \frac{y}{mn}$, & lorsqu'on lui aura payé $\frac{a}{m}$ le capital sera diminué de $\frac{a}{m} - \frac{y}{m} + \frac{y}{mn}$. Ainsi le capital de l'année $x + 1$, que je désignerai par

y', sera égal à $y - \frac{a}{m} + \frac{y}{m} - \frac{y}{mn}$; & on aura à intégrer l'équation

$$y' - \left(1 + \frac{1}{m} - \frac{1}{mn}\right) y = - \frac{a}{m}.$$

En la comparant à celle du n°. 319, on trouvera

$$y = \left(1 + \frac{1}{m} - \frac{1}{mn}\right)^x \left(c - \frac{a}{m} \Sigma \left[1 + \frac{1}{m} - \frac{1}{mn}\right]^{-x-1}\right).$$

Mais $\Sigma \left[1 + \frac{1}{m} - \frac{1}{mn}\right]^{-x-1}$ est la somme de la progression géométrique

$$\frac{1}{\left(1 + \frac{1}{m} - \frac{1}{mn}\right)^x}, \frac{1}{\left(1 + \frac{1}{m} - \frac{1}{mn}\right)^{x-1}} \ldots\ldots\ldots \frac{1}{1 + \frac{1}{m} - \frac{1}{mn}},$$

laquelle somme est égale à $\frac{\left(1 + \frac{1}{m} - \frac{1}{mn}\right)^x - 1}{\left(\frac{1}{m} - \frac{1}{mn}\right)\left(1 + \frac{1}{m} - \frac{1}{mn}\right)^x}$; donc

$$y = \left(1 + \frac{1}{m} - \frac{1}{mn}\right)^x \left(c - \frac{a}{m} \frac{\left(1 + \frac{1}{m} - \frac{1}{mn}\right)^x - 1}{\left(\frac{1}{m} - \frac{1}{mn}\right)\left(1 + \frac{1}{m} - \frac{1}{mn}\right)^x}\right).$$

On déterminera la constante arbitraire par cette condition que $x = 1$ doit donner $y = a$, & on aura $c = \frac{(m+1)a}{m\left(1 + \frac{1}{m} - \frac{1}{mn}\right)}$; donc enfin

$$y = \frac{a}{n-1}\left(n - \left(1 + \frac{1}{m} - \frac{1}{mn}\right)^{x-1}\right).$$

Si l'on vouloit l'année à laquelle ce capital seroit nul, on auroit

$$n = \left(1 + \frac{1}{m} - \frac{1}{mn}\right)^{x-1} \text{ \& } x = 1 + \frac{\log. n}{\log. \left(1 + \frac{1}{m} - \frac{1}{mn}\right)}.$$

Par exemple, l'intérêt étant à cinq pour cent, & la somme à retenir un dixième de cet intérêt; on trouveroit $x = 1 + \frac{\log. 10}{\log. \left(1 + \frac{9}{200}\right)} = 53, 3$.

(585). Maintenant voici deux autres problêmes tirés du calcul des probabilités. Pour les résoudre, nous suivrons la règle ordinaire de ce calcul; en estimant la probabilité d'un événement, par le nombre des cas favorables, divisé par le nombre des cas possibles.

Le premier de ces problêmes consiste à trouver la probabilté qu'un nombre de pièces, qu'on prendra au hasard dans un tas, sera pair ou impair. Je nomme x le nombre de pièces contenues dans le tas, y la somme des cas dans lesquels le nombre de celle qu'on prendra peut être pair, & z la somme des cas dans lesquels ce nombre peut être impair. Cela posé, si on augmente le nombre x de pièces d'une unité, alors y' représentera la somme des cas pairs, & sera égal à $y + z$, puisque chacun des cas impairs, combiné avec la nouvelle pièce, donnera un cas pair. De même, z' représentera la somme des cas impairs lorsque x augmentera d'une unité, & sera égal à $z + y + 1$. On aura donc ces deux équations $y' = y + z$ & $z' = z + y + 1$, qui ne sont autre que $\Delta y = z$ & $\Delta z = y + 1$. On en tirera bien facilement $\Delta^2 y = y + 1$, équation qui étant comparée à celle du n°. 320, donnera

$y + \Delta y = 2^x \left[c + \Sigma \frac{1}{2^{x+1}} \right] = 2^x \left[c + \frac{2^x - 1}{2^x} \right]$, puisque $\Sigma \frac{1}{2^{x+1}}$

est la somme de tous les termes de cette progression géométrique $\frac{1}{2^x}$, $\frac{1}{2^{x-1}}$ .... $\frac{1}{2}$.
Donc $y = (c + 1)\, 2^{x-1} - 1$; pour déterminer la constante arbitraire, on observera que x étant 1, on doit avoir $y = 0$; donc $c = 0$, & $y = 2^{x-1} - 1$. Mais $z = \Delta y = 2^{x-1}$; donc la somme de tous les cas possibles sera $2^x - 1$. Ainsi on aura pour la probabilité qu'on prendra un nombre pair de pièces $\frac{2^{x-1} - 1}{2^x - 1}$; & pour la probabilité que ce nombre qu'on prendra sera impair, $\frac{2^{x-1}}{2^x - 1}$, d'où il résultera qu'il y aura toujours plus d'avantage à parier pour les nombres impairs que pour les pairs. Je passe au second problême.

(586). Pierre & Paul, dont les adresses respectives sont $:: m : n$, jouant ensemble; sur un nombre y de coups, il en a manqué constamment un nombre x à Pierre, & par conséquent un nombre $y - x$ à Paul, pour gagner; on demande la probabilité respective de ces deux joueurs.

La probabilité de Paul pour gagner dépend du nombre y de coups, & du nombre x qu'il en a manqué à Pierre pour gagner; c'est-à-dire qu'elle peut être représentée par une fonction $Z^{y,x}$ de ces deux nombres. Au coup suivant le nombre y sera diminué d'une unité; & si Paul perd, il ne manquera à Pierre qu'un nombre $x - 1$ de coups pour gagner; alors la probabilité de Paul pour gagner sera $Z^{y-1,x-1}$; au contraire si Paul gagne, cette même probabilité sera $Z^{y-1,x}$. Mais les adresses des deux joueurs étant $:: m : n$; la probabilité que sur un nombre indéfini de coups, Paul gagnera, est $\frac{n}{m+n}$; la probabilité qu'il perdra est $\frac{m}{m+n}$, on a donc

$$Z^{y,x} = \frac{n}{m+n} Z^{y-1,x} + \frac{m}{m+n} Z^{y-1,x-1},$$

équations aux différences finies & partielles, dont l'intégration donnera la solution du problême. En la comparant à celle du n°. 579, on trouvera

$A^x\, 1 = 0$;

$A^x 1 = 0$, $A^x 2 = \frac{m}{m+n}$, $A^x 3 = 0$, &c.;

$B^x 1 = \frac{n}{m+n}$, $B^x 2 = 0$; donc

$M^x = M^{x-1} - \frac{n}{m+n}$;

$N^x = N^{x-1} - \frac{n}{m+n} M^{x-1}$;

$P^x = P^{x-1} - \frac{n}{m+n} N^{x-1}$;

&c., $V^{y,x} = \frac{m}{m+n} V^{y,x-1}$.

Mais la première de ces équations donne

$$M^{x-1} = c - \frac{n}{m+n}(x-1) = -\frac{n}{m+n}(x-1);$$

car lorsque $x = 1$, on doit avoir $M^{x-1} = 0$; donc $M^x = -\frac{n}{m+n} x$. Alors la seconde équation devient $N^x = N^{x-1} + \frac{n^2}{(m+n)^2}(x-1)$; d'où l'on tire, en déterminant la constante arbitraire comme nous venons de faire, $N^{x-1} = \frac{n^2}{(m+n)^2}(x-1)\frac{x-2}{2}$, & par conséquent $N^x = \frac{n^2}{(m+n)^2} x \frac{x-1}{2}$. On trouvera de la même manière $P^x = -\frac{n^3}{(m+n)^3} x . \frac{x-1}{2} . \frac{x-2}{3}$; & ainsi des autres.

Quant à l'équation $V^{y,x} = \frac{m}{m+n} V^{y,x-1}$, elle a pour intégrale complète $V^{y,x-1} = c\left(\frac{m}{m+n}\right)^{x-1}$; or comme la supposition de $x = 1$, doit aussi rendre cette fonction nulle; il s'ensuit que dans cet exemple $V^{y,x} = 0$. Le problême est donc réduit à intégrer l'équation que voici

$$Z^{y,x} - \frac{n}{m+n} x Z^{y-1,x} + \frac{n^2}{(m+n)^2} x . \frac{x-1}{2} Z^{y-2,x} - \frac{n^3}{(m+n)^3} x . \frac{x-1}{2} . \frac{x-2}{3} Z^{y-3,x} + \text{\&c.} = 0.$$

(587). On satisfera à cette équation, en prenant $Z^{y,x} = \lambda^{y-1}$ & λ sera donné par

$$1 - \frac{n}{(m+n)\lambda} x + \frac{n^2}{(m+n)^2 \lambda^2} x \cdot \frac{x-1}{2} - \frac{n^3}{(m+n)^3 \lambda^3} x \cdot \frac{x-1}{2} \cdot \frac{x-2}{3} + \&c. = 0,$$

qui n'eſt autre que $\left(1 - \frac{n}{(m+n)\lambda}\right)^x = 0$. On ne peut tirer de celle-ci que cette ſeule valeur de λ, $\lambda = \frac{n}{m+n}$; ainſi pour avoir l'intégrale complète demandée, on fera $Z^{y,x} = \Pi^{y,x}\left(\frac{n}{m+n}\right)^{y-1}$, valeur qui étant ſubſtituée dans l'équation dont il s'agit, la changera en la ſuivante,

$$\Pi^{y,x} - x\Pi^{y-1,x} + x\frac{x-1}{2}\Pi^{y-2,x} - x \cdot \frac{x-1}{2} \cdot \frac{x-2}{3}\Pi^{y-3,x} + \&c. = 0;$$

qu'on voit être la même que $\Delta^x \Pi^{y,x} = 0$. Donc

$$Z^{y,x} = \left(\frac{n}{m+n}\right)^{y-1}\left[c1 + c2(y-1) + c3 \cdot \frac{(y-1)(y-2)}{1 \cdot 2} + \ldots \ldots + k \frac{(y-1)(y-2) \ldots \ldots \ldots (y-x+1)}{1 \cdot 2 \cdot 3 \ldots \ldots \ldots (x-1)}\right].$$

Pour déterminer les fonctions $c1, c2, c3 \ldots\ldots k$ qui peuvent renfermer x; on remarquera que lorſque $y = x$, il eſt certain que Pierre doit perdre, & qu'alors la probabilité de Paul pour gagner doit ſe changer en certitude. Or en repréſentant la certitude par l'unité dont chaque probabilité eſt une fraction, on verra que $Z^{y,x}$ doit être $= 1$, lorſque $y = x$; dans cette hypothèſe la propoſée devient $1 = \frac{n}{m+n} Z^{y-1,x} + \frac{m}{m+n}$, & nous apprend que $Z^{y,x}$ doit être auſſi $= 1$, lorſque $y = x - 1$; on trouvera de la même manière que la ſuppoſition de $y = x - 2$ doit rendre $Z^{y,x} = 1$, & ainſi de ſuite. Donc ſi l'on fait $y = 1$, on aura $Z^{y,x} = 1$, & $c1 = 1$; ſi l'on fait $y = 2$, on aura $Z^{y,x} = 1$, & $1 = \frac{n}{m+n}(c1 + c2)$, d'où l'on tirera $c2 = \frac{m}{n}$; ſi l'on fait $y = 3$, on aura $Z^{y,x} = 1$ & $1 = \left(\frac{n}{m+n}\right)^2(c1 + 2c2 + c3)$, d'où l'on tirera $c3 = \frac{m^2}{n^2}$; &c. Il ſuit de tout cela que la probabilité de Paul pour gagner, ou

$$Z^{y,x} = \left(\frac{n}{m+n}\right)^{y-1}\left[1 + \frac{m}{n}(y-1) + \frac{m^2}{n^2}\frac{(y-1)(y-2)}{1 \cdot 2} + \ldots\ldots + \frac{m^{x-1}}{n^{x-1}} \cdot \frac{(y-1)(y-2) \ldots \ldots \ldots (y-x+1)}{1 \cdot 2 \cdot 3 \ldots \ldots \ldots (x-1)}\right].$$

On trouvera dans le mémoire de Laplace, cité au commencement de l'article précédent, la solution de plusieurs autres problêmes intéressans. C'est aussi dans ce même mémoire qu'il a remarqué un très-bel usage du calcul aux différences finies pour déterminer la nature des fonctions d'après des conditions données. Condorcet & Monge ont fait en même temps la même remarque. Nous terminerons ce chapitre par résoudre deux problêmes, où il sera question de déterminer les fonctions arbitraires dans les intégrales complètes de deux équations aux différences partielles, l'une du premier, l'autre du second ordre.

(588). L'équation $\alpha = F:(\omega)$, où α est fonction de x, y & z, & où ω ne renferme que x & y, peut être regardée comme l'intégrale complète de quelqu'équation aux différences partielles du premier ordre. Or l'équation $\alpha = F:(\omega)$ étant proposée, on demande de déterminer la fonction arbitraire, pour qu'elle satisfasse à cette condition, qu'en faisant $y = X$, on ait $z = K$; par X & K on entend des fonctions données de x & de constantes.

Je suppose qu'en mettant dans la proposée X & K pour y & z, on la change en la suivante $A = F:(m)$. Cela posé, on fera $m = t$, t étant une nouvelle variable; & lorsqu'on aura tiré de cette équation la valeur de x en fonction de t, on mettra cette valeur dans $A = F:(m)$; si par cette substitution celle-ci devient $T = F:(t)$, comme T est une fonction dont on connoît la forme, il est clair qu'on connoîtra aussi la forme de la fonction désignée par F.

Je prendrai pour exemple l'équation

$$y^{\frac{x}{y}}\left(z - \frac{axy\sqrt{(x^2+y^2)}}{x+2y}\right) = F:\left(\frac{x}{y}\right),$$

qui est (n°. 308) l'intégrale complète de

$$y^2\frac{dz}{dy} + yx\frac{dz}{dx} + xz = axy\sqrt{(x^2+y^2)};$$

& je demanderai de déterminer la fonction arbitraire, de manière qu'en faisant $y = x + h$, on ait $z = x + i$, h & i étant des quantités constantes. Par cette substitution, la proposée deviendra

$$(x+h)^{\frac{x}{x+h}}\left(x + i - \frac{ax(x+h)\sqrt{(x^2+(x+h)^2)}}{3x+2h}\right) = F:\left(\frac{x}{x+h}\right);$$

or si l'on fait $\frac{x}{x+h} = t$, & que l'on mette dans l'équation précédente pour x sa valeur $\frac{ht}{1-t}$, on en tirera

$$F:(t) = \left(\frac{h}{1-t}\right)^{t+1}\left(t + \frac{i}{h}(1-t) - \frac{aht\sqrt{(t^2+1)}}{(2+t)(1-t)}\right).$$

Donc $F:\left(\frac{x}{y}\right)$, pour satisfaire à la condition requise, doit avoir la forme particulière que voici :

$$\left(\frac{hy}{y-x}\right)^{\frac{y+x}{y}}\left(\frac{x}{y}+\frac{i}{h}\cdot\frac{y-x}{y}-\frac{ahx\sqrt{(y^2+x^2)}}{(2y+x)(y-x)}\right).$$

(589). Maintenant l'on propose $\alpha = \zeta F:(\omega) + f:(\pi)$, où α est fonction de x, y & z, & où ζ, ω & π ne renferment que x & y; & l'on demande de déterminer les fonctions arbitraires pour qu'elles satisfassent aux deux conditions suivantes ; 1°. qu'en faisant $y = X$, on ait $z = K$; 2°. qu'en faisant $y = X1$, on ait $z = K1$; par X, $X1$, K, $K1$ on entend des fonctions données de x & de constantes.

Je suppose qu'en faisant successivement les substitutions précédentes, on tire de la proposée les deux équations que voici,

$$(A) \ldots\ldots\ldots A = BF:(m) + f:(n),$$
$$(B) \ldots\ldots\ldots A1 = B1F:(m1) + f:(n1).$$

Cela posé, on fera $n = t$, & lorsqu'on en aura tiré la valeur de x en fonction de t, on mettra cette valeur dans l'équation A, qui deviendra par-là

$$(C) \ldots\ldots\ldots T = \theta F:(\tau) + f:(t).$$

On fera aussi $n1 = t$, & en opérant sur l'équation B comme nous avons fait sur l'équation A, on aura

$$(D) \ldots\ldots\ldots T1 = \theta 1 F:(\tau 1) + f:(t).$$

On ôtera l'équation D de l'équation C, ce qui donnera

$$(E) \ldots\ldots\ldots T - T1 = \theta F:(\tau) - \theta 1 . F:(\tau 1).$$

Il me reste à traiter l'équation E ; pour cela j'imagine une fonction U d'une nouvelle variable u, telle que $\tau = U$ & $\tau 1 = U'$, U' étant ce que devient U lorsque u devient $u + 1$; puis je tire de $\tau = U$ la valeur de t en fonction de U, & par conséquent aussi la valeur $\tau 1$ en fonction de la même quantité ; si celle-ci $= U1$, j'aurai $U' = U1$, équations aux différences finies de laquelle, dans beaucoup de cas, je pourrai tirer la valeur de U en fonction de u. Je mettrai pour t sa valeur en fonction de U dans l'équation E, & comme par cette substitution elle viendra de cette forme,

$$(K) \ldots\ldots\ldots W = VF:(U) + V1F:(U'),$$

W, V & $V1$ étant des fonctions données de U ; le problême pourra toujours se réduire, lorsqu'on aura U en fonction de u, à l'intégration d'une équation linéaire du premier ordre aux différences finies. Je vais éclaircir cette théorie par un exemple.

(590). L'équation $\frac{d^2 z}{dy^2} + a\frac{d^2 z}{dy\,dx} + b\frac{d^2 z}{dx^2} = 0$, a pour intégrale complète (n°. 502) $z = F:(r1y + x) + f:(r2y + x)$ lorsque les racines $r1$ & $r2$ de l'équation du second degré $r^2 + ar + b = 0$ sont inégales. On demande de déterminer les fonctions arbitraires de manière qu'elles satisfassent aux deux conditions suivantes, 1°. qu'en faisant $y = ax$, on ait $z = bx^{\lambda}$;

2°.

2°. qu'en faisant $y = hx$, on ait $z = ix^{\mu}$; a, b, h, i, λ & μ sont des quantités constantes.

Par ces substitutions, on tire de la proposée

$$bx^{\lambda} = F:[(ar1 + 1).x] + f:[(ar2 + 1).x],$$

$$ix^{\mu} = F:[(hr1 + 1).x] + f:[(hr2 + 1).x].$$

Soit $(ar2 + 1)x = t$, & la première deviendra

$$\frac{bt^{\lambda}}{(ar2 + 1)^{\lambda}} = F:\left(\frac{ar1 + 1}{ar2 + 1}t\right) + f:(t);$$

soit aussi $(hr2 + 1)x = t$, ce qui changera l'autre en celle-ci,

$$\frac{it^{\mu}}{(hr2 + 1)^{\mu}} = F:\left(\frac{hr1 + 1}{hr2 + 1}t\right) + f:(t).$$

Donc $\frac{bt^{\lambda}}{(ar2 + 1)^{\lambda}} - \frac{it^{\mu}}{(hr2 + 1)^{\mu}} = F:\left(\frac{ar1 + 1}{ar2 + 1}t\right) - F:\left(\frac{hr1 + 1}{hr2 + 1}t\right)$:

On fera $\frac{ar1 + 1}{ar2 + 1}t = U$ & $\frac{hr1 + 1}{hr2 + 1}t = U'$;

d'où l'on tirera $U' = RU$, en faisant pour abréger, $\frac{(hr1 + 1)(ar2 + 1)}{(hr2 + 1)(ar1 + 1)} = R$.

On intégrera cette équation aux différences finies, & on trouvera $U = R^{u}$. Mais on a

$$\frac{bU^{\lambda}}{(ar1 + 1)^{\lambda}} - \frac{i(ar2 + 1)^{\mu}U^{\mu}}{(ar1 + 1)^{\mu}(hr2 + 1)^{\mu}} = F:(U) - F:(U') = -\Delta F:(U);$$

donc $F:(U) = \frac{i(ar2 + 1)^{\mu}}{[(ar1 + 1)(hr2 + 1)]^{\mu}}\Sigma U^{\mu} - \frac{b}{(ar1 + 1)^{\lambda}}\Sigma U^{\lambda} +$ const.

De plus, U^{μ} étant égal à $R^{\mu u}$, & $\Sigma R^{\mu u}$ à la somme de la progression géométrique $R^{\mu}, R^{2\mu} \ldots R^{\mu(u-1)}$, ou à $\frac{R^{\mu u} - R^{\mu}}{R^{\mu} - 1}$; il est clair que $\Sigma U^{\mu} = \frac{U^{\mu} - R^{\mu}}{R^{\mu} - 1}$.

On trouvera de la même manière que $\Sigma U^{\lambda} = \frac{U^{\lambda} - R^{\lambda}}{R^{\lambda} - 1}$; & que par conséquent

$$F:(U) = i\left[\frac{ar2 + 1}{(h - a)(r1 - r2)}\right]^{\mu}\left(U^{\mu} - \left[\frac{(hr1 + 1)(ar2 + 1)}{(hr2 + 1)(ar1 + 1)}\right]^{\mu}\right)$$
$$- b\left[\frac{hr2 + 1}{(h - a)(r1 - r2)}\right]^{\lambda}\left(U^{\lambda} - \left[\frac{(hr1 + 1)(ar2 + 1)}{(hr2 + 1)(ar1 + 1)}\right]^{\lambda}\right) + \text{constante};$$

équation à laquelle on peut donner cette forme plus simple,

$$F:(U) = i\left[\frac{(ar2 + 1)U}{(h - a)(r1 - r2)}\right]^{\mu} - b\left[\frac{(hr2 + 1)U}{(h - a)(r1 - r2)}\right]^{\lambda} + C.$$

Donc

$$F:\left(\frac{ar1+1}{ar2+1}t\right)=i\left[\frac{(ar1+1)t}{(h-a)(r1-r2)}\right]^{\mu}-b\left[\frac{(ar1+1)(hr2+1)t}{(ar2+1)(h-a)(r1-r2)}\right]^{\lambda}+C;$$

& par conféquent

$$f:(t)=b\left[\frac{t}{ar2+1}\right]^{\lambda}\left(1-\left[\frac{(hr1+1)(ar1+1)}{(h-a)(r1-r2)}\right]^{\lambda}\right)-i\left[\frac{(ar1+1)t}{(h-a)(r1-r2)}\right]^{\mu}-C.$$

Il fuit de tout cela que pour que l'intégrale propofée fatisfaffe aux conditions requifes, il faut qu'elle foit

$$z=i\left[\frac{(ar2+1)(r1y+x)}{(h-a)(r1-r2)}\right]^{\mu}-i\left[\frac{(ar1+1)(r2y+x)}{(h-a)(r1-r2)}\right]^{\mu}+b\left[\frac{r2y+x}{ar2+1}\right]^{\lambda}\left(1+\left[\frac{(hr2+1)(ar1+1)}{(h-a)(r1-r2)}\right]^{\lambda}-b\left[\frac{(hr2+1)(r1y+x)}{(h-a)(r1-r2)}\right]^{\lambda}.\right.$$

Nous ne nous étendrons pas davantage fur la détermination des fonctions arbitraires qui entrent dans les intégrales complètes des équations aux différences partielles ; & nous terminerons ce chapitre par remarquer que fi les conditions auxquelles on aura à fatisfaire ne peuvent pas s'exprimer algébriquement ; ou, ce qui revient au même, fi elles ne font pas foumifes à la loi de continuité, il faudra recourir aux furfaces courbes pour conftruire les fonctions arbitraires.

CHAPITRE VIII.

USAGE DU CALCUL AUX DIFFÉRENCES PARTIELLES POUR RÉSOUDRE LE PROBLÊME DU RETOUR DES SUITES, SUIVI D'UN SUPPLÉMENT A LA MÉTHODE DES VARIATIONS.

(591). NOUS avons renvoyé à ce chapitre les problêmes fur le retour des fuites. Nous ferons ufage pour les réfoudre du calcul aux différences partielles. Mais il faut auparavant préfenter fous une forme plus générale que nous ne l'avons fait n°. 163, le théorême de Taylor. Nous l'énoncerons de la manière fuivante.

Pour développer une fonction V de plufieurs quantités t, u, x, y, &c. dans une fuite ordonnée par rapport aux puiffances de l'une d'elles, de t par exemple, fi on défigne par U la valeur de V qui répond à $t=0$, & par U', U'', U''', &c, ce que deviennent $\frac{dV}{dt}$, $\frac{d^2V}{dt^2}$, $\frac{d^3V}{dt^3}$, &c., c'eft-à-dire les différentielles successives de V prises par rapport à t & divisées par dt, dt^2, dt^3, &c., lorsqu'on fait $t=0$ & $V=U$, on aura

$$V=U+tU'+\frac{t^2}{1.2}U''+\frac{t^3}{1.2.3}U'''+\&c.$$

Pour développer la même fonction dans une suite ordonnée par rapport aux puissances de t & de u : soit U la valeur de V qui répond à $t=0$ & $u=0$; désignons aussi par $U'1$, $U'2$, $U''1$, $U''2$, $U''3$, $U'''1$, $U'''2$, &c. ce que deviennent $\frac{dV}{dt}$, $\frac{dV}{du}$, $\frac{d^2V}{dt^2}$, $\frac{d^2V}{dt\,du}$, $\frac{d^2V}{du^2}$, $\frac{d^3V}{dt^3}$, $\frac{d^3V}{dt^2du}$, &c. lorsqu'on fait $t=0$, $u=0$ & $V=U$; on aura (n°. 254)

$$\begin{aligned}V=U+tU'1&+\frac{t^2}{1.2}U''1+\frac{t^3}{1.2.3}U'''1+\&c.\\+uU'2&+\frac{ut}{1.2}2U''2+\frac{t^2u}{1.2.3}3U'''2\\&+\frac{u^2}{1.2}U''3+\frac{tu^2}{1.2.3}3U'''3\\&+\frac{u^3}{1.2.3}U'''4\end{aligned}$$

Il eût été facile de développer V dans une suite ordonnée par rapport aux puissances de trois, de quatre, &c. des quantités qu'elles renferment.

(592). Cela posé, étant donné $z=U$, U est une fonction de t, x, z, qui devient fonction de t seul lorsque $x=0$, trouver la valeur de z & même d'une fonction donnée Z de z, en t & x, par une suite ordonnée relativement aux puissances de x.

Nous nommerons S la valeur de Z qui répond à $x=0$, & $S1$, $S2$, $S3$, $S4$, &c. ce que deviennent $\frac{dZ}{dx}$, $\frac{d^2Z}{dx^2}$, $\frac{d^3Z}{dx^3}$, $\frac{d^4Z}{dx^4}$, &c. lorsqu'on fait $x=0$ & $Z=S$; & nous aurons

$$Z=S+xS1+\frac{x^2}{1.2}S2+\frac{x^3}{1.2.3}S3+\frac{x^4}{1.2.3.4}S4+\&c.$$

Maintenant si nous prenons l'équation plus générale $z=\varphi:U$, & que nous supposions $dU=\frac{\delta U}{dz}dz+\frac{\delta U}{dx}dx+\frac{\delta U}{dt}dt$, où il est clair que la caractéristique δ ne doit point être confondue avec la caractéristique d, nous aurons en la différentiant deux fois, l'une par rapport à x, l'autre par rapport à t, ces deux équations

$$\frac{dz}{dx}=\left(\frac{\delta U}{dz}\frac{dz}{dx}+\frac{\delta U}{dx}\right)\varphi':U,$$
$$\frac{dz}{dt}=\left(\frac{\delta U}{dz}\frac{dz}{dt}+\frac{\delta U}{dt}\right)\varphi':U.$$

On éliminera la fonction arbitraire après avoir fait pour abréger

$$\frac{\delta U}{dx} : \frac{\delta U}{dt} = V, \text{ \& on aura } \frac{dz}{dx} = V\frac{dz}{dt}.$$

Mais $\frac{dZ}{dx} = \frac{dZ}{dz}\,\frac{dz}{dx}$, $\frac{dZ}{dt} = \frac{dZ}{dz}\,\frac{dz}{dt}$; on aura donc aussi

$$(1) \ldots\ldots\ldots\ldots\ldots \frac{dZ}{dx} = V\frac{dZ}{dt}.$$

Cette équation étant différentiée successivement par rapport à x & à t, on en tire

$$\frac{d^2Z}{dx^2} = \frac{dV}{dx}\,\frac{dZ}{dt} + V\frac{d^2Z}{dx\,dt},\quad \frac{d^2Z}{dx\,dt} = \frac{dV}{dt}\,\frac{dZ}{dt} + V\frac{d^2Z}{dt^2};$$

partant $\frac{d^2Z}{dx^2} = \frac{dV}{dx}\,\frac{dZ}{dt} + V\frac{dV}{dt}\,\frac{dZ}{dt} + V^2\frac{d^2Z}{dt^2}$.

On trouve aussi $\frac{dV}{dx} = \frac{\delta V}{dz}\,\frac{dz}{dx} + \frac{\delta V}{dx} = V\frac{\delta V}{dz}\,\frac{dz}{dt} + \frac{\delta V}{dx}$,

$\frac{dV}{dt} = \frac{\delta V}{dz}\,\frac{dz}{dt} + \frac{\delta V}{dt}$, & par conséquent $\frac{dV}{dx} = V\frac{dV}{dt} - V\frac{\delta V}{dt} + \frac{\delta V}{dx}$;

c'est pourquoi si l'on fait pour abréger $\frac{\delta V}{dx} - V\frac{\delta V}{dt} = V1$,

on aura $\frac{d^2Z}{dx^2} = 2V\frac{dV}{dt}\,\frac{dZ}{dt} + V^2\frac{d^2Z}{dt^2} + V1\frac{dZ}{dt}$,

$$\text{ou } (2) \ldots\ldots\ldots\ldots \frac{d^2Z}{dx^2} = \frac{d.V^2\frac{dZ}{dt}}{dt} + V1\frac{dZ}{dt}.$$

Nous ferons encore pour abréger

$\frac{\delta V1}{dx} - V\frac{\delta V1}{dt} = V2$, $\frac{\delta V2}{dx} - V\frac{\delta V2}{dt} = V3$,

$\frac{\delta V3}{dx} - V\frac{\delta V3}{dt} = V4$, &c, d'où nous tirerons

$\frac{dV1}{dx} = V2 + V\frac{dV1}{dt}$, $\frac{dV2}{dx} = V3 + V\frac{dV2}{dt}$,

$\frac{dV3}{dx} = V4 + V\frac{dV3}{dt}$, &c.

Alors ayant différentié l'équation (2) par rapport à x, ce qui donne

$$\frac{d^3Z}{dx^3} = V^2\frac{d^3Z}{dt^2\,dx} + 2V\frac{dV}{dx}\,\frac{d^2Z}{dt^2} + \left(2V\frac{dV}{dt} + V1\right)\frac{d^2Z}{dx\,dt} + \left(2V\frac{d^2V}{dx\,dt} + 2\frac{dV}{dt}\,\frac{dV}{dx} + \frac{dV1}{dx}\right)\frac{dZ}{dt},$$

si on y met pour $\frac{d^3Z}{dt^2\,dx}$, $\frac{d^2Z}{dt\,dx}$, leurs valeurs tirées de l'équation (1);

& pour $\frac{d^2V}{dt\,dx}$, $\frac{dV}{dx}$, $\frac{dV1}{dx}$ leurs valeurs tirées des équations qui suivent, on on aura

$$\frac{d^3 Z}{d x^3} = V_3 \frac{d^3 Z}{d t^3} + 6 V_2 \frac{d V}{d t} \frac{d^2 Z}{d t^2} + 3 V_2 \frac{d^2 V}{d t^2} \frac{d Z}{d t} + 3 V V_1 \frac{d^2 Z}{d t^2} +$$
$$6 V \left(\frac{d V}{d t}\right)^2 \frac{d Z}{d t} + 3 V_1 \frac{d V}{d t} \frac{d Z}{d t} + 3 V \frac{d V_1}{d t} \frac{d Z}{d t} + V_2 \frac{d Z}{d t},$$

ou (3) ...... $$\frac{d^3 Z}{d x^3} = \frac{d^2 \cdot V^3 \frac{d Z}{d t}}{d t^2} + 3 \frac{d \cdot V V_1 \frac{d Z}{d t}}{d t} + V_2 \frac{d Z}{d t}.$$

On trouvera de la même manière

(4) ...... $$\frac{d^4 Z}{d x^4} = \frac{d^3 \cdot V^4 \frac{d Z}{d t}}{d t^3} + 6 \frac{d^2 \cdot V^2 V_1 \frac{d Z}{d t}}{d t^2} + 4 \frac{d \cdot V V_2 \frac{d Z}{d t}}{d t^2}$$
$$+ 3 \frac{d \cdot (V_1)^2 \frac{d Z}{d t}}{d t} + V_3 \frac{d Z}{d t};$$

&c. D'où il suit que si nous nommons K_1, K_2, K_3, K_4, &c. ce que deviennent les valeurs de $\frac{d Z}{d x}$, $\frac{d^2 Z}{d x^2}$, $\frac{d^3 Z}{d x^3}$, $\frac{d^4 Z}{d x^4}$, &c. lorsqu'on fait $x = 0$ & $Z = S$, nous aurons

$$Z = S + x K_1 + \frac{x^2}{1 \cdot 2} K_2 + \frac{x^3}{1 \cdot 2 \cdot 3} K_3 + \frac{x^4}{1 \cdot 2 \cdot 3 \cdot 4} K_4 + \&c.,$$

pour la valeur de Z, tirée de l'équation $z = U$.

(593). Nous prendrons pour exemple $z = t + x H$, où H est fonction de z seul.

Alors $U = t + x H$, $\frac{\delta U}{d t} = 1$, $\frac{\delta U}{d x} = H$, $V = H$, $V_1 = 0$, $V_2 = 0$, &c., d'où l'on tire, en nommant

S, K_1, K_2, K_3, K_4, &c. ce que deviennent

$$Z,\ H \frac{d Z}{d t},\ \frac{d \cdot H^2 \frac{d Z}{d t}}{d t},\ \frac{d^2 \cdot H^3 \frac{d Z}{d t}}{d t^2},\ \frac{d^3 \cdot H^4 \frac{d Z}{d t}}{d t^3},\ \&c.$$

lorsqu'on fait $x = 0$ & $z = t$,

$$Z = S + x K_1 + \frac{x^2}{1 \cdot 2} K_2 + \frac{x^3}{1 \cdot 2 \cdot 3} K_3 + \frac{x^4}{1 \cdot 2 \cdot 3 \cdot 4} K_4 + \&c.$$

(594). Ce beau théorême est de Lagrange. Newton est le premier qui se soit occupé du retour des suites. Il se propose de tirer la valeur de y dans cette équation $z = a y + b y^2 + c y^3 + d y^4 + \&c.$

Pour résoudre un problême analogue, nous ferons

$$- H = h z^2 + i z^3 + k z^4 + l z^5 + \&c.$$

où nous mettrons t pour z; & ſi nous ne voulons que la valeur de z, nous ferons en outre $Z = z$, $\frac{dZ}{dt} = 1$. Cela poſé, à cauſe de

$$\frac{d \cdot H^2}{dt} = 4h^2 t^3 + 2 \cdot 5 hit^4 + 6(2hk + i^2)t^5 + \&c.,$$

$$\frac{d^2 \cdot H^3}{dt^2} = \quad -5 \cdot 6h^3 t^4 - 3 \cdot 6 \cdot 7 h^2 i t^5 - \&c.,$$

$$\frac{d^3 \cdot H^4}{dt^3} = \quad 6 \cdot 7 \cdot 8\, h^4 t^5 + \&c.,$$

Nous aurons, comme l'a trouvé Newton,

$$z = t - hxt^2 + (2h^2x^2 - ix)t^3 + (5h^3x^3 - 5hix^2 - kx)t^4 + (14h^4x^4 - 2ih2ix^3 + 3(2hk + i^2)x^2 - lx)t^5 + \&c.$$

(595). Soit encore $H = a \sin. mz + b \sin. nz + c \sin. pz + \&c.$, & l'on ne demande que la valeur de z par une ſuite ordonnée relativement aux puiſſances de x.

De $H = a \sin. mt + b \sin. nt + c \sin. pt + \&c.$, on tire

$$\frac{d \cdot H^2}{dt} = 2(a \sin. mt + b \sin. nt + c \sin. pt + \&c.)(ma \cos. mt + nb \cos. nt + pc \cos. pt + \&c.) = (\text{n}^\circ. 7)\ ma^2 \sin. 2mt + (m+n)ab \sin. (m+n)t - (m-n)ab \sin. (m-n)t + nb^2 \sin. 2nt + (m+p)ac \sin. (m+p)t - (m-p)ac \sin. (m-p)t + (n+p)bc \sin. (n+p)t - (n-p)bc \sin. (n-p)t + pc^2 \sin. 2pt + \&c.,$$

$$\frac{d^2 \cdot H^3}{dt^2} = 2 \cdot 3(a \sin. mt + b \sin. nt + c \sin. pt + \&c.)(ma \cos. mt + nb \cos. nt + pc \cos. pt + \&c.)^2 - 3(a \sin. mt + b \sin. nt + c \sin. pt + \&c.)^2 (m^2 a \sin. mt + n^2 b \sin. nt + p^2 c \sin. pt + \&c.) = -\frac{3am^2}{2}\left(\frac{a^2}{2} + b^2 + c^2\right) \sin. mt - \frac{3bn^2}{2}\left(\frac{b^2}{2} + a^2 + c^2\right) \sin. nt - \frac{3cp^2}{2}\left(\frac{c^2}{2} + a^2 + b^2\right) \sin. pt + \frac{3 \cdot 3}{4} m^2 a^3 \sin. 3mt + \frac{3 \cdot 3}{4} n^2 b^3 \sin. 3nt + \frac{3 \cdot 3}{4} p^2 c^3 \sin. 3pt + \frac{3a^2b}{4}(2m+n)^2 \sin. (2m+n)t - \frac{3a^2b}{4}(2m-n)^2 \sin. (2m-n)t + \frac{3ab^2}{4}(2n+m)^2 \sin. (2n+m)t - \frac{3ab^2}{4}(2n-m)^2 \sin. (2n-m)t + \frac{3ac^2}{4}(2p+m)^2 \sin. (2p+m)t - \frac{3ac^2}{4}(2p-m)^2 \sin. (2p-m)t + \frac{3a^2c}{4}(2m+p)^2 \sin. (2m+p)t - \frac{3a^2c}{4}(2m-p)^2 \sin. (2m-p)t + \frac{3b^2c}{4}(2n+p)^2 \sin. (2n+p)t - \frac{3b^2c}{4}(2n-p)^2 \sin. (2n-p)t + \frac{3bc^2}{4}(2p+n)^2$$

$\sin.(2p+n)t - \frac{3bc^2}{4}(2p-n)^2 \sin.(2p-n)t + \frac{3}{2}abc[(m+n+p)^2$
$\sin.(m+n+p)t + (m-n-p)^2 \sin.(m-n-p)t - (m+n-p)^2$
$\sin.(m+n-p)t - (m-n+p)^2 \sin.(m-n+p)t] + \&c.$,
&c. Il ne reste plus qu'à substituer ces valeurs dans

$$z = S + xK1 + \frac{x^2}{1.2}K2 + \frac{x^3}{1.2.3}K3 + \frac{x^4}{1.2.3.4}K4 + \&c.$$

(596). Nous avons trouvé (n°. 212) entre l'anomalie vraie ζ & l'anomalie moyenne X cette équation différentielle

$$\frac{dX}{d\zeta} = \frac{(2bc+b^2)^{\frac{3}{2}}}{(c+b+c\cos.(\zeta+n))^2} \text{ ou } \frac{dX}{dz} = \frac{(1-e^2)^{\frac{3}{2}}}{(1+e\cos.z)^2};$$

en faisant $\zeta + n = z$, & nommant a le demi-grand axe & ae l'excentricité. Par la méthode du n°. 385, en supposant

$$\int \frac{dz}{(1+e\cos.z)^2} = \frac{A\sin.z}{1+e\cos.z} + B\int \frac{dz}{1+e\cos.z},$$

nous trouvons $A = \frac{-e}{1-e^2}$, $B = \frac{1}{1-e^2}$. Nous trouvons en outre (n°. 384)

$$\int \frac{dz}{1+e\cos.z} = \frac{2}{\sqrt{1-e^2}} \mathcal{A}\text{ tang. } \frac{(1-e)y}{\sqrt{1-e^2}}, \text{ où } y^2 = \frac{1-\cos.z}{1+\cos.z}.$$

Il ne sera pas aussi facile de tirer de la même équation la valeur de z en X, & c'est cependant le problême qu'il faut résoudre, & qui est connu sous le nom de problême de Kepler.

(597). En développant $\frac{1}{(1+e\cos.z)^2}$, on trouve

$$1 - 2e\cos.z + 3e^2\cos.z^2 - 4e^3\cos.z^3 + 5e^4\cos.z^4;$$

si nous ne voulons pas pousser l'approximation au-delà des quatrièmes puissances de l'excentricité, qui relativement à l'axe de l'orbite, est toujours une quantité très-petite. Or cette suite étant changée en celle-ci

$1 + \frac{3}{2}e^2 + \frac{15}{8}e^4 - (2e+3e^3)\cos.z + (\frac{3}{2}e^2 + \frac{5}{2}e^4)\cos.2z - e^3\cos.3z$
$+ \frac{5}{8}e^4\cos.4z$, on a

$$\int \frac{dz}{(1+e\cos.z)^2} = (1 + \frac{3}{2}e^2 + \frac{15}{8}e^4)z - (2e+3e^3)\sin.z +$$
$$(\frac{3}{4}e^2 + \frac{5}{4}e^4)\sin.2z - \frac{e^3}{3}\sin.3z + \frac{5}{32}e^4\sin.4z,$$

&, multipliant par

$$(1-e^2)^{\frac{3}{2}} = 1 - \frac{3}{2}e^2 + \frac{3}{8}e^4 = \frac{1}{1+\frac{3}{2}e^2+\frac{15}{8}e^4},$$

$$X = z - 2e\sin.z + (\frac{3}{4}e^2 + \frac{1}{8}e^4)\sin.2z - \frac{e^3}{3}\sin.3z + \frac{5}{32}e^4\sin.4z.$$

En prenant donc

$$H = 2 \text{ fin. } z - (\tfrac{3}{4}e + \tfrac{1}{8}e^3) \text{ fin. } 2z + \frac{e^2}{3} \text{ fin. } 3z - \tfrac{5}{32}e^3 \text{ fin. } 4z;$$

on tirera des calculs précédens

$$z = X + (2e - \tfrac{1}{4}e^3) \text{ fin. } X + (\tfrac{5}{4}e^2 - \tfrac{11}{24}e^4) \text{ fin. } 2X + \tfrac{13}{12}e^3 \text{ fin. } 3X + \tfrac{103}{96}e^4 \text{ fin. } 4X.$$

Relativement au problême de Kepler & aux problêmes analogues, on peut consulter mon Introduction à l'Astronomie physique.

(598). L'intégrale première d'une équation différentielle du second ordre étant $Mz + M1 + \frac{M2}{z} + \frac{M3}{z^2} + \&c. = a$, où M, $M1$, &c. renferment les variables x, y & des arbitraires fonctions de x seul ; je ferai $\frac{a - M1}{M} = t$, & ayant substitué dans $-\frac{M2}{M}$, $-\frac{M3}{M}$, &c. au lieu de y sa valeur en x & t, en déterminera les arbitraires de manière que la supposition de $x = 0$ fasse disparoître ces co-efficiens. Soit représentée l'intégrale ainsi préparée par $z = t + \frac{q1}{z} + \frac{q2}{z^2} + \frac{q3}{z^3} + \&c.$; on aura (n°. 592)

$$U = t + \frac{q1}{z} + \frac{q2}{z^2} + \&c., \quad V = \frac{\frac{1}{z}\frac{dq1}{dx} + \frac{1}{z^2}\frac{dq2}{dx} + \frac{1}{z^3}\frac{dq3}{dx} + \&c.}{1 + \frac{1}{z}\frac{dq1}{dt} + \frac{1}{z^2}\frac{dq2}{dt} + \&c.};$$

& il sera facile de trouver ensuite

$$V1 = \frac{\delta V}{dx} - V\frac{\delta V}{dt}, \quad V2 = \frac{\delta V1}{dx} - V\frac{\delta V1}{dt}, \&c.$$

Or $x = 0$, rend $z = t$; ayant donc fait $x = 0$ & $z = t$, on formera

$$V, \quad \frac{d \cdot V^2}{dt} + V1, \quad \frac{d^2 \cdot V^3}{dt^2} + 3\frac{d \cdot VV1}{dt} + V2, \&c.,$$

& l'on en tirera

$$z = t + xK1 + \frac{x^2}{1 \cdot 2}K2 + \frac{x^3}{1 \cdot 2 \cdot 3}K3 + \&c.;$$

on tirera de l'autre intégrale première complète (n°. 550)

$$z = \theta + xH1 + \frac{x^2}{1 \cdot 2}H2 + \frac{x^3}{1 \cdot 2 \cdot 3}H3 + \&c.;$$

&, éliminant z, cette intégrale finie

$$t - \theta + x(K1 - H1) + \frac{x^2}{1 \cdot 2}(K2 - H2) + \frac{x^3}{1 \cdot 2 \cdot 3}(K3 - H3) + \&c.$$

Nous ne pousserons pas plus loin ces applications de la théorie du retour des suites, & nous terminerons ce chapitre, & l'ouvrage entier, par généraliser un problême de la méthode des variations dont nous nous sommes occupés n°s. 353 & 354.

(599).

(599). La formule $\int S\,\zeta\,dx\,dy$, où ζ renferme x, y, une fonction z de ces variables, & les différences partielles de tous les ordres de cette fonction ; cette formule, dis-je, étant proposée, on demande quelle seroit sa variation, si la quantité z venoit à varier d'une manière quelconque. Nous avons démontré dans les nos. cités que $\delta\int S\,\zeta\,dx\,dy = \int S\,dx\,dy\,\delta\zeta$; or si l'on suppose

$$d\zeta = L\,dx + M\,dy + N\,dz$$
$$+ P\,d\frac{dz}{dx} + Q\,d\frac{d^2z}{dx^2} + R\,d\frac{d^3z}{dx^3} + \&c.,$$
$$+ P'\,d\frac{dz}{dy} + Q'\,d\frac{d^2z}{dx\,dy} + R'\,d\frac{d^3z}{dx^2\,dy}$$
$$+ Q''\,d\frac{d^2z}{dy^2} + R''\,d\frac{d^3z}{dx\,dy^2}$$
$$+ R'''\,d\frac{d^3z}{dy^3}$$

à cause de $\delta\frac{dz}{dx} = \frac{d\delta z}{dx}$, $\delta\frac{dz}{dy} = \frac{d\delta z}{dy}$, $\delta\frac{d^2z}{dx^2} = \frac{d^2\delta z}{dx^2}$, &c.,

on aura

$$\delta\int S\,\zeta\,dx\,dy = \int S\,dx\,dy\,(N\delta z$$
$$+ P\frac{d\delta z}{dx} + Q\frac{d^2\delta z}{dx^2} + R\frac{d^3\delta z}{dx^3} + \&c.).$$
$$+ P'\frac{d\delta z}{dy} + Q'\frac{d^2\delta z}{dx\,dy} + R'\frac{d^3\delta z}{dx^2\,dy}$$
$$+ Q''\frac{d^2\delta z}{dy^2} + R''\frac{d^3\delta z}{dx\,dy^2}$$
$$+ R'''\frac{d^3\delta z}{dy^3}$$

Mais

$$\int SP\frac{d\delta z}{dx}dx\,dy = S\,dy\int P\frac{d\delta z}{dx}dx = S\,P\,\delta z\,dy - S\,dy\int\frac{dP}{dx}\delta z\,dx = S\,P\,\delta z\,dy - \int S\frac{dP}{dx}\delta z\,dx\,dy,$$

$$\int SP'\frac{d\delta z}{dy}dx\,dy = \int dx\,SP'\frac{d\delta z}{dy}dy = \int P'\,\delta z\,dx - \int dx\,S\frac{dP'}{dy}\delta z\,dy = \int P'\,\delta z\,dx - \int S\frac{dP'}{dy}\delta z\,dx\,dy,$$

$$\int S\,Q\frac{d^2\delta z}{dx^2}dx\,dy = S\,dy\int Q\frac{d^2\delta z}{dx^2}dx = S\,Q\frac{d\delta z}{dx}dy - S\,dy\int\frac{dQ}{dx}\frac{d\delta z}{dx}dx = S\left(Q\frac{d\delta z}{dx} - \frac{dQ}{dx}\delta z\right)dy + \int S\frac{d^2Q}{dx^2}\delta z\,dx\,dy,$$

$$\int S\,Q'\frac{d^2\delta z}{dx\,dy}dx\,dy = S\,dy\int Q'\frac{d^2\delta z}{dx\,dy}dx = S\,Q'\frac{d\delta z}{dy}dy -$$

$\int dx \,S\, \frac{dQ'}{dx} \frac{d\delta z}{dy} dy = Q' \delta z - S \frac{dQ'}{dy} \delta z\, dy - \int \frac{dQ'}{dx} \delta z\, dx +$
$\int S \frac{d^2 Q'}{dx\, dy} \delta z\, dx\, dy,$

$\int S\, Q'' \frac{d^2 \delta z}{dy^2} dx\, dy = \int dx\, S\, Q'' \frac{d^2 \delta z}{dy^2} dy = \int Q'' \frac{d\delta z}{dy} dx -$
$\int dx\, S \frac{dQ''}{dy} \frac{d\delta z}{dy} dy = \int \left(Q'' \frac{d\delta z}{dy} - \frac{dQ''}{dy} \delta z \right) dx +$
$\int S \frac{d^2 Q''}{dy^2} \delta z\, dx\, dy,$

$\int S R \frac{d^3 \delta z}{dx^3} dx\, dy = S\, dy \int R \frac{d^3 \delta z}{dx^3} dx = S R \frac{d^2 \delta z}{dx^2} dy -$
$S\, dy \int \frac{dR}{dx} \frac{d^2 \delta z}{dx^2} dx = S \left(R \frac{d^2 \delta z}{dx^2} - \frac{dR}{dx} \frac{d\delta z}{dx} + \frac{d^2 R}{dx^2} \delta z \right) dy -$
$\int S \frac{d^3 R}{dx^3} \delta z\, dx\, dy,$

$\int S R' \frac{d^3 \delta z}{dx^2 dy} dx\, dy = S\, dy \int R' \frac{d^3 dz}{dx^2 dy} dx = S R' \frac{d^2 \delta z}{dx\, dy} dy -$
$S\, dy \int \frac{dR'}{dx} \frac{d^2 \delta z}{dx\, dy} dx = R' \frac{d\delta z}{dx} - \frac{dR'}{dx} \delta z - S \left(\frac{dR'}{dy} \frac{d\delta z}{dx} - \right.$
$\left. \frac{d^2 R'}{dx\, dy} \delta z \right) dy + \int \frac{d^2 R'}{dx^2} \delta z\, dx - \int S \frac{d^3 R'}{dx^2 dy} \delta z\, dx\, dy,$

$\int S R' \frac{d^3 \delta z}{dx\, dy^2} dx\, dy = S\, dy \int R'' \frac{d^3 \delta z}{dx\, dy^2} dx = S R'' \frac{d^2 \delta z}{dy^2} dy -$
$\int dx\, S \frac{dR''}{dx} \frac{d^2 \delta z}{dy^2} dy = R'' \frac{d\delta z}{dy} - \frac{dR''}{dy} \delta z + S \frac{d^2 R''}{dy^2} \delta z\, dy -$
$\int \left(\frac{dR''}{dx} \frac{d\delta z}{dy} - \frac{d^2 R''}{dx\, dy} \right) dx - \int S \frac{d^3 R''}{dx\, dy^2} \delta z\, dx\, dy,$

$\int S\, R''' \frac{d^3 \delta z}{dy^3} dx\, dy = \int \left(R''' \frac{d^2 \delta z}{dy^2} - \frac{dR'''}{dy} \frac{d\delta z}{dy} + \frac{d^2 R'''}{dy^2} \delta z \right) dx -$
$\int S \frac{d^3 R'''}{dy^3} \delta z\, dx\, dy,$

&c.; donc $\delta \int S\, C\, dx\, dy =$

$$\int S\, dx\, dy\, \delta z \left(N - \frac{dP}{dx} + \frac{d^2 Q}{dx^2} - \frac{d^3 R}{dx^3} + \text{\&c.} \right.$$
$$- \frac{dP'}{dy} + \frac{d^2 Q'}{dx\, dy} - \frac{d^3 R'}{dx^2 dy}$$
$$+ \frac{d^2 Q''}{dy^2} - \frac{d^3 R''}{dx\, dy^2}$$
$$- \frac{d^3 R'''}{dy^3}$$

$$+\int dx\,\delta z\left(P' - \frac{dQ'}{dx} + \frac{d^2R'}{dx^2} + \&c.\right)$$
$$- \frac{dQ''}{dy} + \frac{d^2R''}{dx\,dy}$$
$$+ \frac{d^2R'''}{dy^2}$$

$$+\int dx\,\frac{d\delta z}{dy}\left(Q'' - \frac{dR''}{dx} + \&c.\right) +$$
$$- \frac{dR'''}{dy}$$

$$\int dx\,\frac{d^2\delta z}{dy^2}\left(R''' - \&c.\right)\ \&c.$$

$$+ \mathrm{S}\,dy\,\delta z\left(P - \frac{dQ}{dx} + \frac{d^2R}{dx^2} + \&c.\right)$$
$$- \frac{dQ'}{dy} + \frac{d^2R'}{dx\,dy}$$
$$+ \frac{d^2R''}{dy^2}$$

$$+ \mathrm{S}\,dy\,\frac{d\delta z}{dx}\left(Q - \frac{dR}{dx} + \&c.\right) +$$
$$- \frac{dR'}{dy}$$

$$\mathrm{S}\,dy\,\frac{d^2\delta z}{dx^2}\left(R - \&c.\right)\ \&c.$$

$$+ \delta z\left(Q' - \frac{dR'}{dx} + \&c.\right) + \frac{d\delta z}{dx}\left(R' - \&c.\right) +$$
$$- \frac{dR''}{dy}$$

$$\frac{d\delta z}{dy}\left(R'' - \&c.\right)\ \&c.$$

(600). Si cette formule $\int \mathrm{S}\, \zeta\, dx\, dy$, devant être un plus grand ou un moindre, on suppose que le premier & dernier z soient donnés, on aura

$$N - \frac{dP}{dx} + \frac{d^2Q}{dx^2} - \frac{d^3R}{dx^3} + \&c. = 0.$$
$$- \frac{dP'}{dy} + \frac{d^2Q'}{dx\,dy} - \frac{d^3R'}{dx^2\,dy}$$
$$+ \frac{d^2Q''}{dy^2} - \frac{d^3R''}{dx\,dy^2}$$
$$- \frac{d^3R'''}{dy^3}$$

Dans l'exemple du n°. 353, $C^2 = 1 + \left(\frac{dz}{dy}\right)^2 + \left(\frac{dz}{dx}\right)^2$; partant $P = \frac{1}{C} \frac{dz}{dx}$, $P' = \frac{1}{C} \frac{dz}{dy}$,

& l'équation précédente se réduit à $\frac{d\left(\frac{1}{C}\frac{dz}{dx}\right)}{dx} + \frac{d\left(\frac{1}{C}\frac{dz}{dy}\right)}{dy} = 0.$

FIN.

De l'Imprimerie de CELLOT, rue des Grands-Augustins, n°. 29.

Fig. 1.

Fig. 2.

Fig. 3.

Fig. 4.

Fig. 5.

Fig. 6.

Fig. 7.

Fig. 8.

Fig. 9.

Fig. 10.

Fig. 11.

Fig. 12.

Gravé Par P. F. Tardieu.

Fig. 13.

Fig. 14.

Fig. 16.

Fig. 17.

Fig. 20.

Fig. 18.

Fig. 19.

Fig. 22.

Fig. 21.

Fig. 15.

Gravé Par P. F. Tardieu.

PLANCHE III.

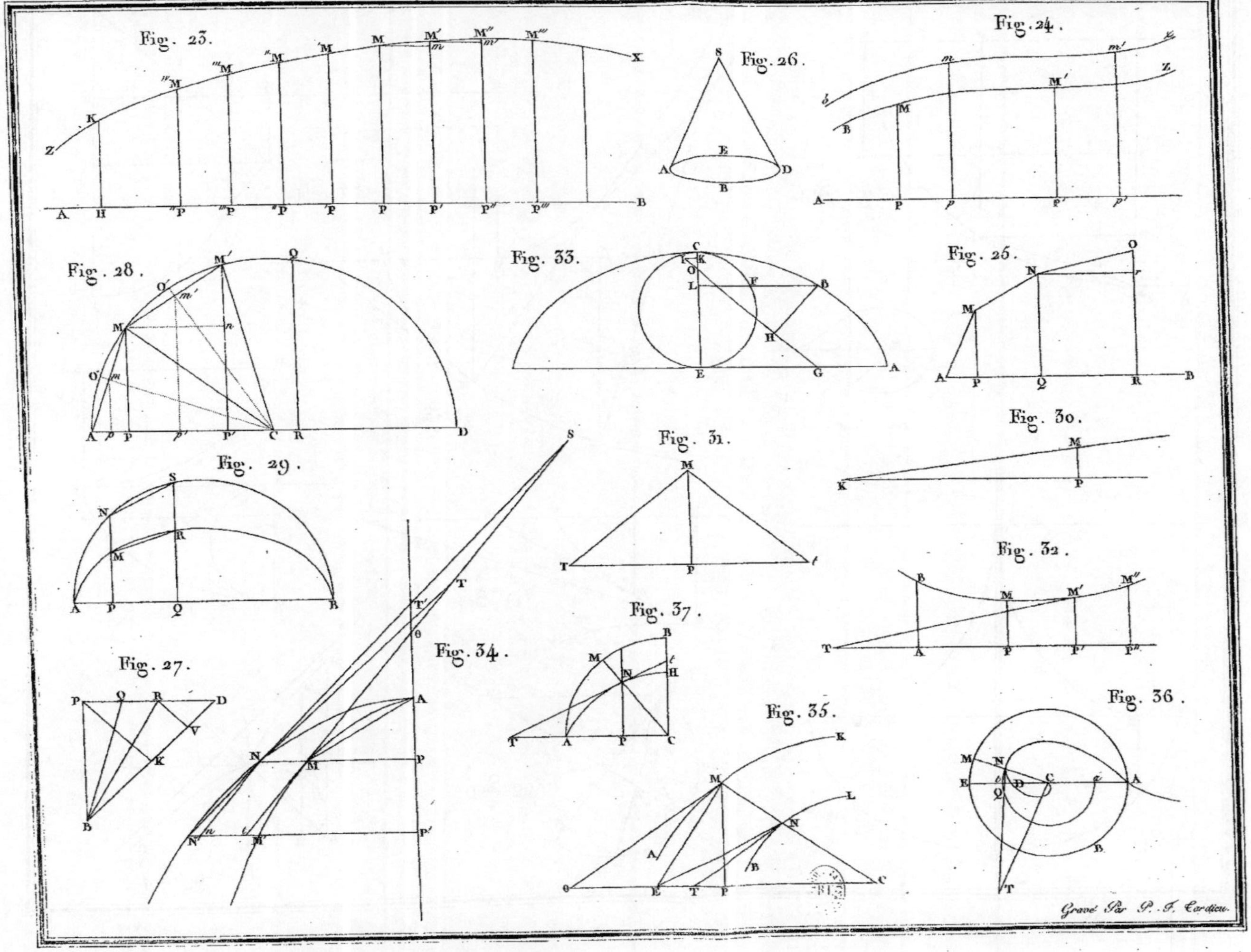
Fig. 23.
Fig. 24.
Fig. 25.
Fig. 26.
Fig. 27.
Fig. 28.
Fig. 29.
Fig. 30.
Fig. 31.
Fig. 32.
Fig. 33.
Fig. 34.
Fig. 35.
Fig. 36.
Fig. 37.

Gravé par P. F. Cardieu.

PLANCHE IV.

Fig. 39.

Fig. 38.

Fig. 44.

Fig. 45.

Fig. 41.

Fig. 43.

Fig. 40.

Fig. 42.

Fig. 46.

Gravé Par P. F. Cardieu

PLANCHE V.

Fig. 47.

Fig. 48.

Fig. 50.

Fig. 52.

Fig. 51.

Fig. 53.

Fig. 54.

Fig. 49.

Fig. 55.

Fig. 56.

Fig. 57.

Gravé Par P. F. Cardieu.

Planche VI.

Fig. 58.

Fig. 59.

Fig. 60.

Fig. 64.

Fig. 63.

Fig. 62.

Fig. 61.

Fig. 71.

Fig. 67.

Fig. 65.

Fig. 70.

Fig. 66.

Fig. 68.

Fig. 72.

Fig. 69.

Gravé Par P. F. Cardieu.

www.ingramcontent.com/pod-product-compliance
Ingram Content Group UK Ltd.
Pitfield, Milton Keynes, MK11 3LW, UK
UKHW021853190726
13855UKWH00001B/295